"十四五"普通高等教育本科部委级规划教材

U0725295

现代饭店厨政管理实务

陈正荣　陈志炎　主　编

中国纺织出版社有限公司

图书在版编目（CIP）数据

现代饭店厨政管理实务 / 陈正荣，陈志炎主编 . --
北京：中国纺织出版社有限公司，2023.5
"十四五"普通高等教育本科部委级规划教材
ISBN 978-7-5180-9551-3

Ⅰ.①现… Ⅱ.①陈… ②陈… Ⅲ.①饮食业—厨房
—商业管理—高等学校—教材 Ⅳ.① TS972.26 ② F719.3

中国版本图书馆 CIP 数据核字（2022）第 087187 号

责任编辑：舒文慧 责任校对：楼旭红 责任印制：王艳丽

中国纺织出版社有限公司出版发行
地址：北京市朝阳区百子湾东里 A407 号楼 邮政编码：100124
销售电话：010—67004422 传真：010—87155801
http://www.c-textilep.com
中国纺织出版社天猫旗舰店
官方微博 http://weibo.com/2119887771
三河市宏盛印刷有限公司印刷 各地新华书店经销
2023 年 5 月第 1 版第 1 次印刷
开本：710×1000 1/16 印张：32.75
字数：626 千字 定价：68.00 元

　　国内每年的高经济增长率不仅使普通百姓家庭年人均收入不断增加（据统计，全国城镇居民人均可支配收入已由1980年的477元提高到2022年的49283元），还带动了集体及家庭消费的不断增加。在这种背景下，人们旅游、外出、商贸等活动日益频繁，外出就餐的概率大大提升。当社会结构的改变影响到人们日常生活时，人们不得不去适应新的生活环境，最终把回家吃饭的感觉融入气氛融洽的餐厅中。鉴于此，餐饮业应抓住机遇，努力提升自己，加强管理，提高服务和产品质量，来迎接市场的挑战。抓好餐饮，首先要从厨房抓起。由于过去传统的厨房经营模式与理念已远不能适应现代餐饮业发展的需求，因此建立一种新的厨房管理体系，培养适应餐饮行业发展需求的厨房管理人才成为当务之急。本书正是基于这个目的编写而成。

　　厨房政务管理是建立在餐饮管理基础上的一门课程，它需要相远的多门类学科支持，如经济学、工程建筑学、心理学、法律等，同时也需要相近的多门类学科支持，如管理学、饭店管理、餐饮管理、厨房管理、烹调工艺学、烹饪卫生与安全等。

　　全书共分为五大部分。第一部分是第一章（厨政管理概述），主要阐述厨房及厨政管理的基本知识与理念；第二部分是第二～第五章，主要阐述厨房运作前的计划工作，如厨房设计与布局、厨房设备和用具、厨房组织结构设置及厨房菜单计划；第三部分是第六～第九章，主要阐述厨房的生产实施，其中包括厨房原材料管理、厨房生产管理与运作、厨房标准化管理和厨房卫生与安全管理；第四部分是第十章、第十一章，阐述了厨房生产进行时的控制方法，主要有厨房成本控制和厨房人员控制两方面；第五部分是第十二章，主要阐述厨房产品推广等内容。通过概述、计划、生产、控制和推广这五个部分内容的阐述，可以让学生对建立一个厨房系统的框架及实质有比较清晰的认识。由于全书结合作者工作的经历与实践，加之翔实的资料与内容，并配以图、表及真实案例来说明问题，所以具有实效性和易读性，便于学生领会和掌握。

本书在编写过程中，得到了张建军老师的大力支持，在此谨向他表示深切的谢意。本书也得到了扬州大学出版基金的资助。最后还要对中国纺织出版社有限公司给予的支持表示诚挚的感谢。

由于作者水平有限，难免会有遗漏或不足之处，恳请广大读者和同行不吝赐教。

编 者

2023 年 3 月 8 日

《现代饭店厨政管理实务》教学内容及课时安排

章 / 课时	课程性质 / 课时	节	课程内容
第一章 （4 课时）	第一部分 厨房及厨政 （4 课时）		厨政管理概述
		一	厨政管理的概念
		二	厨房的特性
		三	厨房生产的流程
第二章 （4 课时）	第二部分 厨房运作前的 计划工作 （12 课时）		厨房设计与布局
		一	厨房设计与布局的原则
		二	厨房设计
		三	厨房布局
第三章 （2 课时）			厨房设备和用具
		一	厨房设备选购
		二	厨房主要设备与用具
第四章 （2 课时）			厨房组织结构设置
		一	厨房组织结构设置
		二	厨房岗位安排及职责
		三	厨房人员配置
		四	厨房团队管理
第五章 （4 课时）			厨房菜单设计
		一	菜单概述
		二	菜单筹划
		三	菜单设计与编排
		四	菜单定价
		五	菜单分析
第六章 （4 课时）	第三部分 厨房的生产实施 （16 课时）		厨房原料管理
		一	原料采购
		二	原料验收
		三	原料贮藏与领用
第七章 （6 课时）			厨房生产管理与运作
		一	厨房生产阶段管理
		二	厨房生产重点管理
		三	厨房生产运作
		四	厨房人员生产运作程序

续表

章 / 课时	课程性质 / 课时	节	课程内容
第八章 （4课时）	第三部分 厨房的生产实施 （16课时）		厨房标准化管理
		一	厨房标准化概念
		二	厨房标准制定
		三	厨房标准完善
		四	厨房标准执行
		五	厨房标准内容
第九章 （2课时）			厨房卫生与安全管理
		一	厨房卫生管理
		二	厨房安全管理
第十章 （4课时）	第四部分 厨房生产进行时 的控制方法 （6课时）		厨房成本控制
		一	成本控制的作用
		二	成本控制的基本内容
		三	生产成本控制
第十一章 （2课时）			厨房人员控制
		一	厨房人员招聘
		二	厨房人员培训
		三	厨房人员激励
		四	厨房绩效考核
第十二章 （2课时）	第五部分 厨房产品推广 （2课时）		美食节推广
		一	美食节选择
		二	美食节计划方案
		二	美食节组织与实施

目录

第一部分　厨房及厨政

第一章　厨政管理概述…………………………………………………… 1
　　第一节　厨政管理的概念……………………………………………… 2
　　第二节　厨房的特性…………………………………………………… 50
　　第三节　厨房生产的流程……………………………………………… 62

第二部分　厨房运作前的计划工作

第二章　厨房设计与布局………………………………………………… 69
　　第一节　厨房设计与布局的原则……………………………………… 70
　　第二节　厨房设计……………………………………………………… 75
　　第三节　厨房布局……………………………………………………… 93
第三章　厨房设备和用具………………………………………………… 109
　　第一节　厨房设备选购………………………………………………… 110
　　第二节　厨房主要设备与用具………………………………………… 113
第四章　厨房组织结构设置……………………………………………… 163
　　第一节　厨房组织结构设置…………………………………………… 164
　　第二节　厨房岗位安排及职责………………………………………… 169
　　第三节　厨房人员配置………………………………………………… 178
　　第四节　厨房团队管理………………………………………………… 188
第五章　厨房菜单设计…………………………………………………… 217
　　第一节　菜单概述……………………………………………………… 218
　　第二节　菜单筹划……………………………………………………… 221
　　第三节　菜单设计与编排……………………………………………… 247
　　第四节　菜单定价……………………………………………………… 264
　　第五节　菜单分析……………………………………………………… 275

第三部分　厨房的生产实施

第六章　厨房原料管理································· **283**

　第一节　原料采购································· 284

　第二节　原料验收································· 296

　第三节　原料贮藏与领用······················· 299

第七章　厨房生产管理与运作······················· **305**

　第一节　厨房生产阶段管理····················· 306

　第二节　厨房生产重点管理····················· 314

　第三节　厨房生产运作························· 317

　第四节　厨房人员生产运作程序················· 332

第八章　厨房标准化管理··························· **339**

　第一节　厨房标准化概念······················· 340

　第二节　厨房标准制订························· 344

　第三节　厨房标准完善························· 356

　第四节　厨房标准执行························· 364

　第五节　厨房标准内容························· 371

第九章　厨房卫生与安全管理······················· **399**

　第一节　厨房卫生管理························· 400

　第二节　厨房安全管理························· 424

第四部分　厨房生产进行时的控制方法

第十章　厨房成本控制····························· **441**

　第一节　成本控制的作用······················· 442

　第二节　成本控制的基本内容··················· 445

　第三节　生产成本控制························· 454

第十一章　厨房人员控制··························· **469**

　第一节　厨房人员招聘························· 470

　第二节　厨房人员培训························· 474

　第三节　厨房人员激励························· 478

　第四节　厨房绩效考核························· 485

第五部分　厨房产品推广

第十二章　美食节推广 ·· **495**
　第一节　美食节选择 ·· 496
　第二节　美食节计划方案 ·· 502
　第三节　美食节组织与实施 ·· 505
参考文献 ··· **513**

第一部分 厨房及厨政

第一章　厨政管理概述

本章内容： 厨政管理的概念

　　　　　　厨房的特性

　　　　　　厨房生产的流程

教学时间： 4 课时

教学思路： 由案例导入，讲解厨政管理的基本理念，以具体厨房为对象阐述厨房的特性和厨房的运营流程

教学要求： 1. 了解厨政管理的基本含义、职能

　　　　　　2. 掌握厨房的种类、生产难点、与其他部门的联系

　　　　　　3. 掌握现代厨房的运作理念

课前准备： 阅读餐饮企业厨政管理的相关知识

美国纽约州餐饮协会（New York State Restaurant Association）的资料显示，约有 75% 的餐厅在开业 5 年内不是易手就是关门大吉。饭店的关闭，除了一些不可抗拒的因素外，如洪水、疾病、火灾等，最主要的原因有：①周转资金不足；②可竞争产品缺乏；③管理制度贫乏。其中管理制度贫乏是多数餐饮企业关门歇业的根源。因此，在饭店经营中，加强餐饮管理，尤其是加强对厨房生产的管理非常必要，只有这样，成功的概率才会提升。

第一节　厨政管理的概念

厨房是将烹饪原料使用烹饪加工工具和设备，按照一定规格标准和操作程序经烹饪加工制作成（即食）菜肴的场所，厨房生产是餐饮企业生产、服务和销售环节之一，有别于其他食品加工企业，餐饮企业是人们日常饮食活动场所之一。在人们的日常饮食生活中，其目的有两种。一种是为维持人们正常的生理活动，以健康为目的，在规定时间内膳食，主要形式是一日三餐，生产场地主要以家庭厨房或食堂厨房为主，其产品以注重营养为主。随着社会的发展，快餐企业承担了部分工作，其工业化、标准化程度越来越高，是餐饮企业发展的一个方向，通过线上和销售终端，经冷链或热链物流，实现异地销售，趋向食品加工企业管理体系。另一种就是以满足人们的心理需要，符合人们的喜好为目的，没有规定的膳食时间，强调品牌、氛围，其产品注重风味、多样化和多层次，随着社会的发展，半成品原料更加丰富，手工烹饪技术至臻至美，这类餐饮企业是生产、服务和销售同时同地进行，其产品具有即时性，没有货架期，有别于食品企业管理体系，有着自身的特点。

传统厨房政务管理水平低下，甚至处于原始无管理的状态。随着经济发展和科学技术水平的提高，厨师工作环境发生了巨大的改变，越来越多的厨房配有现代化设备，同时日益更新的市场需求，要求员工工作理念更新换代。这些改变会使厨房形成新的政务管理体系。

一、厨政管理的含义

厨政管理是餐饮经营管理的一部分，过去餐饮经营管理比较强调餐厅的经营，对厨政管理谈之甚少。近几年随着市场竞争的日益激烈，餐饮企业在经营中要抢占市场，只有狠抓菜肴质量，并辅以优良的服务，才能立于不败之地，可见厨房生产管理的重要性。为了便于探讨和研究厨政管理的内涵，我们首先要了解管理的概念。

（一）管理的概念

管理作为一种人类的基本活动，是社会从原始走向文明的伴生物，它始终是人类社会实践活动的结晶。在泰勒（F.W.Taylor）的科学管理理论出现以前，管理还只是一种经验性的活动。到了 19 世纪末 20 世纪初，随着现代科学技术的发展和社会化大生产的推进，管理才逐步成为主要由专业人员担任的工作，开始从经验型向科学型转变，从此管理便成为提高劳动生产率的要素而格外受到人们的重视。

现代管理一定要以人为本，要发挥人的能动作用。通常人们越是努力，管理就显得越重要。有时工作进展顺利，各个人都在为达到组织目标尽心尽力，管理似乎显得没有多大必要。但一旦出现了问题，适当的管理立即就变得十分必要。打一个通俗的比方，管理好的餐饮企业如同砖头砌的墙，如果中间有哪一块不合适，只要把那块砖头拿下来再补进去一块就可以了，这堵墙依旧坚固。管理差或没有管理的餐饮企业，就如同用石头垒起的墙，如果中间哪块石头不好，则很难把那块石头取下来，要是取下来，结果很可能是那堵墙坍塌。

根据管理学界对管理活动的认识，我们可以认为：管理是通过行使各种职能来协调资源，高效率地实现组织目标的过程。这里讲的资源包括有人员、原料、方法（规章制度、标准菜单、操作规程等）、机器（设备）、资金和市场（宾客）。资源就是下锅的米，对管理来说，没有资源，犹如无米之炊，巧妇也没办法完成。管理者实现其目标，必须依赖于资源，资源有外部资源和内部资源，营销是为企业创造资源，服务是为企业沉淀资源。当资源大于管理者愿望，其目标实现的可能性大，否则可能性就较小。获得资源的高低和拥有的水平直接决定了企业的真正价值，这与管理者的能力结构、素质结构和思维结构有关。管理界有这么一个说法："高度决定速度，定位决定地位，角度决定深度，想法决定活法，思路决定出路，眼界决定境界，格局决定结局。"

资源与模式有关，模式有三方面内容。一是商业模式，是以技术为核心。这与决策有关，因为决策动机决定了结果。商业模式是保证企业未来方向的正确，决定了企业利润，造成最大成本损失的是资源投错了方向。二是管理模式，是增强企业效率的手段，通过增强执行力，合理分配和使用资源，将目标快速实现，决定了企业价值。效率低下，主要是员工缺乏执行意愿，员工是不缺乏执行力的，如何加强员工执行意愿是核心。三是资本模式，资本可以加快企业发展规模的速度，决定了企业的规模。

各种资源具有多种用途，其中又以货币资金最为特殊，但在厨房政务中，货币资金通过转化为物的烹饪原材料形式来体现。如果企业经营决策就是指定各种资源的特定用途，决策一旦实施就不可还原。企业中人力资源不同于物质资源，是最为重要的，它具有非静态性。因为人有情感，有时会表示出某种需求和欲望，而机器和原料不会。所以饭店的人力资源，即手下员工，需要上司的关心和爱护，如果认识到这点，对饭店完成既定的目标很有帮助。管理的本质就是"管人"和"理事"，管好人，就能厘清事，即"用制度管人，用流程管事"。制度是用来约定管人的规范，流程是用来约定做事的规范。在科学、合理的制度约束下，按照统一、标准的流程执行，就是现代管理的基本要义。管理者的责任就是对管理过程进行设计，防止失误，工作流程的标准化不能由员工来制订，只能由管理者亲自承担，员工只负责按照标准流程执行工作。

（二）厨政管理的概念

厨政是在厨房生产过程中产生的行政事务，并为生产服务的事务性工作。

厨政管理是指厨房管理者行使管理的各项职能，对厨房的资源（人员、原料、设备、资金、程序、能源等）进行合理的组织，最终高效率地实现企业经营目标的过程。真正有效的厨政管理，必然是使厨房运行合理化和高效化。合理化是指合理组织厨房中的人力、物力、财力，明确每个员工的职责，安排好需要进行的各项生产和操作；高效化是指通过合理的配备和组织人员，来提高劳动生产率，努力达到饭店最终的社会效益和经济效益。前者是手段，后者是目标，只有使二者做到高度统一，才能实现饭店有效管理的既定目标。

厨房是生产、加工食品的场所。在计划经济时代，经营者更多的注意点集中在菜肴、点心的制作上，强调个体操作者的技能和水平，而缺少对厨房资源的合理组织和安排。在选择厨房的负责人时，大多以技能和名气的高低作为重要参考，忽视管理者的理论知识和协调能力。由于多数餐饮企业员工间是以"师与徒"的关系来维系的，一旦管理不善就容易造成厨房"帮派"争斗，加之管理者缺少对底层员工的尊重，使员工工作效率低下，士气低落。尽管注重名菜、名点的开发和推广，使许多名店、老店相继声名显赫，取得了很大的社会效益，但随着市场竞争的加剧，部分老店由于沿用落后的管理模式不能给饭店带来更多的经济效益，纷纷退出历史舞台。取而代之的是一些具有现代化管理模式的酒店、饭店及社会餐饮企业，他们之所以能够抢占餐饮市场，除了使用先进的管理方法外，强调以人为本的管理理念是关键。

在实践中，我们常常可以看到同样一种管理模式的厨房，会出现截然不同的管理效果。对此，许多人疑惑不解，这是为什么呢？如果只从表面上看，诸如厨房的规模、设备、生产的产品、制订的制度等不会察觉有不同之处，而从深层次剖析就会发现，如员工的思想、情感、士气、作风及领导风格等内在因素都有所差别。为此，企业的经营一定要具备 21 世纪现代厨政管理的思想。

第一，由务实性管理趋向于虚实结合管理，甚至更注重务虚性管理。厨房已经制订的制度、纪律、组织结构、生产程序等管理固然重要，但厨房人员的士气、员工素质、团队精神、领导作用等方面的管理也变得更加重要。务虚管理就要沟通思想、沟通价值观，达到思想上统一，是内心深层次内容的统一。

第二，由以物为中心趋向于以人为中心，再趋向于系统管理。由于餐饮行业是一种劳动密集型的行业，所以相较于其他行业，对人的管理更为重要。

第三，由以生产管理为重点趋向于以经营管理为重点，再趋向于以资本管理、知识管理、信息管理为重点。满足需求、创造需求、使顾客满意已成为厨房管理的重点。现代厨政管理中单靠几个菜点打天下的日子一去不复返了，餐饮产品需要"吆喝"，需要整合营销，需要带有更多的附加值去满足顾客的消费需求。

（三）厨政管理的作用和任务

厨政管理的学习主要是培养厨房管理人员的创新能力、管理能力，提升其核心竞争力，使其具有一定的科学管理能力。能进行厨房设计布局与组织管理，能有效地实施厨房生产运行管理，能对厨房产品质量严格把关，能加强厨房物资管理与成本的控制，能合理调配人员并对员工进行培训，能对厨房卫生安全进行有效的管理，能根据需要策划美食活动，并根据季节开发菜肴。

厨政管理是对厨房生产各流程、环节和员工的全方位管理，注重厨房队伍、文化和制度的建设，以及利用资源给予菜肴开发和使产品质量得到保证。厨政管理能增强厨房运作效率，明确厨房生产产品方向和产品结构，充分发挥每位员工的潜能，清晰恰当的原材料成本，向顾客提供满意的产品和服务，树立良好的企业形象，增加社会效益，最终目的是提高经济效益。

1. 实现厨房资源的合理化配置

厨房一般没有资金方面的资源，流动资金在厨房里具体体现在厨房生产的原材料，对原材料成本控制，以及对原材料处理设备和工具的合理布局和配置。在人力资源方面，需带好厨房团队，设置岗位，明确岗位职责，合理安排班次。

2. 实现生产流程标准化

内容包括菜单标准化、菜肴制作标准化、操作流程标准化，以及采购流程的标准化等。

3. 实现菜肴产品研发市场化

厨房生产产品会随季节变化、市场流行和顾客需求的变化等因素，需要研发一批符合市场的标准化菜肴，这是立足餐饮市场的根本，是中国餐饮市场的特色，也是厨房管理者必须要做到的。

4. 带好厨房的队伍

厨政管理的根本在于带厨房团队，管理者的角色已经由以前"单人独干"变成了"带领团队集体攻坚"。"一个人是工作，一群人是事业"，每个人的能力都是有限的，但每个员工都有自己的优势。在工作中，总会遇到个人无法解决的问题，就需要管理者将员工团结起来，用团队力量解决问题，这样才能给员工提供施展才华的舞台，使员工充分发挥自己的优势，同时，又使彼此有效地协作，高效工作。要想带好团队，就得要管好自己，提升自己的非权力影响力，重视制度建设，依据制度管人用人，并要学会授权（目标不能授权）和沟通，做好厨房绩效考核和流程管理等。

5. 实现培训经常化

一项培训是岗位技能训练。一般在本厨房内部进行，提高员工的行为能力，把握即时性，即单位时间内解决一项问题，还需要恶补精神，就是在单位时间内强化其中一项技能。训练需科学化，参照72190法则，训练前要有概念性导向，对"重复"二字作具体说明，"重复"要有新意，不枯燥。另一项培训是管理岗位、员工技能知识和素质培训。一般可以在外部单位进行，提高厨房管理人员和员工的思维能力，开拓眼界，进行内部造势，增强斗志，通过渗透力，形成企业文化。

6. 实现管理制度化

制度是解决流程中环节与环节之间的管理问题，流程支撑着制度，流程是把事物进行合理安排，或者是前后顺序调整。流程分为业务流程和管理流程两大类。制度是用以规范厨房员工行为，使各项工作有章可循，从而提高厨房管理效率与质量的行为准则。有了制度，厨房的大小事务不再是领导说了算，而是制度说了算，不管发生了什么事情，制度是评断曲直的唯一标准。好的制度，可以让复杂的事务变得有条理，节省处理事务的时间；也可以提高员工的工作效率，有更加充裕的时间发挥创造力，创造更多的价值；还可以使员工之间达到公平和谐的状态，减少管理者造成的不公平，以及人事纠纷；有利于建立高效厨房团队，规范厨房作业流程和员工工作行为，使厨房形成一个融洽、竞争、有序的工作环境，进而提高酒店或饭店的竞争能力与生存能力。但也不要迷信制度，制度越完善，员工的创造力就越差，制度不完善，厨房则不能正常生产。人不能沦为制度的奴隶，需要掌握执行制度的"尺度"。

7. 实现成本控制合理化

在酒店经营中，原材料成本与菜肴营业额始终处于相生相息的博弈状态，厨政管理者唯有从菜肴营业额的角度看待原材料成本，才有可能使厨房实现成本投入的利润最大化。成本控制的目的在于盈利，一味减少成本会影响菜肴的质量，应从源头控制采购成本，减少库存，增加利润，精简机构，降低人力成本，构建有效的组织结构，高效管理，从管理中降低成本，消除浪费，从浪费中挖掘利润。节约原材料，物尽其用，降低厨房的耗用是厨政管理的重要内容，也是提高收益的重要措施。

二、厨政管理的职能

管理活动通常可以看成是一个过程。管理过程是由若干前后相连的环节构成的，这些环节就是管理人员行使的各种职能。管理的某些职能有着共性，它们是联结在一起的，有时需要共同的努力才能完成。由于管理的功能不同，所以管理的职能也不尽相同，一般有决策、计划、组织、指挥、协调、控制、人事、激励、沟通、领导、创新等多种。

厨房生产和政务管理具有自身的特殊性，区别于食品生产管理。只有合理地运用管理的职能对厨房的人力资源进行管理，才能有效地完成厨房的生产目标。

厨房生产和政务管理的基本职能主要有决策、计划、组织、激励、协调和沟通等几方面。

（一）决策

不管是厨房工作中还是工作以外，决策都是一个重要组成部分，是厨房工作中普遍存在的一种行为，做出一系列或大或小的决策是管理者的一部分工作，做出正确的决策，是值得努力追求的目标。

无论是在厨房问题的解决过程，还是工作任务的执行过程，都会不断产生有待决断的事情，都需要决策者频繁地做出决策。由此可见，管理者必然是决策者。

决策是厨政管理中经常发生的一种活动，决策是决定的意思，它是为了实现厨房特定的目标，根据客观的可能性，在一定信息和经验的基础上，借助一定的工具、技巧和方法，对影响厨房目标实现的因素进行分析、计算和判断选优后，对未来行动做出决定。即指人们为了达到预期的目的，从所有可供选择的多个方案中，找出最满意的方案的一种活动。

从心理学角度来看，决策是人们思维过程和意志行动过程相互结合的产物。没有这两种心理过程的参加，无论何人也是做不出决策的。因而决策既是人们的一个心理活动过程，又是人们的行动方案，是指管理者识别并解决问题的过程，或者管理者利用机会的过程。

"决策"出自《韩非子·孤愤》："智者决策于愚人，贤士程行于不肖，则贤智之士羞而人主之论悖矣。"

关于决策的重要性，西蒙有一句名言："管理就是决策，管理的核心就是决策。"决策是一种选择行为的全部过程，其中最关键的部分是回答"是"与"否"。决策分析在经济及管理领域具有非常广泛的应用，在投资、产品开发、市场营销、项目可行性研究等方面的应用都取得过辉煌的成就。

彼得·德鲁克说："在一个组织系统中，管理人员最终做出有效的决策比什么都重要。决策是管理活动的核心，贯穿于管理过程的始终。无论计划、组织、领导还是控制，各项管理职能的开展都离不开决策。"

厨政管理决策有三层含义。一是决策的主体是管理者（既可以是单个管理者，也可以是多个管理者组成的集体或小组），因为决策是管理的一项职能。管理者既可以单独做出决策（个体决策），也可以和其他的管理者共同做出决策（群体决策）；二是决策的本质是一个过程，这一过程由多个步骤组成；三是决策的目的是解决问题或利用机会，也就是说，决策不仅是为了解决问题，有时也是为了利用机会。

决策一般遵循满意原则，而不是最优原则。对决策者来说，要想使决策达到最优，必须具备几个条件：一是容易获得与决策有关的全部信息；二是真实了解全部信息的价值所在，并据此制订所有可能的方案；三是准确预期到每个方案在未来的执行结果。但在现实中，上述这些条件往往得不到满足。具体来说，一是厨房内外存在的一切对厨房的现在和未来，都会直接或间接地产生某种程度的影响，但决策者很难收集到反映这一切情况的信息；二是对于收集到的有限信息，决策者的利用能力也是有限的，因此决策者只能制订数量有限的方案；三是任何方案都要在未来实施，而人们对未来的认识是不全面的，对未来的影响也是有限的，因此决策时，所预测的未来状况可能与实际的未来状况有出入。现实中的上述状况决定了决策者难以做出最优决策，只能做出相对满意的决策。

管理者在决策时离不开信息。信息数量和质量直接影响决策水平。所以说，适量信息是决策的依据。信息量过大固然有助于决策水平的提高，但可能是不经济的，而信息量过少则使管理者无从决策或导致决策达不到应有的效果。

决策过程分为六个步骤。

（1）提出问题（识别机会）

这一步骤中，管理者必须特别注意：尽可能精确地评估问题和机会。尽力获得精确的、可信赖的信息，并正确地解释它。同时，需要注意处在控制之外的因素也会对机会和问题的识别产生影响。

（2）明确目标

所要结果的数量和质量都要明确，因为这两个方面都最终指导决策者选择合适的行动路线。

（3）拟订方案

这一步骤需要创造力和想象力，在提出备选方案时，管理者必须把其试图达到的目标铭记在心，而且要提出尽量多的方案。为了提出更多、更好的方案，需要从多种角度审视问题，这意味着管理者要善于征询他人的意见。

（4）选择方案

管理者起码要具备评价每种方案的价值或相对优势／劣势的能力。在评估过程中，要使用预定的决策标准（如所要的质量）并仔细考虑每种方案的预期成本、收益、不确定性和风险。最后对各种方案进行排序。另外，管理者必须仔细考察所掌握的全部事实，并确信自己已获得足够的信息。

（5）执行方案

管理者要明白，方案的有效执行需要足够数量和种类的资源作保障。管理者还要明白，方案的执行将不可避免地给有关各方带来变化，一些人的既得利益可能会受到损害。在这种情况下，管理者要善于做思想工作，帮助他们认识到这种损害只是暂时的，或者说是为了组织全局的利益而不得不付出的代价，在可能的情况下，管理者还可以拿出相应的补偿方案以消除他们的顾虑，减少方案在执行过程中的阻力。管理者更应当明白，方案的实施需要得到广大员工的支持，需要调动他们的积极性。

（6）评估效果

用方案实际执行效果与管理者当初所设立的目标进行比较，看是否出现偏差，如果存在偏差，则要找出偏差产生的原因，并采取相应的措施。如果偏差的发生与决策过程中的前四个步骤有关，那么管理者就应该重新回到前面四个步骤，对方案进行适应性调整，以使调整后方案更加符合厨房实际和变化的环境。如果发现偏差是由方案在执行过程中某种人为或非人为的因素造成的，那么管理者就应该加强对方案执行的监控并采取切实有效的措施，确保已经出现的偏差不扩大甚至有所缩小，从而使方案取得预期的效果。

决策分为定量决策方法和定性决策方法。定量决策方法又称为决策的"硬技术"，它是一种依靠数学方法，利用数学模型和计算机等现代化管理手段进行定量分析，做出决策的技术。定性决策方法又称主观决策法，是指在决策中主要依靠决策者或有关专家的智慧来进行决策的方法，被称为决策的"软技术"，它利用哲学、心理学、社会学等科学成就，依靠决策者的知识、经验和创造力做出决策的技术。管理决策者运用社会科学的原理并依据个人的经验和判断能力，采取一些有效的组织形式，充分发挥各自丰富的经验、知识和能力，从对决策对象的本质特征的研究入手，掌握事物的内在联系及其运行规律，对企业的经营管理决策目标、决策方案的拟定以及方案的选择和实施做出判断。

下面重点介绍一下定性决策的头脑风暴法。

头脑风暴法是一种集体决策方法，创始人是英国心理学家奥斯本。其特点是针对解决的问题，相关专家或人员聚在一起，在宽松的氛围中，敞开思路，畅所欲言，寻求多种决策思路。倡导创新思维。时间一般在 $1 \sim 2$ 小时，参加者以 $5 \sim 6$ 人为宜。

头脑风暴主要原则：一是各自发表自己的意见，对别人的建议不做任何评价，将相互讨论限制在最低限度内；二是建议不必深思熟虑，越多越好；在这个阶段，参与者不要考虑自己建议的质量，想到什么就说出来；三是鼓励独立思考，奇思妙想，开阔思路，想法越新颖越好；四是可以补充完善已有的建议，以使其更具有说服力。

头脑风暴法的主要技巧有：①会议引导技巧；②随时记录，不漏掉任何问题；③打断循环，从一点开始讨论；④讨论问题需思维发散，但主题不发散；⑤鼓励发言；⑥禁止评论；⑦限制时间。

在一个头脑风暴会议里，总是可以提出观点，纯粹只是为了激发其他人，而不仅仅是作为最终的观点。

（二）计划

计划是指为实现组织预订的目标，对未来行动进行规划和安排的过程。这是计划的狭义的概念。计划的广义概念是指为实现组织预定的目标，管理者制订计划、执行计划和检查计划执行情况三个阶段的完整过程。

管理存在于集体协作活动中，为了使人们的集体活动卓有成效，就必须使人们明确他们应该去完成什么目标，明确为了完成这些目标必须通过什么途径，采取什么方案。这种旨在明确所追求的目标以及相应的行动方案的活动，就是管理的计划职能。计划是所有管理职能中最基本的一项，是对未来活动所进行的预先的行动安排，是一种针对未来的筹谋、规划。古人所说的"运筹帷幄"，就是对计划职能的最形象的概括。计划职能决定着其管理职能的实施，其主要作用是确定目标和拟定实现目标，核心是决策。制订行动计划是比较困难的工作之一，俗话说"凡事预则立，不预则废"，计划可使管理活动不至于受到外来变化因素的干扰，沿着既定的目标进行，有助于细分目标，激发思维，还可以起到规范和约束的作用。

1.计划与决策的关系

决策与计划既相互区别，又相互联系。

区别是：决策解决的问题是关于组织活动方向、内容以及方式的选择；计划解决的问题是对组织内部不同部门和不同成员在一定时间内行动任务的具体安排。

联系是：决策是计划的前提，计划是决策的逻辑延续，在实际工作中，决策与计划是相互渗透的。

2.计划的特点

（1）针对性

计划是根据有关的法律、法规，针对本部门的实际情况制订的，目的明确，具有指导意义。

（2）预见性

计划是在行动之前制订的。以实现今后的所定目标，完成下一步工作任务为目的。

（3）首位性

计划是进行其他管理工作的前提，计划在前，行动在后。

（4）普遍性

实际的计划工作涉及组织中管理者及员工，一个组织的总目标确定后，各级管理人员为了实现组织目标，使本层次的组织工作得以顺利进行，都需要制订计划。

（5）目的性

任何组织或个人制订的各种目标都是为了促使组织的总目标的实现和一定时期目标的实现。

（6）明确性

计划应明确表达出组织的目标和任务，明确表达出实现目标所需的资源以及所采取的程序、方法和手段，明确表达出各级管理人员在执行过程中的权利和职责。

（7）效率性

计划的效率性主要是指时间性和经济性两个方面。

（8）创新性

计划的过程是一个创造性的过程。

3. 计划的性质

计划工作的性质为：①实现组织目标服务；②是管理活动的桥梁，是组织、领导和控制等管理活动的基础；③具有普遍性和秩序性；④要追求效率和创新的过程。

4. 计划的工作原理

（1）限定因素原理

限定因素是指妨碍目标得以实现的因素。在其他因素不变的情况下，抓住这些因素，就能实现期望的目标。在计划工作中，越是能够了解和找到对达到目标起限制性和决定性作用的因素，就越是能够准确而有效地拟订各种行动计划。

（2）承诺原理

合理计划期限的确定体现在承诺原理上。承诺原理是指任何一项计划都是对完成某项工作所做出的承诺，承诺越大，所需的时间越长，因而实现目标的可能性越小。按照承诺原理，计划必须要有期限要求。必须合理地确定计划期限，并且不应随意缩短计划期限。每项计划的任务不能太多，任务越多，计划的时间越长。

（3）灵活性原理

灵活性原理是指计划工作中体现的灵活性越大，则因未来意外事件引起的损失的危险性就越小。灵活性原理是制订计划时要有灵活性，即留有余地。对于管理人员来说，灵活性原理是计划工作中最主要的原理。当然，灵活性只是在一定程度内是可能的。所谓灵活性计划，即指能适应变化的计划。

（4）改变航道原理

改变航道原理是指计划的总目标不变，但实现目标的进程（即航道）可以因情况的变化而改变。当计划制订出来后，未来的情况随时都可能发生变化，必要时可根据当时的实际情况对原有计划做必要的检查和修订。改变航道原理与灵活性原理不同，灵活性原理是使计划本身具有适应性，而改变航道原理是使计划执行过程具有应变能力。为此，计划制订者应经常检查计划，重新调整、修订计划，以此达到预期的目标。

5. 计划的组织实施

（1）目标管理

1954年德鲁克提出了一个具有划时代意义的概念——目标管理（Management By Objectives，MBO），是当代管理学的重要组成部分，阐述了"目标管理与自我控制"的有效性管理，同时也呈现出组织精神（即企业文化）的完整性。目标管理的优点在于对组织内易于度量和分解的目标会带来良好的绩效，有助于改进组织结构的职责分工。目标管理启发了自觉，调动员工的主动性、积极性和创造性，促进意见交流和相互了解，改善人际关系。目标管理的缺点是目标难以制订，其哲学假设不一定都存在，可能增加管理成本，有时奖惩不一定都能和目标成果相配合，也很难保证公正性，从而削弱了目标管理的效果。

因而，在实际中推行目标管理时，除了掌握具体的方法外，还特别注意把握工作的性质，分析其分解和量化的可能，提高员工的职业道德水平，培养合作精神，建立健全各项规章制度，注意改进领导作风和工作方法，使目标管理的推行建立在一定的思想基础和科学管理基础上，要逐步推行，长期坚持，不断完善，从而使目标管理发挥预期的作用。

（2）目标及其制订

目标是管理的终点，也是管理的出发点。没有明确的目标，在一定的意义上就谈不上是管理，目标也是区分有无管理的一个尺度。明确的目标作用是为指明了一个方向，组织今后的活动全是指向目标，对员工可以起到激励作用。明确的目标可以构成一个有机的整体，总目标经过分解落实到每一个部门、每一个层次上以后，就构成了一个受目标体系牵引的有机整体，各个部门、各个部分活动就会形成在总目标指引下的协调一致的行动。根据初始设定的目标，在实施过程，常常会用这些目标对人们进行考核，视其完成情况确定奖惩标准。

目标并不是一个简单的数字，有效的目标至少应该满足三个条件。

① 短期目标必须适应或符合长期目标的要求。企业的目标有长期与短期、有整体目标与局部目标之区分。长期目标是企业真正要追求的目标，是希望未来要到达的终点，而短期目标则是始于足下的行动。企业每天每月每个部门的行动，应当是为长期目标来添砖加瓦，短期目标的实现应该有利于长期目标。但在实践当中，要做到这点并不容易，在很多情况下，管理工作会沉湎于一些事务性的工作，长期目标会被一些短期目标所淹没。无论实现多少短期目标，都很难促进长期目标的实现，从而长期目标和短期目标被割裂开。

因此，在管理工作中，要注意区分两类事：要事和紧事。要事，顾名思义是非常重要的事；紧事，是指比较紧迫的事情。大量的时间常常被大量的紧事所缠绕，但这些紧事很多是一些琐碎的小事。如果不能让紧事服从于要事，处理再多紧事，对于长期目标也是有害无益的。因为一般来说，要事尽管非常重要，在短期内甚至一两年不做都可以，但假如这些战略性问题或要事长期得不到解决，其管理水平、竞争力将一直处在低水准状态。因而短期目标要服从长期目标的需要，短期目标必须服务于长期目标。

② 目标必须是可衡量的。到一定阶段，目标的完成情况应该有衡量标准，否则目标就失去了存在的意义。有效的目标必须是能够衡量的。诸如"我要做最好的员工"等实际上没有太大的意义，这样的目标显然很难衡量。

③ 目标高低的设定。制订目标究竟是高是低，这个问题不能简单化。各个企业的情况不同，面对的员工不同，所管理的事情不同，在设定目标的时候，有各种各样具体的情况，但从原则上讲目标既不能太高，也不能太低。太高了，没有实现的可能，不可能产生激励作用；太低了，唾手可得，没有挑战性，同样也没有激励作用。所以在设定目标的时候，要"蹦一蹦够得着"。所谓"蹦一蹦"就是要努力，而"够得着"就是经过努力之后，有实现的可能性，这样的目标才是有效的。

通常一个企业的目标是一个多层次体系。企业有长期整体目标，部门有部门的目标，班组有班组的目标，甚至最后可以分解到每一个。这些目标就像一个宝塔，被称为目标塔（图 1-1）。

企业目标塔的下半截会描绘得非常详细，而越往上越粗略。需要强调目标塔顶端的表现形式，若将塔尖简单表述为某年月日销售额要达到多少等，对一个企业来说是远远不够的。谁都希望企业能长久存在，成为"百年老店"，如果对目标塔的塔尖只有几年的考虑，是很难成为"百年老店"的，所以企业对未来必须有一个长远的考虑。

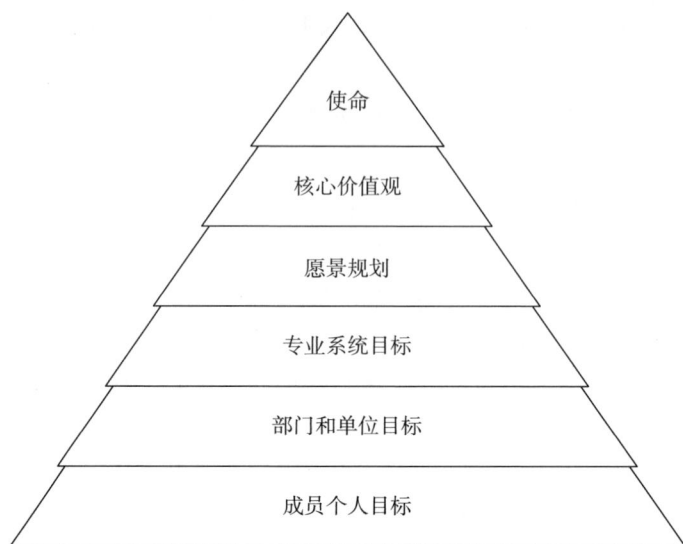

图 1-1　企业目标塔

　　长远目标即塔尖部分，包括三个方面的基本内容：企业的使命（宗旨）、企业的核心价值观和企业的愿景规划。

　　这三个方面看起来有些务虚，和企业的直接工作似乎没有特别紧密的联系，如果分析一下成功或失败的企业，就会发现，企业的目标塔的塔尖往往是决定企业成败的关键因素。

　　企业的使命是一个企业之所以存在的意义，回答的就是"我是谁"的问题。很多企业的问题是由于对自己缺乏清楚的了解和定位造成的。企业宗旨的表述一般都是简单的几句话。有了这简单的几句话，企业就能够了解自己是谁，在复杂变化的环境中就不会迷失自我，偏离自己的轨道。

　　成功的企业或者有长久历史的企业，其共性就是对"我是谁"有非常清楚的认识。如迪士尼公司对自己是谁，有一个很简单的表述是"使人们更快乐"。短短的几个字，意味着迪士尼公司的所有业务都是在这个范围内的，有再大的诱惑，再利润丰厚的前景，如不符合自己的宗旨和使命，也不会去做。

　　企业的核心价值观实际上相当于企业做事的信条和原则，它构成了员工做事的共同价值，类似过去大家族的家训，如何使许多人构成的群体按照组织的意愿一致的方式行事，核心价值观起着比较重要的作用。从深层次去理解其涵义，核心价值观的表述可以体现在一些具体的政策和操作上。如"对人的尊重和诚信"，看上去比较空，实际上可以进一步分解，如对人的尊重可以落实到很多人事的政策上，如对高年薪员工的重用，在解聘员工的时候不同工作年限得到待遇是不同的。诚信更是如此，会落实具体的事务当中。

企业愿景规划，也叫作愿景或旺景。愿景这个提法，是近年来企业比较关注的。愿景在一定程度上可以简单地理解为是企业在未来相当长的时间内的设想或规划。与目标有所不同，目标给人的感觉是一个点或者是一条线、一个数字，而愿景是一种描绘出来的立体图像，比较生动，能产生激励作用。一个企业是由许多人组成的，人们想把自己的才华、人生奉献给企业，除了追求一定的工资待遇外，还有希望自己能够随企业的成长也得到成长。企业有什么样的愿景，会影响到员工的去留。有些企业尽管定的薪水很高，但是其员工的流动率却居高不下，这是由于企业没有给员工提供发展的需要。员工除了得到一定的工资报酬以外，更希望能够随企业的成长自己也有较大的发展。从这个意义上讲，有一个清楚的愿景，是一个企业长久发展的前提。

企业的宗旨、价值观和愿景，构成企业目标塔的塔尖，可以具体到每一个层次上，分解到每一个部门，落实到每一个人身上。企业的目标塔是企业前进的灯塔、火车头，是一个巨大的推动力和强有力的凝结剂，有了它，企业才能奔向美好的未来，才有可能成为一家"百年老店"。

2021 中国正餐企业 TOP50 排名 29 的江苏小厨娘餐饮管理公司的企业文化内容如下。

愿景：做幸福餐饮的引领者，传播中华优秀传统文化，让世界爱上淮扬菜。

使命：为亿万顾客烹制健康、品质的淮扬美味，创造幸福的就餐体验。

核心价值观：以顾客体验为中心；以贡献者为本；正己化人，团队合作，诚信仁爱。

企业的经营理念如下。

目标导向：为顾客创造幸福体验，提升开台率。

创新导向：用创新思维解决经营中的问题；守正出新，诚信经营，物超所值。

管理理念：分工协同，教练赋能；激发善意，成就伙伴；明确组织目标和个人目标，提升效率；传播爱，让爱流动。

执行理念：搞得懂，做得快；目标清晰，保证成果。

团队理念：一群人一辈子一件事。

安全理念：源头管控，一票否决。

创新理念：解决问题，工匠精神，持续精进。

服务理念：一切工作以顾客满意为目标，用心感动顾客，创造幸福的就餐体验。

出品理念：安全，健康，好吃，标准，品质 。

做事理念：责己、利他、五部曲。

厨房是餐饮企业中的生产部门，在厨房管理中，应该首先考虑到厨房计划的制订，因为它决定厨房要完成何种目标的一个过程，通常包括短期、中期和长期计划。一般认为，长期计划是确定厨房今后生产的发展方向，计划期可以是 10 年以上；中期计划主要是确定厨房生产具体的目标和战略，计划期是 5 年左右；短期计划主要是确定厨房生产在近期内要完成的任务。无论管理者水平的高低，其实计划都是容易制订的。如长期计划可以是厨房设计中厨房面积的规模大小、配备设备的种类及先进程度等，中期计划可以是几年内固定的零点菜单的安排、5 年内月食品销售预算等，短期计划可以是某一营业旺季厨房人员配备情况、预测当天的销售等。但制订一个符合长期目标的计划还是比较困难的。

厨房计划制订后，通常需要一定的策略和手段来完成，常用思考问题的方法是 "3W2H"（表 1-1）。

表 1-1　3W2H 工作法

做什么？	What to do?
什么时候做？	When to do?
由谁来做？	Who to do?
如何去做？	How to do?
我怎样可以知道工作已经正确地完成？	How will I know it's done properly?

而对于一项好的计划，可以制订一定的目标来实施（表 1-2）。

表 1-2　目标实施法

定下可行性的目标	Setting realistic goals
在规定的时间内完成要求的工作	S=Specific（in time）
用标准量度工作完成的质量及数量	M=Measurable（in quality）
承诺及接纳	A=Agreed and accepted
工作计划的可行性及挑战性	R=Realistic/Challenging
对工作的实施进行跟进	T =Traceable

从表 1-2 中可以看出，每一项条目的第一个英文字母拼写起来就是 SMART（精明的意思）。这说明设立目标的时间、量度、接收、挑战性和可实现性是一种聪明之举。在管理实践中，每一项计划和目标都是容易制订的，只要稍有管理知识的人都可以做到，但为什么管理出来的效果是两样呢？实际上在管理中大多

数管理者注重了计划的制订，而忽略了长期有效的跟进工作，使计划执行失效。在实际工作中，厨房的操作烦冗复杂，容易滋生厨房员工的惰性，如果厨房管理者不能以长期有效的制度制约，纵容惰性思想如瘟疫般在员工中散播，必然造成厨房管理工作的失效。

（三）组织

组织一词在古代是指将丝麻编结起来而制成的布帛，含"编织"之意。组织是人们为了实现某一个特定目的而形成的系统集合。通俗的理解就是由各种各样的人通过分工协作来完成企业既定目标的一种结构。组织内容包括三个方面。一是共同目标的存在是组织存在的前提。管理者必须使组员确信共同目标的存在，并根据组织的发展不断制订出新的目标。二是组织是个分工与合作的群体。只有分工和协作结合起来才能产生较高的集体力量和效率。三是组织要有不同层次的权力与责任制度。因为只有这样，才能使各项工作落到实处，从而保证目标的实现。组织是人们为了实现共同目标而采用的一种手段或工具。

组织职能是确定组织特定的结构以实现组织目标的过程。组织职能的任务是通过设计和维持组织内部的结构和相互之间的关系，使组织中的各个部门和各个成员能为实现组织目标而协调一致地工作。组织职能的基本内容有：①设计并建立组织结构；②设计并建立职权关系体系、组织制度规范体系与信息沟通模式，以完善并保证组织的有效运行；③人员配备与人力资源开发；④组织协调与变革。组织职能应遵循专业分工与协作原则、指挥统一原则、有效管理幅度原则、集权和分权相结合的原则、责权利相结合原则、稳定性和适应性相结合原则、决策执行和监督机构分设的原则、精简高效原则以及有效实现目标原则。

在实际的组织管理过程中，都会存在着正式组织和非正式组织两种形式。我们把完成组织所规定的特定工作而产生的官方组织结构称正式组织，而把既没有正式结构，也不是由组织确定的联盟，目的是满足人们交往需要而在工作环境中自然形成的组织称为非正式组织。一般说来，非正式组织形成的原因主要有以下几个方面：①某种利益或观点上一致；②具有共同的价值观和兴趣爱好；③有类似的经历或背景。鉴于此，非正式组织很容易形成如下的特点：①有较强的内聚力和行为一致性；②有自己公认的领袖人物；③有一整套见效快的不成文的奖惩制度和手段；④有成员间较快的信息交流，具有明显的感情色彩；⑤有较强的自卫性和排外性。正式组织和非正式组织的比较见表1-3。

表 1-3 正式组织和非正式组织的比较

比较项目	正式组织	非正式组织
存在形态	正式（官方）	非正式（民间）
形成机制	自觉组建	自发形成
运作基础	制度与规范	共同兴趣
领导权来源	由管理当局授权	由群体授予
组织结构	相对稳定	不稳定
目标	利润或服务社会	成员满意
影响力基础	职位	个性
控制机制	解雇或降级的威胁	物质或社会方面的制裁
沟通	正式渠道	小道消息

非正式关系对组织有效地行使职能有很重要的作用。在管理中一定要注意它对正式组织两方面的影响，一方面当正式组织对外部和内部的重要事物反应迟缓时，可以通过非正式组织来解决这些新问题；另一方面当非正式组织对正式组织产生危害时，如放慢工作的速度。管理人员就应该注意适当地协调，避免与之对立。当然，从长远考虑，正式组织中的管理人员应该注重人本管理的原则，重视手下员工，激励手下员工，形成管理部门的团队协作精神，从而弱化部分非正式组织对正式组织的危害作用。

组织结构设计分为横向设计与纵向设计。横向设计体现在部门的划分上，所谓部门划分是指把工作和人员组织成若干管理的单元，并组建相应的机构或单位。其划分要体现出专业化、有效实现组织目标和满足社会心理需要原则。部门划分的方法有按人数、工艺过程、产品、职能、区域、时间和服务对象等进行部门划分。部门划分后委派职责，分配任务。但需要注意几个问题：①防止"重复"，一旦发生问题，部门之间来回"扯皮"，谁都有"责"，又谁都不"负责"，问题反而难以解决；②"遗漏"，出现有事无人管现象，会影响组织目标实现和工作正常进行；③"不当"，是指将某项职责委派给了不适于完成这一职责的部门。

组织纵向结构设计体现在管理幅度与管理层次和层次设计上。管理幅度亦称管理跨度，是指某一特定的管理人员可直接管辖的下属人员的数量。管理幅度的大小，实际上反映着上级管理者直接控制和协调的业务活动量的多少。管理层次亦称组织层次，是指社会组织内部从最高一级管理组织到最低一级管理组织共有多少个组织等级。管理层次实质上反映的是组织内部纵向分工关系，各个层次将担负不同的管理职能。因此，伴随层次分工，必然产生层次之间的联系与协调的问题。管理幅度与管理层次互相制约，之间存在着反比的数量关系。

如果在一个部门中的员工人数一定的前提下，一个管理人员能直接管理的下属人数越多，那么该部门内的组织层次就越少，所需要的管理人员也越少；反之亦然。管理层次与管理幅度的这种互动关系决定了两种基本的组织结构形态：一种是高层的组织结构形态，另一种是扁平式的组织结构形态。如图 1-2 体现了两种组织层次与幅度的差别。

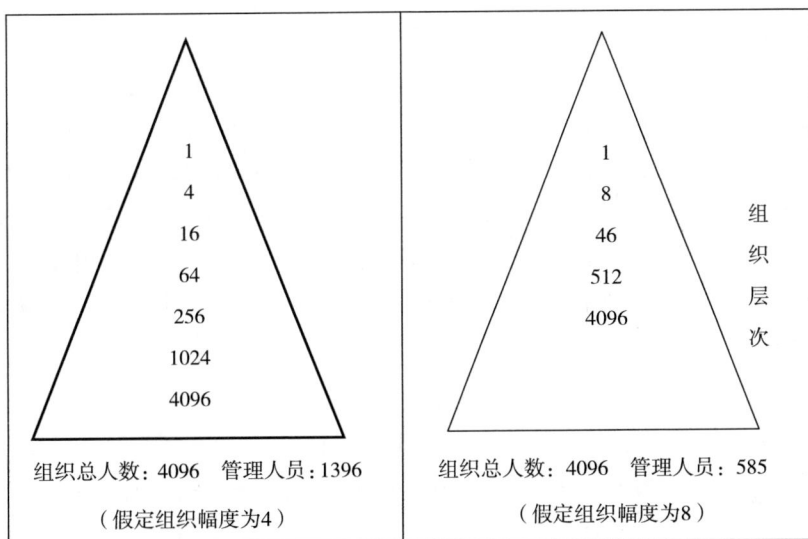

图 1-2　组织幅度与组织层次比较图

组织高层结构具有管理严密，分工细致明确，上下级易于协调的特点。但层次多，需要的管理人员多，协调工作急剧增加，影响下级人员的积极性和创造性。组织扁平结构有利于缩短上下级距离，信息纵向流通速度快，被管理者有较大的自主性和创造性，有利于选择和培训下属人员。但不能严密地监督下级，增加了同级间相互沟通联络的困难。早期的管理学者主张窄小的管理幅度，以便对下属保持紧密控制，管理层次多。近年来，越来越多的组织努力扩大管理幅度，出现了以宽管理幅度来设计扁平结构的趋势。

管理人员必须拥有职权才能发挥其职责。职权是权力的一种，是制度权，是指组织中的某一职位做出决策的权力，与组织中的管理职位有关，与占据这个职位的人员无关。原先占据某一职位的主管一旦离职，其所拥有的职权也就随之消失。职权在不同管理层之间的分配与授予形成了集权与分权。所谓集权是指较多的权力和较重要的权力集中在组织的高层管理者；所谓分权是指较多的权力和较重要的权力分授给组织的基层管理人员。集权有利于组织实现统一指挥、协调工作和更为有效的控制。另外，会加重上层领导者的负担，从而影响做出的重要决策的质量，特别是不利于调动下级的积极性与主动性，难以适应外部环境的变化。而分权的优缺点则与集权正相反。集权与分权的关键在于所集中或分散权力的类型与大小。在判断或评价集权或分权的标准上，决策权比执行权更为重要；人权、财权比一般业务权更为重要；最终决定权比建议权、过程管理权更为重要。管理人员应该根据组织目标，结合上述影响因素，正确地确定集权或分权的权力类型与大小，实现科学的职权分配。

常见的组织结构形式有以下几种。

（1）直线型结构

直线型结构是一种最早也是简单的组织形式。组织从上到下实行垂直领导，下属部门只接受一个上级的指令，各级主管负责人对所属单位的一切问题负责。不另设职能机构，一切管理职能基本上都由行政主管自己执行。直线结构简单，管理人员少，职责权力明确，上下级关系清楚。但组织结构缺乏弹性，同一层次之间缺乏必要的联系，要求管理人员了解掌握多种专业管理知识。适用于规模不大，员工较少，业务和管理都比较简单的组织（图1-3）。

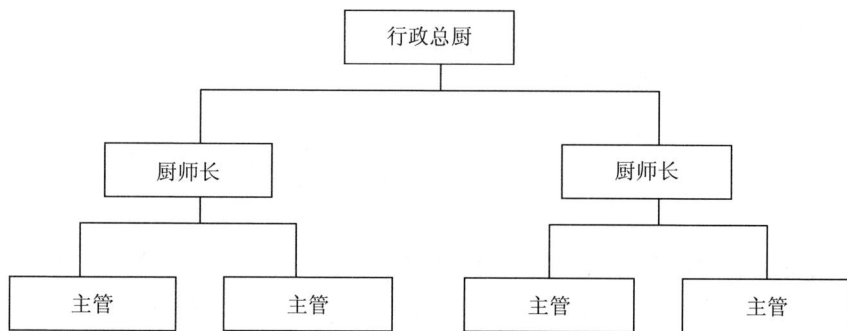

图1-3　直线型结构

（2）职能型结构

各级部门除主管负责人外，还相应地设立一些职能机构。这种结构要求主管把相应的管理职责和权力交给相关的职能机构，各职能机构就有权在自己业务范围内向下级部门发号施令。因此，下级主管负责人除了接受上级主管指挥外，还必须接受上级各职能机构的领导（图1-4）。

职能型结构专业分工明确，组织具有很强的稳定性，减轻各级行政领导人员的工作负担。其缺点是每一级直线人员或行政领导人员都需要服从多头领导，不利于划分责任权限，弹性较差。由于这种组织结构形式的明显缺陷，现代企业一般不采用职能制。

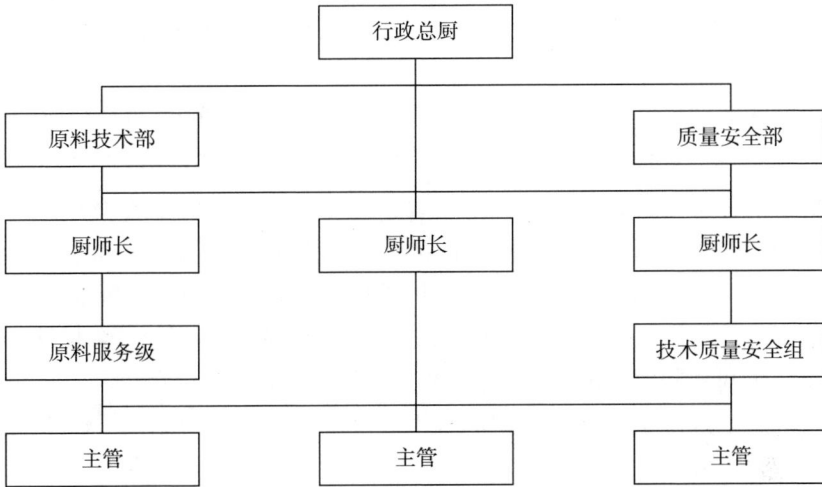

图 1-4　职能型结构

（3）直线职能型结构

直线职能型结构也叫直线参谋型结构。它是在直线型结构和职能型结构的基础上，取长补短，吸取这两种形式的优点而建立起来的。目前绝大多数企业都采用这种组织结构形式（图 1-5）。

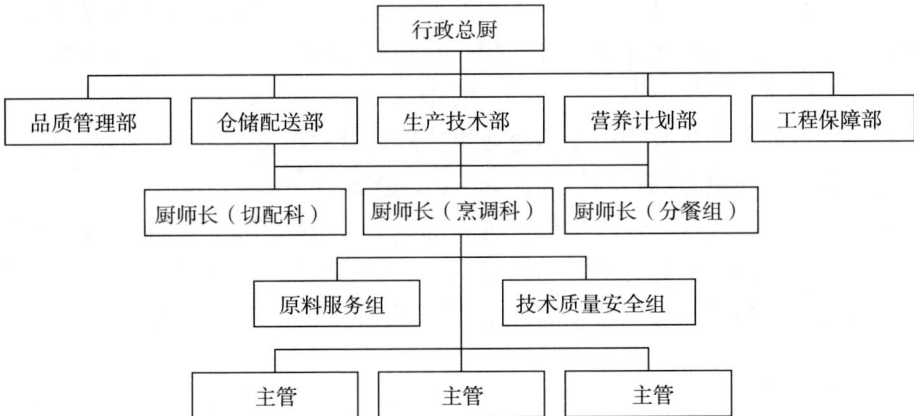

图 1-5　直线职能型结构

直线职能型结构形式是把管理机构分为两类。一类是直线型机构，按命令统一原则对各级组织行使指挥权，直线机构的管理人员在自己职责范围内，有一定的决定权和对所属下级指挥权，并对自己部门工作负全部责任。另一类是职能机构，按专业化原则，从事组织的各项职能管理工作。而职能机构的人员，则是直线指挥人员的参谋，不能对直接部门发号施令，只能进行业务指导。直线职能型结构与职能型结构的主要区别，在于各级职能机构是否对于下级拥有直接指挥权。

直线职能型结构既保持了直线型结构的集中统一指挥的优点，又吸收了职能型结构的专业分工管理的长处，具有较高的稳定性。但直线职能型结构在横向部门之间缺乏信息交流，各部门缺乏全局观念，最高领导的工作量较大。

组织规范的制订与执行是组织职能的基本内容之一。制度规范是指组织为有效实现目标，对组织的活动及其成员的行为规范、制约与协调，而制订的具有稳定性与强制力的规定、规程、方法与标准体系。制度规范的三个基本功能体现在规范功能、协调和制约功能。

组织的制度规范主要包括组织的基本制度、组织的管理制度、组织的技术与业务规范和组织成员的个人行为规范。

组织基本制度是指制度规范中具有根本性质的、规定企业形成和组织方式、决定企业性质的基本制度。如企业的法律和财产所有形式、企业章程、股东大会、董事会、监事会组织、高层管理组织等方面的制度。

组织管理制度是指企业生产经营过程中，对各项专业管理工作的范围、内容、程序、方法和标准等所作的制度规定，如部门（岗位）责任制，这是指对工作部门或工作岗位（个人）的工作责任与奖惩所作的规定。

组织的技术与业务规范是指生产经营活动的基本流程与要求，如生产技术标准和生产技术规程等。技术与业务规范要严格按照生产经营过程中的客观规律的要求进行设计，应坚持先进的管理思想，反映先进的技术水平，必须从本企业的实际出发，要充分发挥专业人员与群众的作用。

组织成员的个人行为规范是指企业生产经营过程中，企业成员所遵循的规则、准则等具有一般约束力的行为标准，如个人卫生制度等。

组织制度规范在执行过程中应注意明确责任，狠抓落实，严格执行；坚持原则性与灵活性的统一；加强考核与监督；加大奖惩力度；做好信息反馈，在适当的时机进行调整与进一步完善；加强宣传教育。

（四）激励

松下幸之助说："管理的最高境界是让人拼命工作而无怨无悔。"

就长远来看，根本无法强迫任何人做事，只能让他们自己心甘情愿地做。而唯有激励才能让员工燃烧起来，让激情经久不息，唯有激励才能使人的潜力得到最大限度的发挥。哈佛大学的威廉·詹姆士教授研究发现，按时计酬的员工能发挥其能力的 20% ～ 30%，而如果受到充分的激励，则员工的能力可以发挥到 80% ～ 90% 甚至更高。这其中 50% ～ 60% 的差距为激励工作所致。他得出一个公式：

$$工作业绩＝能力 \times 动机激发$$

在个体能力不变的条件下，工作成绩的大小取决于激励程度的高低。激励程度越高，工作绩效越大；反之，激励程度越低，工作绩效就越小。

激励是指管理者运用各种管理手段，刺激被管理者的需要，激发其动机，使其朝向所期望的目标前进的过程。

激励是在外界刺激变量（各种管理手段与环境因素）的作用下，使内在（需要、动机）产生持续不断的兴奋，从而引起被管理者积极的行为反应（实现目标的努力）。人的行为由动机决定，而动机由需要支配。但只有最强的动机才有实际行为产生。需要是产生激励的前提条件，没有需要激励无从谈起。但并非所有的需要都能产生激励。如某人非常富有，现在用奖金去激励他干粗活，效果肯定是不好的。激励在管理中的核心作用是调动人的积极性，其最显著的特点是内在驱动性和自觉自愿性（图 1-6）。

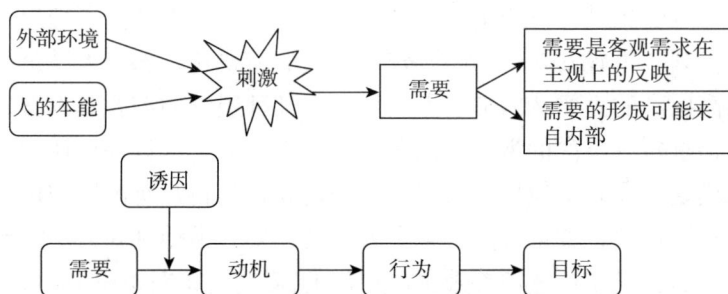

图 1-6　需要、动机、行为之间的关系

激励理论分为两种类型。一是内容型激励理论，是考察员工各种需要的内容与性质，如马斯洛（Abraham Maslow）的需要层次理论（图 1-7）和赫茨伯格（Frederick Herzberg）的双因素理论。二是过程型激励理论，所提供的激励因素是否能够在管理过程中发挥激励作用，如有公平理论、弗鲁姆的期望理论和斯金纳的强化理论。

美国心理学家亚伯拉罕·马斯洛 1943 年提出需要层次理论，他将人存在的需要分成 5 个层次。①生理需要，包括饥饿、干渴、居住、性和其他身体需要。②安全需要，保护自己免受生理和心理伤害的需要。③归属需要，包括爱、归属、接纳和友谊。④尊重需要，包括内部尊重需要（如自尊、自重和成就感）和外部尊重需要（如地位、被认可和受关注）。⑤自我实现需要，一种追求个人能力极限的内驱力，包括成长、发挥自己的潜能和自我实现。

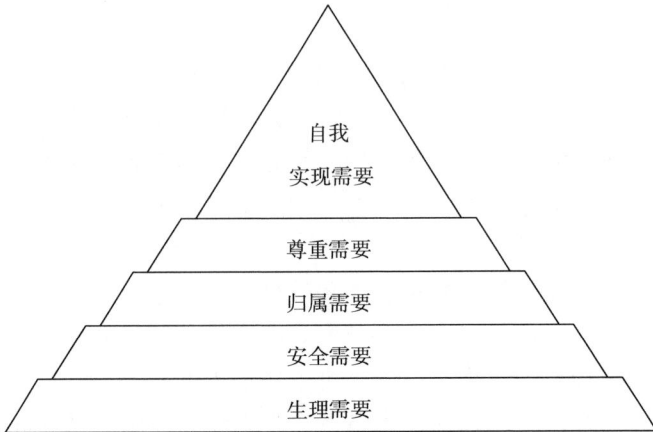

图 1-7　马斯洛的需要层次

在这五种需要中，生理需要和安全需要是较低层次的需要，而社会、尊重需要和自我实现需要则是较高层次的需要。低层次需要满足后，成为高层次满足的原动力，层次从低到高并非固定，有许多例外情况，有人"为了理想、崇高的社会标准与价值观"可置安全于不顾。较低层次的需要从外部使人满足（如报酬、房子）。较高层次的需要从内部使人满足。当某种层次的需要基本得到满足后，人们就开始追求较高层次的需要。从激励的观点来看，这种理论认为，虽然不存在完全获得满足的需要，但那些获得满足的需要也不再具有激励作用。所以，根据马斯洛的需要理论，如果要激励某个人，就需要知道他现在处于需要层次的哪个水平上，然后去满足这些需要及更高层次的需要。如果同一时刻可能同时存在几种需要，人的行为是优势需要决定的。

如图 1-8 所示，A－生理需要占优，表明生理需要是为迫切，安全次之；

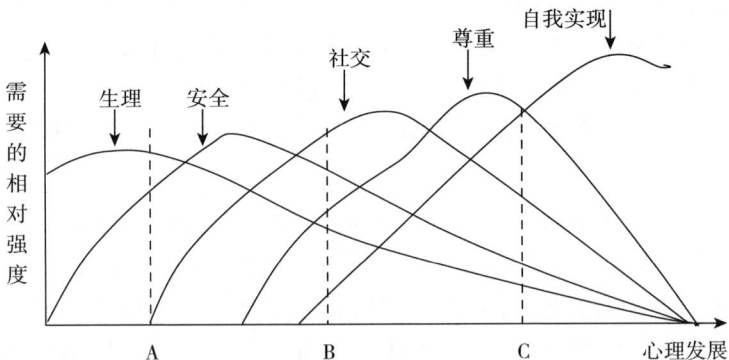

图 1-8　需要的相对强度与心理发展曲线图

B—社会需要占优，表明社会需要对人的行为影响最大，其次是安全需要；

C—尊重需要占优，表明人的行为主要由尊重需要决定，自我实现需要和社会需要也有较大的影响力。

在激励的环境中还有一个重要的问题，就是员工如何看待他们所作的贡献以及他们从企业中获得了什么，即员工如何评判企业对待他们是否公平。当员工被公平对待了，他们会感觉满意；若觉得没有被公平对待，就会感到不满，甚至他们会为恢复公平而努力。

1967年美国心理学家史坦斯·亚当斯（J.Stancy Adams）提出了公平理论。公平理论认为人们对工作的满意度取决于其在群体中的公平感，而人们的这种公平感是横向和纵向两种比较的结果。人们判断自己的付出是否得到了应有的回报时，首先会将自己同别人比较，这就是横向比，并对此作出积极或消极的反应。这时的比较不是报酬绝对值的比较，而是一种相对值的比较。如果以 Q_P 代表自己对所获报酬的感觉，I_P 代表自己对所投入量的感觉，Q_X 代表自己对别人所获报酬的感觉，I_X 代表自己对他人投入量的感觉，则公平理论可以公式 $Q_P/I_P=Q_X/I_X$ 表示。如果比较的结果是 $Q_P/I_P > Q_X/I_X$，则说明这个人得到了过高的报酬或付出的努力较少。这时，他一般不会要求减少报酬，而很可能自觉地增加投入量。但不久他就会因重新过高估计自己的投入而对高报酬心安理得，于是投入量又恢复如初。如果比较的结果是 $Q_P/I_P < Q_X/I_X$，则说明此人对组织的激励措施感到不平。此时他可能会要求提高报酬或自动减少投入量来达到心理上的平衡。而当 $Q_P/I_P=Q_X/I_X$ 时，员工会保持较好的稳定性（表1–4）。

表1–4　公平理论

比率	感觉
$Q_P/I_P > Q_X/I_X$	由于报酬过高产生的不公平
$Q_P/I_P=Q_X/I_X$	公平
$Q_P/I_P < Q_X/I_X$	由于报酬过低产生的不公平

Q_P/I_P　代表员工的产出—投入比；

Q_X/I_X　代表相关的其他人的产出—投入比；

$Q_P/I_P > Q_X/I_X$ 可以表述为别人不公平；

$Q_P/I_P < Q_X/I_X$ 可以表述为自己不公平。

员工在工作的过程中，可能把自己与朋友、邻居、同事或其他组织的成员相比较，也可以与自己的过去工作经历相比较。员工采取哪种参照对比方式，不但受到员工所掌握的有关参照人员的信息影响，而且会受到参照人的吸引力的影响。

通常情况下，任期短的员工可能不太了解组织中其他人的信息，所以他们依赖自己的工作经历；而任期长的员工更多的是拿同事作比较。作为厨房的管理者需要了解和体察员工的这种心态，在制订激励制度时，应考虑到这方面因素，如发现确实存在不公平，应及时加以调整；如只是个体知觉上的偏差，则应及时加以说明和引导。

管理者一定要重视激励，其做法有以下几种。

（1）把奖励给有贡献的人，福利给有态度的人

当员工有突出表现，为企业做出贡献、创造出价值时，就应该给予相应的奖励和福利，让其员工感受到被重视和被认可，激发积极性。同时也要重视员工的态度，如果员工有非常好的工作态度，没有做出大贡献或没有创造出高价值，却维护了企业形象，宣扬了正能量，这也是一种无形的价值创造。企业的奖励应该是长期的行为，而不是短期的，只有这样企业才能有持续的长期效益和正能量。在奖励时要明确告诉员工为什么会获得奖励，以后还应该怎么做，受奖励员工所完成的工作一定要与企业目标相一致，对团队的员工要公平，需按照贡献大小进行非平均奖励。

（2）物质激励是最有效、最直接的激励手段

物质激励首先表现为提高员工的薪酬，现在的生活成本越来越高，员工最大的渴望是多赚些钱，让自己和家人生活得好，提高员工的薪水，以"薪"换员工的"心"。前面已介绍了员工的动力来自两个方面：一是自己的付出与收入成正比，这是最基本的，对员工的影响是初级的；二是受相对平衡的薪水的影响，会不自觉地与周围同事或具体有可比性的相关人员综合付出和收入进行比较。如果企业对员工有一些偏心，那么他就会感到不公平、不公正，会使前期的激励措施全部作废。因为员工的积极性不仅取决于绝对报酬，还取决于相对报酬。

（3）及时奖励员工才能获得最佳效果

心理学研究表明，当一个人做出成绩时，那一瞬间最渴望得到奖励和表扬，越往后对奖励和表扬的渴望就越低。及时奖励就缩短了奖励与行为之间时差。如体育竞赛，比赛结束后就分出名次，马上进行奖励，烹饪技术竞赛也是如此，操作完毕立即评分，排出名次，予以奖励。要想得到奖励的最大效果，就在员工做出成绩的第一时间内进行奖励。

及时奖励不局限于物质奖励，还包括精神奖励。只要员工出色完成任务之后，及时赞扬或奖励员工，也能让员工高兴几天，更别说及时给员工发奖金了。

及时奖励要求奖励快速，但这种快速也不是绝对的。及时奖励员工不等于一味求快，也不是非要等到员工干出成绩了才奖励，而是在员工最需要的时候奖励。如员工的工作进展非常顺利，成功就在眼前，这时突然出现一点困难"卡壳"，此时员工最需要激励，如果及时奖励，可激发员工一鼓作气完成工作。奖励时机

要超出员工的期望，如员工以为奖金是年底发，但这个月末就发了，这种及时奖励也能极大地鼓舞团队的士气。

（4）真诚的赞美能激发团队成员的热情

美国著名女企业家玛丽凯曾说，世界上有两件东西比金钱和性更为人们所需，那就是认可和赞美。作为管理者，当你对员工发出真诚的赞美时，就是对员工价值的最好认同和重视，能使员工的心灵需求得到满足，从而激发他们潜在的才能，激发他们对企业的热爱和对工作的热情。

赞美是一门艺术，需要讲究技巧，因此赞美激励的方法要注意以下几点。

①赞美不可一成不变，而要因人而异。

②赞美不可虚伪敷衍，而要流露真情实意。

③赞美切忌不分时机，定要合乎时宜。

（5）竞争是给员工"注入"最好的"兴奋剂"

流水不腐，户枢不蠹。懒惰是人的天性，在没有竞争的企业，员工没有后顾之忧，他们就很容易躺在功劳簿上睡大觉。这样整个团队就会逐渐失去战斗力。如果管理者时刻提醒他们"物竞天择，适者生存"，那么他们就不由自主地兴奋起来、"奔跑"起来。这样企业才会充满生气，团队才会生机勃发。

不服输的心理人人都有，只是强烈程度不同。即使一个人的竞争心很弱，但他的内心也会潜伏着一种竞争意识。管理者要利用员工的心理，想办法为他们设置一些竞争对象，让他们产生一定的危机感，有效地激发他们的工作热情，从而让他们主动展开竞争，工作效率自然就会提高。在具体实施时，可以参考如下做法。

①给员工设置竞争对手，鞭策员工积极进取。

②给员工设置超越的目标，激发员工的好胜心。

③引进"鲇鱼"，让团队成员紧张起来。所谓鲇鱼，来自"鲇鱼效应"的说法，指的是为了让沙丁鱼活着带上岸，将被打捞到船舱后，放入鲇鱼。由于鲇鱼是沙丁鱼的天敌，沙丁鱼不得不游动起来，这样就避免缺氧造成死亡。其实，员工有时候就像沙丁鱼一样，在没有天敌、没有对手、没有威胁的时候，也容易变得懒散、不思进取。因此，适当地引进"鲇鱼"很有必要。

（6）给予及时反馈也是一种激励

给予员工及时的反馈，表达的是对员工的重视。尤其是当员工提出一些意见和建议后，尽快给员工意见反馈，这对员工来说是一种巨大的精神激励。这表明管理者重视员工的意见和建议。无论管理者最终是否采纳员工的意见和建议，员工都会感到开心。

千万别忽视对员工的反馈，忽视反馈就是漠视员工，会让员工感到失望和受到冷遇，这对激励人心是毫无益处的。因此须注意以下几点。

①定期对员工的近期表现予以点评和指导。

②设置发言平台鼓励员工发表意见和建议。

（7）适当的惩罚也是一种不可缺少的激励

不少管理者对激励的认识存在一个误区，认为奖励员工才能激励员工的积极性，事实上处罚的目的不仅仅是避免员工犯错，更可以反面促进员工进取。对员工来说，奖励是重要的激励手段，适当的处罚也是必不可少的激励举措。

惩罚从某种意义上说也是一种激励措施，因为惩罚可以激发员工自我保护的心理，尤其是出于保护自尊心，员工往往会为荣誉而战，自尊心能对人产生驱动力。惩罚激励并非简单的惩罚，而是一门高深的艺术。高明的惩罚激励，往往蕴含着惩罚之后的安抚，这样才不至于让员感到痛苦和绝望。因此，在运用惩罚激励员工时，还需要注意技巧。

①在制度中设定相应的处罚条例，按照制度来惩罚员工。

②如果提醒和威胁就可以奏效，惩罚就不必要真的实行。

③惩罚员工不是目的，打一"巴掌"之后"甜枣"要跟上。

（五）协调和沟通

在现实管理过程中，大量的工作是协调和沟通。在管理中有两个 70% 之说，第一个 70% 即管理中工作量较大的内容是协调和沟通，如谈话、谈判、座谈、电话、发文件，甚至包括批评和表扬等。第二个 70% 是由协调和沟通不畅而引起工作中出现的问题，如工作中的摩擦、冲突、矛盾、障碍等。

所谓协调是指人们为了追求共同的目的而形成的一致的行动。管理者运用权力、威信、各种方法和技巧，将活动中的各种资源、关系等因素组合起来，减少内耗和摩擦，缓解或化解矛盾，团结共事，协调合作，行动一致，形成组织活动、社会合力，达到组织目标，取得组织绩效。在管理过程所表现出的领导艺术——协调能力，是管理者必须具备的基本能力之一。

1. 协调的原则

（1）顾全大局的原则

管理者对自己所在的组织以及本组织所处的环境有一个整体的把握之后，才能在协调活动中正确认识组织的目标，准确把握自己在组织中的定位，识大局顾大体，坚持全局为上，积极协调，不回避矛盾，不当无原则的"和事佬"，卓有成效地做好协调工作。

（2）实事求是的原则

在现实中矛盾、冲突是相当复杂的，有原则性的，也有非原则性的；有实际工作问题，也有情感问题和认知问题；有主观人为的，也有客观造成的。管理者在协调具体的矛盾和冲突时，要坚持实事求是的原则，明辨是非，弄清原因，具体问题具体分析，切不可感情用事。

（3）公正合理的原则

公正是协调关系、解决矛盾的重要条件。合理是各种要素配置达到科学化、最优化的基本要求。公正合理，要求管理者在协调各种关系、矛盾和冲突时，应致力于建设和谐的人际关系，努力克服等级观念、家长意识、特权思想、情感等因素的干扰和影响，坚持客观公正，以人为本，出以公心，公平对待各方，秉公办事，一视同仁。

（4）平衡兼顾的原则

管理者应始终保持清醒的头脑，科学分析影响组织和谐的原因，充分了解冲突各方的利益需求，力争找到当事各方的共同点，求同存异，兼顾各方，平衡利益需求，最大限度地减少不和谐因素，不断促进组织和谐。

（5）疏导沟通的原则

民主协调、疏导沟通是正确处理和协调各种不同利益矛盾、解决冲突的有效形式。通过民主协商和沟通，可以增进理解，沟通感情，疏通关系，化解矛盾，达到较好的协调效果。

2. 协调的分类

协调分为对外协调和对内协调、工作协调和人际关系协调。

对外协调和对内协调是从组织角度对协调的分类，如图1-9所示。

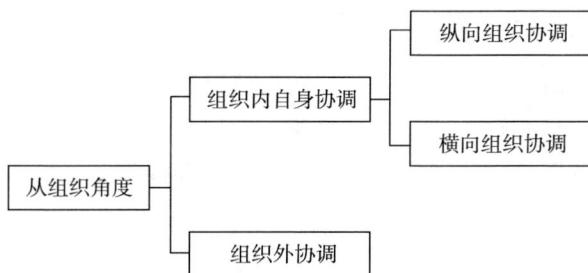

图1-9　组织协调

工作协调是从工作角度对协调的分类，如图1-10所示。

人际关系协调是指个人或群体在交往过程中相互满足心理需要过程的协调。

在协调过程中要理清先后顺序。首先要"先调心，后调身"。心是本，身是标，即先"齐心"后"协力"。其次是"先调我，再调他"。概括起来说，一是要先认知自己的情绪。工作中有了误会，先从自身找原因，调整好自我。二是要学会控制自己的情绪。三是"先调上，再调下"。上是本，下是标。上行协调贵在"尊重"，下行协调重在"激励"，平行协调重在"双赢"。最后是"先调人，再调事"。人是本，事是标。

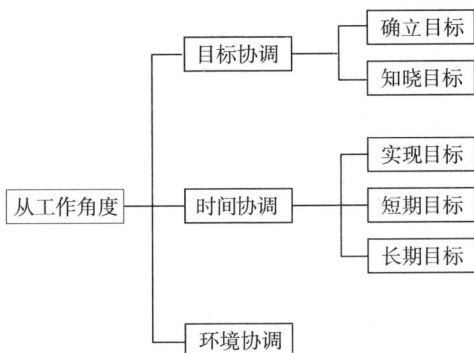

图 1-10　工作协调

　　在现实工作中，企业内部有冲突是不可避免的，带有普遍性的。冲突的本身就是由于利益、地位、态度、性格、工作作风的不同而引起的，加之发生在内部，所以冲突双方不具有敌对性，但如果不及时解决会给企业带来不利的影响。

　　3. 沟通与信息理解

　　厨房的管理者还应该注意各种协调应在早期进行，不要等到问题成堆时再进行处理。另外学会使用协调的工具——沟通。松下幸之助说："企业管理过去是沟通，现在是沟通，未来还是沟通。"美国普林斯顿大学对 1 万份人事档案进行分析的结果显示："智慧""专业技术"和"经验"只占成功因素的 25%，其余75% 决定于良好的人际沟通。

　　所谓沟通就是指组织内部人与人之间的信息交流，它是组织协调的工具。沟通的核心内容是信息交流，通过信息交流，使组织成员之间交换信息。沟通的目的在于准确地理解信息。沟通包含发讯者、信息和接讯者三要素。沟通的流程如图 1-11 所示。

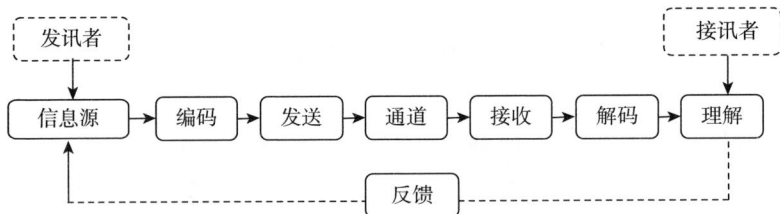

图 1-11　沟通的流程

　　沟通是双向的，其方式有口头沟通、书面沟通和非语言沟通等。口头沟通的方式信息传递速度快，反馈速度快，但信息容易失真；书面沟通的方式在传递过程中信息周密、逻辑性强、条理清楚，但耗费时间较多；非语言沟通方式主要是指技体语言和语调。

在沟通过程中会出现沟通障碍，常见的有沟通目的不明确，自身的主观过滤、固有思维、习惯和知识文化等，对方固有思维、偏见、情绪、文化背景和接受的意愿以及表达中的语音语调、逻辑、表达方式和渠道选择等，还有环境、信息量超载的因素等而引起的沟通障碍。人与人之间的信息误解如图 1-12 所示。

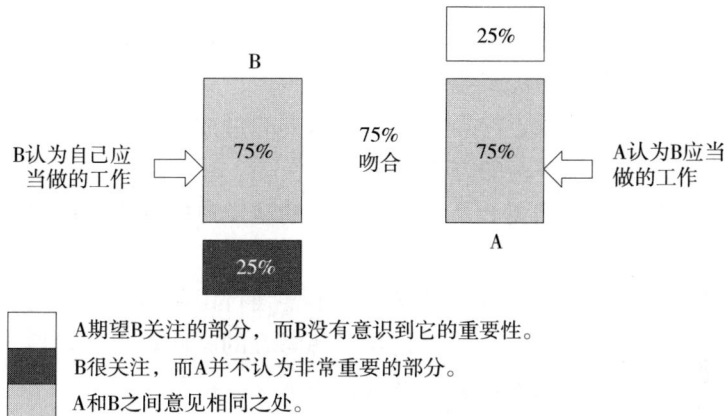

B认为自己应当做的工作

75% 吻合

A认为B应当做的工作

A期望B关注的部分，而B没有意识到它的重要性。
B很关注，而A并不认为非常重要的部分。
A和B之间意见相同之处。

图 1-12　沟通障碍图

由于沟通信息丢失，纵向上的执行力会出现递减，这就是信息理解漏斗（图 1-13）。因此要做到仔细掌握信息的反馈，简化语言，积极倾听，抑制情绪（不要质问，而要提问），并注意非语言提示。

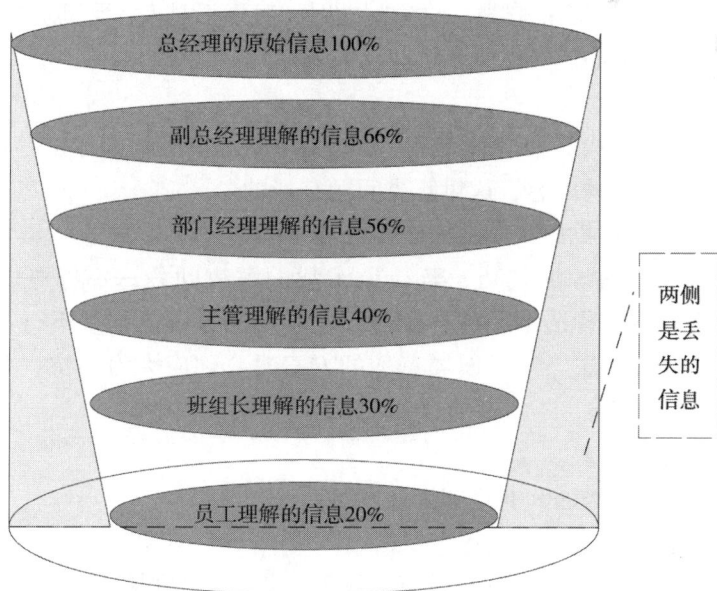

总经理的原始信息100%
副总经理理解的信息66%
部门经理理解的信息56%
主管理解的信息40%
班组长理解的信息30%
员工理解的信息20%

两侧是丢失的信息

图 1-13　信息理解漏斗

4.有效沟通的步骤

沟通的目标在于解决问题，建立关系。所谓"问题"是指"期望目标"与"实际情况"之间的差距。解决问题的效率取决于沟通的效果，要做到事半功倍，必须优选沟通对象、时机、渠道和营造优良的沟通环境。

有效沟通有六个步骤。

①事前准备。需明确沟通目标，制订相应的计划，预测可能遇到的异议和争执，对本次沟通中双方的优劣势做出分析。

②确认需求。确认双方的需求，明确双方的目的是否一致。开始沟通时切忌用"为什么"，最好用提问的方式开始。

③阐述观点。非常重要的是如何把自己的观点更好地表达给对方。即当你表达你的意思后，对方能够明白并能接受。

④处理异议。在沟通中遇到异议时，不要强行说服对方，而是利用对方的观点来说服对方。因此遭到异议后，先要了解对方的某些观点，然后当对方说出对你有利的观点时，再用此观点去说服对方。

⑤达成协议。沟通的结果就是最后达成一个协议，协议达成后要注意对其表示感谢、赞美和庆祝。

⑥共同实施。达成协议是沟通的一个结果，但最终要实施，才能解决问题。

5.沟通的基本原则

（1）维护自尊，加强自信

自信就是对自己感到满意，而且与他人合作，很乐意去解决问题，勇于挑战。作为管理者，要维护员工的自尊，讨论问题时，对事不对人，要赞赏员工的意见，对其能力表示充满信心。

（2）专心倾听

倾听是打开双方沟通渠道的关键，要让员工从心里感觉到你正专心聆听，同时也让员工明白说话的内容，这对解决问题有帮助。

（3）要让员工帮助解决问题

员工一般都有熟练的技巧，若让员工帮助解决问题，不仅可以有效地运用宝贵的资源，还能营造出一种合作、共同参与的氛围。如果不行，还可以让员工提出其他解决办法。当下属同意你的方案时，你应大力支持，并随时提供帮助。

6.组织沟通的方式

组织沟通有正式沟通和非正式沟通两种。

（1）正式沟通

正式沟通是指在组织系统内，依据组织明文规定的原则进行信息传递与交流。如组织之间公函来往、组织内部文件传达和召开会议等。

正式沟通效果，比较严肃，约束力强，易于保密，可使信息沟通具有权威性。但层层传递过于刻板，可能存在信息失真或扭曲。因此在有效人际沟通就需要发挥其优点，避免缺点。

（2）非正式沟通

非正式沟通一般由于组织成员的情感和动机需要而形成。非正式沟通形式因无规律而被形象地喻为"葡萄藤"。

非正式沟通不拘泥于形式，直接明了，速度快，容易及时了解到正式沟通难以提供的"内幕新闻"。非正式沟通能够发挥作用的基础是组织中关联的人际关系，在信息沟通过程中难以控制，信息不准确，容易失真，而且可能导致小集团和小圈子，影响组织凝聚力和人心稳定性。小道消息或传闻是非正式沟通的重要组成部分，组织成员无法从正式渠道获得所需消息，或对自身利益相关的重大事件时，就会求助于非正式渠道。非正式沟通客观存在的情况下，须把小道消息的范围和影响限定在一定区域内，使消极影响减小到最低。

正式沟通渠道与非正式沟通渠道比较如表1-5所示。

表1-5　正式沟通渠道与非正式沟通渠道比较表

内容	正式沟通渠道	非正式沟通渠道
优点	a. 制度化 b. 传递信息的准确性、可靠性和系统性高 c. 可保存、评估、追究责任 d. 定期性	a. 非制度化，脱离企业的等级结构 b. 传递速度快，传递方式灵活 c. 面对面的沟通，信息反馈基本同时进行 d. 目的性和针对性强，效率更高
缺点	a. 速度较慢，效率较低 b. 要整理起草正式的书面报告，不太便利	信息准确性、可靠性和系统性程度较低，或多或少地受人为因素影响，难以追究责任
地位	企业信息沟通的主体	信息沟通的补充渠道，难以消除
主要方式	例会制度、报告制度、文件、书面通知等	谈话、座谈会、建议等
措施	建立和完善正式沟通渠道，提供有效的沟通方式	加强引导和控制

在组织中，按照沟通的方向可将其分为以下几种，即上行沟通、平行沟通、下行沟通和斜向沟通。上行沟通是指下级人员逐级向上反映，让上级主管了解下情的沟通。下行沟通是指通过组织层次，将企业的目标、计划、方针、政策、要求和规章制度逐级向下传达的沟通。平行沟通是指组织内同一阶层之间的沟通。斜向沟通是指组织内不同层次之间的沟通，见图1-14。

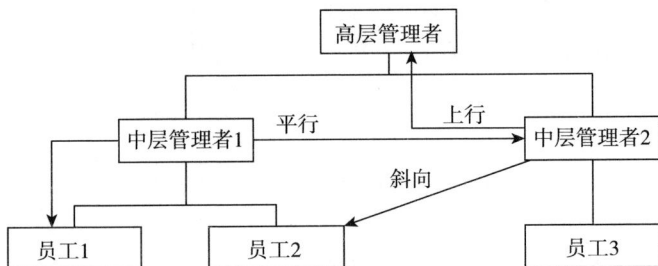

图1-14　组织的正式沟通渠道

7.沟通的重要意义和方法

在团队管理中沟通有着重要的意义，美国通用电气公司前CEO杰克·韦尔奇曾说过："管理就沟通、沟通、再沟通。"对于管理者来说，有了沟通才能了解下属的想法，才能获取更多的决策信息，对下属来说，有了沟通，才能明白领导交办的工作，才能知道执行的方向以及执行要达到怎样的效果。尤其是在出现重大问题时，唯有沟通才能保证信息的上传下达。所以，沟通对管理至关重要，没有沟通就没有管理。

（1）沟通带来理解，理解带来合作

在经营企业的过程中，要想让团队充满凝聚力和合作精神，沟通是一个不可或缺的环节，畅通的沟通渠道和高效的信息交流，可以让每个团队成员明确自己的职责和任务，还可以让管理者明白自己要在哪些方面做好指挥和调度，使工作更容易出成效，保证目标顺利实现。

反之，如果企业管理中没有沟通，团队成员之间缺乏交流，大家各干各的，很容易出现重复劳动及无意间相互拆台，彼此不但无法相互协助，还会互相阻碍，影响团队实现目标。

没有沟通，不只是感情无法交流，还会导致思想和行动无法统一，难免出现误解和各自为政的现象。有时大家的出发点都是好的，但由于没有沟通，结果导致好心办坏事，由此可见，没有沟通就没有理解，没有沟通就没有合作，也就无所谓效益，甚至可能形成负效益。

一个团队仅有"多干少说"是不够的，必须有充分的沟通，在沟通的基础上明确各自的任务和职责，然后才能分工协作，才能把大家的力量形成合力。

对于企业管理者来说，沟通尤为重要。一个沟通良好的企业可以使所有员工清楚地理解上司的指令，明确自己应该做什么工作、做到什么标准。团队内部的沟通可以使管理层工作更加轻松，也可以使员工大幅提高工作绩效，同时还能增强团队的凝聚力和竞争力。

很多管理者谈到团队合作时，都会提到"默契"，希望团队成员之间的合作充满默契。其实，默契是一个非常高的标准，没有沟通的合作是没办法默契的。只有经过长期的沟通和磨合，彼此了解对方的工作习惯、思维方式，才能达到默契地合作。可以说，沟通是默契使用的基础。

要想进行有效的沟通，可以注意以下几点。

①管理者应该积极和员工沟通。

②明确与员工沟通时的几个问题。在与员工沟通时，管理者有必要明确这样几个问题。A. 知道该说什么，即明确沟通的目的。B. 知道什么时候说，即掌握沟通的时机。C. 知道和谁沟通，即明确沟通的对象。D. 知道怎么沟通，即掌握沟通、表达的方式方法。

③沟通是双向的，引导员工积极沟通。

（2）重视员工会议，坚决不搞"一言堂"

很多管理者习惯于坐在自己的办公室里独断专行，在他们眼里员工的意见是在挑战他们的权威，是在质疑他们的能力。所以，他们决不轻易让员工们发言，尤其是在决策时，更是反感员工发出声音。这种"一言堂"作风是管理的大忌。因为管理者并非万能，员工有时候能提出很好的意见和想法，管理者理应把它作为自己进行决策的重要参考依据之一。

事实上，企业的发展绝不能只依靠上层管理者的决策，而应该充分调动全体员工的智慧，使大家群策群力。在企业重大问题上，管理者应该广泛听取大家的意见，对各种意见进行分析、归纳和整理，最终得出正确的结论。这就叫集思广益，是管理者做出优秀决策的重要方法。

杰克·韦尔奇曾说："CEO 的任务，应该对他员工的成长感到自豪。企业的副总应当对他的领域负起责任，而不是等 CEO 向他发号施令。如果所有的想法都来自 CEO，CEO 告诉每一个人如何做每一件事的话，这样的企业就很难长久成功。企业的成功需要集思广益，所有的人都要有激情。"

重视员工的意见，不仅有利于提高管理效率，还能充分地激发员工的能量。要做到集思广益，因此要注意以下几点。

①别试图当英雄，多给员工发表意见的机会。

②别仓促做决定，多考虑几种解决问题的方法。

（3）推心置腹才能解开沟通中的死结

沟通在企业管理中的重要性不言而喻，很多管理者意识到这一点后，也慢慢开始重视沟通管理。然而，有些管理者并未理解沟通的精髓，在与员工沟通时，往往走过场、玩形式、沟通的时候摆着官架子，打着官腔，这样的沟通不但起不到应有的作用，相反，还容易引起员工的反感。这样的一来，即使员工心中有想法，思想上有困惑，也不会与管理者畅谈了。

解开沟通中死结的方法，就是让管理者的态度要真诚，要做到"开诚布公""推心置腹""设身处地"。也就是说，管理者要以良好的心态，把自己放在与员工同等的位置上进行沟通。这样才能在情感上获得员工的信任，拉近与员工的心理距离，实现对员工的了解和激励。

感情是沟通的桥梁，要想打动员工，必须架起这座桥梁。管理者与员工谈话时，要使对方感到自己没有抱着任何个人目的，只是纯粹地关心他，帮助他，为他的切身利益考虑。这样，员工才会对管理者充满信任。

管理者经常找下属谈心，可以充分了解员工对企业发展的看法，了解员工的心态，情绪变化，还可以了解员工工作的速度等。这样有利于更好地掌握员工的情况，更好地指导员工工作。与此同时，由于每个员工都希望得到上司的重视和认可，因此，管理者主动找员工谈心，可以满足员工被关注、被重视的心理需求，从而对其起到激励作用。此外，这样做对于形成团队凝聚力、促进员工完成工作任务也有着重要的意义。总结起来就是：以己之心，换人之心；再就是循循善诱，心平气和地引导下属。

虽然管理者有权力命令员工服从指令，但单纯地依靠命令并不能发挥领导的指挥棒作用，如果员工不理解，不认同管理者的指令，他们很难真心实意地去执行。所以，这个时候引导和说服就显得尤为重要。引导和说服，其实归根结底还是沟通，循循善诱，心平气和地引导员工。

（4）积极接纳意见建议，营造开放式的团队氛围

管理离不开沟通，因为沟通就像血液一样，可以渗透到管理组织的各个方面。如果没有沟通，企业就会失去生命力。因此，积极接纳员工的意见和建议，营造开放的团队气氛十分重要，它是实现企业内部沟通的重要保障。

在企业内部，当管理者提出自己的观点之后，应鼓励员工积极提出不同的意见，开放式的团队氛围有利于激发管理者做出更明智的决策。良好的沟通环境对企业的发展有着重要意义。

想让员工畅所欲言，管理者首先要有乐于倾听的心态，还要为员工创造良好的沟通环境，这样才能让员工感受到管理者对他们意见的重视。当管理者听到可贵的意见时，表现得欢欣鼓舞，这种激动之情也会感染员工，让员工意识到管理者真的需要他们的意见。这样，员工自然乐于提建议、说真话。①创造开放式的办公环境。②营造尊重与沟通并存的沟通氛围。③及时疏导情绪，消除员工心中的负能量。

及时疏导消极情绪，消除员工心中的负能量要注意，不要忽视员工的抱怨，同时消除员工的浮躁、冷漠等负面情绪。

（5）帮助员工摆脱"无助感"的束缚

员工在工作中，有来自各方面的压力，有上司交给他的工作压力，也有来自家庭、社交等方面的压力；有时候他们会遭遇困难和挫折，产生困惑和烦恼，

会陷入无助的状态。身为企业的管理者，就相当于一个家庭的家长，有责任及时帮助员工摆脱不良状态，一身轻松地投入工作，为企业创造更多效益。

一名管理者通过察觉员工的不良情绪，可以了解员工的无助感，消除员工内心的负能量，这对提高员工的工作效率是十分有益的。当管理者以关怀的口吻开导员工时，会让员工觉得领导很贴心，很细心。这样有利于拉近彼此的感情距离，有利于在工作中更好地配合。

（6）主动沟通，把误解和矛盾消除在萌芽中

①尽量与员工直接沟通。面对面沟通是最有效的沟通方式，因为双方不但能了解言语的意思，而且能够了肢体语言的含义，如手势和面部表情。面对面沟通是建立业务、进行合作的最佳方法，也是管理者向下属传递信任、表达激励的重要手段。

另外，面对面沟通可以在最短的时间内反馈信息，特别有助于讨论复杂的问题，或在时间紧迫的情况下迅速做出决策，从而最大限度地减少参与者之前的相互推诿、扯皮现象。所以，如果你可以做到与员工直接沟通，就不要让他人帮你转告。

②让员工及时做出反馈。为了让员工及时做出反馈，你在与员工沟通的时候，可以多用这样的句子，如"你对我所说的有什么想法？能提一些建议吗？""我认为……你的看法呢？""对，请继续说！"在这样的鼓励下，员工一般会乐意向你反馈自己的想法，这样你就可以更好地了解他们，从而有针对性地进行交谈，最终达成统一的意见。

③鼓励员工提出疑问。有疑问和不解时，应主动沟通，提出疑问，彻底地明白对方的意思。这一点无论是对于管理者，还是对于员工来说，都是至关重要的。在沟通中，管理者既要鼓励员工提出疑问，也要做出表率，遇到疑问时主动找员工沟通，只有这样才能将矛盾和误解消除在萌芽中。

（六）控制

控制是对目前的工作进行监督和检查，并纠正工作中所发生的偏差。这实际上就是将预期效果与实际效果进行比较，使之尽可能少的产生偏差。所谓控制，就是按照计划标准衡量计划完成情况和纠正计划执行中的偏差，以确保计划目标实现，或适当修改计划，使计划更加适合于实际情况。控制理论的主要内容见图1-15。

1.控制的主要目标

现代管理中控制的工作主要目标有以下两个方面。

（1）限制偏差的累积

工作出现偏差是不可避免的。但小的偏差失误在较长时间里会积累放大，并

最终对计划的正常实施造成威胁。通过检验作用,检验各项工作是否按计划进行,同时,也检验计划的正确性和合理性,因此,管理控制应当能够及时地获取偏差信息。

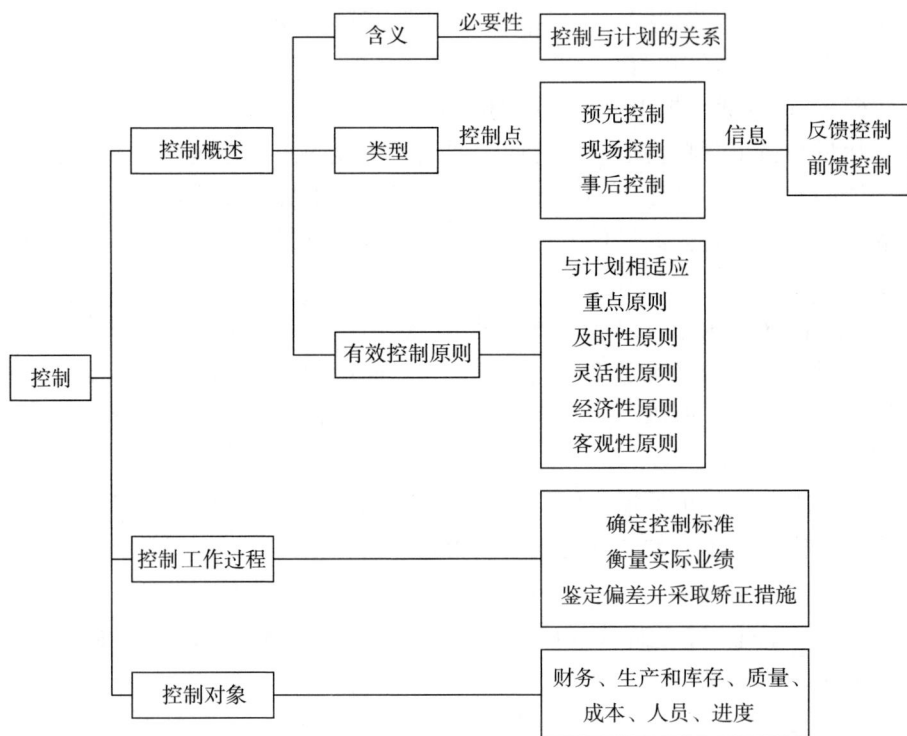

图 1-15　控制理论系统图

（2）适应环境的变化

制订出计划目标到目标实现,总是需要相当一段时间。在这段时间,组织内部的条件和外部环境可能会发生一些变化。在计划的执行过程中,通过调节作用,对原计划进行修改,并调整整个管理过程,就需要构建有效的控制系统,帮助管理人员预测和把握这些变化,并对由此带来的机会和威胁做出反应。

2. 控制的特点和基本要素

控制是以计划为依据,与其他管理职能之间存在着密切的关系,控制在计划、组织、领导职能的基础上,对具体组织活动进行检查和调整的过程,离开此基础,控制就无法正常进行。对于经常发生变化的迅速而又直接影响组织活动的"急性病症问题",控制应随时将计划的执行结果与标准比较,若发现有超过计划允许范围的偏差时，则及时采取必要的纠正措施，使组织内部系统活动趋于相对稳定，实现组织的既定目标。对于长期存在着的影响组织素质的"慢性病症问题"，控制要根据内外环境变化对组织新的要求和组织不断发展的需求，打破执行现状，重新修订计划，确定新的现实和管理控制标准，使之更先进、更合理。因此，计划是控制的前提，控制是完成计划的保证，如果没有控制，没有实际与计划的比较，就不知道计划是否完成，计划和控制是密不可分（图1-16）。

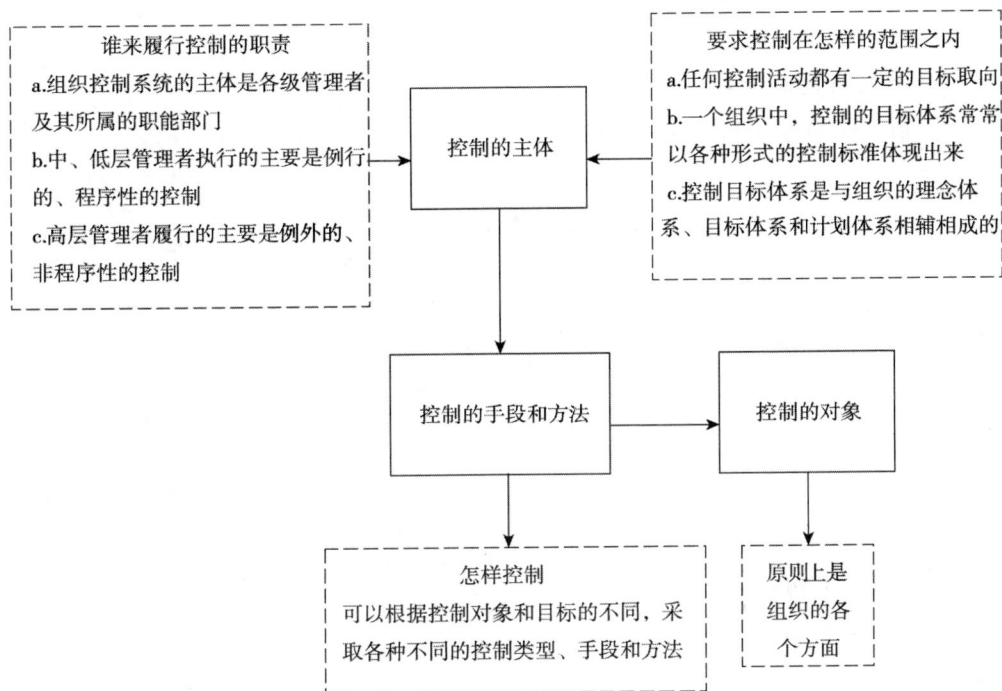

图 1-16　控制系统构成图

管理控制具有以下特点。

①管理控制具有整体性。包括两层含义：一是管理控制是组织全体成员的职责；二是控制对象是组织的各方面。

②管理控制具有动态性。标准、方法不能固定不变，应是动态的，提高适应性及有效性。

③管理控制是作为人的控制并有人来控制。首先是对人的控制，是靠人来完成执行。

④管理控制是提高员工能力的重要手段。不仅是监督，更重要的是指导和帮助。

控制的基本要素有三个内容：一是控制标准，具有明确的控制目标：二是偏差信息，具有及时、可靠、适用的信息；三是矫正措施，具有行之有效的行动措施（图 1–17）。

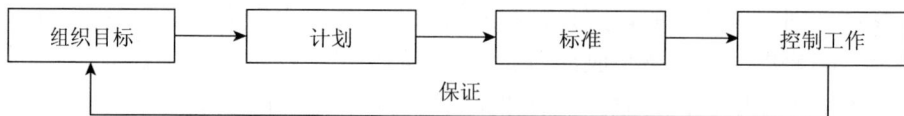

图 1–17　计划、标准、控制及目标的关系图

3. 控制的基本过程

控制工作的过程和控制的主要功能分别如图 1–18 和图 1–19 所示。

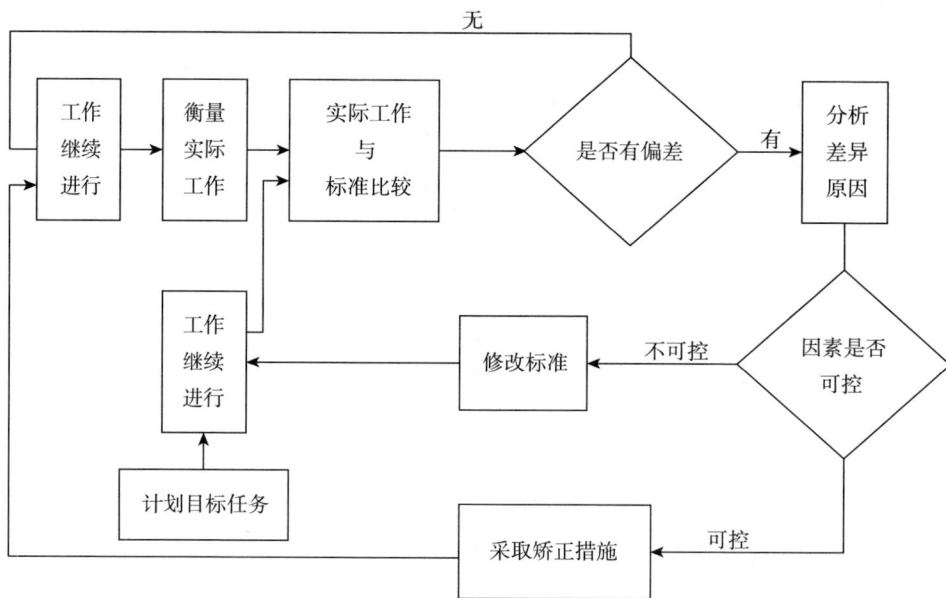

图 1–18　控制工作过程图

（1）确立标准

常用的控制标准有四类：一是时间标准，二是数量标准，三是质量标准，四是成本标准。要控制就要有标准，目标和计划是控制的总标准。为了对各项业务活动实施控制，还必须以总标准为依据设置更加具体的标准，计划方案的每个目标、方案所包括的每项活动、每项政策、每项规程以及每项预算，都可以成为衡量实际业绩或预期业绩的标准，如实物标准、成本标准、资本标准、收益标准、计划标准等。在实际工作中，不管采用哪个类型的标准，都需要按照控制对象的特点来决定。

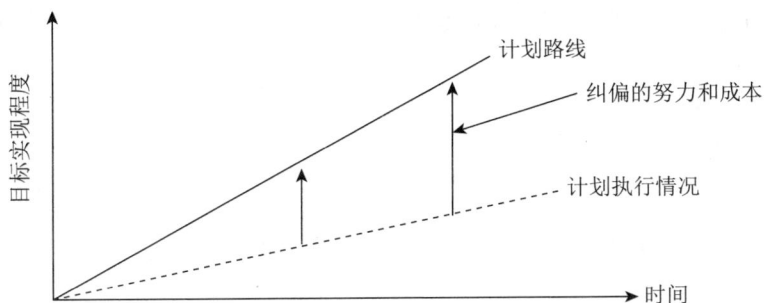

图 1-19 控制工作的主要功能图

（2）测量实绩与界定偏差

它分为两步骤：一是测定或预测实际工作成绩，二是进行实绩与标准的比较。

（3）分析原因与采取措施

①衡量绩效。衡量绩效就是按照标准衡量工作实绩达到标准的程度，也是控制当中信息反馈的过程。这一步骤包括三个方面内容：一是搜集反映实际绩效的信息，二是比较实际绩效与标准找出差异，三是纠正偏差，采用必要措施纠正偏差是控制过程的关键。

②有效控制。

A.适时控制。适时性指控制系统应该及时提供信息，迅速做出管理上的反应。

B.适度控制。适度控制是指控制的范围、程度和频度要恰到好处。

C.客观控制。控制系统必须是精确的，然而，在现实生活中，许多管理者的决策往往是基于不精确的信息。这都给管理者的正确决策带来负面影响。

D.弹性控制。有效的控制系统应有足够的灵活性来保持对运行过程的管理控制，也就是说，应该具有一定的弹性。弹性控制最好是通过弹性的计划和弹性的衡量标准来实现。

③有效控制原则。

A.重点原则。实际工作中，要想控制工作或活动的全过程几乎是不可能，应抓住活动过程的关键和重点进行局部和重点为控制。

B.及时性原则。高效率的控制系统，要求能迅速发现问题，并及时采取控制措施。一旦丧失时机，即使提供再准确的信息也徒劳无益。

C.灵活性原则。控制应保证在发生某些未能预测到事件的情况下，如环境突变、计划疏忽、计划失败等情况下，控制依然有效，因此要有灵活性。

D.经济性原则。控制是一项需要投入大量的人力、物力和财力的活动，其耗费之大正是许多应予控制的问题没有加以控制的主要原因之一。

E.客观性原则。未来不可预测性始终是一个客观的存在。要做到信息内容真实、准确。

4.控制的类型

（1）按控制目的和对象划分

①纠正执行偏差（负馈控制）。这是使执行结果符合控制标准的要求，为此需要将管理循环中的实施环节作为控制对象，这种控制的目的就是缩小实际情况与控制目标的偏差。

②调整控制标准（正馈控制）。这可以使控制标准发生变化，以便更好地符合内外现实环境条件的要求，其控制作用的发生主要体现在管理循环中的计划环节，也就是这种控制对象包括了控制标准本身，这种控制的目的就是使控制标准产生动荡和变动，使之与实际情况更接近。

（2）按控制信息获取的时间划分（图1-20，表1-6）

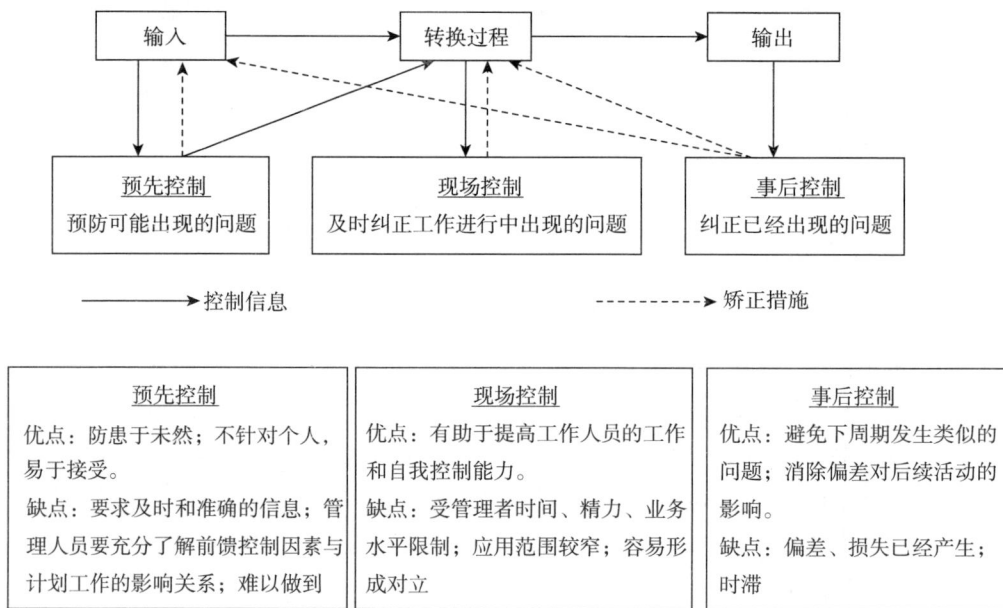

图 1-20 控制类型示意图

①前馈控制。事先识别和预防偏差的控制也称预备式控制或预防式控制，即前馈控制。前馈控制旨在获取有关未来的信息，依此进行反复认真的预测，将可能出现的执行结果与计划要求的偏差预先确定出来（此为负反馈），或者事先察觉内外环境可能发生的变化（此为正反馈），以便提前采取适当的处理措施预防问题的发生。这种控制把重心放在组织的人力、物料和财务资源上，其目的在于保证高质量的投入。

表 1-6　不同类型控制的组合表现表

控制类型	事前控制	事中控制	事后控制
资金控制	编制预算	会计控制	财务报表分析
时间控制	制订计划	控制进度	调整计划
质量和数量控制	标准确定	过程检测	统计分析、考核评价
安全控制	体检、警卫	检查	整改
人员控制	理念引导	规章约束	行为评价、绩效考核
信息控制	划分密级、建立制度	审批、权限	定期检查分析

②现场控制。这是一种同步、实时的控制，即在活动进行的同时就施与控制。管理者亲临现场进行指导和监督，就是一种最常见的现场控制活动。现场控制可分为两种。一是驾驭控制，如驾驶员在行车当中根据道路情况使用方向盘来把握行车方向。这种控制是在工作进行过程中随时监控各方面情况的变动，一旦发现干扰因素介入立即采取对策，以防执行中的出现偏差。二是关卡控制，它规定某项活动必须经由既定程序或达到既定水平后才能继续进行下去。

③反馈控制。这是在活动完成之后，通过对已发生的工作结果的测定发现偏差和纠正偏差，或者是在内外环境条件已经发生了重大变化，导致原定标准和目标脱离现实时，采取措施调整计划。反馈控制又称事后控制或产出控制，其控制重心放在组织的产出结果上，尤其是最终产品和服务的质量。反馈控制有一个致命的弱点即滞后性，很容易贻误时机。因此，反馈控制要求反馈的速度必须大于控制对象的变化速度，否则，系统将产生震荡，处于不稳定状态。

（3）按采用的手段划分

①直接控制。这是控制者与被控制对象直接接触进行控制的形式。

②间接控制。这是控制者与被控制对象之间并不直接接触，而是通过媒介进行控制的形式。

（4）按控制源划分

①正式组织控制。这是由管理人员设计和建立的机构或规定来进行控制，规划、预算和审计部门是正式组织控制典型例子。

②群体控制。基于群体成员们的价值观念和行为准则，是由非正式组织发展和维持的。

③自我控制。个人有意识按某一行为规范进行活动。

（5）按问题的重要性和影响程度划分

①任务控制也称业务控制。针对基层生产作业和其他业务活动而直接进行的

控制。多采用负馈控制法，目的是确保有关人员或机构按既定的质量、数量、期限和成本标准完成所承担的工作任务。

②绩效控制。这是一种财务控制，即利用财务数据来观测企业的经营活动状况，以此考评各责任中心的工作实绩，控制其经营行为。此种控制也称责任预算控制或以责任发生为控制为基础进行的控制。

③战略控制。这是对战略计划和目标实现程度的控制。站在更高的角度看问题，不局限于纠正眼前的具体工作。

5.控制的方法

（1）预算控制

预算是以财务术语（如收入、费用以及资金等），或者以非财务术语（如直接工时、材料、实物销售量和生产量）等来表明组织的预期成果，它是用数字编制的反映组织在未来某一个时期的综合计划。预算可以称为是"数字化"或"货币化"的计划，它通过财务形式把计划分解落实到组织的各层次和各部门中，使主管人员能清楚了解哪些资金由谁来使用、计划将涉及哪些部门和人员、多少费用、多少收入，以及实物的投入量和产出量等。预算的种类很多，概括起来可以分为以下几种。

①收支预算。这是指组织在预算期内以货币单位表示的收入和经营费用支出的计划预算。

②实物量预算。这是一种以实物单位来表示的预算，是货币收支预算的补充。

③资本支出预算。概括了专门用于厂房、机器、设备、库存和其他一些类目的资本支出。

④负债预算。这是指考虑一定时期的资产、债务和资本等账户的情况，设计筹资方式、途径和数量以及还款时间、方式和能力，防止出现"资不抵债"的情况，保持财务收支的平衡。从某种意义上来说，这种预算是组织中最重要的一种控制。

⑤总预算控制。这是通过编制预算汇总表，用于企业的全面业绩控制。它把各部门的预算集中起来，反映企业的各项计划，从中看到销售额、成本利润、资本的运用、投资利润及其相互关系。总预算可以向最高管理层反映出各个部门为了实现企业总奋斗目标而运行的具体情况。

（2）非预算控制方法

①审计法。审计是一种常用的控制方法，财务审计与管理审计是审计控制的主要内容。

②统计报告法。这是使用统计方法对大量的数据资料进行汇总、整理和分析，以各种统计报表的形式及分析报告，自下而上向组织中有关管理者提供控制

信息。

③财务报表分析法。财务报表是用于反映企业经营的期末财务状况和计划期内的经营成果的数字表。

（3）作业控制方法

①成本全面控制法。这是对系统的所有工作做全面详细分析后，层层分解成本指标，作为衡量控制标准。以成本为控制主线，确保在预定成本下获得预期目标利润。

②质量控制法。为保证产品质量符合规定标准要求和满足用户使用需求，企业需要在产品设计、试制和生产制造直至使用的全过程中，进行全员参加的、事后检验和预先控制有机结合、从最终产品的质量到产品所形成的工作质量，全方位抓好质量管理。

③库存控制法。企业的生产要正常连续地进行，供应流不能断，需要一定的库存，但库存占用了大量的流动资金。库存增加，不仅占用生产面积，还会造成保管费用上升、资金周转减慢、材料腐烂变质等；库存过少，又容易造成生产过程因停工待料而中断，产品因储备不足而造成脱销损失等。因此，做好库存控制是非常重要的。

控制方法在现代阶段，侧重于基于责任感的控制方法，其方法是通过员工的责任感和自我控制来保持对事务的控制。强调的是自我控制，前提假设是员工自己想要正确地工作。管理者通常通过使用激励方法、倡导正确的信仰和价值观、建立员工的责任感来培养自我控制。与传统的控制方法有所区别（表1–7）。

表1–7 传统的控制法与基于责任感的控制法比较表

传统的控制方法	基于责任感控制方法
依据详细规章、标准和程序	依靠价值观、团队和成员的自我控制能力
用可衡量的标准定义最低的工作要求	强调目标和结果、鼓励创新
运用正式的权力系统进行监督检查	柔软权力、扁平结构、专家权力、人人参与
强调外部的激励方式，如薪酬、福利和地位	外部激励和内部激励相结合
有限的、拘于形式的员工参与，可以申诉	员工广泛参加各项活动，从确定目标到纠偏

一般意义上的控制是一种对生产、财务和质量方面的控制。作为管理者需要知道自己要做什么（What）工作，什么时候（When）完成工作，谁（Who）负责这项工作和怎样（How）做好工作等，为了完成工作的目标就必须要提高组织的效率和效益。所谓效率就是以最大化的管理和最少的资源来达到目标，效益就

是达到目标程度。在通常在厨房管理中，就是要对资源进行控制，使之达到最大的效益和最高的效率。为此，我们可以预先确定一些标准来进行控制，通过感官和反馈系统来反映实际工作中发生了什么，比较实际与标准，找出差距。在厨房管理中，通常可以设立资金使用、人员状况、设备和原材料的标准，具体如表1–8所示。

表1–8　资源确定的标准

资源	确定的标准
资金的使用	预算
人员状况	工作描述和工作时间表
设备	实际使用时间 总开机时间 × 100 = 使用率
原材料	标准菜单

　　一旦实际情况背离了标准，就需要管理者进行及时的调整，使之符合标准。可以说计划有时是控制的重要一环。

　　在管理中工作中，管理者必须清楚工作的重点所在，这样才能有的放矢。为了表述管理中的重点，通常使用的网络计划的控制方法，就是PERT（Program Evaluation and Review Technique计划评审法）和CPM（Critical Path Method关键线路法）两种方法。它们是通过网络图的形式，反映和表达计划的安排，并据此选择最优方案，组织、协调和控制工作的进度和费用，以便达到预定的目标，是提高管理水平和经济效益的有效方法。其原理是用科学方法对工作进程和各种方案作出定量分析，把一个工作项目分解成各项作业，以结点和箭线代表工作项目和活动，组成网络图（图1–21）。

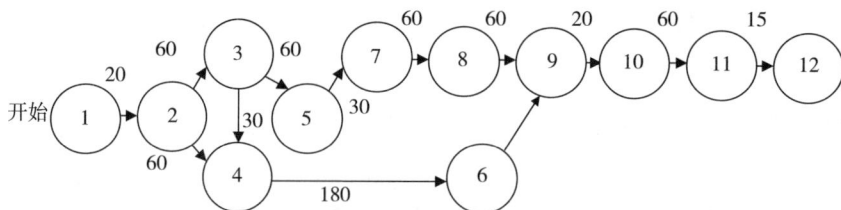

图1–21　网络计划图（单位：分钟）

　　图中的圆圈结点代表工作的项目，即整个工作中若干个可以明确划分的工作点。箭线代表两个工作项目之间的活动，即实际工作。箭线上的数字表示该项工作所需的时间。从图上可以看出，这项工作共有 $1 \to 2 \to 3 \to 4$、$1 \to 2 \to 4 \to 6$、$1 \to 2 \to 3 \to 5$ 三条线路。把各条线路中各段箭线上的时间加起来，就是该线路总的工作时间。经计算 $1 \to 2 \to 3 \to 4$ 用时 290 分钟、$1 \to 2 \to 4 \to 6$ 用时 260 分钟、$1 \to 2 \to 3 \to 5$ 用时 385 分钟，其中 $1 \to 2 \to 3 \to 5$ 所需时间最长，就是影响整个工作进度的关键线路。这样一来，管理者可以很容易地调整整个工作中的人力、物力，找出最优方案以便用最短的时间、最少的成本和人力，得到最大的效果。

这两种方法的不同之处在于，PERT 着眼于完成工作的期限，其网络图侧重在工作项目方面；而 CPM 着眼于降低成本，其网络图侧重在工作活动方面。这两种方法的共同优点有以下几个。①使管理工作条理分明，并易于抓住重点。由于标出关键线路的工作活动（往往只占工作活动的 10%），管理人员只需重点注意这条线路上的工作活动，从而使管理工作大大地简化。②可以缩短工作的时间，节约成本。由于有计划地把人力、物力调整到关键工作活动上，可以使工作的时间缩短。据统计，一般可以缩短 20%～25% 的时间，并相应地节约时间。③便于在情况发生变化时对计划进行调整。调整计划的工作量仅为传统方法的 10% 左右。④便于计算机处理数据，大大提高管理工作的效率。

控制是管理的一项重要职能，离开了控制，决策、计划、组织、激励、协调与沟通都有可能流于形式。控制与其他管理职能是相辅相成的，控制要有效，就必须要重决策、有计划、有组织、有激励，重视协调和沟通。一个组织的控制系统由控制对象、控制目标、控制主体、控制手段和方法构成，应该是全面和统一的控制。控制有多种类型、方式和方法，要根据组织控制的对象和目标要求选择合适的控制类型、方式和方法。有效控制要坚持重点、及时性、灵活性、经济性和客观性的原则。

综上所述，实际中的管理者并不是单独行使某一职能或连贯地行使管理的各项职能，许多职能是相互联结的，需要共同努力才能完成。

三、厨政管理的理念

影响厨政管理成败的相当大的一部分原因是厨房的管理者。现代厨房管理者的管理职责通常有两种。一种是通过他人去完成工作（管理职能 Management），另一种是亲力亲为去完成工作（实务操作 Operation）。只有将两者有机地结合，才能搞好管理工作。由于多数厨房管理者只具备其中之一的能力或两者比例关系分配不当，所以易造成管理不当。在大中型厨房中，职能部门对厨房的管理者的职责要求较小型厨房要高，因此，合理的分配管理与实务操作技能的关系非常重要（图 1-22）。

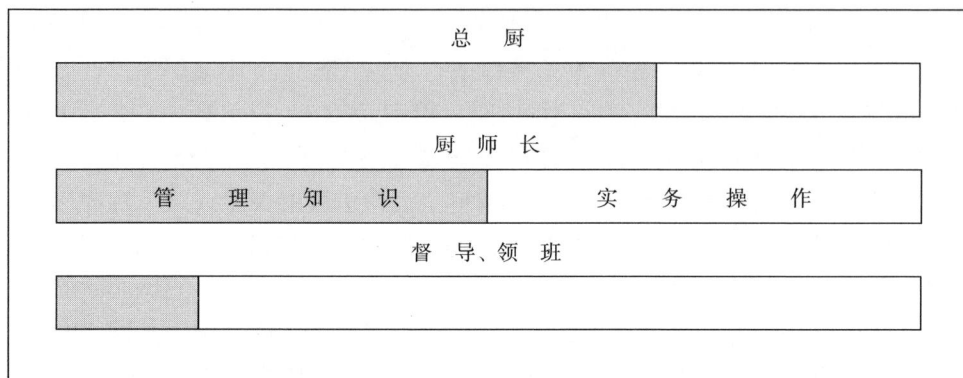

图 1-22　管理知识与实务操作的分配图

小型厨房由于管理的层次较小，被管理的人员较少，管理者一般要面面俱到，需要掌握各方面的操作技能，成为一种全能型的管理者。由于小型厨房的管理要求不高，所以管理者能力即使不行，同样可以取得一定的成效。为此，这类特殊情况不列为本书探讨的范畴。

现代厨房的管理者除了掌握正确的管理方法，指导属下员工进行生产操作外，还应该从自身开始去亲力亲为地完成各项工作，有时需要具备更多的管理理念和手段。

（一）防止管理失败

厨房的管理者应该学会各种管理的技巧，以防管理失败。

1. 加强培训，增强进取心和创新意识，稳定员工队伍

美国曾经有家酒店对主管人才流失的现象做了一番调查研究，结果发现，员工离职的主要原因有两点：一是工作时间太长，二是进修锻炼的机会太少。其实，厨房管理者定期地对菜肴翻新和改进，举办一些美食节活动，通过引进和输送的方式对员工进行必要的培训，既可以降低员工的流失率，也可以提高员工进取的热情。

2. 充分了解自己的工作，不过分地贬低自己或高估自己

贬低自己首先就是缺乏自信，这已经注定管理的失败；而不切实际地高估自己，在餐饮活动中也容易导致失败。如果对自己经营的品种没有正确的认识，缺少合理的定位，很容易迷失方向。如星级酒店在龙虾上市的季节，一味地跟风在菜肴中增加大盘的龙虾（湖龙虾），而非在制作方法和文化品位上做文章，与中、低档酒店去竞争，结果注定失败。

3. 增强自身专业知识和技能培养

要善于学习，多总结经验。如果管理者的知识结构以及学习能力较差，会使

他既不能发现生产中存在的问题，也不能应对管理中出现的各种问题，导致管理工作失败。如有的餐厅没有配备专职撤菜人员，在生意红火时，值台服务人员离岗撤菜，厅房没人服务等，假如前台人员将责任推卸给厨房，此时就需要厨房管理者及时发现问题。实际工作中，不恰当地处罚下属员工就会引起员工情绪上的波动。

4. 保持与员工关系的和谐

厨房管理者如果依赖于管理经验，工作中更多地以斥责作为主要工作手段，强加自己的观点，听不进不同的意见，刚愎自用，不去建立良性的沟通渠道，造成员工敢怒不敢言，这样一旦问题的"导火索"点燃就会爆发出连锁的反应来，出现一发不可收的局面。为此建立和谐的员工关系是保证厨房生产正常进行的前提条件。

5. 采用必要的激励机制，调动员工的工作情绪

在厨房中的员工，其实是非常需要鼓励的，适度的激励可以带来工作效率的提高。有学者通过研究发现，一种好的激励方法可以使生产效率提高 1/3。哈佛大学的一项研究发现，员工满意度提高 5%，就可使顾客满意度提升 11.9%，企业效益提升 2.5%。如在厨房工作中，当有员工第一次因表现突出而获得 50 元奖金后，所产生的激励效果是很明显的，其工作的热情也被调动起来。当然任何一种激励都不是一成不变的，同样一个员工，如果他经过努力工作而连续几次拿同等量的奖金后，其效果就没有第一次那么明显了。为此，在实际工作中，物质激励与精神激励并举是一种有效的方式。

（二）良好的工作标准

厨房的管理者一定要制订良好的工作标准，一般良好的工作标准是上下级一致同意的、行得通的、可以量度的、贯彻不变的标准。应该避免含糊不清的工作标准，不要把"够了、足够、尽快、合理、可取"等模糊字眼挂在嘴上，要有一些成文的标准来评估和度量。管理者应注意克服工作中的不良习惯（表1-9）。

表 1-9　两种工作习惯的表达

被动表达	主动表达
随便	指出自己所需要的
无所谓	我的想法和你差不多，不过……
你说好了	我建议
我也是这样想	听他们说……但我的想法是……

现在有一种比较流行的做法，就是厨房"五常法"，即常组织、常整顿、常清洁、

常规范、常自律。这种做法原本来自日本，简称"5S"法（seiri 整理、seition 整顿、seiso 清扫、seiketsu 清洁、shitsuke 修养），后被我国香港的何广明教授整理成"五常法"推广开来。厨房的"五常法"就是东西分开处理（常组织）、原料定量定置（常整顿）、场地及时清洁（常清洁）、制度常立常守（常规范）、员工维护制度（常自律）。目前，国内多数酒店推广这种做法管理效果明显，并在此基础上发展为"6D"等管理方法。

（三）管理者的态度

厨房管理者应当注重树立自己优良的管理作风。通常优良的管理作风有以下几点。

（1）称赞好的工作表现

管理者不应该吝啬自己的夸赞之词，鼓励员工、激励员工。

（2）定下一贯的工作标准

任何一个管理者都应该雷厉风行，对自己的言行负责。

（3）对员工有深入的了解

只有这样才能更有效地安排工作，发挥每个员工的特长和优势。

（4）用诚恳的态度聆听下属的忠告、投诉

这是厨房管理者能保持与员工有良好沟通的前提。

（5）告知员工现在工作的进展

让每个员工都能知道自己努力的程度，更好地提高他们工作的积极性。

（6）清楚指示工作程序

建立一定的工作程序，可以保证厨房生产的有序性，合理安排员工工作及配置适当的人手。

（7）纠正不良的工作表现

厨房管理者要会及时地纠正员工工作中的错误，保证厨房产品的质量。

（8）培养人才

厨房管理者应该具有培养、选拔人才的能力和气度，为厨房生产的长远发展考虑。切不可妒忌他人超越自己。

第二节　厨房的特性

厨房简单地讲是加工、制作菜肴和点心的场所，它提供饭店所经营的一切需后场加工、制作的食品。由于现代饭店经营项目较多，要求的经营模式也较多，有时食品的加工会移到餐厅进行，如日式厨师为顾客面对面地烧烤、自助餐、宴会中厨师现场烹调等，使厨房的概念变得模糊，因此，本书所讲的厨房应该是在后场加工的，而非前场。一般来说，现代厨房应该具备一些要素：专业的生产人员，必需的操作空间和场地，必需的设施、设备、烹饪的原料及能源。这样一来，每一个要素不同都使厨房的形式和种类不同。

一、厨房的种类

（一）按厨房的规模分

1. 大型厨房

大型厨房是指生产规模大，能提供众多宾客同时用餐的生产厨房。它要求生产设备齐全，场地面积宽敞，生产人员多，岗位设置全，分工具体，生产能力强，能提供各式菜肴。

通常经营面积在 3000m² 或餐位数在 800 个以上的餐饮酒楼，它的厨房会有一定的匹配额，这类厨房面积超大，炉灶众多，可以称为大型厨房。美国 RG 公司和东方美食杂志社曾在 2002 年度联合进行"中国十大餐饮航空母舰"的调查活动，根据调查问卷所反映的营业面积、餐位数量等情况，粗略地勾画了当时航母型企业的排名。分别是北京云龙金阁、天津瀚金佰、武汉三五醇酒店、济南姜仔鸭、广州东江艺都、青岛海梦园、杭州张生记、南京向阳渔港、上海红仔鸡、天津家和巨无霸。其中南京向阳渔港的紫金店则达到 3.8 万平方米，为亚洲第二大餐厅。

2. 中型厨房

中型厨房是指生产规模较大，能提供较多宾客同时就餐的生产厨房。它要求场地面积适中，拥有一般的生产设备，生产人员较多，岗位设置基本齐全，分工较具体，提供正常的特色菜式。如目前大部分社会餐馆厨房，其供应的餐位数多为 300 ～ 600 个。

中型厨房应该说是餐饮企业中各种厨房的基础，行业中所需要的最基本的设备、最必要的岗位都能在这里体现出来，所谓"麻雀虽小，五脏俱全"。其实，除了部分大型厨房具有超大的面积外，还有部分大型的厨房应该是若干个中型厨房的组合体。如新加坡会展中心的酒店（Suntec Singapore）经营面积超大，设有 6 个厨房，每个厨房有厨师长，最后都划归行政总厨管理；太原的"海世界海鲜广场"营业面积 15000m²，实际厨房 3 个。这其中每个厨房都行使中型厨房的功能，结合起来形成一个大型的厨房。

3. 小型厨房

小型厨房是指生产规模较小，提供少量宾客同时就餐的生产厨房。一般场地面积不大，拥有主要的生产设备，生产人员少，岗位设置不全，分工不具体，提供的菜式零散。如社会上经营特色风味菜的小型餐馆，其供应的餐位数多为80～150个。

小型厨房和中型厨房唯一的区别在于岗位设置，即厨房人员所从事的工种是否重叠。小型厨房由于面积所限，加之投资较小，需要厨师充当多重角色。如蒸笼岗（粤菜称上杂）厨师兼做排菜（粤菜称打荷），砧板厨师兼做炉灶等。

4. 微型厨房

微型厨房是指只提供简单食品制作，场地小、生产人员少的生产厨房。如歌舞厅、茶吧、酒吧、咖啡屋等提供水果服务的厨房和社会上连锁经营性饼屋的厨房。

（二）按厨房生产的菜式分

1. 中式厨房

中式厨房主要经营中式菜肴、点心，厨房以中式菜肴经营来设计，厨具设备以中式菜要求配置，人员应是会制作中式菜肴的技术厨师。传统的中式厨房应该有两种流派，一种是以香港为主流的粤式流派，厨房器具、设备布局及岗位设置等与其他地区的厨房不同；另一种是除粤菜以外的其他风味的厨房流派。目前随着粤菜在全国的普及，各种风味流派的厨房逐渐被粤菜厨房同化，加之原有的厨房体系，逐步形成各风味流派具有自身特色的中式厨房。除粤式厨房外，中式厨房中还可以依风味来分，如淮扬式、川式、鲁式厨房。

2. 西式厨房

西式厨房主要经营西式菜肴、点心，厨房以西式菜肴经营来设计，厨具设备以西式菜要求配置，人员应是会制作西式菜肴的技术厨师。在西式厨房中还可以依风味来分，如法式、美式、俄式等厨房。

3. 日式厨房

日式厨房主要经营日式菜肴、点心，厨房以日式菜肴经营来设计，厨具设备以日式菜要求配置，人员应是会制作日式菜肴的技术厨师。日式菜肴与中式和西式菜肴有着截然不同的风味，因此，厨房要求上和炊餐具使用上也不同。

4. 清真厨房

清真厨房主要经营清真菜肴、点心，厨房以清真菜肴经营来设计，厨具设备以清真菜要求配置，人员应是会制作清真菜肴的技术厨师。清真菜肴与中式、日式和西式菜肴有着截然不同的风味，有着许多的禁忌，因此，厨房要求上和炊餐具使用上也不同。

5. 其他厨房

其他厨房如提供东南亚菜的厨房、提供素菜的素菜厨房等。

（三）从厨房生产的功能分

1. 加工厨房

加工厨房是专职加工烹饪原料的初加工、切割、干货涨发的生产厨房。有的酒店将其称为主厨房，这种厨房可以承担食品原料的初加工和切配的任务，还可以承担某些面点和菜肴的制作和烹调工作，所以也称"中心厨房"，能为许多"卫星厨房"提供各种半成品的原料。近几年，随着餐饮企业的发展，许多连锁餐饮企业都建立了中心厨房，其目的是完成各连锁店的原料加工及配送任务。

2. 冷菜厨房

冷菜厨房是专职加工冷菜的生产厨房。大型酒店会备有专门的冷菜厨房，而一般的厨房中只设冷菜加工区。

3. 面点厨房

面点厨房是专职加工面点的生产厨房。

4. 零点厨房

零点厨房主要负责零散客人的用餐，有时也负责部分宴会菜肴的制作。

5. 宴会厨房

宴会厨房主要负责各种商务、庆典宴会、团队及会议客人的菜肴制作。

6. 其他厨房

其他厨房如粤式的烧腊厨房，韩式、日式烧烤厨房及厨房中专营燕窝、鲍鱼等的厨房。

（四）按厨房经营的特色分

1. 海鲜厨房

海鲜厨房是专营海鲜加工制作的专门厨房，具有海鲜制作的一些特点。

2. 粥面厨房

粥面厨房是专营粥、面等菜肴、点心的专门厨房。一般不经营其他菜肴，因此，厨具设备有着自身特殊的要求。

3. 快餐厨房

快餐厨房是专营快餐食品的专门厨房。它要求所提供的菜肴、点心售出要快，因此，其厨具设备有着特殊的要求。

4. 糕饼厨房

糕饼厨房是专营糕饼、西点的专门厨房。

5. 其他厨房

其他厨房如火锅店的厨房，冷餐为主的冷餐厨房。

二、厨房生产的难点及对策

厨房是餐饮经营的生产中心，是饭店唯一生产实物产品的部门，负责将各类烹饪原料加工、制作，形成多种多样款式的菜肴和点心，服务于顾客，为饭店创造利润。厨房生产出来的产品有别于其他无形的产品（如服务），具有自身的特点，如产品数量的不易确定性、产品服务对象的个体差异性、产品标准的不统一性、产品成本的波动性及产品消费的即时性。尤其是在整个厨房生产中，从采购、加工、烹制到最后的菜肴装盘，加工人员手工操作占主导，带有较多人为因素，厨房生产的产品质量难以保持在一种相对稳定的范围内。可见，厨房生产加工并非一件易事。

（一）厨房生产的难点

1.难以满足顾客的多样化需求

厨房产品所服务的主要对象是顾客，顾客的到来给饭店带来了利润，厨房生产的目的是满足顾客的消费需求，一切为顾客着想，这已是现代饭店经营中不可动摇的4C（顾客customer、成本cost、便利convenience和沟通communication）营销理念。现代饭店服务营销观念与传统观念相比，最大区别在于营销的基本要素从原来的4P（产品procduct，价格price，促销promotion，渠道place）变为4C，即重点不是讨论生产什么产品，而是研究顾客有什么需要；不是讨论产品定什么价格；而是关注顾客的购买成本；不是讨论怎样建立分销渠道获利，而是考虑顾客的便利性；不是讨论开展什么促销活动，而是想办法加强与顾客的交流，通过顾客的满意来获利。每个顾客依据个人的喜好和饮食习惯来要求菜肴品种符合自己的口味，有的甚至要求饭店的菜肴档次要与就餐环境、服务水准、装潢的档次等诸多方面相匹配，这就要求厨房生产的产品必须能满足多样化顾客的饮食需求。形成顾客需求的多样化因素很多，主要为以下几方面。

（1）地域环境

生长环境不同往往导致了人们对食物要求的不同，西方人对烧烤、油炸类食物感兴趣，让一个中国人短期内常吃西餐，可能会觉得吃不惯。中国有句俗话"南甜北咸，西辣东酸"是指不同地区的人对口味要求不太相同。四川、湖南人都比较喜欢辣味的菜肴，但四川人更嗜好麻中带辣；扬州、苏州人都喜欢红烧菜中放糖，但扬州人放糖讲究为菜肴提鲜。地形、气候等地理环境不同，使人们形成了不同的饮食习惯。

（2）个人喜好

每一位顾客在长期的饮食生活中，形成了个人饮食爱好。或留恋母亲烧菜的味道，或思念特殊生活环境下形成的饮食口味，使他们对一种或一类食物情有独钟，形成了自己对食物的好恶，一旦这种饮食习惯养成，多数情况下是难以改变的。正如宋林洪《山家清供》所云："食无定味，适口者珍。"

（3）生理状况

不同年龄和生理状态下的人们，对食物选择有着不同的要求。如老人和儿童牙口不好，对食物中质地老硬的就会敬而远之；大病初愈的人就希望食物更开胃一些；肾脏不好的人害怕咸味食物；有"三高"人群忌讳油多的荤食等。

顾客饮食消费的多样化给厨房生产提出要求，也带来了生产的困难。首先，对厨房生产的主体——厨师，提出了要求，他们是否具备较高的技术水平、较多的专业知识和较强的应变能力；面对有宗教信仰、生理差异（老人与儿童）、特殊嗜好的顾客，如何提供相应的服务来满足多样顾客的多种需求。其次，每一家经营餐饮的企业，不可能为了满足顾客的要求而放弃自己的利益，如无限制地扩大经营的场地、增加生产设备、采购原材料，不但不能满足所有顾客的要求，还会给企业经营带来困难和麻烦。最后，生产的产品受自身条件的约束，不具有广泛的适应性，难以满足顾客多样的需求。

2. 难以保证产品量的相对稳定

厨房产品量是指厨房员工加工生产产品的总量，它包括采购数量、初加工数量、切配数量和烹制出品数量。厨房的生产由于是被动的，这必然使厨房产品量处在一个不确定的状态。造成厨房产品量波动的原因，主要是受就餐人数的不确定性、餐饮产品消费的即时性。

（1）就餐人数的不确定性

一定时间内前来餐厅用餐的各种客人多少，饭店谓之客情。来就餐的客人多，产品的售卖量就多，来就餐的客人少，产品售卖的量就少。由于客情状况受天气、节日和饭店的知名度等因素的影响，只要其中一个变量发生变化，客情状况就会受到影响，进而改变厨房产品的数量。影响客情状况的因素很多。一是受经济状况的影响。在经济不发达的年代，人们收入低，餐馆少，更多的人选择在家中就餐，这使得餐馆的客情状况保持在一个相对低的水平上。现在经济发达了，人们的经济状况在逐步改善，越来越多的人走出了家门，外出就餐的人数在增加，餐饮市场不断扩大。二是受消费导向的影响。餐饮市场越来越大，参与进来的经营者越来越多，市场不断被细分，满足不同消费群体的餐饮形式应运而生，不同餐饮形式的经营者拿出各自的促销手段，通过广告、公共关系等营销来引导消费者，吸引、挖掘自己的客源。

经济的发达和消费导向的变化能够促使餐饮市场的客源量大大增加，而客源量的增加促进饭店之间的竞争加剧，这种竞争最终带来厨房生产中原料采购数量、初加工数量、切配数量和烹制产品数量的不确定性。这种不确定性还波及厨房生产的其他两个方面：一是无法预知客源，造成原材料的积压或短缺，使当日的成本出现较大的波动；二是无法安排人员，可能会造成厨房人员的超负荷或低负荷工作，影响每月工作量的核定，对奖励与处罚制度的实施带来阻碍。

（2）产品消费的即时性

厨房生产的菜点不同于其他产品的生产，从生产出产品到服务产品，都是在短时间内完成的，产品具有一定的即时性，这包含两层含义。一是产品一定要在短时间内消费掉，否则风味尽失。基于这点考虑，产品不具有长时间被储存和保鲜的功能，这完全有别于食品生产中产品具有的保藏期和保质期。二是产品的消费大多是一次性的，不具有重复性，这不同于客房的消费和饮料的消费，如客房中床上用品可以反复多次地使用，饮料未喝完可以带走继续喝，这种消费增加了消费的空间。当然，现行的打包服务使一次性消费得到了延伸，但在保证其品种的质量上和在享受的消费快感上受到了很大的制约，因此从整体上看菜肴成品的时限性还是明显的。

鉴于上述因素的影响，厨房应该在生产前储备大量必备的原材料，以保证正常的生产运作。但是，现代厨房生产要求产品原料应保持一定的新鲜度和风味，这既是一种潮流，又是形成顾客迎门的先决条件，如此一来对日进日出的厨房生产来说难度就增大，一方面生产产品的量具有不稳定性，无法避免原料准备多造成积压和原料准备少造成缺货，另一方面产品原料不具备长时间储存的可能性，无法调整顾客要求的原料风味质量和存储时间之间的关系。在厨房生产中这两个非常现实的矛盾，一直困扰着厨房生产的管理者。

3. 难以保证菜肴制作的标准化

尽管目前大多数饭店的设备条件都达到了很高的要求，但就整个生产流程而言，无论国内还是国外的饭店，厨房的烹饪手工操作还是占主导地位，机械设备只是帮助厨师完成了整个工作的某一部分，尽管提高了厨师的劳动效率，但还未真正地占领厨房。虽然，有人发明了由电脑控制整个加热过程的烹调机，只要将准备好的原料生坯放入，调节程序即可烹制出菜肴，方便又实用。但选料上还有局限性，离进入饭店厨房还有一定的距离，目前只停留在为家庭服务上。当然，目前生意红火的西式快餐，尽管在厨房生产中达到了半机械化加工，但就其在选择菜肴的范围和菜肴的风味上，与饭店、酒楼厨房相差甚远，为此它不可能代表整个餐饮，厨房生产的手工性依然占有主导地位。

正因为餐饮业是一个是劳动密集型、手工操作多的行业，产品质量不可避免地在色、香、味、形、质等多方面产生波动性。尽管手工操作能够展示自身的技艺，如现在流行的印度飞饼、兰州拉面等，满足人们猎奇的心理。但是一来手工操作的随意性强，生产量小，满足不了现代化厨房操作的要求；二来手工操作差异性较大，师傅的手法和经验不同，容易造成产品质量的千差万别；三来劳动强度大，厨房员工的劳动效率大大降低。手工操作这几方面的缺陷，显然不能满足日益红火的大众餐饮和日益增长的就餐率的要求，尤其对厨房生产走向现代化产生极大的阻碍作用。

4. 多变的生产成本

厨房生产中的原材料、用具物料、调味料和易耗品等构成了生产成本的主体，在原料、调料的申购、验收、存储、领用、加工及物料品用具的消耗、破损等环节中，都应层层把关，这每一项疏漏都会造成生产成本的变化，更何况厨房生产的每个环节之间还会有循环、重复的现象，使生产成本的控制难度加大。当然，生产成本除受上述因素影响外，还因季节、市场价格的变化而波动，因此，在控制时一定要注意。

5. 难以保证信息反馈渠道的畅通

由于厨房生产的特殊性，使得信息的获取多是零散的或失真的，原因有三点。第一是厨房与前台产销难见面，厨房得到的第一手信息少。在高档的酒店或饭店中，一道菜肴要经过厨师、传菜部（传菜员）、值台服务员、顾客等几道环节才到客人手中，信息的传递要通过服务员、领班、经理（有时到总经理处）才到厨房，经过多人的传递，反馈的信息可能会出现失真甚至错误。在一般的饭店中，虽然厨师可以间接或直接与客人见面，但对于菜肴好坏的信息第一接受人多是值台服务员，厨师往往得到的是间接的或是带有"加工"的信息，有时甚至还得不到。第二是就餐客人的身份和饮食习惯不同，他们对菜肴质量好坏所提供的信息有时是零散的，有时是错误的，有时是带有个人感情色彩的，甚至还有偏见等，厨房得到的信息的真实性就会打折扣，不利于厨房工作的改进和提高。第三是有些信息是散发到外地去的，它是关乎酒店声誉的信息，这部分难以收集。当然，如果有条件的话，饭店可通过各种手段尽快地收集上来，及时地做出反馈，因为这部分客人会影响饭店在外的声誉。

（二）解决难点的对策

以上分析表明厨房生产中困难是普遍存在的。面对这些困难我们应该正确对待，积极地寻找对策。多年来人们从实践中总结出的经验和解决困难的方法，形成的对策，对厨房生产具有指导意义，体现在以下几方面。

（1）针对顾客多样化需求的对策

首先，要学会分清顾客主次。强调以主人或主宾的口味为主导，在厨房生产的产品中体现出来。同时建立顾客的客史档案，尤其是 VIP 客人的档案，注明顾客的要求和喜好，做到有的放矢。目前餐饮行业所接待的 VIP 客人多为成功人士或企业家，他们大多在 20 世纪五六十年代出生，那时的生活状况和水准尽管不高，甚至可以说低下，但从小习惯了母亲做菜的风味——"母亲的味道"，他们还是非常留恋和向往的，所以饭店推出家常菜、地方土菜就很有市场。其次，加强与顾客的交流、沟通。将过去厨房下菜单的工作程序，改变为前台或预订部下菜单，充分利用服务人员与顾客面对面的机会，增加交流和沟通，熟记顾客的需求，避免厨房下单的盲目性。最后，改变餐饮经营手段，增加顾客自主选择菜肴的权利。如展示菜肴，以菜肴超市的形式出现，既有鲜活原料的展示，也有菜肴实际分量的展示；展示菜单，添加菜肴说明，增加菜肴图片，让顾客眼见为实，心中有数；展示厨房，使用明档操作，进行现场演示，如"印度抛饼"及日本铁板烧式的"桌边秀"操作表演等，让顾客一目了然。

（2）针对产品量稳定性的问题的对策

一是鼓励顾客提前预订，可以出台相应的奖励机制，与就餐活动进行捆绑。如前多少名的预订者，可以优惠或得到一定的奖励，将顾客举手之劳的预订活动与顾客的利益挂钩，使顾客得到实惠。从生产经营来看，饭店的预订越多，厨房生产量的控制就越好，浪费就越少。长久下去，厨房生产产品的量可以保持在一个相对稳定的水平，从而尽可能做到"零"储存，保证原料的新鲜度。二是稳定常来顾客的消费，通过一定的手段加强与熟客的联系，加强黏性，使顾客更加忠实，如过年过节的问候和礼品发送等，加强饭店与顾客的联系，使饭店能成为顾客的温馨家园。三是增加厨房包装化半成品原料的存储，因为包装化半成品原料，既具有储存的特性，有保藏期、保质期，又处于毛料和成品之间，离成品只有一步之遥，可以减少突然增加的顾客引发的菜肴上桌缓慢的不利因素。可以预见，未来厨房生产中使用包装化半成品的可能性会大大提高。因为既要菜肴出品质量好，又要出菜的速度加快，还要应付突如其来的零散客源，包装化半成品可以起到事半功倍的作用。如目前行业中流行的"黄鱼鲞"这道菜，只需开袋清蒸进行加工，时间很短。由于黄鱼经过特殊的处理，鱼肉品质爽滑而鲜嫩，避免了以往所有烦琐的加工工序，使加工操作方便实用。为此尽可能地加大半成品原料的开发和研制力度，可以保证餐饮产品生产量在不确定的前提下质量的相对稳定。

（3）针对菜肴制作标准化的问题的对策

应加快厨房生产中菜肴制作的机械化步伐，改进手工操作的弊端，努力提高劳动效率。首先，应该多选用机械化程度较高的机械设备及操作工具，缩短产品的加工时间和降低员工的劳动强度。其次，设立合理的菜肴烹调标准，统一规格和成菜要求，更多地使用计量工具，保证原料的数量和比例在合理的范围内，减少人为手工操作带来的随意性。如对菜肴数量控制时使用秤，菜肴烹调调味时使用有计量的调羹，量化调味汁等。最后，合理的岗位划分，细化岗位分工，使每位员工成为某一操作的专家，形成专职员工，如烧烤人员、干货涨发人员、打荷人员等。只有这样，在每个环节上设立严格的标准，再利用现代化的手段进行烹饪操作，减少手工操作的随意性，才能保证菜肴质量的稳定性，最终体现烹饪的科学性。

（4）针对生产成本的多变性的问题的对策

应该要求管理者在生产中，对原材料进行综合利用，减少浪费，使原料发挥最大的效能，具体做法有四个。①建立监督、检验机制。要求每一个环节对下一个环节负责，采购原料的质量问题，使用部门有权不接受；使用部门不合理使用原料及其他设备，相关部门有权投诉。②建立每日核查单据，每旬盘点制度。使用部门应该每日核查前一日的营业报表、收货单据及出库单据，计算出前一日的成本，作为当天的成本控制的指导；在可能的前提下，每旬做一次盘点，了解原料的售出和存留情况，避免出现不必要的浪费。由于有章可循，即使有浪费，也能迅速地找到根源。③加强跟踪管理，现场办公，及时杜绝和制止浪费。④加强员工素质培养，将餐饮成本调控的程度与员工的切身利益挂钩。

（5）针对信息反馈难的问题的对策

不难看出，信息反馈是一直困扰着厨房生产的大事。因为适当的信息反馈是提高、改进菜肴质量的前提。现在多数饭店为了改变现状采取了众多的方法。一是使用现代化的通信设备，如对讲机，将顾客的第一信息传递给厨房，减少服务人员无谓的跑动和传递信息的失真；二是让大厨进入餐厅与客人交流，得到一手的资料和信息；三是发放调查表，将一部分易书面表述的信息收集上来；四是对提出合理化建议的顾客予以奖励。

综上所述，厨房生产的困难和复杂性是有目共睹的，切实分析厨房生产的难点，及时找出相应的对策是摆在每一个厨房管理者面前的重要任务。因为只有这样才能对厨房的生产与经营提供有力的帮助。当然在不同的情况下，针对厨房生产人们会有不同的对策和解决办法，这需要厨房管理者灵活掌握。

三、厨房与其他部门的联系

无论饭店大小，厨房都不是一个孤立的部门。在星级饭店中，它与营销部、采购部、餐厅、宴会部门、管事部、工程部都有着一定的联系，只有各部门的通力合作和大力支持，厨房中各项工作才能很好地实施，才能让客人满意。

（一）与营销部的联系

营销部是饭店对外宣传的窗口。在营销过程中，它往往掌握着饭店厨房的一手信息，并可以将新老客户对食品质量的反馈信息传达给厨房，可以说厨房与营销部是相互关联的。一方面营销部要将团队、公司的预订单提前下发到餐厅和厨房，使厨房作好接待准备，否则必将造成饭店接待中的混乱。另一方面厨房所搞的美食推广活动，都需要营销部的策划、设计和推销，这部分内容将在后面的章节介绍。

（二）与采购部的联系

星级饭店的厨房原料的供给，由采购部统一审批采购，因而厨房要与采购部保持一定的联系，及时反馈原料的质量和需申购的原料。由于星级饭店的厨房要求原料的质量要优质，对于新原料采购部还需货比三家，确定合理的价格后，再得到有关部门批准才能购货，同时饭店原料的采购有一部分是由专门的供应商提供，供应商采办原料又需要一个提前量，所以厨房申购原料的时间也要提前。对于大宗价高、没有询价或不是每天直供的原料或物料，厨房负责人应该下采购单，经采购部、财务部到总办批准，再由采购部下订购单报经批准执行采购。一般厨房日进日出的原材料是厨师长下厨房市场采购单，经总厨签字批准，报给采购部，就可以执行采购。

作为采购部要在一星期前将食品的报价交给总厨签字，同时像蔬菜、水果、鲜肉类、水产类、鲜禽类每周报价一次，冻肉类、冻禽类、调料类、干货类、罐装食品每月报价一次。

（三）与财务部的联系

虽然厨房与财务部没有直接的联系，但与财务部下属的收货部和仓库有着一定的联系。在星级饭店，厨房每天的收货是要厨师长在收货部文员和财务部的成控员的共同协作下完成的。同时厨房人员领货要与仓库保管共同进行。另外饭店在每十天或每月底的食品盘店，是需要厨师长、仓库保管和成控员共同完成的。

在厨房的领料过程中，一般要填写领料单，经部门主管签字批准，才能去仓库领货。通常物料和食品领料单要分开填写。

（四）与餐厅部门的联系密不可分

餐厅与厨房的关系密不可分。如果厨房能够生产出质量上乘的菜肴，餐厅服务就会更容易展开；如果餐厅服务热情周到，厨房生产也会压力减轻。相反，有好的菜肴却没好的服务和有好的服务却没好的菜肴，都不会得到宾客的认可。因此，餐厅和厨房应该保持一种默契的关系，前台在服务中要推销菜肴，要反馈顾客对菜肴的意见，并用语言和服务去弥补菜肴中的一些问题；而后场厨房要理解服务中的辛苦，全身心地将菜肴加工好，提高菜肴质量，以减少宾客的投诉。

在宾客点菜时，点菜服务员将菜肴写在点菜单上，交给传菜部，再由传菜部交给厨房。出菜时厨房中打荷（粤菜的称法，就是厨房中递送菜肴，指挥菜肴走向的岗位，传统的风味菜厨房中没有这个岗位的称呼，故名）的厨师将菜交给传菜部，传菜部人员划单后，传给台号桌的服务员，这样一个上菜程序就完成了。由此可以看出，餐饮生产中，餐厅和厨房的工作是互补的，是不能孤立的。

（五）与宴会部门的联系

宴会部是餐饮部中比较重要的一个部门，大型宴会的举办既可以为饭店造声势，又可以检验宴会厨房和宴会服务的质量，它的成败是饭店经营的重中之重，为此，宴会厨房与宴会部保持良好的协作关系是至关重要的。作为厨房要做到以下四点：①每天要提供货源情况，列出沽清单；②经常向宴会部提供创新菜肴；③经常为宴会部进行有关菜肴知识的培训；④及时了解宾客对菜肴的反馈意见。

（六）与管事部的联系

管事部是餐饮部中的一个部门，主要负责厨房炊具、餐具的洗涤、消毒和厨房卫生的清洁工作。当遇到大型自助餐、宴会，厨房需要大量或高档的餐具时，应提早通知管事部做好餐具的申领、洗涤和消毒工作。在日常的工作中，一是要积极配合管事部搞好厨房的环境卫生；二是要保管好使用的炊、餐具，如有破损应及时地报给管事部处理，以做破损报批；三是要将需要申购的餐具提前报给管事部，以便餐具能及时地到位。

（七）与工程部的联系

厨房的正常生产离不开工程部的支持。厨房设备在运转过程中，必然会出现各种意想不到的故障。如果厨房冰箱出了问题，如不及时地修理，将会造成冰箱内食物的腐败变质，一旦原料变质，不仅影响餐饮成本，而且影响饭店的声誉。因此，厨房应与工程部保持密切的联系。一方面邀请工程部技术人员进行设备使用的安全知识和简易的操作方法的介绍和演示，对全体厨房人员进行一定的培训；另一方面加强厨房员工与工程部的协调配合，并强调设备使用的规则。

（八）与其他厨房的联系

星级饭店中，一般都有多个厨房，每个厨房都有自己的功能。在厨房生产中，加强厨房与厨房之间的联系，可以使饭店的运作更协调和统一。如中厨房生意较好，使用的牛肉买完了，而西厨房生意一般，还有富余的牛肉原料，这时中厨房就可以下调拨单进行调拨，由于厨房的各个部门是单独核算成本，因此调拨单就是将来成本核算的依据。而西厨房搞的自助餐大多需要中厨加工的一部分的中式热菜，这时需要西厨开出内部调拨单。另外有的饭店厨房粗加工与菜肴配置是分开的，配菜人员根据每天的需要量向内部加工部门开出申订单等。

第三节 厨房生产的流程

各种类型的厨房的生产流程总体是一致的，但在细节上各有不同，图 1-23 是厨房生产流程图。

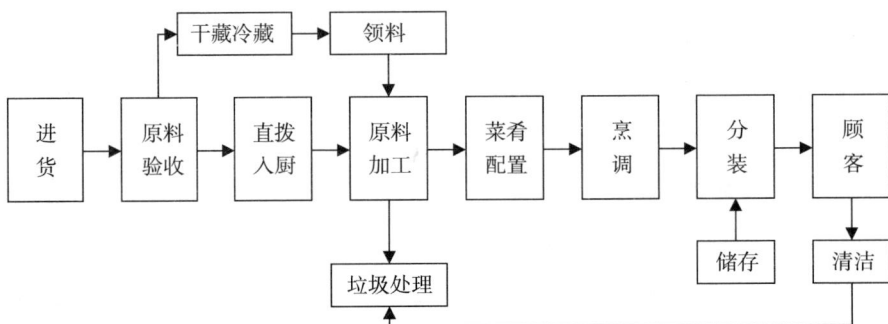

图 1-23 厨房生产流程

厨房的生产是从原料的采购开始，以原料走向为明线，一直到成菜后送至餐厅上桌，供给顾客食用，最终收台清理结束。首先要经过原料的验收，将各种类型的原料分别进行处理。一般分成两个部分，一部分进入仓管，由保管员将需入库的原料分别放入干藏和冷藏库房。另一部分直接进入厨房，需要加工的原料进入加工区，加工区有肉食、蔬菜和海鲜加工区三种（现代的厨房有时将海鲜加工单独辟开）。不需要加工的原料可以进入冷藏冰箱。经加工后的原料分别进入烹调区、冷菜区和面点制作区，最后完成经出菜区进入餐厅，其附属的餐具和垃圾分别回到厨房的不同区域，完成一次生产过程。

由于连锁经营的厨房从经营上与饭店厨房有着本质的区别，其加工场所与烹调场所是分开的，所有的产品是由中心厨房统一配送的。它的流程是：配送中心发货→烹调区→冷藏、保温区→餐厅，一般餐具是一次性的，所以餐具和垃圾不在进入厨房，在餐厅就可以处理。

应该说中心厨房统一配送的形式是未来厨房供货的方向，因为食品生产的标准化是厨房生产中所欠缺的，统一配送首先可以解决原料标准化的问题，其次节省人力、物力，提高劳动效率，再次保证菜肴出菜的速度，最后保证厨房的卫生和清洁。现代大型的饭店，经营的风味较多，厨房的形式各异，设立中心厨房是非常必要的。

厨房生产的另一条线为管理流程，如图 1-24 所示。

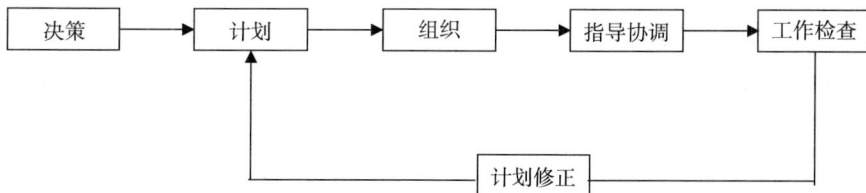

图 1-24 厨房管理流程

以上是按厨房生产活动性质划分两种流程，每个流程都是一组共同为顾客创造价值而又相互关联且循序渐进的业务活动。厨政管理过程中，管理者要学习对以上流程中各个环节进行流程管理。主要有以下四个步骤。

1. 明确流程所对应的相关管理制度

流程最终是服务于厨政管理和生产，厨房有相应的管理制度。流程的梳理，应该以相应的制度为依据，制度适用范围就对应着流程的适用范围，制度的管理边界也对应着流程的管理边界，这样梳理出来的流程才能符合厨房生产的管理要求。厨房已经有相对较为完善的管理制度，那么可以依照这些制度进行流程梳理。还没有相关管理制度，需要先明确管理制度，再进行流程梳理。流程一旦没有制度来支撑，如同无源之水、无根之木，其权威性、适用性将大打折扣。

2. 确定流程的信息输出

流程过程中，输出是在最后，但梳理流程时，输出要放到第一步最先做。输出是流程的目标，也就是实施这个流程究竟要达到什么目的。如厨房生产流程中原料验收环节，其流程目的是收到质量和数量与采购单相符合的原料，结果是用数据来表达（验收单）。在做事情之前，都需要先设定一个预期的目标，然后朝着这个目标努力。流程也不例外，一个流程应该有明确的目标，也就是明确的输出，要把流程输出放在流程梳理考虑在先。流程梳理之初，应该确定设定这个流程原因是什么、解决什么问题。这个流程是管理流程还是生产流程，是决策流程、执行流程还是决策执行流程。明确流程输出，就明确流程的管理目标。

3. 确定流程的信息输入

输入是流程的前置环节，是启动流程之前需要提前完成的准备工作。要确保流程有效运作，就必须有符合流程要求的输入。不同的流程对于输入的要求是不相同的，如采购申请材料给收货部门等。流程输入的内容是流程处理人进行执行操作的直接依据。当把所有需要输入的信息罗列出来之后，就会得到一个完整的验收单，只需要按要求填写这个表单，就能提供流程执行或决策所需的全部完整信息。

有些特殊的输入要求，可能规定在前文第一步所说的相关制度里。如收货部门的人在验货时，需要厨房人员（厨师长）一同验收，保证原料的规格质量。

按照餐饮企业的收货条款，收货部员工在"收货流程"输入内容，制作"收货清单"。

表1-10的内容是收货部员工在验货时需要填写的内容和提交的材料清单，也就是收货流程的输入。

表 1-10　XX 饭店每日货单

名　称	单位	叫货量	实收量	单价	合计
菜心	斤				
生菜	斤				
西生菜	斤				
小白菜	斤				
通菜	斤				
麦菜	斤				
芹菜	斤				
西蓝花	斤				
西芹	斤				
青豆角	斤				
芥蓝	斤				
鲜冬菇	斤				
草菇	斤				
……					
落单人 _____ 收货人 _____ 复核人_____ _____年__月__日星期___					

4. 确定流程的处理过程

根据餐饮企业相关制度要求，绘制收货部工作流程图（图1-25）。

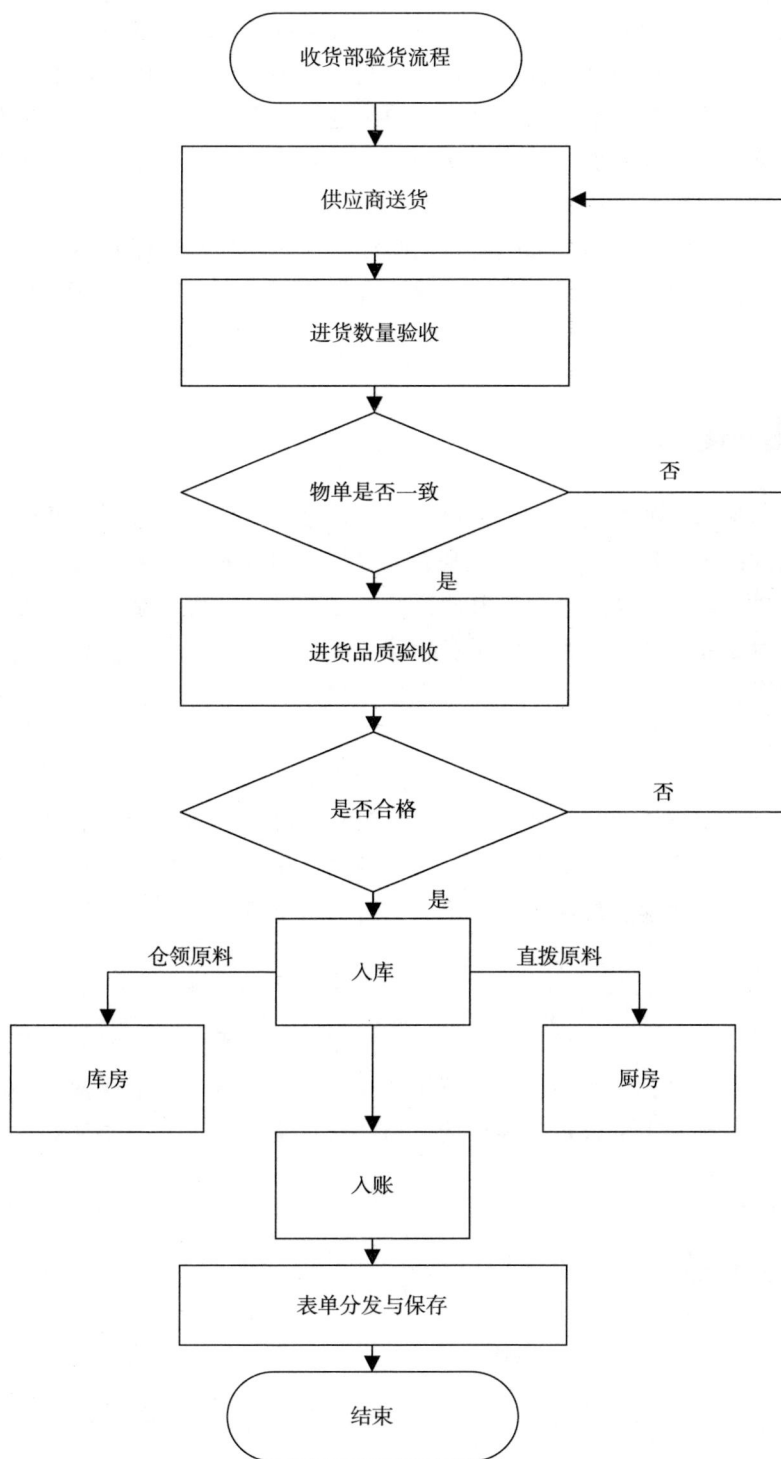

图 1-25 收货部验货流程

管理制度是流程的基础，制度先行，流程落地。梳理流程之前，先明确相应的管理制度。制度还不够完善，应先完善制度后再进行流程梳理。流程具体梳理过程，是围绕流程三要素输入、过程、输出进行，确定流程的输出、输入和处理过程，将管理中的细节加入其中，梳理出符合餐饮企业制度和管理要求的流程。案例流程是一个相对简单的流程，企业在实际的管理中，还会存在很多更为复杂的流程，尤其是涉及跨多个部门协作的流程，实际的梳理过程并不会这么容易，这就需要流程梳理人员除了要掌握正确的流程梳理方法，还要在工作中不断学习、总结和积累，提升自己的流程梳理能力。

✔ 本章小结

全面理解本章的内容，对掌握厨房运作及管理有很大的帮助。管理就是要讲求餐饮企业的效率和效益，目的就是要通过效率创造效益，使企业拥有更多的利润。其中效率的含义就是用最少量的资源来达到目的，而效益是企业达到目的的程度。明白了管理的这根主线，厨房的管理者就可以充分地运用管理的职能去控制财、物资源，处理人际关系，加上现代管理的理念的影响，可以使厨房的生产与运作更上一个台阶。

厨房生产出来的产品有别于其他无形的产品（如服务），具有自身的特点，如产品数量的不易确定性、产品服务对象的个体性、产品标准的不统一性、产品成本的波动性及产品消费的即时性。这些特点会给厨房生产制造麻烦，厨房管理者的经验和阅历往往是解决这些困难的关键，本章所提供的对策可供参考。

厨房生产的流程一直都是厨房管理者必须清楚了解的内容，对其中每个环节的控制是至关重要的。

尽管厨房生产是一个强调技能操作，注重经验积累的运作体系，但本章还是要通过管理基本理论的阐述，加强理论知识的灌输，运用理论的指导作用，使学生从理论中得到更多实践中可参考的原则，进而提高学生的管理意识，增强管理水平。

✔ 思考与练习

1. 谈谈你对管理概念的理解。

2. 现在饭店经营管理中，厨政管理是非常重要的一环，谈谈厨政管理的作用和任务。

3. 谈谈你对正式组织和非正式组织的理解，举例说明。

4. 运用亚当斯的公平理论来谈谈薪酬的高低对人们积极性的影响。

5. 为什么说决策是管理活动的核心？

6. 简述厨房生产的难点及对策。

7. 作为一名厨政管理者，请问厨政计划怎么组织实施？

8. 以原料加工环节为内容，设计其流程图。

9. 如果你遇到下面这种情况你如何处理？

小陈和小吴是厨房砧板上的两位厨师，其中小陈是砧板领班，小吴是二砧。一次，小陈为上浆的事情和小吴发生了争执，由于上浆使用的食粉没有了，小吴使用了小苏打，小陈认为应该与他沟通下，再去申购，不能擅自使用不合标准的原料，而小吴认为小苏打没有关系，况且是应急之用。小陈认为小吴不服从他的领导……由小及大，冲突发生。

10. 分析题

我第一次被"轰"了下来

那是 2001 年 10 月的事了，因为是旅游旺季，所以来饭馆的人特别多（厨师长不在）。我忙完手上的活，帮着打荷的往外走菜。这时炒菜师傅说："快过来帮我把鱼炸了。"看着他那满脸的严肃劲儿，我激动地上去了，"鱼炸好了！""菜焯好了""是""焯好了，倒出来吧！"他说，正在这时，经理进来了。"下来！"一声大叫。我十分不情愿地下来了，胆战心惊地随经理进了办公室。"罚你 300 元，有什么意见吗？"这时炒菜的师傅帮我解释，可他全然不听。我沉重地走了出来，倒不是为了钱，而是……（摘自《东方美食》75 期）

（1）看了以上案例，你认为这位经理处理的方法是否妥当？

（2）假如你是一个管理者你会怎么做？

第二部分　厨房运作前的计划工作

第二章　厨房设计与布局

本章内容：厨房设计与布局的原则

厨房设计

厨房布局

教学时间：4 课时

教学思路：由案例导入，让学生了解厨房设计与布局的原则关系，深入讲解不同
餐饮企业厨房功能区域的划分和布局

教学要求：1. 了解厨房设计的一般规则

2. 掌握厨房设备布局的基本规律

3. 熟知厨房各区域布局关系及其未来厨房布局的趋势

课前准备：阅读餐饮企业厨房设计、布局的相关案例

厨房设计与布局是厨房管理中的重要环节，没有合理的厨房设计和相应的厨房设备，任何厨房管理都会有很大的障碍。美国假日旅馆集团创始人凯蒙·威尔逊曾经说过，没有满意的员工就没有满意的顾客，没有使员工满意的工作场所，也就没有使顾客满意的消费环境。对现代厨房而言，营造一个明亮的、设备（软件和硬件）先进、布局合理的工作场所是提高工作效率，加强厨房管理的前提，这也是未来厨房发展的方向。

第一节　厨房设计与布局的原则

厨房设计就是要确定厨房风格、规模、结构、环境和与之相适应的使用设备，以保证厨房生产的顺利运行。厨房布局就是合理安排厨具的平面位置、空间位置，保证生产人员高效的工作流向。因此厨房设计与布局就是根据厨房规模、风格、生产流程及相关部门的作业关系，确定厨房内各区间位置、设备及设施的分布，决定厨房建设投资规模，是保证厨房生产特定风味的前提，应该说合理的布局与设计，可以大大提高员工劳动的心情和效率，使产品质量和出品速度得到一定的保证。酒店建筑与规模、厨房的生产功能、公共设施状况、政府有关部门的法规要求和投资费用对厨房设计与布局有着很密切的关系。当然，厨房设计与布局是依照饭店规模、位置、档次和经营方针的不同而不同。所以，设计与布局时应遵循以下几点原则。

一、以饭店经营方针为导向

任何一家饭店的厨房都不可能完全相同，除了建筑结构各不相同外，更多的是基于饭店经营者不同的经营方针、经营目标，而导致厨房设计上的差异。加盟连锁式餐饮厨房，要求提供标准餐食和快节奏的进餐形式，所以需要餐厅大，以较快的餐桌周转率来提高餐厅营业额，故厨房设计相对较小，加之中心厨房的配送，可以免去厨房的加工场地，使厨房只需保留烹调区、保温和冷藏区。快餐店卫生状况是吸引人的重要因素，大多数快餐厨房都要求敞开式、透明，这就要求厨房设计时，选用的各种厨具、设备及装饰材料要便于清洁和打扫。星级饭店的厨房，要求有很强的承接各种宴席的能力，要求菜肴品质高、出品精美。故设计厨房时有以下几个特点：①设置的风味类型较多，如西式厨房、日式厨房、火锅厨房、饼房等；②安排厨房的配套设施齐全，如扒炉、微波炉、煎炸炉、高压蒸柜、夹层锅等；③配备厨房的人员齐全，分工较为细致，如上杂岗、烧腊岗、打荷岗、少司岗等。因此，在厨房的设计与布局时，要考虑各种设备合理布局及保证工作流程的高效和顺畅，避免货物与人员走动路线交叉。

小型饭店和餐馆厨房则要根据需要配置相应的人手和设备。如火锅店，一般多用切配厨师，几乎不需要炒菜的炉灶厨师；而靠海经营海鲜的小饭店，几乎是清一色的蒸柜，不需要炒灶。

当然，饭店投资者在决定自己经营方向之前，还必须了解厨房食品生产所涉及的各项费用和资金，主要有以下几方面：①食品生产所消耗的食品原料费；②日常经营人工费；③日常餐饮经营其他费用；④厨房中食品生产设备与器具的费用；⑤食品生产的空间及建筑的投资。

食品生产空间和建筑物在开发期间需要较大的投资资金，在经营期分摊到折旧费和利息费用中。通常食品生产空间和建筑物的生命周期为30～40年。生产设备生命周期平均为10年。厨房建筑与设备投资额及利息除以使用年限乘每年的天数，得出平均每天的固定成本。了解每天所需的固定费用，饭店投资者才能选定自己的经营方向和目标。如有的社会饭店在考察市场需求后，决定不雇用点心师。原因有二：一是多数顾客在宴席中，对菜肴兴趣比对点心兴趣大，上桌的点心多数被浪费掉；二是雇用点心师及安排场地、设备生产点心投资费用加大，不如去购买超市成品点心，反而费用会降低。

二、布局中考虑员工的劳动效率

员工劳动效率一定要依赖厨房的合理设计和布局。通常厨房生产要具有合理的流程线路，如果在布局和设计中没有选出最佳的厨房构图，而是用固定厨具设备打乱生产的流程，就会使员工工作起来很不顺畅，这样在同等的劳动时间内，员工所创造价值就不高。所以要提高员工的劳动效率，应从以下几点来考虑。

（一）生产线路的合理安排

1. 以工艺流程的走向为依据

要使生产操作方便，必须按制作程序布局厨房，形成流水作业，如任何一间厨房生产都是按照收货处—加工台—砧板台—配菜台—炉灶台—传菜台的流动过程。不能颠倒流程次序，否则必将造成工作中的混乱。为了保证厨房工作正确流向应尽可能进行分区设计，如加工区、清洗区、备餐区等（图2-1）。

2. 选择最佳员工工作的流向

厨房设计时应该设计最方便、路程最短的工作线路，如砧板与炉灶最好是直线距离，冷菜间的传菜窗口直接可以到达餐厅等。还应该设计专门员工、货物专用的进出通道，避免员工与货物、设备发生碰撞而引发的危险，进而造成工作效率低下。其中货品通道可以考虑避免穿过烹调作业区。

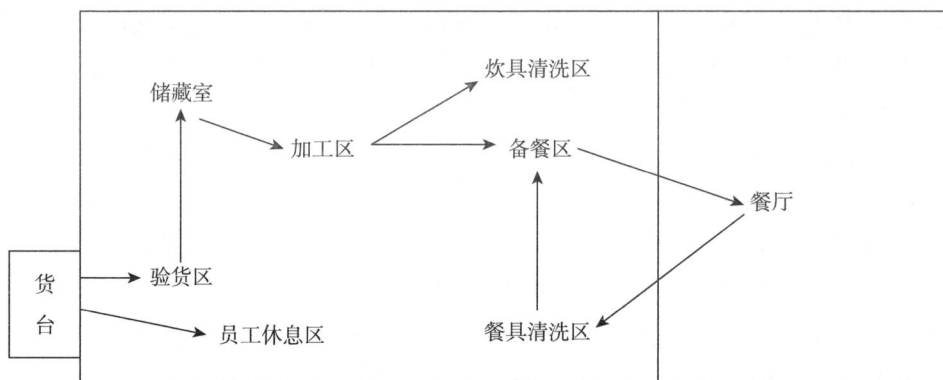

图 2-1　厨房生产流动线路

3. 固定设备的位置来确定工作流向

由于每间厨房面积和空间是设计之前就确定的，所以任何一间厨房出菜的线路都要灵活设计，厨房中设备是固定而人可以走动，因此确定设备的位置至关重要，人工作流程线路必须随设备位置的确定而确定。当然设备确定的位置不同，会造成人员走动线路的不同，设计不好会影响员工的工作效率。

（二）考虑厨房设备的工作效率

厨房设备可分四代：第一代是土灶，使用土台子切配；第二代是瓷砖灶、煤灶，使用木制案板切配；第三代是不锈钢设备；第四代是计算机控制的设备。从卫生、高效角度来看，现代厨房至少应该使用第三代厨房设备。提高厨房设备效率应该注意两方面。一是考虑设备加工的先进性。自动控制、易于操作的烹饪设备，可以提高员工劳动效率，降低劳动强度，增强产品的质量。如用现代化的切肉机切肉只要 5 分钟，而同样量的肉用人工切需要 15 分钟。50 千克土豆以削皮器去皮只要 20 分钟，用切蔬菜机切菜的时间只有人工操作的 1/6 至 1/4，尽管加工型机器在原料数量不多时，表现出浪费或出料率不高，但在批量生产时它就体现出高质量、高效率，这是手工不能替代的。二是考虑设备布局的合理性。设备布局要考虑同类工作安排的一致性，不要将设备分而置之。如洗碗机呈 L 形节省地方；蒸笼岗的蒸灶、矮仔灶、煲仔灶应靠在一起；面点的煎炸炉、烤箱要在一起等。

（三）依人体特点来布局厨房的空间

布局厨房的空间，一种是利用厨房的长宽来充分安排厨房的各种工作设备，从人体工程学角度考虑，要让员工能在最适宜的环境下工作，这是保证员工工作效率的一种途径。如安排工作台之间的距离要适当，如果作为通道，两工作台之间的宽度应该不少于 1.2 米，而员工工作中心最小的宽度应为 2.74 ~ 3.05 米，对标准身高的员工来说，工作台高度应为 0.85 米为佳，否则过高或过低的工作台只能带给员工更多的疲劳（表 2-1）。如果设备能调节高度，会更人性化。从人体特点来看，一个人站立时双手张开，手能伸长的范围大约在 0.48 米，而轴体为中心在 0.71 米左右，所以一个人他所需要的作业面积是长 1.5 米、宽 0.5 米的范围，如果要有倾斜动作，那么他所需要的作业面积是长 1.7 米、宽 0.8 米的范围。充分认识这些数据，对于管理者安排厨房设备是很有帮助的（表 2-2）。另一种是充分利用厨房的空间，如设计壁橱、吊杠来合理利用空间，储藏和摆放物品。当然，壁橱、吊杠应当设计在员工可操作的范围以内。

表 2-1　身高与工作台高度的关系表

身高（cm）	工作台高度（cm）
145 ～ 160	65 ～ 75
160 ～ 165	80
165 ～ 180	80 ～ 85

表 2-2　厨房通道最小宽度

通道处所		最小宽度（mm）
工作走道	一人操作	700
	二人背向操作	1500
通行走道	二人平行通过	1200
	一人和一辆推车并行通过	600 加推车宽
多用走道	一人操作，背后过一人	1200
	二人操作，中间过一人	1800
	二人操作，中间过一辆推车	1200 加推车宽

在厨房的设计中，应该考虑厨房空间要留有一定的发展余地。要根据厨房自身特点，合理安排设备和投入资金。从厨房生产的长远规划和餐饮发展趋势来看，是十分必要的。

三、选择保护食品的最佳环境

现代厨房设计和布局时要考虑到厨房温度、湿度等许多方面的因素，尽管表面看这些因素不重要，事实上它对菜肴质量有很大影响。这部分内容在厨房环境设计中会详细介绍。厨房生产中，炉灶、冰箱、蒸柜、洗涤设备等散发出来的热量会影响到整个厨房的工作环境，使厨房温度、湿度大大增加。如果食物不能处在一个良好的环境中，必将很快腐败和变质，为此，厨房设计时要充分地考虑添置中央空调，安排抽湿机、排风机等设备，降低不利因素，食物有一个良好的环境下进行储存（表2-3）。

表2-3　工作区域的温控

区域	温度（℃）
蔬菜鱼肉清洗切剁作业区室温	20
烹饪调理作业区室温	20
煮饭配盒饭作业区室温	25
办公室休息区室温	28
储藏库室温	20

当然，除了对厨房环境温度、湿度的调控以外，运用适量的储藏设备也十分必要，一般食品储存多使用冰箱、冰柜。冰箱存储方式有三种。第一种是冷库，专门保藏厨房缓用的动物性冻品，温度多在 −25 ～ −18℃；第二种是冷藏冰箱，专门保藏厨房需要保鲜和解冻的动物性原材料，温度多在 −10 ～ 0℃；第三种是保鲜冰箱，专门保藏厨房急用鲜品原料及蔬菜、水果，温度多在 −5 ～ 4℃（表2-4）。

表2-4　储存新鲜水果和蔬菜的最佳温度和湿度

需在 0℃和 80% 相对湿度储存的水果和蔬菜	
水果	苹果、桃、石榴、草莓、黑莓、橘子、橙、梅、枣、梨、李子
蔬菜	芦笋、生菜、甜菜、胡萝卜、蘑菇、玉米笋、卷心菜、青菜、豆角、大蒜、菠菜、豆芽、菜花、萝卜
需在 10℃和 80% ～ 85% 相对湿度储存的水果和蔬菜	
水果	鳄梨、芒果、菠萝、葡萄、瓜、柠檬、橄榄、酸橙、木瓜
蔬菜	青豆、洋葱、南瓜、山芋、黄瓜、辣椒、西红柿、茄子、土豆、西葫芦

四、确保厨房符合安全卫生的要求

厨房规划布局时，一定要远离重工业区、有化工、有污染的地区，500m 以内不能有粪场、垃圾场。若在居民区，30m 半径内不得有尘埃、毒气的作业场所。在厨房内部，从食品要求的角度出发，厨房要具备洗涤、消毒水槽，要具备良好的下水，可移动的设备，易清洗的不锈钢炉灶，灭蚊蝇设备、垃圾处理设备等，以保证污物、蚊蝇等容易造成细菌滋生的源头被尽早地清除，减少食品被污染的机会。其附属设施还要考虑到垃圾运送通道。当然，在厨房设计中还要考虑防止一些金属及合金（锌、铜、铅、镉、锑）污染食物而引起的中毒。

如果从安全角度考虑，厨房设计时还应重视安全设施的建设，首先要考虑的安全因素就是防止火灾，为此建筑材料选用上建议使用耐火力较高的材料，耐火力是建筑材料遭遇高热后不发酥下榻的支撑能力。一般钢柱在温度达到5500℃就会软化得像黄油一样。另外，预防火灾的报警、灭火器材必不可少，如火警的报警器、消防指示灯、烟控警报器、煤气警报器、喷水器、消防器材（消防毯、灭火器）都应该配备，对容易造成火灾的其他附属设施要进行规划，如消防通道。其次要考虑诱发人身伤害的因素，如地砖是否为耐磨、坚硬的防滑砖，是否有专用的刀具架，电器是否安全不漏电，油烟罩是否有安全的清油烟设备等因素。

第二节　厨房设计

厨房设计就是根据厨房经营目标、生产规模和生产能力，确定厨房相应面积、风格、设备布局的一种规划过程。严格地讲，饭店在进行总体规划时，厨房设计应该有专业人士来参与设计，厨房装修与布局应该等专业人员认定后方可实施。否则，不专业的厨房设计会给以后厨房生产带来诸多不便。

一、厨房功能区域结构

厨房种类和规格较多，结构和布置千差万别，但工艺流程基本相同，包括货物购入、贮存、粗加工、精加工、配份、烹调、备餐出菜等生产过程，以及废物整理、垃圾处理、餐具用具清洗等后期处理过程。根据生产菜品的目标定位和要求，设置设施、设备及用具而又有所不同。厨房为不同类型服务提供不同的功能，如图2-2所示。

（一）货物出入区

货物泛指食品原料、酒类、饮料、餐具器皿、设备用具、低值易耗用品和垃圾等。货物出入区是专门为这些货物出入提供通道和暂时搁置的场所，有的高档厨房卸货平台较长，分清污出口与入口。据统计，每人每餐食品原料平均消耗量0.8～1.1kg（不含酒水），所以厨房的货物进出量很大。为了便于卸货，需建一个卸货平台，如图2-3所示。卸货平台附近设置验收部门场地。由于货物在搬运中有噪声，物品也较杂乱，因而此区域尽量远离客房区域。

75

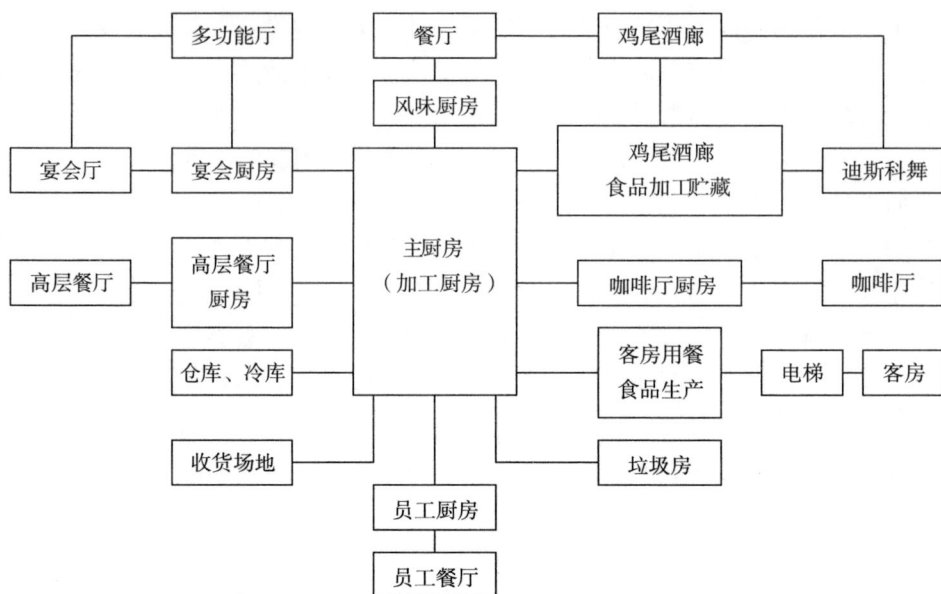

图 2-2　大型厨房功能示意图

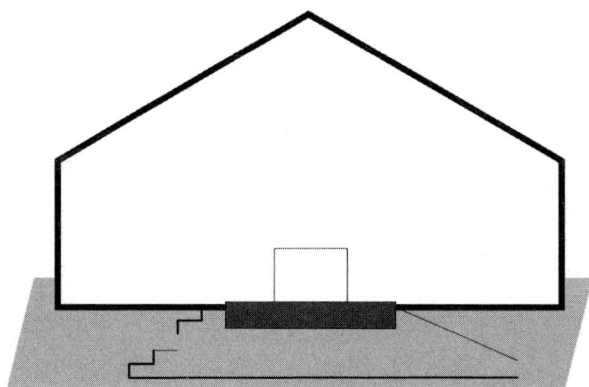

正视图

侧视图

图 2-3　卸货平台

（二）货物贮存区

厨房存货量主要与餐饮企业的经营规模大小、社会供应方式和提供物品的清洁程度直接相关。如果货源市场充足，又可电话或网上订货，有的是净料或半成品原料，在一定程度上可减少货物贮存量。货物贮存区，可分为酒店总仓、部门的二级仓库，甚至到各岗位贮物柜，厨房仓库也称为"士多房"，主要用于短期贮存原料。

（三）食品加工区

食品加工区分主食加工区、菜品加工区、点心区和冷菜制作区四个生产区域。主食加工区主要加工米饭、粥、面食等。

菜品加工区有粗加工和精加工两个区域，一般两区分隔开。粗加工也称初加工，主要有蔬菜挑拣清洗区域，家禽、水产品宰杀和整理区域。精加工区行业内又称为"案板""切配间"，厨师按菜单进行切制、组配，主要配备烹饪原料精加工设备，精加工区域比组加工区域的卫生要求高，靠近烹饪区。主要有案板区域、冰箱贮存区域、配份区域和切割设备加工区域等。

点心制作区有中式面点间、西式包饼房或烘焙间，可分为加工区和加热区。

冷菜制作区卫生要求严格，应分为熟制品切配间和生料加工间、二次更衣等区域。

高档厨房还有高档原料专门加工区域，如鲍鱼房、刺身房等高档干货原料涨发加工和生食加工的区域。

（四）烹调区

中餐烹调区与西餐烹调区在成熟生产区域布置上有所不同，对设备的使用也有差异。该区域主要进行热菜加工，加工菜品一般按风味加以区分。具体岗位按加工菜品的类型分类，中餐烹调区有炒菜、烧菜和汤菜的猛火灶区域，有煲仔加热的平头灶区域，有海鲜等蒸菜三门蒸柜区域，以及制汤的矮仔灶区域。西餐烹调区有炒菜、扒菜、炸菜、焗菜、烤菜和汤菜等区域。

（五）备餐区

备餐区位于厨房与餐厅之间，是餐厅与厨房的过渡地带。它是厨房的出菜区域，也是餐厅的后台。厨房出来的菜品，划菜员根据菜单通知走菜员送至指定就餐地点。同时，根据菜品要求，配置佐料和相关用具，如醋碟、黄油、筷子、刀叉和汤勺等。另外，还是提供客人酒水、茶水和饮品功能等。备餐区域还有沽清单内容的设置，提供原料信息。

（六）洗涤区

洗涤区用于清洗餐具和厨房用具，并消毒烘干。有的还增加酒具洗涤区域。

（七）主要生产辅助用房

（1）办公室

办公室是行政总厨办公场所，也是对外联络的窗口，位置最好设在厨房与收货区域之间，可使外来人员不通过厨房就可以到达，可根据这一原则灵活安排办公室。

（2）餐具仓库

餐具仓库是厨房临时存放餐具的仓库，遇到大型宴会或需要用高档餐具到餐具仓库提取需要的餐具用具。餐具仓库不要离厨房太远，餐具仓库内可以安置管事部的办公室，方便管事部的工作。

（3）此外，辅助用房还有原料仓库、海鲜池等区域。

二、规划厨房位置与面积

（一）厨房位置的确定

饭店厨房位置的安排很重要。一方面，因厨房加工不同于食品加工，生产的产品，要尽可能快地上桌，才能保证其风味。生产和消费几乎在同一个时间段进行，所以生产场所原则上应尽可能接近餐厅。另一方面考虑到厨房有垃圾、油烟、噪声产生，厨房位置还不能完全靠近餐厅。尽管很矛盾，若将餐饮生产需要作为厨房位置确定的依据，此问题就不难解决。

归纳各种规模和形式的餐饮企业，可以发现厨房所处的实际位置一般有以下三种类型。

（1）设在底层

考虑到垃圾、货物运输以及能源输送的方便，大多数饭店选择这种安排。事实上有客房的高层酒店厨房都设在底层，除能源和垃圾运送的便利因素外，对入住客人和零散客人就餐会提供相应的便利。此类型的厨房一般会选择与餐厅在同楼层上。

（2）设在上部

此类型有两种情况。一是针对高层酒店。因为许多高层酒店处在非常优越的地理位置，不能浪费楼顶资源，设立旋转餐厅或观光餐厅，会有相应的配套厨房。在高处的厨房，一般要减少垃圾产生，避免在高层厨房进行初加工，所以原料采用净料或半成品，为了安全，炉灶要尽可能使用电加热。二是针对楼层不高的社会酒楼。这部分社会酒楼（有的缺少客用电梯）将更多的便利留给顾客，考虑到营业效果或租金，以及顾客少爬楼和油烟噪声的扰客因素，将厨房设置在顶楼，厨房一般会占据整个楼面，与餐厅不在一个层面上，需要更多专用传菜电梯和传菜通道。

（3）设在地下室

如果底层面积比较紧张，多数饭店会选择地下室做厨房，这类厨房弊端较多，一般原料和垃圾运输都是通过电梯，效率不高，对员工健康也有影响。另外，使用煤气或液化气，危险系数会加大，只有具备良好通风设备才能降低风险。

一般厨房位置的安排，遵循以下几种原则。

①保证与餐厅在一起。如果不能，须有专用通道保证上菜及时和通畅。从形式上来看，厨房与餐厅连接可以有三种形式：A.厨房围绕餐厅；B.厨房置于餐厅中；C.厨房紧邻餐厅（图2–4）。

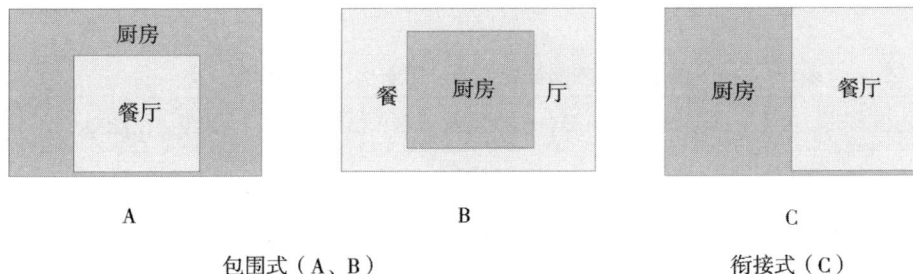

图2–4　厨房与餐厅的连接方式

②保证进货口与厨房连接。如果不能，须有专用电梯保证货品及时补充。

③保证仓库与厨房的距离。要保证仓领渠道通畅及便利。

④保证污水、垃圾排放和清理方便。尽可能将厨房安排在低楼层，便于货物运输和下水排放。

⑤远离厕所。防止滋生蚊蝇。

⑥离开客房一定的距离。防止气味、噪声干扰顾客。

（二）厨房面积的确定

厨房面积通常要与餐厅面积保持一定的比例关系，通过餐厅面积才能确定厨房面积。确定合理的厨房面积，是保证餐饮生产正常进行的前提条件。餐厅过大，厨房过小，造成厨房生产的拥挤与低效率。反之，餐厅过小，厨房过大，有损饭店业主投资效益。

1.影响厨房面积的因素

一是厨具现代化程度。厨房设备与用具越先进，越具有高效性。厨房面积就可以相对缩小,如快餐店、蛋糕房等厨房面积比正常社会饭店要小。二是经营形式和种类。火锅店是一种专卖形式的餐饮店,注重切配和调制底汤料,忽略小炒、煎炸类菜肴,可缩小烹调区。快餐店使用半成品原料较多,忽略加工,可以缩小加工区。在配比形式上,现代快餐店厨房与餐厅的比一般都保持在1:4至1:3,而星级酒店的比例多为1:2至1:1。三是加工生产手段不同。中西餐加工生产手段的不同,厨房面积上有所区别,西餐菜肴以煎炸烤为主,炉具设备比较集中,多是共用型的,面积自然要小些。社会餐饮经营大众化菜肴,加工比较简单,易于操作,所需设备和人员比星级酒店要少,面积也就不大。

2. 厨房面积确定方法

根据经验确定厨房面积的方法一般可以归为三种。

(1)以餐厅就餐人数为参数来确定

根据就餐人数来计算厨房空间面积是不准确的,因为这种计算法是依照估算顾客量来预测的一组数字(表2–5)。

表2–5　不同就餐人数所需厨房面积对照表

就餐人数(人)	平均每位用餐者所需厨房面积(m²/人)	厨房面积总数(m²)
100	0.697	69.7
250	0.48	120
500	0.46	230
750	0.37	277.5
1500	0.309	463.5
2000	0.279	558

(2)以餐位数来确定

餐位数实为是一种虚数,设计中多数是根据满员餐位来计算,实际经营中,餐位数肯定是随着具体要求而变化,所以也不准确(表2–6)。

表2–6　不同类型餐厅餐位数所对应厨房面积对照表

餐厅类型	餐位数	厨房面积(m²/餐位)	厨房面积总数(m²)
自助餐厅	150	0.5～0.7	75～105
咖啡厅	50	0.4～0.6	20～30
正餐厅	500	0.5～0.8	250～400

（3）以餐厅和厨房比例来确定

在实际设计中，大部分情况是使用相关比例，确定厨房面积。以中餐经营方式和设备条件来看，厨房面积一般是餐厅面积的30%～50%。在珠江三角洲地区，大部分比例为4：6，10%是厨房空间，60%是餐厅空间。国外厨房面积一般占餐厅面积的40%～60%。据日本统计，饭店餐厅面积在500m²以内的，厨房面积是餐厅面积的40%～50%，餐厅面积增大时，厨房面积比例逐渐下降（图2-5）。

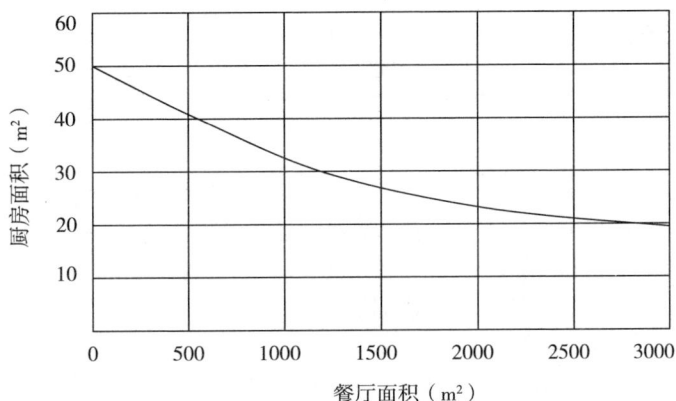

图2-5　餐厅和厨房比例图

下面介绍一下厨房总体面积确定方法。国家卫生部颁发《餐饮业和集体用餐配送单位的卫生规范》对厨房面积的具体要求，见表2-7。

表2-7　推荐的各类餐饮业场所布局要求

性质	餐饮经营面积（m²）	厨房与餐厅面积比	切配烹饪面积（m²）	凉菜间面积（m²）	厨房隔间各独立场所
餐馆	≤150	≥1：20	≥厨房面积的50%且≥8	≥厨房面积的5%	加工、烹饪、餐具、用具清洗消毒
	150～500（不含150，含500）	≥1：22	≥厨房面积的50%	≥厨房面积的10%	加工、烹饪、餐具、用具清洗消毒
	500～3000（不含500，含3000）	≥1：25	≥厨房面积的50%	≥厨房面积的10%	加工、烹饪、餐具、用具清洗消毒、清洁工具存放
	>3000	≥1：30	≥厨房面积的50%	≥厨房面积的10%	加工、烹饪、餐具、用具清洗消毒、餐具用具保洁、清洁工具存放

续表

性质	餐饮经营面积（m²）	厨房与餐厅面积比	切配烹饪面积（m²）	凉菜间面积（m²）	厨房隔间各独立场所
快餐店、小吃店	≤ 50	≥ 1：25	≥ 8	≥ 5	加工、（快餐店）备餐（或符合本规范第七条第二项第五目规定）
	＞ 50	≥ 1：30	≥ 10	≥ 5	
食堂	供餐人数 100 人以下厨房面积＜ 30m²,100 人以上每增加 1 人增加 0.3m²,1000 人以上每增加 1 人增加 0.2m²。切配烹饪场所占厨房面积的 50%			≥ 5	备餐（或符合本规定第七条第二项第五目规定），其他参照餐馆相应要求设置

注意：

①上表中所示面积为实际使用面积或相对使用面积。

②全部使用半成品加工的餐饮业经营者以及单纯经营火锅、烧烤的餐饮业经营者，食品处理区与就餐场所面积之比在上表基础上可适当减少。

③表中"加工"指食品原料进行粗加工、切配。

④各类专间要求必须设置为独立隔间，未在表中"厨房隔间各独立场所"栏列出。

国内厨房由于承担的加工任务重，制作工艺复杂，机械加工程度低，配套设施差，人手多，加之顾客对菜肴的要求高，创新菜肴多等因素，使得厨房面积较之其他类型的厨房面积要大，一般为 1：2 ～ 1：1。表 2-8 是国内一些酒店的厨房面积比。

其实，餐饮部下设部门不只是餐厅和厨房两个部门，厨房面积与餐厅的比例关系只是其中各种比例关系之一，还有许多部门在设计时不容忽视，如隶属于管事部的洗涤组，隶属于前厅的传菜部，隶属于财务部的仓库，还有其他的附属设施。这些部门多数是规划到厨房面积中，只有少数是单独规划的（表 2-9）。

在厨房面积规划时，不能忽视仓库的布局。一般来说，饭店或酒店中必须有隶属于财务部门的仓库来存储饭店日用物品，这其中包括厨房中使用的各种干货、冰鲜、罐装、调味品及相关物品。实际运行中，每天从仓库中领取各种物品，尤其是急需、常用的就显得效率很低。为此，在厨房中设计自备库房（相对于总仓库，有时也叫二级库房）十分必要。具体面积确定可依照下列的公式：仓库区域面积 =（餐厅面积 +1/6 × 酒吧和功能厅面积）× 2 × 10%。根据经验，仓库区域面积应为餐饮总面积的 7% ～ 10%（表 2-9）。

另外，国外或某些发达地区计算厨房面积的方法与国内有所区别，可以供我们参考（表 2-10、表 2-11）。

表2-8 上海著名饭店餐厅、宴会厅、咖啡厅与厨房面积统计

旅馆名称	厨房面积（m²）	餐厅面积（m²）	宴会厅面积（m²）	咖啡厅面积（m²）	前三项合计面积（m²）	比率
上海宾馆	2022	1565	720	97	2382	1：1.18
希尔顿酒店	3030	2088	1053	394	3535	1：1.17
新锦江大酒店	2103	1507	1059	433	2994	1：1.42
扬子江大酒店	1990	1915	535	240	2690	1：1.35
太平洋大饭店	1390	1125	1482	372	2979	1：2.14
贸海宾馆	1810	1020	1040	—	2060	1：1.14
国际贵都大酒店	1716	1780	573	412	2765	1：1.61

表2-9 餐饮部各部分面积比例表（餐饮部总面积为100%）

各部门名称	百分比
餐厅	50%
客用设施（洗手间、过道）	7.5%
厨房	25%
清洗	5.5%
仓库	7%
员工设施	3.5%
办公室	1.5%

表2-10 我国台湾省所规定厨房面积比例表

餐厅净面积	厨房（含备餐室）面积
一般旅游饭店	
1500m² 以下	餐厅净面积 ×30% 以上
1501～2000m²	餐厅净面积 ×25%+75m² 以上
2001～2500m²	餐厅净面积 ×20%+175m² 以上
国际旅游饭店	
1500m² 以下	餐厅净面积 ×33% 以上

续表

餐厅净面积	厨房（含备餐室）面积
国际旅游饭店	
$1501 \sim 2000m^2$	餐厅净面积 $\times 28\% + 75m^2$ 以上
$2001 \sim 2500m^2$	餐厅净面积 $\times 23\% + 175m^2$ 以上
$2501m^2$ 以上	餐厅净面积 $\times 21\% + 225m^2$ 以上

（摘自《饭店经营管理实务》）

表2-11 日本对于厨房面积的概算值

厨房种类	A类 厨房面积	B类 卫生设施、办公室机电室等公共设施	C类 条件
学校	$0.1m^2$/ 儿童（人）	$0.03 \sim 0.04 m^2$/ 儿童（人）	儿童 $700 \sim 1000$ 人
学校	$0.1m^2$/ 儿童（人）	$0.05 \sim 0.06 m^2$/ 儿童（人）	儿童 1000 人
学校	$0.4 \sim 0.6m^2$/ 人	$0.1 \sim 0.12 m^2$/ 人	人数 $700 \sim 1000$ 人
医院	$0.8 \sim 1.0m^2$/ 床	$0.27 \sim 0.3m^2$/ 床	300 床以上
小型团膳	$0.3m^2$/ 人	$3.0 \sim 4.0m^2$/ 从业人员（人）	$50 \sim 100$ 人
工厂	供应场所 $1/3 \sim 1/4$	无其他公共设施	$100 \sim 200$ 人
一般餐馆	供应场所 $1/3$	$2 \sim 3.0m^2$/ 从业人员（人）	
西餐厅	供应场所 $1/5 \sim 1/10$	$2 \sim 3.0m^2$/ 从业人员（人）	

（摘自《餐饮经理读本》）

三、规划厨房生产区

任何一个厨房都有加工、烹调、冷藏和保鲜区域，因加工目的不同，冷菜、热菜和点心都有自己的加工、烹调和冷藏区域。其具体比例关系可依照表2-12。

表2-12 厨房生产区域面积比例表

烹调区域	所占百分比（%）
炉灶区	32
点心区	15
加工区	23

续表

烹调区域	所占百分比（%）
配菜区	10
冷菜区	8
烧烤区	10
办公室	2

从表中可以看出，炉灶区的比例占得最大，其次是加工区。说明烹饪生产原料进与成品菜肴出是非常重要的环节。

（一）生产区

1.加工区

加工区一般负责各种原料的加工和清洗工作。有些饭店加工区甚至可以进行干货涨发等高级烹饪加工。加工区要保持原料通行流畅。原料在加工前后若不能畅行无阻，不能及时进入适合的工作区或存放处，食品质量就会受到影响，工作效率也会下降。因此，加工区应尽可能地靠近验收区、烹调区和垃圾存放处。

2.烹调区

烹调区是烹调的中心区，负责热菜、点心、冷菜的烹调制作。进入烹调区的原料可以来自三个地方，一是加工区，二是贮存区，三是直接采购通过验收区进入（图2-6）。

图 2-6　流程图

（二）贮存区

贮存区就是各级仓库和能存贮食物的冰箱、冰柜、冷库所占据的区域。贮存区为厨房的原料存放提供保障，且十分必要。一些大型酒店和饭店中，设立大型冷库就是要保障厨房有一定的备货量，同时保证原料的新鲜和高质量。

（三）备餐区

为保持食品烹调后的质量，应尽量减少烹调后放置的时间。为此，应划分备餐区域来保证出菜的速度。备餐区相当于一个咽喉要道，应尽可能地与厨房生产区和餐厅的服务区保持紧密的联系。只有这样，才能保证菜肴出品进出的顺畅。

85

（四）洗涤区

洗涤区是完成餐食后，洗涤碗碟的场所，紧靠餐厅的后门及垃圾运输通道。可以保证餐厅撤盘的速度和垃圾清运的便利。

（五）休息区

休息区是专门为员工更衣、洗澡甚至吸烟设立的场所。有些饭店的休息区不设在厨房，而放在地下室或员工餐厅里。应该说适度的休息，可以提高员工的工作积极性，降低工作的疲劳程度，一些社会饭店不提供休息区的做法是不可取的。

四、规划厨房内部环境

厨房空间与环境设计就是对厨房工作环境及各种附属设施进行规划与安排的过程。

（一）厨房空间

厨房空间规划，首先考虑的是高度，一般厨房高度不宜过低，过低会使人产生压抑感，不利于通风透气，还会导致厨房温度增高；当然，高度过高也不必要，会给建筑装修和管道、设备维护增加更多麻烦。依照厨房生产的经验，毛坯房高度一般为 3.8 ～ 4.3m，吊顶后厨房净高度为 3.2 ～ 3.8m，一般多选用耐火、可拆卸吊顶材料、可移动的石棉或轻型不锈钢板材，不粘油易清洗。管道维修时，工程人员可以轻易地拆卸扣板。需注意的是在实际设计时，许多厨房采用不吊顶的方式，只将毛坯房处理一下，如将煤气管道刷黄漆裸露，包裹保温材料蒸汽管道，顶面上刷涂料防止灰尘等，便于维修和通风，还节省装修费用。

厨房空间隔断要得当与有效，厨房隔断区域规划不好，会影响工作效率。众多的厨房中，归纳起来有三种形式的隔断布置。一是统间式，将厨房加工区、烹调区、洗涤区布置在一个大空间以内，方便各工序间联系。但线路易交叉，当产生排气和噪声时，互相影响较大，多适用于中小型厨房。二是分间式，将加工、切割、烹调、冷菜、点心、洗涤分别设计在专用的房间内，生产专业化，可独立进行。但间隔太多，场地利用率不高，员工工作效率下降，影响菜肴出品的速度。以往许多宾馆都采用此方式。三是统分间结合式，吸收上述两种形式的优点，统筹综合设计厨房，是现在较流行的一种设计方式。如将冷菜间、点心间单独设计，使它们既相互独立，互不干扰，又与区域有着一定的联系。而将切配与荷台、炉灶有机地安排在一起，之间不设立隔断，保证出菜线路的顺畅。

（二）厨房门窗

厨房门一般要考虑到进出方便，依据不同功能，设计成各种形式的门。如在厨房和餐厅之间开设的门，可以设计成无把手的双向两扇弹簧门，便于服务人员、走菜员在无法使用手推门的前提下，用身体将门打开，按右行交通规则，进出人员不会发生碰撞的现象，为了方便推车进出，在门中间部位安放防划片，不会在门上出现划痕。而在厨房与外界相连的地方，最好使用自动闭门器，防止蚊蝇进入。当然，门在材质上多选择木制或其他防水材料，而非铝合金材质，因为铝合金材质易变形走样，现今小饭店厨房中多用，效果不佳。为防止木制门长期使用，易脏且难清洗，建议在门把手的位置、拐角或踢脚线位置装不锈钢片，便于清理和打扫。厨房对外进货的门应该宽大些，宽度不应小于1.1m，高度不小于2.2m，而其他分隔门，宽度不小于0.9m，以方便货物和服务车进出。厨房内部门勿装球形把手，应安装"一"字型把手，方便在工作中不用手，而用肘就可以打开门。厨房内所有的门不要有门槛，方便推车，形成无障碍通道。

厨房窗户应既便于通风，又便于采光。为此，对窗户处理时，应设计一道纱窗。若厨房窗户不足以通风采光，可辅以电灯照明、空调换气。实际设计中，有些厨房因具有良好的通风、换气设备，而将厨房窗户封死，可防止员工习惯性地开窗，让蚊蝇进入厨房。

（三）厨房墙壁、地面

厨房墙体最好是选用空心砖砌成，因为空心砖有吸音和吸湿的效果。厨房每天都要清洁，接触到水及水汽，故应在离地面1.5m及以下的墙体进行防水处理。经防水处理后的墙体应贴上优质瓷砖，且从上铺到下。厨房拐角和与地砖接触的地方采用弧角瓷砖贴铺，而非传统上的直角，是便于清洗和清除死角。据预测，未来纳米技术的运用，会产生新一代的纳米瓷砖，可免沾油和水，给厨房装饰带来新的革命。

厨房地面通常要求铺耐磨、耐重压、耐高温和耐腐蚀的地砖。铺设地砖前，做好防水处理，且注意地面的坡度，利于排水，坡度保持在15‰～20‰（每米斜度为0.15～0.2m）。地砖选用上多采用耐磨、不具吸附性、易洗涤的防滑材质，易受到食品溅液或油滴污染区域则使用抗油材质的板材。目前厨房基本上已淘汰水磨地、马赛克铺设的地面，选用无釉防滑地砖、耐热的塑料砖、环氧树脂砖和硬质丙烯酸砖。选择单色调地砖，没有花纹对比、颜色鲜艳的材料。

（四）厨房的照明

厨房采光非常重要，光线不足，易使员工产生疲劳，影响工作效率，产生厌烦情绪，这一点经常被忽略。一般情况下，厨房除了自然采光外，必须要用照明器材来补光。设计厨房照明时既要考虑光照的强度，还要考虑光的颜色、照射方向及稳定性。厨房照明度以 200lx 为佳，食品加工烹调则需 400lx。

厨房是加工场所，要选用 LED 灯作为照明材料，颜色应选暖色光、暖白色、冷色光和演色性的色调，切忌使用夺目的 LED 灯，因为它会改变食品的颜色。厨房炉灶的烟罩，选用带罩防爆的暖色光。选用这种灯照明，一来遇热气油烟抗爆裂，二来使菜肴呈现了诱人的色彩，这与餐厅选用的光源是一致的。另外，厨房墙壁上，需装上应急灯进行断电时照明，防止发生不测。

照明光源位置一定要合理，不能使工作区产生阴影或作业区之间存在亮度差，如果有阴影和亮度差，会使眼睛产生疲劳。为了保证灯具照明的稳定，不出现跳跃，可以使用两个辅助灯，同时可以安装灯罩或隔网，灯池内安装反光板来柔和光线。一般厨房灯具会安排多组，多组灯会使光源交叉，去除厨房中的阴影，使工作环境明亮、清洁。安装灯具时，光源不要安装在操作者头顶上方，防止垂直照射产生阴影，影响厨师操作。

（五）厨房噪声

人正常能听到的最低声音是 1db，在 60db 以上的噪声环境中，人容易激动和暴躁，达到 150db，是人耳痛的临界音强。一个噪声大的厨房音强为 70db，厨房噪声应控制在 20～30db。分析厨房噪声的来源，主要是鼓风机、排（抽）风机电机运转声音、搅拌机的搅动声音、高压蒸气排气声音、送风管道震动等声音。另外，用餐高峰期人员的嘈杂声、锅盘的碰撞声与主要噪声交汇在一起，长时间下来使人心烦意乱。为此减轻噪声十分必要，具体解决的途径有以下几种。一是降低声源的噪声辐射。如给机器封闭或遮蔽或加消音器、防震器。二是控制噪声的传播途径。采用吸声材料或隔音材料。三是选择低噪声的设备，如鼓风机可以选用中压低噪的风机，有条件可在烹调空间以外设立空气压缩机，通过管道输送到炉台。四是让工作人员培养良好的工作习惯，不要故意敲打器物，人为制造噪声。维护保养送餐车、运货车，减少运作发出的噪声。五是厨房播放背景音乐缓解员工疲劳。

（六）厨房温度

温度是最重要的环境因素之一，厨房内温度控制应随季节更迭而不同，人的体温会随季节转换作出调整。厨房的温度过高或冬天太冷都会影响工作效率。经调查，温度低于 10℃时，厨师腿和胳膊会感到发僵，高于 29℃时，厨师心跳会加快而迅速产生疲劳。现代厨房中，环境温度不仅会对厨房的员工造成影响，还会对厨房中各种生、熟食品也产生影响。如夏天有空调的厨房，生产人员加工食品原料，生产好的原材料不会担心摆放过久影响新鲜度，放心程度较高；相反，闷热、潮湿、无空调的厨房，生产时，要时刻留意被加工原料的新鲜程度，采用冷水浸泡或不断换水等方式处理未储存在冰箱内的原料，实际生产工作中，厨师不可能将所有加工与未加工的原材料统统放入冰箱，为了操作方便，加工原料摆放于厨房工作环境中，只能凭经验感知原料的新鲜程度。厨房环境温度受气温的影响，特别是夏季，致使原材料变质、腐败的概率大大增加，进而影响生产成本。因此，现代厨房对环境温度有控制要求。一般理想的温度是如表2-13所示的A级。

表2-13　温度评价表

季节	等级				
	A	B	C	D	E
夏（℃）	25	26～27 23～24	28～29 20～22	30～31 18～19	>32 <17
春、秋（℃）	22～23	24～25 20～21	26～27 18～19	28 16～17	>29 <15
冬（℃）	20	21～22 17～19	23 15～16	24 14	>25 <13

（摘自《餐饮管理》）

除厨房本身环境温度外，厨房中，如冰箱、蒸气管道、热水管道、炉灶等在厨房生产时，产生大量的热量。所以在对厨房环境进行改善的过程中，采用降温方法是十分必要的。如在加热设备上方安装抽风机或排油烟机；对蒸气管道、热水管道进行隔热处理；冰箱应安放在通风条件好的地方，利于散热；实施通风降温等。

（七）厨房通风

厨房通风有两种。一种是自然通风，中小型经济饭店多用，以房屋门窗、屋顶天窗作为通风换气的通道，利用室内外温差引起的气流达到换气的目的。此种通风方法要求门窗开放，所以在夏季会导致苍蝇、蚊虫的增多。另一种是机械通风系统，就是利用机械设备的工作进行送排风，达到厨房空气的置换，多数饭店采用这种方式。厨房生产时，一旦机械通风开始工作，厨房空气产生流动，形成压差，餐厅气流压力大于后台厨房的压力，这样厨房的燥热气流及油烟不会流向用餐区，既能排出厨房的污浊空气，又能防止灰尘、蚊子、苍蝇的入侵。为使餐厅达到更好的效果，厨房与餐厅之间要有一个过渡空间（也叫备餐间），其间可装风幕帘，即有由上而下的强风形成一个隔离风幕，以保持餐厅、厨房各自的环境空间。

机械通风主要方法是送风和排风。送风包括全面送风和局部送风两种。全面送风是利用饭店中央空调送风管直接将处理的新风送至厨房。因厨房炉灶岗位的特殊性，新风对炉灶的厨师来说必不可少。有两种送风方式：一是通过油烟罩可调节装置来使新风由上而下输送；二是从侧面通过送风口输送，风吹向厨师的背后，风力的大小可以调节。局部送风主要是利用小型空调设备来送风，不使用中央空调的饭店或某些要求较低温度特殊岗位所采用的方法，如冷菜间。送风装置的设立是保证厨房工作人员高效率工作的前提，排出厨房污浊潮湿闷热的空气，才能保证员工健康。

排风（也叫抽风）主要是利用排风设备排更换厨房污浊潮湿闷热的空气，保证厨房空气质量。排风主要是用油烟罩排气为主，中小型饭店油烟罩排气的效果不佳，多选用排气扇辅助排气。

在排烟罩选择上附带说明，目前较为流行的是运水烟罩，利用加入去油污洗涤液的水帘，带走油烟的循环水，控制油烟的外排，经油烟水处理再循环，防止长时间使用产生油垢，避免产生火灾的隐患。烟罩安装时，保持罩口应比灶台宽0.25m，罩口风速应大于0.75m/s，排气管出口应附有自动挡板，以防昆虫进入。

厨房通风设备的安装，可使厨房工作环境得到改善。调试时一定按专业标准进行，发挥通风设备的最佳效能。实践证明，通风系统每小时换气 40 ～ 60 次使厨房保持良好的通风环境。

排气量计算公式为：$CMH = V \times AC$

CMH：每小时所排出的空气体积

V：空间空气体积

AC：每小时需换气次数

例：某厨房长约 20m，宽约 8m，高约 3.6m，则该厨房容积为：

厨房的空间体积＝长 × 宽 × 高

$20 \times 8 \times 3.6 = 576m^3$

若厨房需要每小时换气 50 次，其排气量为：

$CMH = V \times AC = 576 \times 50 = 28800m^3/h$

这种方法可以帮助选用排风设备的功率。每台排油烟设备上都有排风量，通过综合计算，确定匹配数量，既经济，效果又好。排风量过大或过小都不利于厨房生产和出品质量管理。

（八）厨房湿度

所谓湿度就是空气中含水量的多少。评价湿度的基准是以人体的感觉为基础，湿度过高人易产生疲劳，感到胸闷，食物易发霉变质；湿度过低人则会感到皮肤干燥，嘴唇干裂，会引起鼻、咽喉等黏膜疼痛，甚至出血，原料会出现干瘪、脱水的现象。可见湿度过高或过低都会降低人们的工作效率。参照表 2-14，一般人体最适当的湿度是在 55%～56%。不过，湿度会随着温度变动而变动。理想的环境温度在 20～25℃，湿度为相对湿度 65%，而在夏季，当气温为 30℃时，湿度可以达到 70% 左右。

表 2-14　厨房湿度评价表

湿度	等级				
	A	B	C	D	E
相对湿度 （%）	50～60	61～70 49～42	71～80 41～35	81～90 34～29	＞91 ＜28

（九）厨房排水

厨房内部环境设计，一上一下最重要，一上即通风，一下即排水，排水处理在厨房生产中有非常关键的作用。

厨房排水分为两种形式。一种国内常用的明沟排水。排水沟设置为多条平行或垂直水沟，距墙壁 3m，相邻的另一条排水沟与之最好相距 6m。目前对厨房用水量没有一个准确的参考数值，但可以肯定，厨房排水量以总水量 90% 作为总数计算，并受环保部门的监督。排水设计时，应要求排水沟宽度在 20cm 以上，深度至少 15cm，水沟底部倾斜度应在 2‰～4‰/m，排水沟底部与沟面连接处要有 0.5cm 半径的圆弧（图 2-7），材质要易洗、不渗水且光滑，有条件的酒店可使用不锈钢槽道和栅栏板。下配金属网，网眼小于 1cm，防止老鼠和爬虫进入。排水沟尽量避免弯曲，要走直线。一些条件好的高档酒店中，在排水沟口、洗涤池通往排水的关键处，安装垃圾粉碎机，防止杂物堵塞。

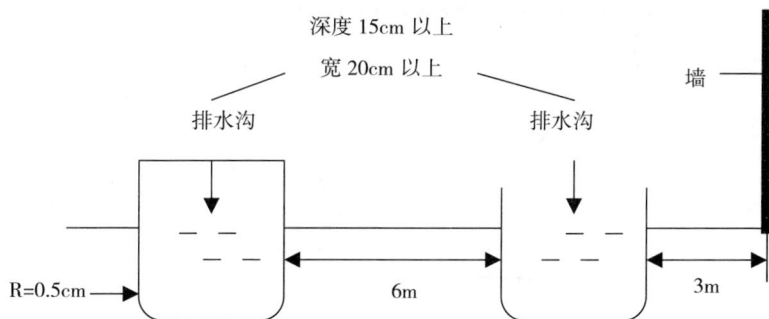

图 2-7　排水沟示意图

另一种是暗沟，国外酒店厨房多用。暗沟通过地漏将厨房污水管道相连，对排水要求较高。地漏直径不宜小于 0.15m，径流面积不宜大于 25m^3，径流距离不宜大于 10m。采用暗沟排水，厨房显得更为平整、光洁，易于设备摆放，无需担心明沟带来各种异味，冷菜间下水应采用地漏。饭店在设计暗沟时，还需安装高压热水龙头，厨房人员每天开启 1～2 次水龙头，将暗沟中污物冲洗干净，防止杂物堵塞。

（十）厨房音乐

厨房设背景音乐不是所有酒店都有，从效果上看，却非常必要。厨房音乐一是可以消除员工因噪声产生的疲劳，二是可以缓解生理上的疲劳，提高劳动效率。实验证明，音乐可以帮助职工提高工作效率 4.7%～11.4%。音乐除能遮盖噪声外，还为工作制造节奏感。如经营种类不同的餐饮企业中，厨房音乐选择内容不同，快餐店为提高工作效率和餐厅翻台率，适当地选择节奏比较快的音乐；宾馆饭店厨房则选用轻音乐、钢琴、吹奏乐为主的音乐，不要选择歌曲，防止分神。音乐演奏时间以 12～20min 为宜，一天最长不超过 2.5h，分贝控制在 5～7db。

（十一）厨房垃圾处理

现在对厨房垃圾处理越来越重视。厨房垃圾分为四大类：一是废油，二是食物垃圾，三是可回收垃圾，四是不可回收垃圾。此四大类垃圾的垃圾箱有所区别，废油可用塑料桶专门盛放，可回收和不可回收垃圾可用市售带轮垃圾箱盛放，厨房食物垃圾箱应特殊设计（图 2-8）。厨房食物垃圾的鉴别，除骨头外，宠物能食用的即为食物垃圾，如鸡蛋壳、鱼骨等就不是食物垃圾，属于不可回收垃圾。食物垃圾除了用特殊的垃圾箱外，还可以用水槽粉碎机将食物垃圾粉碎流入下水道（图 2-9）。

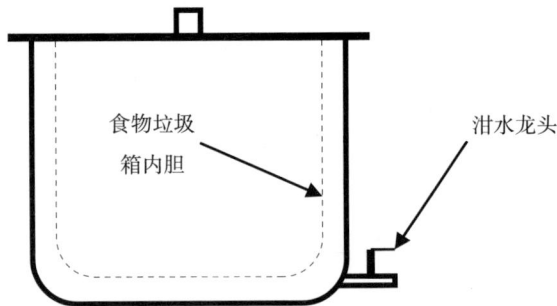

图 2-8　食物垃圾箱示意图

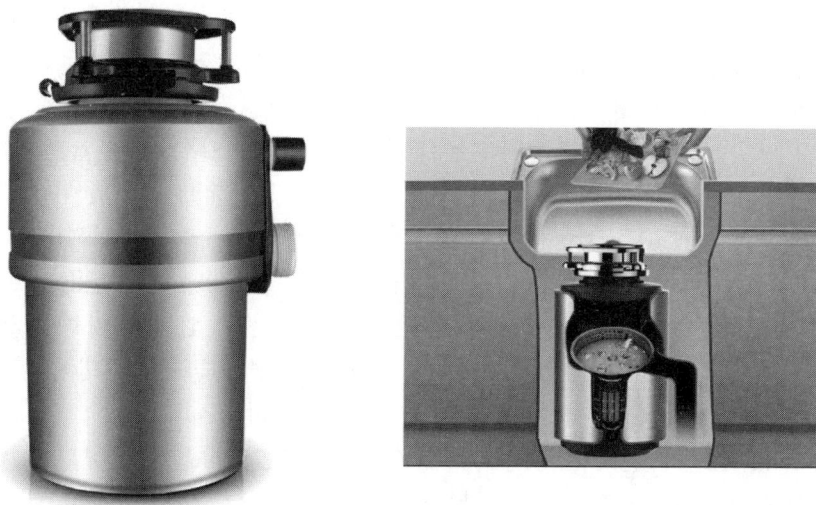

图 2-9　垃圾粉碎机

第三节　厨房布局

厨房布局就是根据厨房建设规模、经营模式、面积大小、生产流程及厨房各部门之间的相互关系，确定厨房内各部门位置和生产设备分布的一种规划实施工作。厨房布局在很大程度上会影响厨房生产的工艺流程、产品质量和生产效率。现在许多饭店对厨房布局的重要性认识不够，将更多的精力投入餐厅布局与设计上，对厨房布局和安排过于简单和草率，最终在生产经营中遭遇困难而难以补救，即使能够补救但工作效率会降低，如厨房仓库位置、员工厕所位置安排不合理等。

一、厨房整体布局

实际工作中，厨房规模、结构及经营方式不同，厨房布局不可能完全相同。寻求厨房布局的合理性是经营者应该追求的目标，其特点和规律有章可循。在确定厨房面积的前提下，找出厨房生产流程方向、厨房原材料流向、厨房人员走动方向等诸多因素的规律，做出预测和判断，合理地安排厨房部门位置和设备位置。

（一）中餐饭店厨房布局

饭店厨房整体布局时，先考虑厨房生产区域位置，其次是附属设施位置，寻找生产区内部之间及生产区与附属设施之间的相互关系，理顺关系才能完成厨房的整体布局工作。从目前行业具体运作形式来说，可以分成以下几种。

1. 港式厨房

港式厨房是生产粤式菜肴厨房的代表，厨房分成烧腊区（主营粤式冷菜），有烧烤炉，如烤乳猪、烧鸭、叉烧等。港式厨房有时将烧腊区放在餐厅中，是大家熟知的明档；炉灶区，包括炒菜、蒸菜和煲菜区，粤菜操作中将煲、蒸菜岗位称作"上杂"岗；砧板区，包括水台区，现场宰杀（尤其是海鲜）和初加工原材料的地方；面点区，有面点操作必需的设备外，还有肠粉炉，专制肠粉（这是一种其他风味很少经营的品种）。这种区域划分应该是和其他风味菜系有着明显的区别。

图 2-10 是一个生产区与附属设施布局比较完善的港式厨房，A 为生产区（港式厨房加工区与烹调区在一起，注意冷菜区没在其中，冷菜区多以明档的形式出现在餐厅之中），B 为贮存区，C 为仓管区，D 为洗涤区，E 为休息办公区。

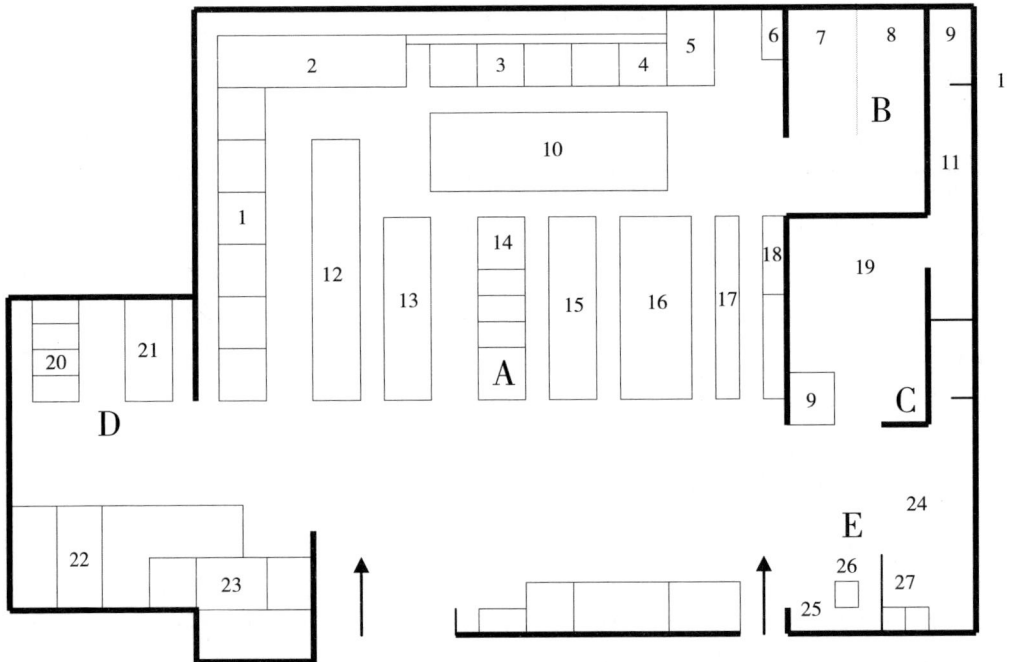

1. 炉灶位；2. 蒸灶位；3. 蒸笼位；4. 煎炸炉；5. 烧烤炉；6. 洗手盆；7. 普通冻房；8. 冰藏库；9. 小仓库；10. 点心案板；11. 高级原材料仓库；12. 打荷台；13. 案板；14. 砧板位；15. 碗碟柜；16. 点心部案板；17. 蒸笼架；18. 冰箱；19. 仓库；20. 消毒柜、洗涤盆；21. 洗碗机；22. 菜点升降机；23. 水台柜；24. 办公室；25. 收货处；26. 磅位；27. 办公用具

图 2-10 港式厨房布局示意图

2. 酒店厨房

图 2-11 中，A 为生产区（主要是烹调区、点心区），B 为冷菜、烧烤区，C 为贮存区、休息区，D 为洗涤区，E 为备餐区。作为酒店厨房，一般由专业人士来布局规划，加之有足够的场地，所以设计布局的合理性要大大强于社会饭店，其中切配区与烹调区保持一种直线距离，既方便又有效。从图中还可以看出，酒店厨房要有多个出入的通道，如宴席上菜通道、零点上菜通道、员工工作通道、消防通道等。

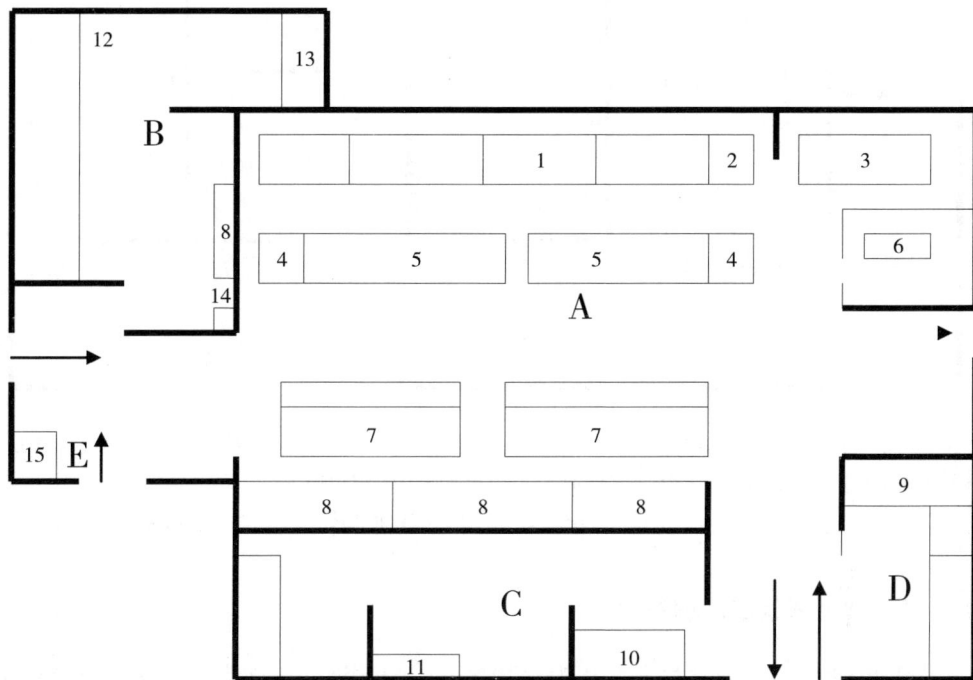

1.炉灶区；2.煲仔炉、矮仔炉；3.蒸柜区；4.洗手盆；5.出菜台；6.点心间；7.卧式冰箱调理台；8.冰箱；9.洗碗间；10.冷库（贮存区）；11.仓库；12.冷菜间；13.烧烤间；14.消毒池；15.备餐台

图 2-11 酒店厨房布局示意图

3. 大众厨房

图 2-12 中，A 为烹调区，B 为切配区，C 为点心区，D 为冷菜区，E 为洗涤区，F 为备餐区，G 为初加工区。大众餐饮厨房由于受资金、经营模式的限制，不可能有足够的场地来进行完全合理的布局，一般员工休息室（办公室）不固定，贮存区域不另行设置，有时还砍掉点心区，采用超市购买或专人提供成品点心的方法，力求节约成本。

注意大众厨房大多数使用过多的隔断，这不是有效的举措，尽管这种做法可以保证厨房各区之间相对独立，互不干涉，但会使工作效率降低。尤其是切配和炉灶之间增加隔断，既费建筑材料，又阻断工作线路。另外，社会餐饮店重视餐厅，忽视厨房的现象比较严重，所以厨房场地往往不够，正常使用设备很难保证到位，人员工作范围十分狭小，甚至员工出口通道与原材料、菜肴通道相重叠。这种做法会给厨房生产带来巨大不便。

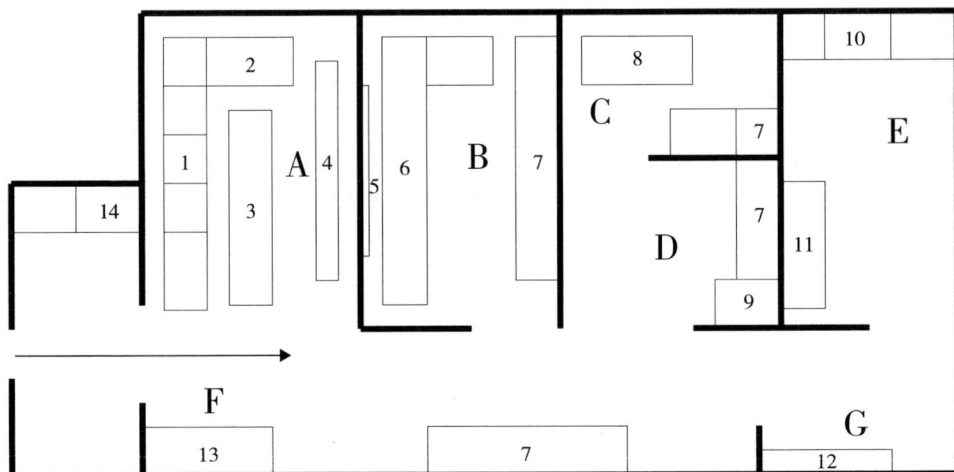

1.炉灶区；2.蒸柜、煲炉区；3.出菜台；4.货架；5.出菜窗口；6.砧板区；7.冰箱、冰柜；8.点心案板；9.冷菜案板；10.洗碗间；11.碗柜；12.初加工间；13.备餐；14.电梯房

图 2-12　大众厨房布局示意图

（二）西式饭店厨房布局

图 2-13 中，A 为休息区，B 为冷藏区，C 为洗涤区，D 为烹调区，E 为垃圾区，F 为贮藏区，G 为收货区，与中餐不同之处是西餐设备比较集中，设备多是多功能型的，以 U 型布局，占地面积较小，其附属设施齐备。中餐在这方面需要借鉴西式厨房，提高工作效率。

综上所述，解决饭店厨房布局的种种问题，尽可能做到以下几点：①充分利用厨房空间，如采用吊柜、吊杠等设施，来存放更多物品、原料，尤其对场地较小的社会厨房，学会利用空间；②充分安排功能相近的设备，减少厨师制作菜肴所浪费的时间；③保证厨师工作中走动距离，减少厨师操纵加工设备和工具的次数；④合理布局，使菜肴质量稳定，厨房成本得到控制，布局对菜肴或成本的影响不是直接的，而是间接的，厨房管理者要认识到这一点。

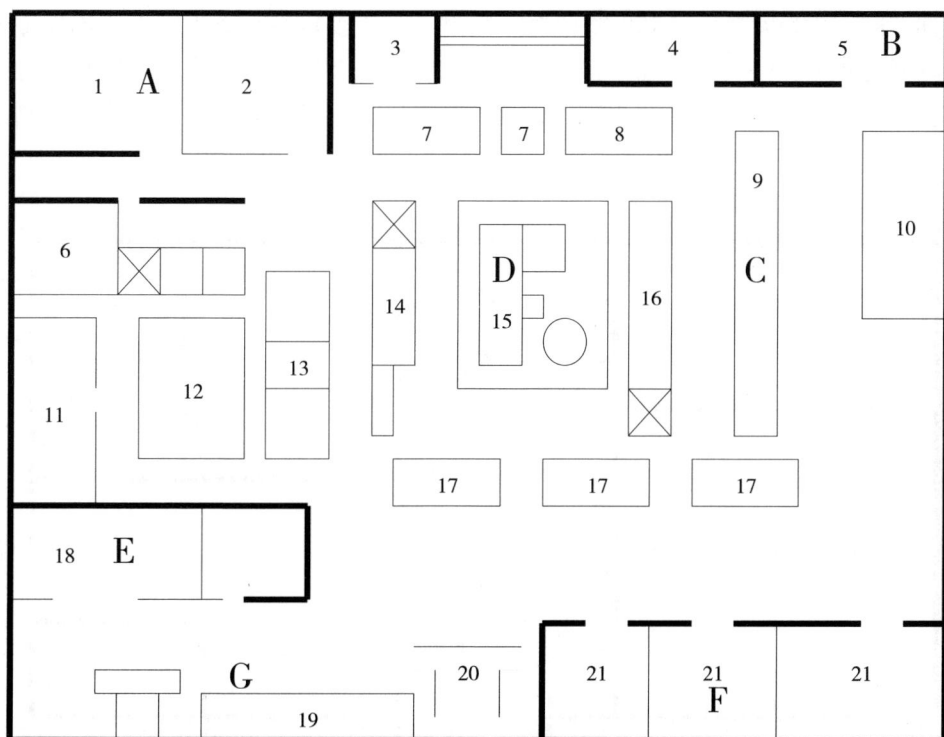

1.男更衣室；2.女更衣室；3.厨师间；4.大冷藏库；5.大冷冻库；6.洗锅处；7.冰箱；8.咖啡机；9.洗碗机；10.可推的餐具（杯碟等）存放车；11.洗车部；12.存车部；13.洗涤槽；14.厨师工作台；15.厨房烹调设备；16.带架子工作台；17.便于运输的组合台；18.垃圾房；19.收货台；20.制冰机；21.贮藏室

图2-13　西式饭店厨房布局示意图

二、厨房生产区布局

厨房生产是由若干个功能性生产区所组成。各生产区生产功能不同，所需设备不一样，内部布局就有所不同。下面介绍各个生产区布局实例。

（一）加工区和贮藏区布局

烹调工艺中，初步加工内容主要有精加工和粗加工两种，厨房中，加工与贮存区主要是进行粗加工（注：只有在专门加工厨房中，才将两者放在一个区域），精加工更多地在切配区（配菜区）。

根据厨房规模和要求，加工区可以简单地设置成加工场所，也可以成为一个专门的加工性厨房。如果是简单加工，其场地设备要求不高，布局比较简单，无须说明。而成为一个加工贮存的厨房，设计的合理性就要体现出来（图2-14）。

图2-14中，A为贮藏区，B为蔬菜加工间，C为水产、禽类加工间，D为切

97

割加工间，E 为验货区。其中将验收、贮藏、加工安排在一条流程上，不仅缩短货物搬运距离，也方便货物贮藏、领料和加工。加工区域布局中将原料切割加工与初加工分开，蔬菜加工与水产、禽肉类分开，其目的是防止交叉污染，提高工作效率。

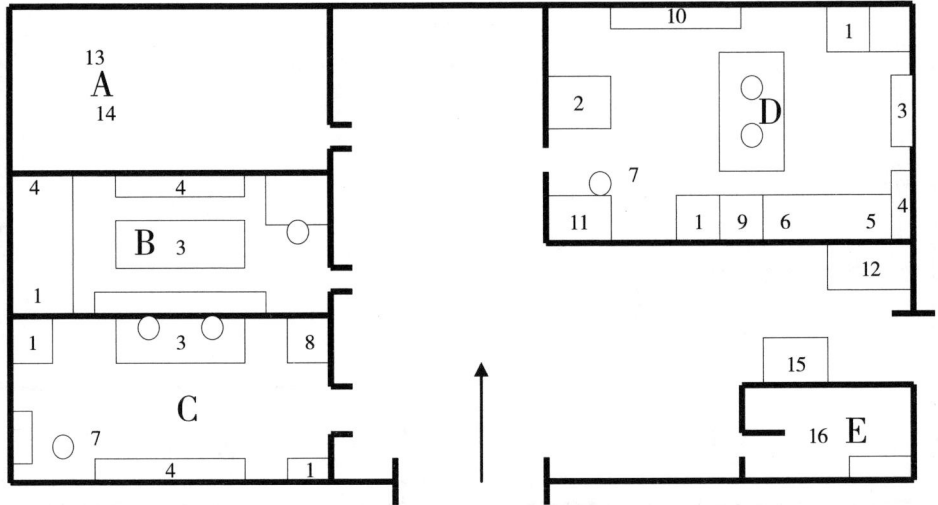

1. 洗涤池；2. 解冻池；3. 工作台与砧板；4. 货架；5. 切片机；6. 去皮机；7. 垃圾桶；8. 蒸气夹层锅；9. 锯骨机；10. 上浆台；11. 刀具柜；12. 养鱼池；13. 冷冻间；14. 冷藏间；15. 验货台；16. 办公室

图 2-14　加工与贮藏区布局示意图

（二）切配区与烹调区布局

厨房切配区和烹调区二者紧密联系，布局中，将两个区安排在一起，保证出菜线路是直线，如图 2-15 所示，A 为配菜区，B 为烹调区，上菜线路有效和快速。有的饭店安排切配区时将其隔离起来，形成一个单独的工作间，看起来工作区域划分得很具体，但工作效率将降低，增加隔断减少实际工作面积，工作线路由原来的直线变成曲线。

应合理摆放烹调区域内的烹调灶具，否则工作效率会降低。烹调区主要有两个岗位——炉灶和上杂（负责厨房蒸、炖、煲菜的岗位），布局时遵照每个岗位工作流程安排设备，不要将上杂岗所使用的灶具分开（图 2-16）。

显然，从图 2-16 中可以看出，A 状态要好于 B 状态。布局疏忽会带来操作流程的不顺畅。A 状态本可以一人操作，变成 B 状态就必须二人操作，否则一个人操作就需要来回穿梭，饱受奔波之苦，还阻碍炉灶厨师操作，降低工作效率。

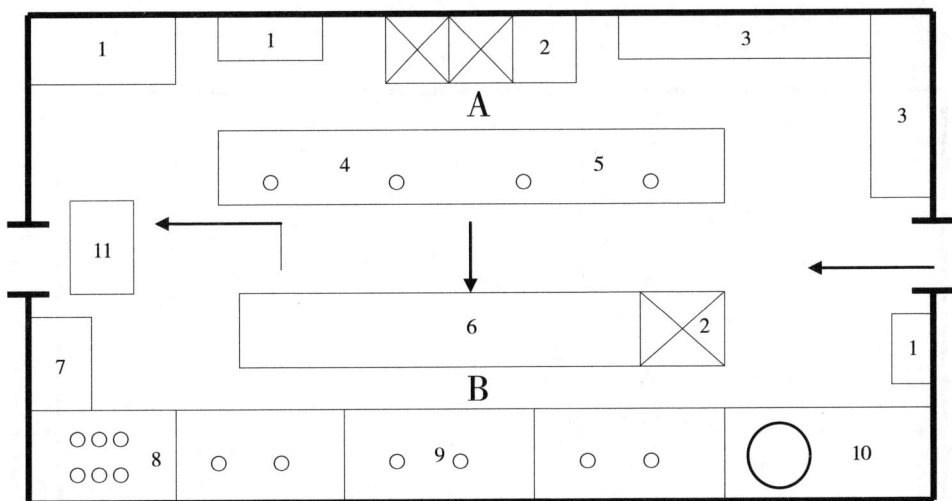

1.货架；2.洗涤池；3.冰箱；4.带冷柜的工作台；5.砧板；6.带保温柜的荷台；7.三层蒸柜；8.六眼煲仔灶；9.炒灶；10.大锅灶；11.出菜台

图2-15 切配区与烹调区布局示意图

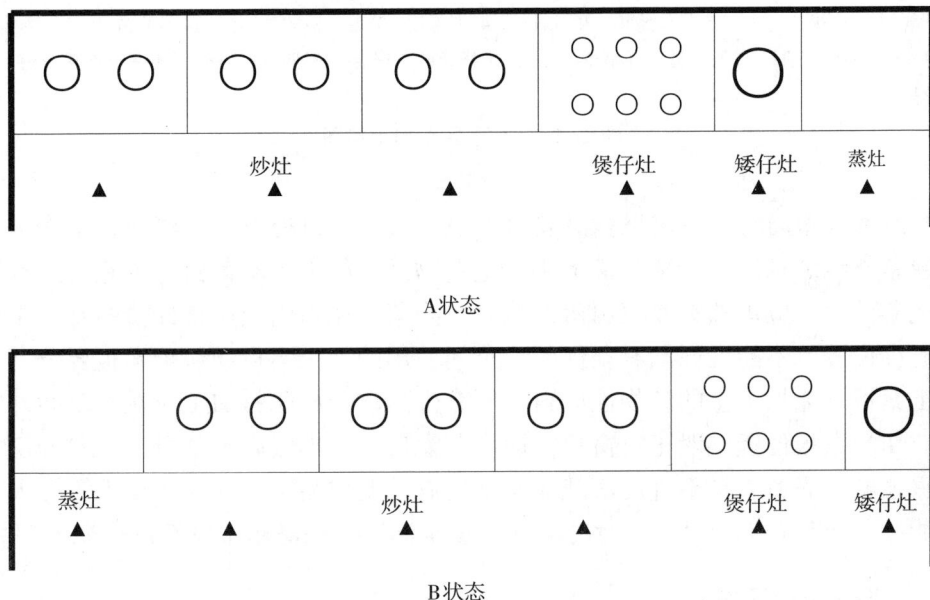

A状态

B状态

图2-16 炉灶布局对比图

（三）冷菜区布局

冷菜区比较特殊，任何一种形式的饭店，都会将其独立出来，有些饭店专门设立冷菜厨房。西餐中将冷菜厨房叫作冷房。A为贮藏区，B为加工区，具体布局如图 2-17 所示。

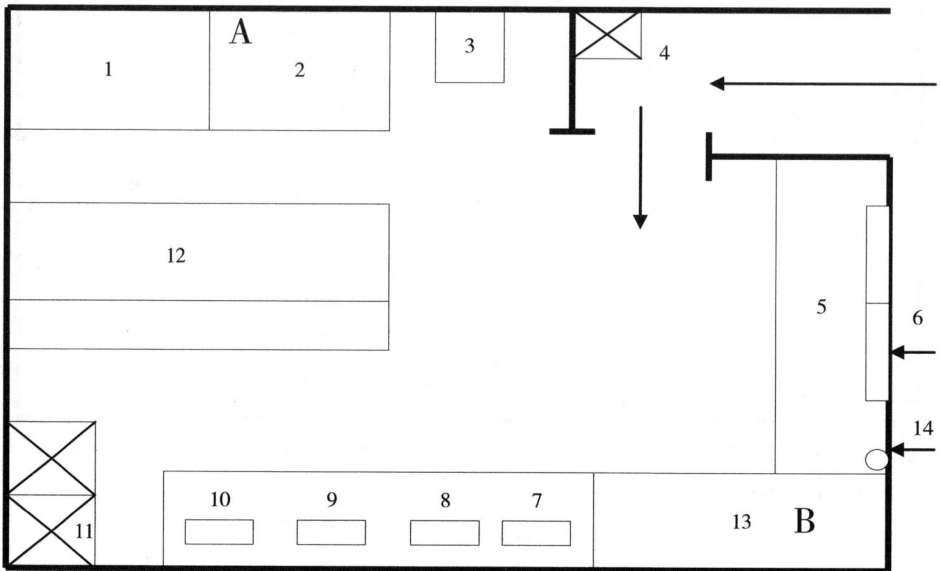

1.熟食、成品冷藏柜；2.半成品冷藏柜；3.刀具柜；4.消毒池；5.带冷柜的工作柜；6.出菜窗口；7.微波炉；8.切片机；9.搅拌机；10.开罐器；11.洗涤池；12.带货架的工作台；13.餐具保洁柜；14.紫外线消毒灯（位置较高）

图 2-17　冷菜区布局示意图

冷菜区布局时，一定把食品安全考虑进去，入口处设置消毒池，工作区域安装紫外线消毒灯。严格意义上讲，生食物品不能进入冷菜厨房（除可生食用的蔬菜外），应单独在冷菜厨房外贮存。冷菜区冰箱门上严格标清熟食、半成品贮存位置，不能混同。有条件的冷菜间使用的加工案板和切配案板要分开。加工案板不能加工生的动物性原料，所有生的动物性原料加工应在冷菜间外完成。切配案板位置一般正对窗户，即出菜窗口，高档饭店出菜窗口是对开门式冷藏冰箱，服务人员不进厨房就能拿到所有冷菜成品（注：饭店要求服务人员不能进入冷菜间）。最后注意冷菜间要设洗涤池，洗涤用水要经过过滤处理。

（四）烧烤区布局

烧烤区是负责饭店各厨房所需烧烤食品的制作。具体布局如图 2-18 所示。

中小型饭店如果设置烧烤区，一般与冷菜区（卤水制作）共用加工场所。烧烤类食品有诱人的外观色泽，加工相对独立，有的饭店将烧烤切配加工设置在餐厅中，成为可视的加工场所，并可自由挑选所需菜品，即通常所说的"明档"。明档布局时，设计者考虑采用更多的可以悬挂器物，尽可能少将炉灶放入明档区，多采用不锈钢、电加热设备，保证明档区清洁卫生，使菜肴更具有诱惑力。

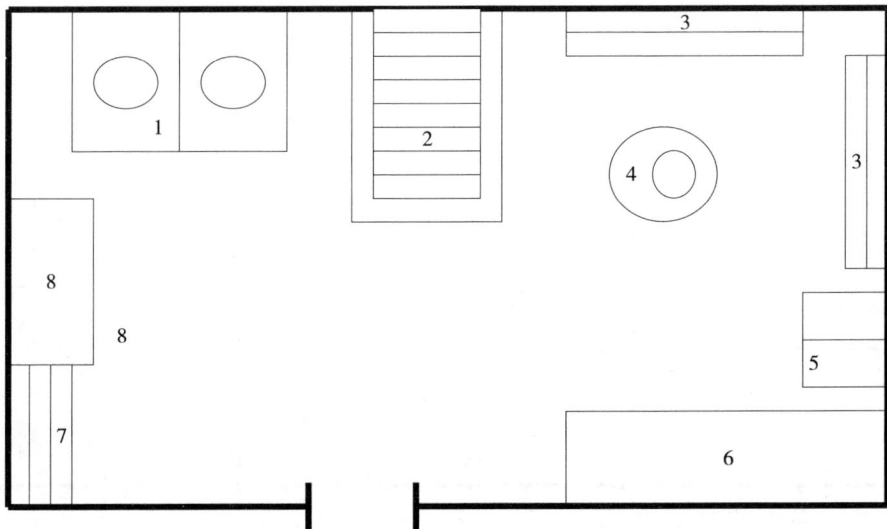

1.矮子灶；2.明火烤炉；3.挂钩器；4.烤鸭炉；5.洗涤池；6.工作台；7.货架；8.蒸气夹层锅

图 2-18　烧烤区布局示意图

（五）面点区布局

面点区负责点心、主食的烹制，有时还有甜点制作。面点制作又称白案，与传统红案操作相对应，单独存在。面点区布局根据经营方针与规模，适当地选择，可以划分区域辅助红案操作，也可独立成厨房。如有的饭店开办小吃一条街、经营早市茶点、下午甜点茶食等形式的餐饮，可以将面点区改成专门厨房。

面点厨房布局时，烹调设备单独设立，不要与红案炉灶并用，还可选购专用的面点设备，如饧发箱、蒸柜、烤箱等设备。布局流程严格按照面点工艺流程进行。A 为加工区，B 为贮存区，C 为烹调区，具体布局如图 2-19 所示。

三、厨房布局的类型

从上面厨房生产区布局图中可以知道，布局都是依照一定的生产流程进行的。厨房规模、经营种类有所不同，布局种类也会多种多样。具体有以下几种。

（一）直线式排列

直线式排列的特点是将厨房的主要设备排列成一条直线，通常是面对墙壁排成一列。这种设计是厨房面积足够时采用的方法，直线式排列格局不但操作方便，而且效率很高。多出现在炉灶台、荷台（打荷厨师使用的工作台，一般在炉灶厨师背后）、砧板台的布局中（图 2-20）。

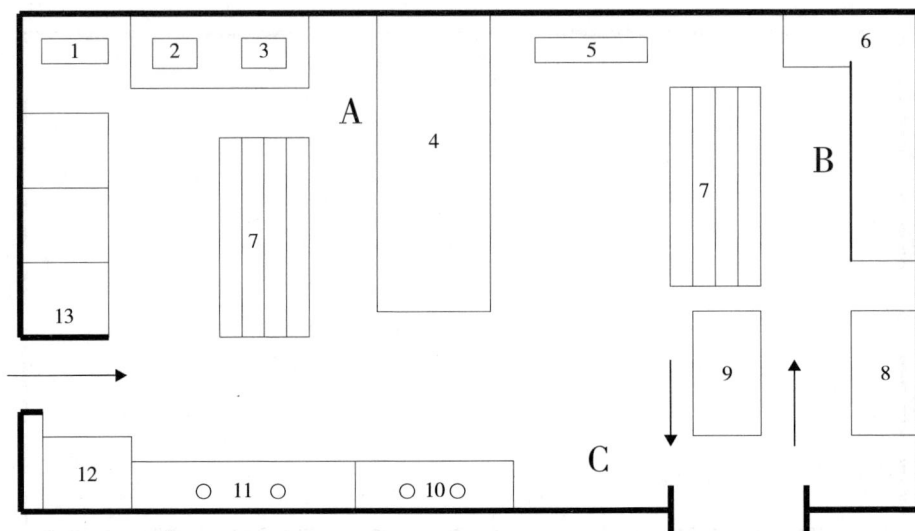

1. 和面机；2. 搅拌器；3. 绞肉机；4. 面案；5. 刀具柜；6. 冷藏柜；7. 货架；8. 带有保温柜的工作台；9. 出菜台；10. 炉灶；11. 蒸灶；12. 多层烤；13. 洗涤池

图 2-19　面点区的布局示意图

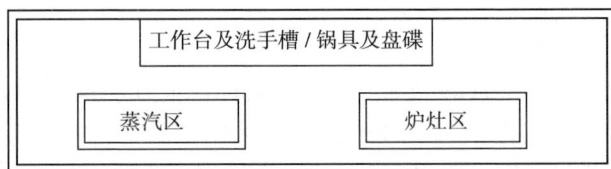

图 2-20　直线布局图

（二）背对背平行排列

这种排列方式又称"岛屿式排列"，是以一道小墙将烹调设备分隔成前后两部分，特点是将厨房主要设备集中操作，将排烟、通风、空调设备综合利用，将使用成本降到最低，是经济方便的规划布局。此外，厨房烹调区相对集中，工作效率提高，同时还可以支持其他生产区工作（图 2-21）。

（三）曲线式排列

厨房空间不足以使用上面两种布局方式，通常会采用曲线式（即 L 形、U 形）进行布局设计。"L"形排列法是将厨房设备按英文字母"L"的形状排列，"U"形排列法是将厨房设备按英文字母"U"的形状排列，它们都是充分利用厨房有限空间布局，很合理，且有实效（图 2-22）。

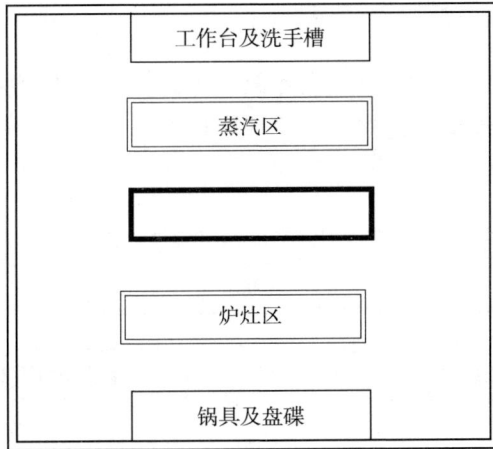

图 2-21 背对背平行型布局图

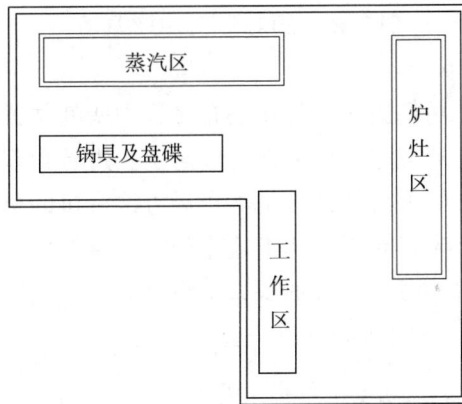

L 形

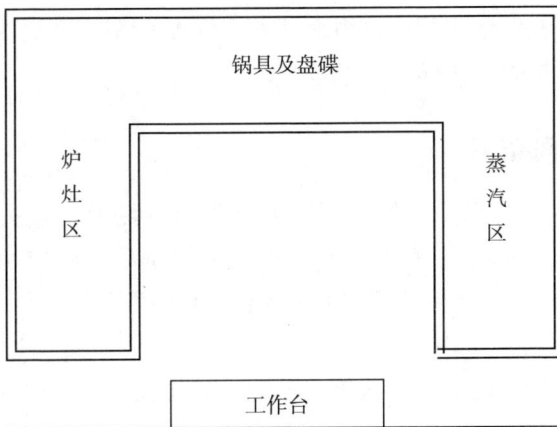

U 形

图 2-22 曲线型布局图

（四）面对面平行排列

面对面平行布局主要是将烹调设备放置于厨房的两边，将工作台放置于中央，在工作台之间有往来通道。这种布局一般在医院、工厂或为员工提供餐食的食堂较为多用。（图 2-23）

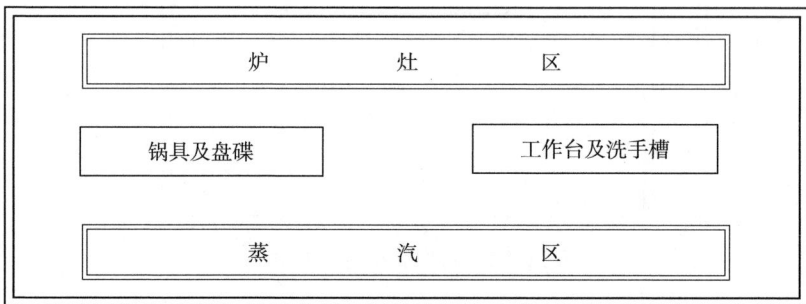

图 2-23　面对面平行型布局图

综上所述，各种布局是厨房厨具在摆布过程中所处位置的状况，以及与其他相关设备的相互关系，把握好这种关系可以对厨具进行合理布局。上面所介绍的是最基本的布局方法，如果将几种最基本布局方法有机的结合，合理利用，就会成为各种各样的厨房整体布局图。如带式排列法，是将每一个生产区用直线排列法组合到一起的布局法；海湾式排列法，是将每一个生产区用曲线排列法组合到一起的布局法（图 2-24、图 2-25）。

四、厨房相关区域布局

厨房相关设施能保证厨房生产顺利进行，是与厨房生产区配套的、关系密切的附属设施，如备餐间、洗碗间、仓库。

（一）备餐间布局

备餐间是配备开餐用品，保证开餐顺利进行的场所。过去厨房布局对此设计不够重视，因而引起上菜缓慢、上错菜、菜肴质量不稳定的投诉较多。其所起作用和岗位职责，在以后的章节中介绍，这里概不赘述。其布局如图 2-26 所示。

粤菜中又将备餐叫班地厘，从英文 Pantry 音译而来。由于工作性质的原因，其间设备的种类一般是不变的，主要有热水器、制冰机、木夹台、茶叶柜、餐具架柜、小餐具柜等。

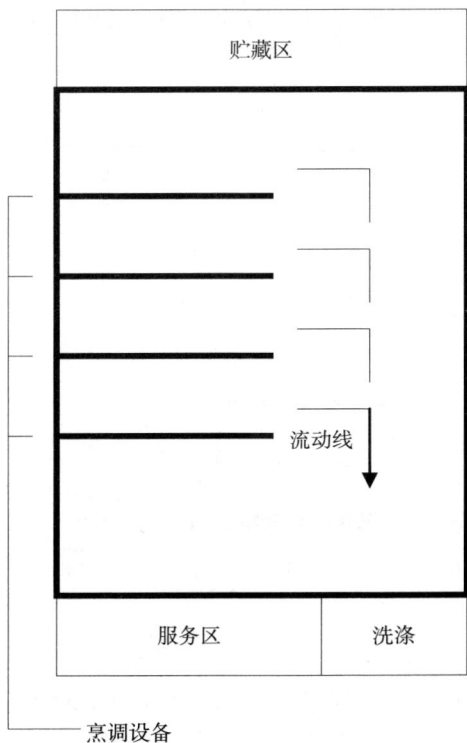

<table>
<tr><td>图 2-24　带式排列法</td><td>图 2-25　海湾式排列法</td></tr>
</table>

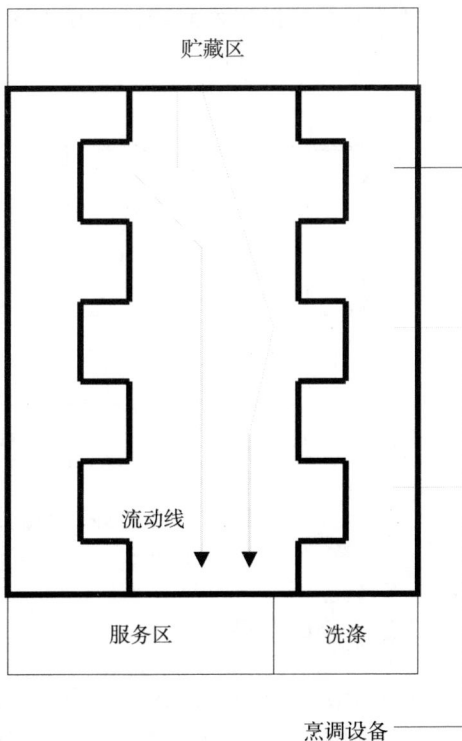

（二）洗碗间布局

洗碗间虽然从工作性质上看不出与厨房生产有什么直接联系，一般不归厨房直接管辖（在设有管事部或餐务组的单位，它归属于这些部门管辖）。但洗碗间都设在厨房所管辖的区域内，考虑洗碗间属于餐饮后台工作，繁重嘈杂的声响不能影响客人，除了完成餐厅各种餐具的洗涤、消毒工作外，还要完成厨房众多器具、物品的洗涤、消毒工作，以及厨房外部（地面、墙壁）的清洁工作、垃圾清运工作等众多职责。为此，洗碗间安排在厨房区域内，效率会提高（图 2-26）。

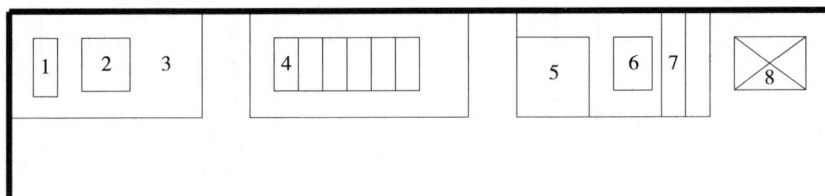

1.卡式炉、锅仔座；2.洗手盅、调味汁；3.工作台（划单台、告示牌、木夹柜）；4.茶具、茶叶柜；5.开水器；6.毛巾柜；7.制冰机；8.水池

图 2-26　备餐间布局示意图

目前大多数饭店都使用机械化洗碗设备，根据洗碗间空间结构，其布局形式有以下几种（图2-27）。

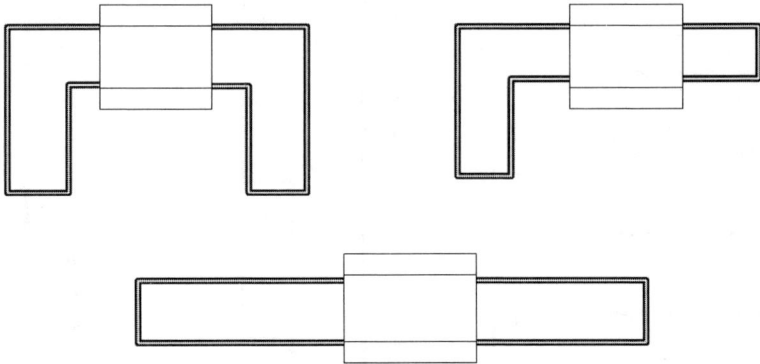

图 2-27　三种形式（U、L、I形）的洗碗机布局示意图

（三）仓库布局

饭店中除应该设有的大型仓库以外，厨房中还应该设立二级仓库（也叫自备仓库或干调仓库），为厨房生产提供方便。多数社会饭店中，保持厨房中的仓库十分必要，千万不能将厨房仓库设置的位置过远或挪为他用。

厨房仓库面积能保持一周原材料的储备量就可以。对于高档干货原料须有个贮存的地方，防止出现丢失或被偷拿。一般仓库高度可以控制在 145 ～ 250cm，保持通风和干燥，严禁厨房水管和蒸气管线通过仓库区域。贮藏物品不能直接置于地面，需要离地面 25cm 高，并且与墙壁保持约 5cm 的距离。具体仓库货架的布局见图 2-28。

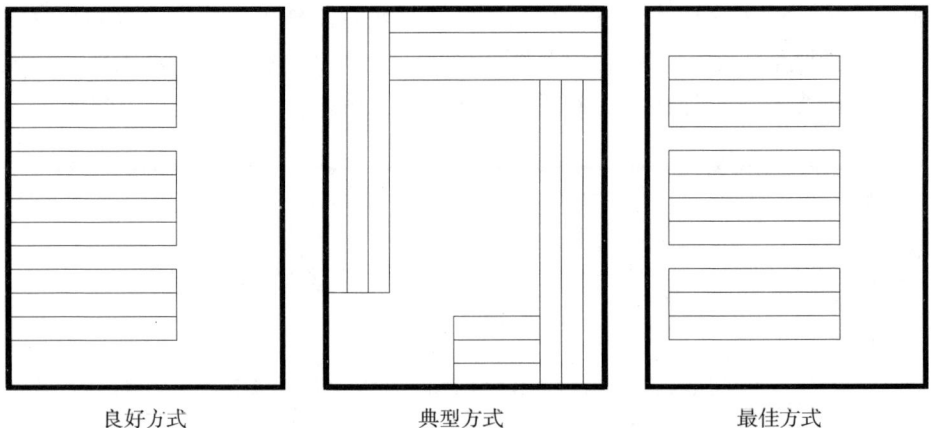

良好方式　　　　　典型方式　　　　　最佳方式

图 2-28　三种形式仓库布局示意图

✔ 本章小结

　　厨房生产与运作中，科学规划非常重要。多数人认为，只要找块场地，购置一些设备，雇几个厨师，就可以进行生产。其实厨房生产远非如此。作为餐饮经营的投资者，都希望其餐饮企业能迅速赚钱，不要浪费资金，都是尽可能将经营利润最大化，如扩大经营面积、美化店面装潢、降低人工成本等。但许多餐饮企业投资者会走进一个误区，加大餐厅投入，减少厨房投入；注重餐厅人员培训，忽略厨房人员培训，使餐厅服务品质与厨房生产环境不匹配，最终造成厨房生产效率低下等问题。为了更有效地利用和使用资源，须对厨房进行必要的设计和布局，优化人力资源配置，须有效地完成餐饮企业经营目标。

　　厨房设计是一切厨房工作开始的前提。鉴于厨房生产要求高效、有序，厨房设计应该由专业人士来完成，投资者切不可随心所欲，对厨房设计是否具备合理性问题，应由厨房人员进行评议，才能保证厨房的生产效率。为此，厨房管理者必须掌握厨房设计的知识。

　　厨房合理布局是厨房生产是否流畅，以及菜肴能否快速服务于顾客的前提。掌握其规律和基本原则是一个厨房管理者必须具备的知识与能力。

✔ 思考与练习

　　1.什么是厨房设计？厨房设计与布局的原则有哪些？

　　2.厨房功能区域结构怎么划分？其主要功能是什么？

　　3.厨房的位置安排要遵循哪些原则？

　　4.如何设计厨房的温度和湿度？

　　5.为什么厨房可以设置背景音乐？

　　6.2019年我国试行垃圾分类，谈谈厨房垃圾的处理方法？

　　7.厨房布局的类型有哪些？举例并绘图说明。

　　8.利用所学知识谈谈国内外厨房面积的设置比例，并举例说明。

　　9.设计一份仓库布局图，写出最优布局，并说明原因。

　　10.试着参观一个饭店厨房，将其炉灶与切配区域的布局图勾画出来，并分析其合理性。

　　11.在图2-29中，切配和炉灶区布局是否合理？为什么？

切配区

炉灶区

墙

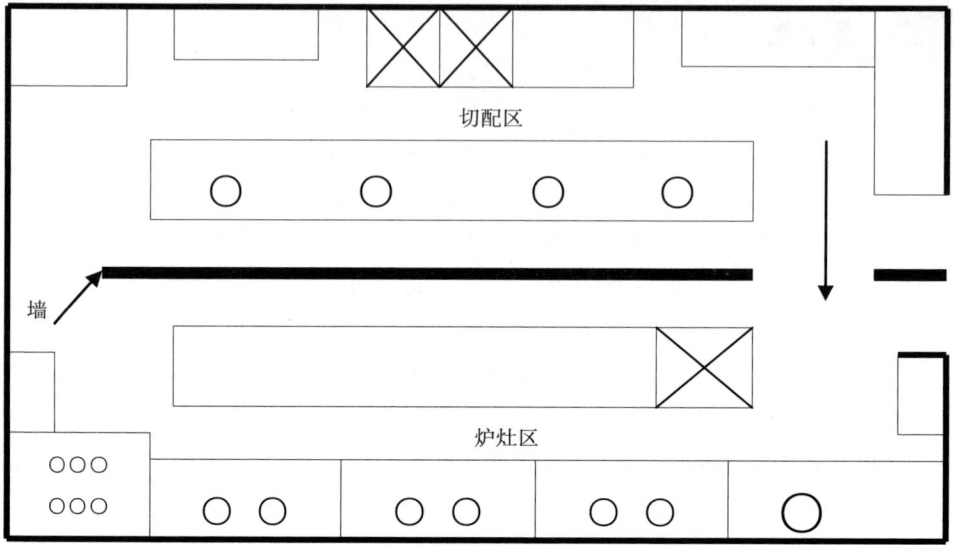

图 2-29　切配与炉灶关系示意图

第三章　厨房设备和用具

本章内容：厨房设备选购

厨房主要设备与用具

教学时间：2 课时

教学思路：以完整的厨房为例，具体讲解一般性厨房设备选购的方法和原则及厨房设备和用具的配置

教学要求：1. 了解厨房常用设备、用具型号和种类

2. 掌握厨房常用设备、用具的使用方法

3. 熟知厨房设备、用具配置规律和原则

课前准备：阅读厨房生产中所需设备和用具的相关知识

目前，厨房设备发展有三种趋势。一是趋向组合式。从现代厨房投资来看，越来越多的厨房，尤其是大众餐饮店厨房会扩大餐厅面积，缩小厨房面积，增加更多的营业空间，减少厨房设备投入，在这种状况下，使用组合式厨房设备，有着广阔的前景，如烹调设备的组合，将有煎、烤、炸功能的设备合为一体。二是趋向多功能化。一台机械加工设备具有多种功能，如多功能切割机、多功能粉碎机等。三是趋向自动化。烹调设备使用温度和时间的控制器，把握食品原料的成熟度。利用机械加工原料，可保持食品原料的一致性，加工速度、效率会很高。

合理购置设备、用具是厨房生产正常运营的物质保证，正确使用设备、用具是厨房生产顺利运行的前提。

第一节 厨房设备选购

厨房设备选购会影响到饭店对厨房投资费用、计划和布局，以及设备的实用性、可操作性、安全性。权衡是选购时的重要工作，多方面地选择和评价，让有限的设备投资发挥最佳生产和最大化效益，还要遵循相关原则，减少购置设备的盲目性。

一、厨房设备选购方法

选购厨房设备时，使用者最关心的问题是：设备性能是否良好（高效率、低能耗）；价格是否合理（一定要符合投资者的实力）；设备是否安全牢固（要有安全、保护装置）；是否操作方便（设计操作程序少，利于人员工作）。因此，在选择厨房设备时，应该对上述因素统筹兼顾，全面衡量。

（一）有计划性地选购厨房设备

厨房设备是厨房生产不可或缺的硬件，必须投资购买的物件。盲目购买只能加大资金投入量，固定成本会相应提高，增加经营成本。从经济实用角度考虑，厨房设备的购置要有正确的计划。

1. 依照菜单要求选购

厨房菜单制订后，也就确定了经营内容和风味。设备购置要依据菜单进行选择，如经营粤菜要购置广式灶具及用具，经营西餐要购置西式灶具及用具。有些设备是为完成某个系列菜肴而购置，如碎冰机是为制作刺身菜而购置；粉碎机是制作蓉泥菜而购置。有目的的选择，可以有效利用资金，将"好钢用到刀刃上"。

2.选择必须、必要的设备

选择厨房设备时，一定要认清设备在厨房中的地位，分清主次的关系，分辨什么设备是必须也是必要的，将必须、必要的设备列入购买计划，保证厨房正常运转的设备购置到位。如果受资金量所限，将一些不急需但有用的设备缓购置，使预算资金能发挥最大的效益。

（二）考虑设备的经济效益

企业选购厨房设备时，要分析效益。首先对厨房所购置设备发挥的经济效益做出评估，然后对购买设备的成本进行预算。计算厨房生产设备成本不应只局限于采购成本，还应包括设备的安装费用、使用费用、维修费用和保险费用及其他费用，还要考虑设备的保修期限、折旧率等。同一种设备由于厂家的生产规模、生产能力，其产品性能指标都会有所不同，应该进行认真比对，选择适合自己企业的厨房设备。不是价格越低越好，有时购买价格低但维修和保养的费用会增加。因此正确地评估厨房设备，可依照公式3-1：

$$H=L \times (A+B) / [C+L \times (D+E+F) - G] \qquad (3-1)$$

式中：H 为设备的经济效益值。

L 为规定的使用年限。

A 为设备每年节省的人工费。

B 为设备每年节省的能源费。

C 为设备价格和安装费。

D 为设备每年使用费。

E 为设备每年维修费。

F 为如果将 C 存入银行或其他用途，每年得到的利息。

G 为设备报废后产生的经济价值。

按照公式3-1，饭店或餐饮企业分析选购厨房设备时，应认真对待 H 值。当 $H=1$ 时，说明设备节省人工和能源费等于设备的全部投资费用。

$H > 1$ 时，说明设备节省人工和能源费用超过设备的全部投资费用。

$H \geq 1.5$ 时，说明购买设备完全值得。

（三）选择性能可靠的厨房设备

要保证厨房设备性能的可靠性，购买设备之前向供应商或厂家索要相关资料，如设备的生产功能、型号规格、能耗量等，进行对比选择。一旦购买，需商家提供保修单、保险单以备以后维修。进口设备要有国内维修点，以保证设备出现故障能及时维修，以免被报废。

设备性能的可靠性由多种因素组成。正常情况下，设备操作应持久耐用、抗磨损、抗压力、抗腐蚀和耐摩擦，设备应具备可拆卸清洗的功能，表面平整光滑、无破损、裂痕，与食品接触应该无毒、无臭、无吸附性。

（四）符合厨房设计布局要求

选购厨房设备依据厨房布局来进行，厨房面积是固定的，设备只能适应厨房，有时还要专门定做，以满足厨房布局需求。依据尺寸、标准购买的设备布局于厨房中，进行生产操作，才能高效而有秩序地、高质量地完成各种菜肴的制作。

二、厨房设备选购原则

"工欲善其事，必先利其器"，设备与用具是厨师完成厨房生产任务的基本条件。厨房设备规划应考虑企业经营菜式、供餐人数、供餐方式、原料来源、设备性能与容量、资金预算、安全卫生与政府法规等要素。厨房设备选购时，一定要本着以下几点原则。

（一）安全牢固原则

设备必须要有良好的安全装置，无刺手的毛边，设备焊接牢固，设备运转正常无异常声响。

（二）多功能性原则

设备最好具备多功能性，可减少投资费用，也可减少厨房占地面积以及节省劳力。

（三）可移动性原则

厨房大型设备要考虑到可移动性，方便操作、维修和清洁工作。如保鲜冰箱、保温柜等底面安装滑轮，可将冰箱移位。举办大型宴会时，可移动设备的优势就体现出来了。

（四）易于清理原则

选购设备要求便于清洁、便于拆卸，同时设备表面要求光滑、抗腐蚀、性能稳定、无吸收性。

（五）维修保养原则

选购设备的生产厂家或经销商能够提供维修或保养，如有部件损耗，能及时提供零配件或备用零配件。

（六）节能环保原则

应选择热效率高、能源利用率高、能量消耗低的设备。同时设备使用环保性材料、符合环保要求，无污染，对人体无毒害。

第二节　厨房主要设备与用具

根据厨房生产的特点，厨房设备可以分成机械加工设备、烹调设备、储存设备、辅助设备四类。厨房用具主要是指制作菜肴和面点时使用的刀具和烹调用具。

一、厨房设备配置

厨房设备配置是餐饮和厨房管理的一项重要工作。优质的厨房设备和正确的厨房配置，能提高工作效率和产品质量。下面先分别介绍各种常用的厨房设备。

（一）常用加工设备

1. 切片机

切片机是厨房中常用的加工机械设备，有手动式、半自动式和全自动式三种类型。现在厨房常使用半自动式切片机，机器上采用旋转刀片，食品装在托架上，手动推拉来完成切片工作。切片厚度是通过调节刀片与托板之间的距离来控制的，一般可切冻肉和所有脆性根茎类原料。大批量生产时，切片机省时也省力（图3-1）。

图3-1　切片机

2. 切丝机

切丝机是由两组分别串联在一起的、相对交叉、旋转运行的圆形刀片组成的加工机械，通过相对的旋转刀片将原料切成片，如果将片再放入旋转的刀片上会再切成丝，再下一步还可以继续加工成丁或末。刀片距离一般是固定的，适合加工新鲜动物性原料。新鲜未冻动物性原料需要大批量加工成丁、丝、片时使用，快速高效。多数加工性厨房或食堂厨房都使用此机械（图 3-2）。

3. 切碎机

切碎机也叫细切机，它是一个将纵向旋转的刀片伸入圆盘中，利用圆盘的旋转来不断地打碎原料的机械设备。它的刀片呈扇叶形，多适合加工新鲜的动、植物性原料，将其切成碎末。适合制作面点中的馅心和中餐中的蓉泥菜（图 3-3）。

图 3-2　切丝机

图 3-3　切碎机

4. 绞肉机

绞肉机分为手摇式和电动式两种。手摇式绞肉机工作效率低，多在家庭中使用，厨房中很少使用。电动绞肉机，操作简单，工作效率高，每分钟能绞肉 2.5 ~ 3 千克。

电动绞肉机由不锈钢放料盘、螺旋转轴、四叶刀片、圆形多孔铁板、轴头、电机组成。经绞肉机处理后的原料多为蓉状物，其大小视多孔板的大小而定，孔大则较粗，反之则细。绞肉机适合大批量生产动植物性原料的蓉泥，多数加工性厨房或食堂使用此机械（图 3-4）。

5. 和面机

和面机有立式、卧式及可倾斜式三种，不锈

图 3-4　绞肉机

钢制成，卧式和面机有一个横向螺旋搅拌棒，用于拌和各种面团或拌和颗粒及粉状原料。工作效率高，搅和均匀，已替代手工和面，是大多面点厨房中不可缺少的厨房设备（图3-5）。

（1）立式和面机　　　　　（2）卧式和面机　　　　　（3）可倾斜式和面机

图 3-5　和面机

6. 搅拌机

搅拌机有立式、台式、手提式三种，由不锈钢制成。立式和台式包括两部分。第一部分是装原料的桶，第二部分是机身。机身由电机、变速器和升降装置组成，机身上部设有装各种搅拌工具的空槽。通常搅拌机配有三种搅拌工具：一是打浆板，是由不锈钢制成网格片状物，用来搅拌较薄的糊状物质；二是金属丝制作的蛋抽，用来抽打鸡蛋、奶油；三是和面金属螺纹杆，可用来搅拌原料。手提式搅拌机是一个电动可调换功能的搅拌棒，没有配装的原料桶，可以对器物中的原料进行搅拌。不同类型厨房可根据工作量选择适合的搅拌机（图3-6）。

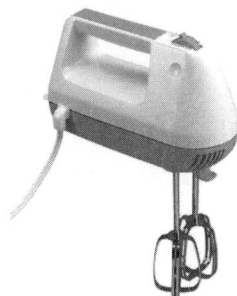

（1）立式搅拌机　　　　　（2）台式搅拌机　　　　　（3）手提式搅拌机

图 3-6　搅拌机

7. 粉碎机（破壁机）

粉碎机与绞肉机不同之处在于电机的转速不同，刀片锋利程度及厚薄不同，加工量也不同。粉碎机电机转速高，刀片锋利，将原料加工成蓉泥状，是厨房生产蓉泥菜肴的好帮手。要注意粉碎机加工量不宜太大，需带冰水搅拌，否则易过载烧坏电机（图3-7）。

（1）粉碎机　　　　　　　（2）破壁机

图 3-7　粉碎机

8. 碎冰机

碎冰机也叫刨冰机，可以利用电机工作带动刀片旋转，把冰块削成碎屑。碎冰机装口处有一个由上而下的联动把手，将冰块压在旋转工作的刀片上（其刀片类似于刨皮的刨子装置），碎冰从下方洒落到装置设计好的盘中（图3-8）。

图 3-8　碎冰机

9. 锯骨机

锯骨机通过电机运转使锯条上下移动，需切割带有骨头或冷冻的肉类原料，可以通过挡板调节好的轨道进行切割。一般在加工性厨房中使用（图 3-9）。

10. 擀面机

擀面机用于面点厨房。它由托架、传送带和压面轴组成，可将面团压成面片，其厚度可以通过调节压面轴间的距离来实现。一般的擀面机是多用的，如果配有压面刀就可以压出各种粗细的面条来（图 3-10）。

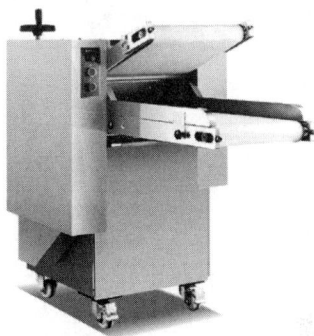

图 3-9　锯骨机　　　　　　　　　图 3-10　擀面机

11. 其他机械加工设备

除上述设备外，有的厨房还使用去皮机（图 3-11）、酥皮机（图 3-12）和面包分块搓圆机（图 3-13）等加工设备。

图 3-11　去皮机　　　　　图 3-12　酥皮机　　　　图 3-13　面包分块搓圆机

（二）常用加热设备

1. 炉灶

炉灶是菜点烹调中加热的必要设备。按加工类型可分为炒灶、煲仔灶、汤灶

（矮子灶）。

（1）炒灶

炒灶是中餐烹调中最常用的灶具，使用明火鼓风传热，火力猛温度高，火力大小可根据烹调要求调节。具体资料见表3-1。

表 3-1 炉灶的类型

名　称	燃　料	炉头数量	电动鼓风	点火方式
天然气灶	天然气	双、单	可有可无	直燃点火
煤气灶	煤气	双、单	可有可无	直燃点火
柴油灶	柴油	双、单	有	预热点火
煤油灶	煤油	双、单	有	预热点火

（摘自《厨政管理》）

现代炒灶设计上参考过去煤灶时期的炮台灶，炮台使用不锈钢作外壳，炉胆用特级耐火砖，中间是高质量的炉心，配有强力鼓风装置及开启方便的手动气（油）阀门。除主火眼外，还有副火眼，主要是烧水。为防止长时间燃烧导致不锈钢板发生变形，灶在挡板位置设立喷淋装置，用来降温。为方便操作，炉面还设作料板，供水龙头及排水阀。

中式炒灶因菜式烹调要求不同，构造与款式上有差别，分广式炒灶（图3-14）、港式炒灶、淮扬式炒灶等。

图 3-14　广式炒灶

（2）煲仔灶

炒灶火力猛，不适合对火力要求小的菜点进行加工，如炖、焖、煨、扒类的菜式，适合用煲仔灶进行加热。

煲仔灶（图3-15）使用天然气或煤气作为燃料。炉头数量有单炉头、双炉头、四炉头、六炉头等多种类型，厨房完全可以根据需要选择。煲仔灶的位置紧靠炒灶，由上杂厨师负责，制作砂锅或煲锅类的炖烧菜。

图 3-15 煲仔灶

（3）汤灶

汤灶（图 3-16）也称矮子灶，比一般炉灶要低，便于烧制汤料，汤桶加水后自重较大，从工作角度看，不宜常搬、常移和提升高度，否则会增加劳动强度。汤桶加满水后或炖成汤后，汤桶直接放置在灶上。汤灶有一些特殊性，汤灶口为正方形，炉眼比煲仔灶要大，火力相对较猛。

图 3-16 汤灶

2. 蒸灶（箱）

蒸灶，顾名思义是指用蒸气加热食物的灶具。传统意义上的蒸是在锅中加水，上放笼屉，后来为了方便操作，设计专用蒸东西的灶具。目前厨房蒸灶形式有 3 种。一是传统式蒸灶（图 3-17），将灶具上固定专用锅具，上放笼屉，通过燃料或燃气加热水形成蒸汽；二是蒸箱式蒸灶（图 3-17），在灶具之上设立多层蒸箱（一般多为三层），利用燃气或电加热形成蒸汽，也可以直接通蒸汽加热；第三种就是在灶具上开圆孔，形成灶头，笼屉直接放在灶头上，通过提供的蒸汽加热。

从目前行业使用情况看，蒸箱和通蒸汽的蒸灶较多，箱体（灶体）材质为不锈钢,便于清洁打扫。蒸箱用在红案操作中,有普通蒸箱和高压蒸箱之分。高压蒸箱的工作效率较高,以 15lb/ft(1.05kg/cm^2)的压力进行工作,门不可随时打开,必须到箱内无压时才能打开。普通蒸箱比一般蒸灶方便,随时可以打开任何一层箱门。燃气蒸箱多采用自动上水装置,工作中不必担心锅内的水烧干。通蒸汽的蒸灶用在面点操作中,有易控制蒸汽开关的阀门,比传统式蒸灶操作简单,不用花费时间等待,也不用担心水被烧干,因此条件一旦具备容易被广泛采用。蒸灶一般有单炉头和双炉头两种,上置笼屉。笼屉材质有木制、竹制、铝制和不锈钢几种;笼屉形状有圆形和方形两种,圆形竹制用于饭店厨房,方形木制用于食堂厨房。

(1)传统式蒸灶

(2)蒸箱式蒸灶

(3)现代单孔蒸灶

(4)多孔蒸灶

图 3-17　蒸灶

3. 烤箱

随着中西合璧的菜肴越来越多,烤箱在中餐中的地位逐步提高,烤箱不仅是面点专用,许多红案菜肴也已经开始广泛地使用烤箱。面点烤箱每层的高度为 11.6～23.2cm,菜肴烤箱每层高度为 30～78cm。

烤箱规格型号较多,按照工作状况,烤箱分为常规式烤箱、对流式烤箱、旋转式烤箱、组合式烤箱四种类型。

（1）常规式烤箱

常规式烤箱的热源通常是利用电加热发热管来产生辐射热,由烤箱的上下开始向四周扩散。烤箱有温控、时间装置,温控装置中有面火、底火控制器(图3-18)。

图 3-18　常规式烤箱

（2）对流式烤箱

对流式烤箱是为达到经济目的而提供的最新式的烘烤方式。一部机动扇组合促使空气高速循环,流动的热空气会将食物加热得更加均匀,加热速度更快,比常规烤箱速度提高 1/3,温度也比常规式温度高约 24℃。

最新式样对流式烤箱,使用包括不锈钢门在内更有效的绝缘材料保温。另外还有烹饪和保温控制,提供预先烘烤的便利。烘烤完成后自动保温。烤箱有自动打火装置（图3-19）。

图 3-19　对流式烤箱

（3）旋转式烤箱

旋转式烤箱有立式和卧式两种。立式的旋转烤箱中食物多为吊挂式,而卧式（也叫卷轴式）烤箱中食物多为串烤式。其共同点都是有门（有的是耐热的玻璃门，可以观察到原料的变化），当烤架在旋转时，工作人员可以随时打开门，可以直接接触炉中的烤架，输送被烹调的食物，取出烤熟的食物。因此，实用而方便（图 3-20）。

（1）立式旋转烤箱　　　　　　　　　（2）卧式旋转烤箱

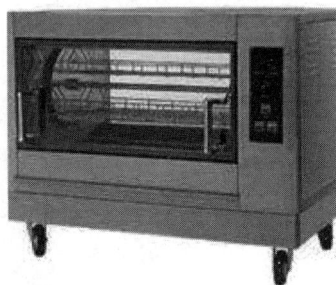

图 3-20　旋转式烤箱

（4）组合式烤箱

组合式烤箱又称万能蒸烤箱，具备烤制、蒸制、保湿等多种功能。蒸时上水上汽，烤时干热烘制。由于功能多，占地面积小，使用又方便，所以已被人们接受。最早多在国外使用，现在国内有一些饭店已经开始使用了（图 3-21）。

图 3-21　组合式烤箱

4. 烤炉

烤炉按形式分有敞开式和封闭式两种。敞开式烤炉是一个长方形的敞口炉具，炉四壁封有耐火砖，炉底有铁条，铁条上可以放置木炭作燃料烤制食物，也可以在铁条上放置耐火砖，铁条下面使用煤气加热，如广式的乳猪炉。中式封闭式烤炉呈圆形或腰鼓型。炉身由顶盖、上托、中托和下托组成，中空，顶盖有一小门，便于观察烧烤食物的熟度及颜色。上托两侧设有轨道式铁架，有活动挂钩，供挂烤之用。在炉腰部（中托）有可开关的门，以便放进原料及观察火力。炉底（下托）安装煤气管道、木炭烤的盛器和排油、污水的小孔，如广式的烤鸭炉。还有一种北京烤鸭挂烤炉（图 3-22）。

（1）烤乳猪炉　　　（2）广式烤鸭炉　　　（3）北京挂烤炉

图 3-22　烤炉

5. 炸炉

炸炉是油炸食品时使用的加热设备，适用于单一烹调方法。炸炉主要有常规型、压力型和自动型三种类型。

（1）常规型炸炉

常规型炸炉是一个方形或长方形炸槽，将食品浸没在油中。底部有加热器和排油孔，可去除有杂质的脏油。炸炉有时间、温度的控制器（图 3-23）。

图 3-23　常规型炸炉

（2）压力型炸炉

压力型炸炉顶部有封闭锅盖，操作时，将食物放在有一定温度的油锅中，封闭锅盖，食物中的水汽会使锅内气压增高，使食品快速成熟。压力型炸炉适合制作外部香脆、内部酥烂的食物（图3-24）。

（3）自动型炸炉

自动型炸炉中的金属篮与时间控制器连接，当食物炸至规定时间时，炸炉中金属篮会自动抬起，脱离热油（图3-25）。

 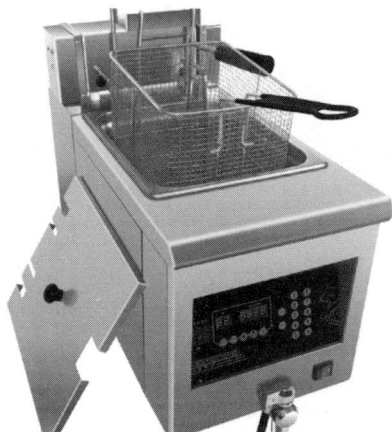

图3-24　压力型炸炉　　　　　图3-25　自动型炸炉

6. 面火炉

面火炉又称焗炉，是使食品表面直接受热烘烤的加热设备。有燃气面火炉和电面火炉。工作原理是从炉体内侧的上方对下面进行加热，通过电或燃气使加热管产生足够的热量，对食品进行烧烤。面火炉由不锈钢制成，内设隔热保温层，抛光的不锈钢反射抛物面可提高热性能和使热辐射均匀。控制升降板，面火炉可以根据食品的体积及形状，调整烧烤的空间和距离烧烤食品。其特点是更便于表面上色（图3-26）。

（1）燃气面火炉　　　　　　　　（2）电面火炉

图3-26　面火炉

7. 倾斜式煮锅

倾斜式煮锅又称夹层锅，常以电或水蒸气为热能，适用于煮、烧、炖等方法制作的菜肴和汤。可以倾斜，使用比较方便。倾斜式煮锅以水蒸气为能源，通过调节气体流动和温度计控制锅内温度。锅外壁包着一个封闭的金属外套，蒸汽不直接与食物接触，而是被注入煮锅外套与煮锅之间夹层，通过金属锅壁传热使食物成熟。常用蒸汽套锅容量从 10～50L 不等。此锅适合大型宴会烧煮加热（图 3-27）。

图 3-27　倾斜式煮锅

8. 微波炉

微波炉是一种与众不同的加热设备，利用其内部的磁控管，将电能转变成微波，当微波被食物吸收时，食物内的极性分子快速振荡，其宏观表现是食物被加热。微波炉有三个特性。一是反射性。炉内腔体壁是金属，微波碰到金属会被反射回来穿透食物，加强热效率。但不得使用金属容器，否则会影响加热时间，甚至引起炉内放电打火。二是穿透性。微波对一般陶瓷器、玻璃、耐热塑胶、木器、竹器等具有穿透作用，故可作为微波用的器皿。三是吸收性。各类食物可吸收微波，致使食物内分子经过振荡、摩擦产生热能。但对各种食物渗透程度视其质与量的大小、厚薄等因素而有所不同（图 3-28）。

9. 其他加热设备

在实际工作中，加热设备还有很多，如扒炉连焗炉（图 3-29），应根据需要酌情考虑。

（三）常用冷藏、保藏（温）设备

1. 冷藏、冷冻设备

冷藏、冷冻设备有立式冰箱、台式冰箱、柜式冰箱和冷库几种类型。传统立式冰箱压缩机是下置，使用环绕冷凝管在冰箱内部制冷，占用冰箱贮藏面积，还需定时除霜，否则制冷效果大受影响。现代厨房立式冰箱的压缩机上置，使用风冷装置，冰箱贮藏面积增大，有的冰箱还配置自动除霜功能。

图 3-28　微波炉

图 3-29　扒炉连焗炉

无论是哪种冷藏、冷冻冰箱，温度控制都有三种：一是冷库，专门保藏厨房缓用的冻品、冷藏调味品，温度在 −25 ～ 18℃；二是冷冻冰箱，专门保藏厨房急用冻品，温度在 −10 ～ 0℃；三是冷藏冰箱，专门保藏厨房急用鲜品原料及蔬菜、水果，温度在 −5 ～ 4℃。现实操作中，冰箱制冷状况及原料贮存量和实际温度会有所不同。尽管有些冰箱配置了温度标志，这种温度表明冰箱空气的温度，而不是冰箱内食物的温度。所以厨房工作人员一定要明白冰箱不是万能箱，食物堆积过多，会造成食物内部温度过高，引起腐败变质。

（1）立式冰箱

立式冰箱在厨房中最为普遍，根据大小型号，有四门、六门和八门冰箱。根据制冷方式和制冷温度不同，又可分冷冻冰箱、冷藏冰箱。实际工作中的冰箱，既可以专用冷冻或冷藏，也可以两种制冷手段都兼备，我们可以根据需要选择（图 3-30）。

图 3-30　六门立式冰箱

（2）台式冰箱

台式冰箱（或称卧式冰箱）是将工作台与冰箱功能合二为一的产品，一般多为双开门，以保鲜和解冻为主，配置在厨房砧板位置，保藏植物性原料，如配菜的料头（图3-31）。

图3-31　台式冰箱

（3）柜式冰箱

柜式冰箱有几种类型。一种是箱型，上开门的，主要是冷冻功能，占地面积小，多被社会饭店厨房采用，缺点是食物堆放无法分类，取用时不方便；一种是立式冷藏陈列柜，门为透明玻璃制成，柜门边有照明灯管，从外面可以看到内部食物，这种冷柜温度为2～5℃，用于贮存水果、糕点、冷菜、酒水及食品展示等；还有一种是卧式冷藏陈列柜，冷藏区域是敞开式或带有玻璃门，冷气从两侧或下方吹出，有的还需放置冰块、冰屑增强制冷效果，在自助餐厅中多见，如图3-32所示。

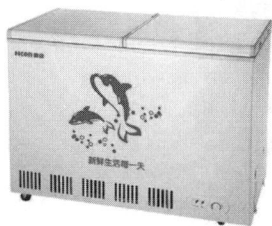

（1）柜式冰箱　　　（2）立式冷藏陈列柜　　　（3）卧式冷藏陈列柜

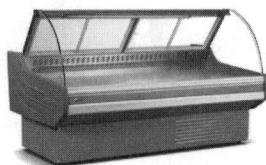

图3-32　柜式冰箱

（4）冷库

冷库一般采用风冷式制冷原理，以活动式冷库居多。如果按冷库容积可分为6m³、9m³、13m³几种规格。如果按库内温度分为以下几种：冷藏间，温度为2～7℃，用于新鲜蔬菜、水果及半成品原料的贮藏；预冷间，温度为0～

2℃，可降低食品温度，用于食品解冻及涨发后原料的存放；冷冻间，温度为 –18 ～ –12℃，可以用于已冻结食品的贮藏，如对虾的贮藏必须在此温度下才能保证其新鲜度；速冻间，温度为 –28 ～ –24℃，可以使食品快速冷冻，如水产类、肉类、禽类等食品的冻结，原料解冻时还能保持新鲜度。

　　大型饭店都配有大型冷库，可以通过冷库来进行保藏加工，甚至可以将加工好的原料外卖或为连锁店配送。一般饭店为预储藏多量原料，配备小型冷库（有的就设在厨房内），小型冷库只有冷藏间和冷冻间（也叫风房和冻房），没有预冷间和速冻间，先通过冷藏间再进入冷冻间。其大小也不尽相同，有的只能保证员工的正常出入，有的可以将推车推入。表 3–2 为餐饮冷藏面积的需求量和分配表。在冷库的外部有灯和温度控制器，便于调节。门是易开拉门，可自动闭合，如果关闭不严，会发出警报，以保证制冷的效果（图 3–33）。

表 3–2　餐饮冷藏面积的需求量和分配表

日就餐人数（人）	冷藏面积需要量
75 ～ 150	0.6 ～ 1m³
150 ～ 250	1 ～ 1.5m³
250 ～ 350	1.5 ～ 2m³
350 ～ 500	2 ～ 3m³

图 3–33　移动冷库

2. 保温设备

　　保温设备是现代化厨房必备的，种类很多，不同型号和式样的保温设备具有不同功能。

　　（1）发面箱

　　发面箱也叫饧箱，是供面团发酵的装置。利用电源将水槽内的水加温，使箱中面团在一定的温度和湿度下充分发酵（图 3–34）。

图 3-34　发面箱

（2）热汤池

热汤池也叫暖汁炉，和发面箱的工作原理一样，也是利用电、煤气或水蒸气将水加温。热水池中存放着数个装食品的容器，通过水温传导达到为食物保温的作用。在咖啡厅、烧烤间，厨师利用这种装置为各种汤、热菜调味汁、炖菜和烩菜等保温（图 3-35）。

（3）保温灯

保温灯是用热辐射方法保持餐碟或烤肉温度的装置。外观像普通的照明灯，能产生较高的温度，直接照射菜肴，可保持一定温度。在国外的自助餐厅比较多见，目前国内也普遍使用（图 3-36）。

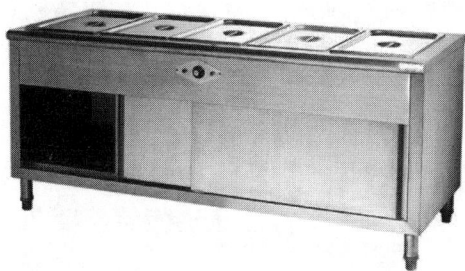

图 3-35　热汤池

图 3-36　保温灯

（4）保温柜

保温柜是通过电加热为食品保温的橱柜。配有温控器，可以控制温度的高低。工作性质的不同，可分为保温出菜台、保温快餐台和菜肴保温柜几种，保温出菜台一般在其下面放置餐具，即使在冬天餐具都是热的，电加热保温，不产生水蒸气。保温快餐台可以使用到自助餐中。菜肴保温柜为了便于操作，可在下面安放脚轮，用来移动。大型宴会中菜肴保温柜的优势就会体现出来（图3-37）。

（1）保温出菜台　　　　　（2）保温快餐台　　　　　（3）菜肴保温柜

图3-37　保温柜

3. 各种货架

厨房中有各种各样的货架，可以存放食物、原料。货架选用不锈钢材质，结实而牢固。目前比较流行可拆卸组装的钢管材料货架，既轻便又好移动（图3-38）。

食物架　　　　　　　　蔬菜架　　　　　　　　烤盘架

物品架　　　　　　　　　　　　操作台立架

图3-38　货架

（四）其他常用辅助设备

辅助设备中，如磅秤、洗涤槽、杀鱼台、垃圾台、工作台、运水烟罩、调味车、消毒柜、洗碗机和制冰机等都需要购置（图3-39）。

（1）电子磅称

（2）电子台称

（3）洗涤槽

（4）垃圾台

（5）杀鱼台

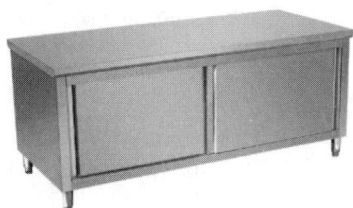
（6）工作台

（7）调味车

（8）消毒柜

（9）制冰机

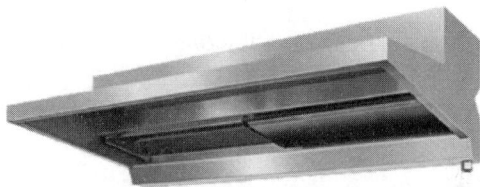
（10）运水烟罩

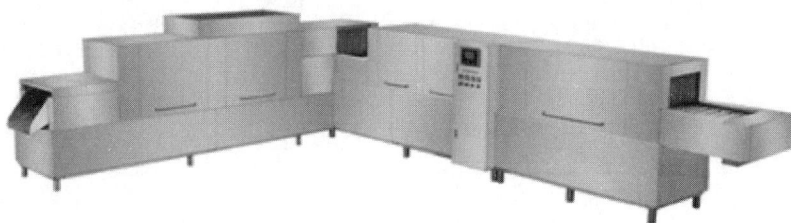
（11）全自动烘干消毒洗碗机

图3-39　厨房辅助设备

（五）厨房设备配置实例

将饭店的设备配置得合理且有效，不是一件容易的事。通常需要在每个饭店开张前，根据自己的经营目标、经营风味和可投资的金额，制订一个完整的配置计划，尽管目前这种配置无一个明确的比例关系，但参考已有饭店的配置计划，进行综合分析后选择使用不失为一个好办法。表 3-3 是一家饭店的设备配置计划，其餐厅营业面积为 1500～2000 平方米。

表 3-3　厨房设备配置目标计划明细表

厨房类别	品　名	规　格	单　位
厨房设备	三眼中餐灶	2.00m×1.15m×0.80m	5 台
	三门蒸柜	1.00m×0.93m×1.80m	2 台
	保鲜工作台	1.90m×0.80m×0.96m	5 台
	双通调理台	1.80m×0.80m×0.80m	8 台
	四门冰柜	$1.5m^3$	4 台
	柜式调料车	0.90m×0.45m×0.90m	6 台
	绞肉机	台式 22 型	1 台
	碎冰机	—	1 台
	制冰机		2 台
	三星洗物盆	1.80m×0.60m×0.94m	2 台
	全自动切片机	—	1 台
	双星洗物盆	1.20m×0.60m×0.94m	2 台
	六眼灶（煲仔灶）	—	2 台
	抽风设备	—	1 套
	电开水器（带架）	6kW	1 台
凉菜房设备	四门冰柜	$1.5m^3$	1 台
	保鲜工作台	1.90m×0.80m×0.96m	2 台
	微波炉	—	2 台
	搅拌机	多功能	1 台
	片肉机	全自动	1 台
	双星洗物盆	—	1 台
	单星洗物盆	0.76m×0.46m×0.94m	1 台
	双筒调理盒	—	1 台
	三眼中餐灶	2.00m×1.15m×0.80m	1 台

续表

厨房类别	品　名	规　格	单　位
面点房设备	三眼中餐灶	2.00m×1.15m×0.80m	1 台
	液化气灶	—	2 台
	电蒸煮灶	—	1 台
	四门冰柜	1.5m^3	1 台
	保鲜工作台	1.90m×0.80m×0.96m	2 台
	压面机	25kg	1 台
	面板	0.01m×2.00m×0.80m	1 块
	三层烤箱	—	1 台
	多功能搅拌机	B-20	1 台
	磨粉机	—	1 台
	双星洗物盆	1.20m×0.60m×0.94m	1 台
水案设备	三星洗物盆	1.80m×0.60m×0.94m	4 台
	四层菜架	1.20m×0.60m×1.80m	5 台
	保洁柜	—	5 台

（摘自《巴国布衣中餐操作手册——开业筹备》）

二、厨房用具配置

厨房除了应该配置一定的厨具设备外，还需要配置一定的厨房用具。下面先分别介绍各种常用的厨房用具。

（一）常用烹调用具

烹调用具其实就是进行烹调操作所使用的一切用具，主要有以下一些种类。

1. 锅

可以成为锅具的材质比较多，通常有铝质、不锈钢、铸铁、陶瓷等多种，具体的优劣程度可见表3-4。

锅是烧、煮、烹、炒等烹调加工时的加热工具。厨房生产中，应根据烹调性质和烹调方法使用不同的锅。厨房中常用的锅有以下几种。

表 3-4 锅具材质评比结果一览表

材质	硬 度	良热导体	抗氧化性	抗酸性	不易破裂性
铝	×	○	×	×	○
不锈钢	○	×	○	○	○
铸铁	○	○	×	○	×
陶瓷	×	×	○	○	×

注："×"表示"不合格"，"○"表示"合格"。
（摘自《餐饮概论》）

（1）炒锅

炒锅又称炒勺，用于烹调，从形式上分单柄炒锅、单柄单耳和双耳炒锅三种。传统的饭店大多使用单柄炒锅，但后来随着港式粤菜风行大江南北，双耳炒锅逐渐占据了厨房炒锅的主导地位。而单柄单耳（有的地方使用单耳炒锅）只在少数地区使用，普及性不及单柄炒锅和双耳炒锅（图 3-40）。

（1）单柄炒锅   （2）双耳炒锅

图 3-40 炒锅

炒锅多是熟铁锅。其优点是重量较轻，使用方便，锅的延展性好，可以敲打不破裂，锅的传热快。缺点是易变形，散热快。多使用于烹炒类菜肴。从规格上来看，锅的直径一般为 30 ~ 100cm 不等。口径大的锅除了在大型宴会中用于烹炒外，还可以用作酱、卤、煮、烧、蒸等烹调时的锅具。

（2）大铁锅

大锅主要是生铁锅，固定在炉灶上，用于烹炒、烧煮菜肴。生铁锅是铸造而成，重量较重，锅传热慢，散热慢，不具有延展性，脆性较强，不能过多地敲打。（图 3-41）。

图 3-41　大铁锅

（3）平底锅（法兰板）

平底锅在西餐中叫法兰板，是 fry-pan 的译音。适用于各种煎、贴类菜肴。目前煎锅多使用不粘平底锅。有些不粘锅的材料是特氟龙（Teflon）。特氟龙是所有碳氢树脂的总称，包括聚四氟乙烯、聚全氟乙丙烯及各种共聚物。由于其独特优异的耐热（180～260℃）、耐低温（-200℃）、自润滑性及化学稳定性能等，而被称为"拒腐蚀、永不粘的特氟龙"。不粘锅还有一些其他材质的，使用时可依个人喜好和需求进行选择（图 3-42）。

（4）汤锅（桶）

汤锅（桶）依照材质可以分为铝制和不锈钢两种。传统厨房汤锅多用铝制材料，从卫生清洁角度考虑，不锈钢材质的汤桶现在被厨房广泛地采用（图 3-43）。

图 3-42　平底锅

图 3-43　汤锅

（5）高压锅

从经济角度考虑，大多数中餐中小型厨房都配有高压锅。高压锅处理不易熟烂的菜肴和应急菜肴时优势非常明显。需要注意的是高压锅的安全性，应掌握正确的使用方法。厨房用高压锅有电高压锅和燃气高压锅（图 3-44）。

（1）电高压锅　　　　　　　　　　（2）燃气高压锅

图 3-44　高压锅

（6）砂锅

砂锅是用陶土烧制的炊具，种类较多，主要作用是保温、保持菜肴的风味，用砂锅煲制的菜肴常成为饭店特色。砂锅由于材质问题，较易破碎，使用时应注意受热要均匀，摆放要适度，否则损耗会加大（图 3-45）。

2. 勺、铲

勺、铲在厨房操作中，主要作用是搅拌、调和及装盛菜肴。同时勺还是一种量度的工具。厨房中使用的手勺与餐厅中使用的汤勺不同，多为熟铁制品，不使用木制、塑料制和陶瓷制品。勺子容量多为 100 ～ 400g 不等，视习惯而选用。铲子在厨房中不可缺少，西餐厨房的手铲有三种样式：一种是带宽条孔的，一种是有圆孔的，一种是实心无孔的。无孔的手铲在中餐厨房中使用较多，粤菜操作中多用手铲和手勺配合使用，其他风味菜系较少使用（图 3-46）。

图 3-45　砂锅

（1）中厨手勺

（2）中厨手铲

（3）西厨铲

（4）家用铲

图 3-46　手勺、手铲

3. 过滤器物

过滤器物在厨房操作中必不可少，主要有漏勺、笊篱、网筛（油隔、密漏）、过滤器等。其中漏勺是用不锈钢制作的扁勺形物，有许多圆孔，沥除原料上多余的油和水。笊篱是竹制手柄，用钢丝编成扁勺形器物，用于隔离原料，尤其蔬菜沥水速度比漏勺快。网筛（油隔）是用钢丝编成的勺形器物，不如笊篱扁，呈半圆形，有粗细之分，既可原料沥油，与漏勺合用，又可过滤油及原料渣滓。过滤器是西餐用具，呈倒圆锥形，四周和底部有孔，细密度不同，目前中餐中也有使用（图 3-47）。

4. 调味罐

调味罐是盛放调味品器物，有桶形和方形两种形状，由不锈钢或塑料制成（图 3-48）。

5. 调味匙

调味匙其实是固形调味料计量器物，形状与调羹一样，但用途不同于餐厅的调羹，为不锈钢制品。其容量在 3 ～ 4g 不等。粤菜中多使用调味匙，这样调味计量相对准确，避免手勺直接接触调味品，污染、沾带调味品，使调味的准确度下降（图 3-49）。

（1）漏勺

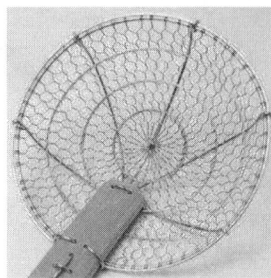
（2）笊篱

（3）网筛

（4）过滤器

图 3-47　过滤器物

图 3-48　调味罐

图 3-49　调味匙

6. 油桶

油桶是有边的圆柱形或鼓形容器。不锈钢材质，容易清洗和保持干净的外表。传统厨房中使用陶制的油钵，既笨重又易碎，使用起来很不方便，目前厨房中已不再使用（图 3-50）。

7. 其他物品

从卫生角度考虑炉灶厨师一定要配备几块抹布（图 3-51）和刷帚（图 3-52），抹布要分开一块用于抓锅，一块用于擦桌子，一块用于擦盘子，而刷帚用于刷锅，尽量不要用抹布去擦锅，这样才能保证菜肴的卫生，如图 3-51 和图 3-52 所示。

图 3-50　油桶

图 3-51　抹布　　　　　　　　　　图 3-52　刷帚

（二）常用切割用具

切割用具是进行切割操作工具，有以下一些种类。

1. 刀具

刀具好坏关键看材质，材质好的刀具可让使用者省心、省力。目前用来制造刀具的材质有碳钢、不锈钢和高碳不锈钢三种，其中高碳不锈钢最佳。刀具质量的比较可见表 3-5。

表 3-5　刀具材质评比结果一览表

材　质	硬　度	抗氧化性	刀具锐利度	耐腐蚀性
碳钢	○	×	×	○
不锈钢	×	○	○	×
高碳不锈钢	○	○	○	○

注："×"表示"不合格"，"○"表示"合格"。
（摘自《餐饮概论》）

刀具是切配加工时使用的切割工具。厨房生产中，根据加工对象和方法，使用不同刀具。厨房常使用的刀具种类有以下几种。

（1）切刀

刀身较宽，刀口锋利。用于切丝、丁、片、条、粒、块等。厨房中适用切刀的原料范围较广，由于风味菜系的地区差异，厨师使用切刀的习惯不同，所以刀的种类也就不同，如粤菜厨师使用桑刀，前小后大，刀背较薄，手感轻；淮扬菜厨师用前切后斩刀，一种前平后翘、刀背较厚、手感重且可以切和斩相结合的刀具；西餐厨师多用前尖后宽类似于中餐的尖刀的刀具。目前大多数厨师使用不锈钢刀具，诸如正士作、十八子等品牌的轻型刀具（图3-53）。

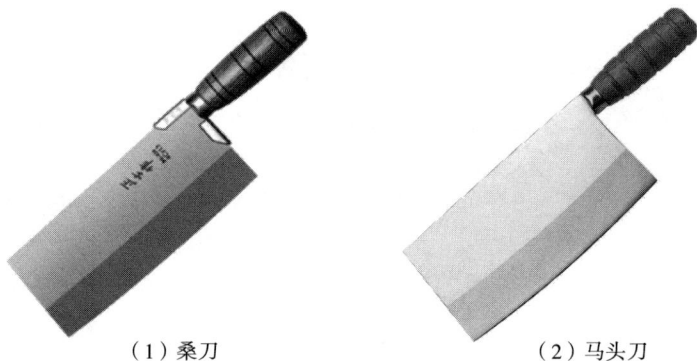

（1）桑刀　　　　　　　　　　（2）马头刀

图 3-53　切刀

（2）片刀

片刀刀身比切刀略窄，体薄而轻，刀口锋利，使用灵巧方便。主要用于制片，也可切丝、丁、条、块等。

（3）砍刀

砍刀的特点是刀身厚而重，宜于砍、斩带骨的原料（图3-54）。

图 3-54　砍刀

（4）其他刀具

除上述刀具外，厨房所使用的刀具根据用途还有剪刀（图3-55，包括花边剪刀，图 3-56）、片鸭刀（图 3-57）、刮刀（图 3-58）、刨刀（图 3-59）、水果刀（图 3-60）、尖刀（图 3-61）、出骨刀（图 3-62）、雕刻刀（图 3-63）等。

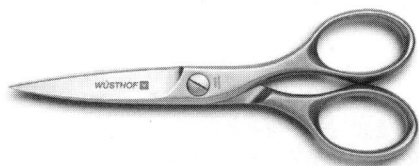

图 3-55 剪刀

图 3-56 花边剪刀

图 3-57 片鸭刀

图 3-58 刮刀

图 3-59 刨刀

图 3-60 水果刀

图 3-61 尖刀

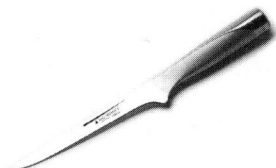

图 3-62 出骨刀

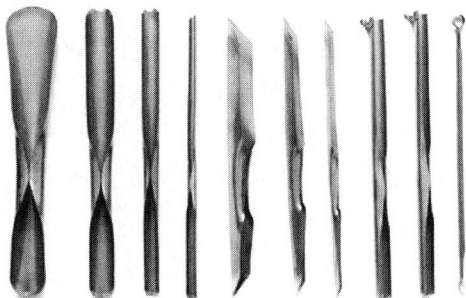

图 3-63 雕刻刀

2. 砧板

砧板是厨房进行切配加工的垫衬工具。材质有木制、竹制、塑料等材质的砧板。其中木制材料中，以白果树为最好，其次还有皂角树、松木、铁木、槐木等。在现代厨房中，选用多种形式的砧板十分必要，从卫生的角度考虑，冷菜间的砧板多用塑料、铁木砧板；刺身房多用塑料砧板；配菜厨房多用松木、白果树木的砧板。木质砧板圆形的优于方形，是纤维方向不同所造成的（图3-64）。

（1）圆形（白果树木）砧板　　　　（2）方形（木制或竹制）砧板

（3）圆形（铁木）砧板　　　　　　（4）塑料（或硅胶）砧板

图3-64　砧板

3. 磨刀石（棒）

磨刀石是磨刀的工具，一般呈长条形，规格尺寸不等，通常有粗磨刀石、细磨刀石和油石三种。

（1）粗磨刀石

粗磨刀石是用天然黄沙石料凿成，一般长约35cm，厚12cm。这种磨刀石颗粒粗，质地松而硬，常用于新刀开刃或磨有缺口的刀（图3-65）。

（2）细磨刀石

细磨刀石是用天然青沙石料凿成，这种磨刀石颗粒细腻，质地坚实，能将刀磨快而不伤刀口（图3-66）。

（3）油石

油石属于人工磨刀石，采用金刚砂人工合成，粗细皆有。一般用于磨利硬度较高的刀具（图3-67）。

（4）磨刀砖

磨刀砖是一种常用的磨刀工具。比较细腻，适合平滑刀锋（图3-68）。

图 3-65　粗磨刀石

图 3-66　细磨刀石

（1）细油石

（2）粗油石

图 3-67　油石

图 3-68　磨刀砖

（5）磨刀棒（磨刀器）

磨刀棒是专门用来磨利厨房中各种不锈钢制刀具的工具，在西餐厨房中多用。用磨刀棒磨刀的方法不同于用磨刀石，是将刀具在磨刀棒的前后（或上下）摩擦，使刀具变得锋利（图 3-69）。

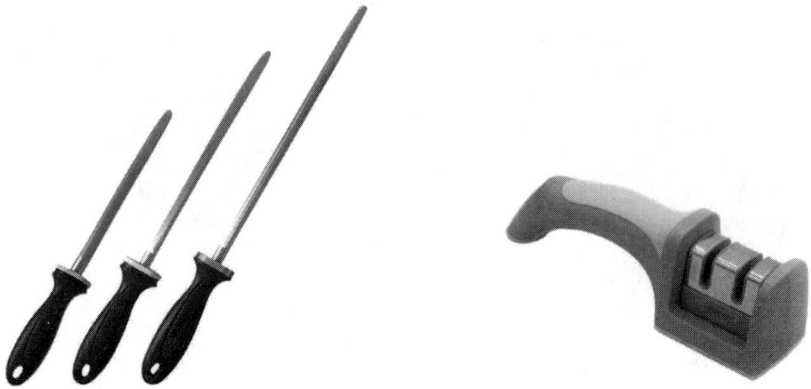

图 3-69　磨刀棒（磨刀器）

（三）常用作业用具

作业用具是厨房进行生产操作所使用的盛放用具有以下几种。

1. 不锈钢盛器

不锈钢盛器是现代厨房生产中必须要有的盛装未加工原料及半成品原料的器物，过去多用铝制或搪瓷制品。不锈钢盛器多用于盛装配好菜的原料及半成品原料。多有以下几种类型。

（1）码斗

码斗是厨房用来配菜的器皿，不锈钢材质，形似碗状。西式厨房中的配菜盘是平底深盘，有大、中、小三种型号，一般主料多放在大、中号码斗中，配料多放在中号码斗中，调料多放在小号码斗中。另外，大号码斗还可以成为扣类菜肴的扣碗（图 3-70）。

（1）中式码斗　　　　　　　　（2）西式码斗

图 3-70　码斗

（2）方形盛器

方形盛器是用于盛装配菜的器物，多为不锈钢材质，形状有长方形和正方形两种，还有深浅之分。这些器具主要是在大批量生产时使用。有的深的长方形盘还可以充当加热的器具，有的可以充当扣压食物的模具（图 3-71）。

图 3-71　方形盛器

（3）圆形盛器

圆形盛器是用于盛装调味汁等有汁水的器物，不锈钢材质，形似脸盆。形状有大、中、小之分，也有高、矮之分。如蒸饭的饭盆就是扁圆形的，盛装蔬菜汁水的物斗就是高圆形的（图 3-72）。

图 3-72　圆形盛器

2. 塑料盛器

塑料盛器在现代厨房中广泛使用，盛装加工好的半成品，如浆好的动物性原料和蔬菜制品。根据用途不同又分为多种类型。

（1）笊篱

笊篱是一种带孔的塑料盛器，一般多用于盛装新鲜蔬菜及配菜时盛装蔬菜。由于多孔可以沥去多余的水分，使烹炒的菜肴不至于出水。从形状上来看，有圆形和长方形两种。有时圆形的笊篱还可以和圆形物斗配合，沥干成熟蔬菜多余的水分（图3-73）。

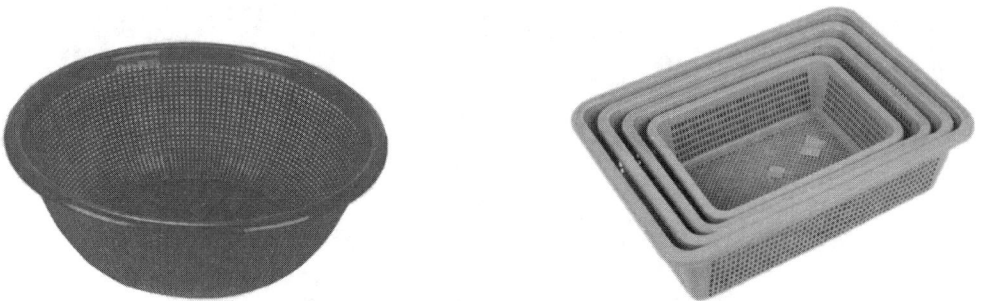

图3-73　笊篱

（2）保鲜盒

保鲜盒是一种中、小型带盖的塑料长方盒（也有用不锈钢的），一般多盛装浆好的动物性原料或其他半成品，使冰箱原料摆放整齐而有序（图3-74）。

图3-74　保鲜盒

（3）周转箱

周转箱是一种大型的长方形塑料盒。一般用来盛装蔬菜，也可以盛放炉灶撤下的多余码斗，还可以盛放餐具（图3-75）。

图 3-75 周转箱

3. 称量器具

称量器具是现代厨房中成本控制和菜肴标准化的必备器具之一。厨房中一般需要的称量器具的岗位有：收货部门，多使用磅秤（或电子磅秤）；砧板岗位，多使用 500g 的杆秤和 8kg 的台秤；点心岗位，多使用的 500g 的小台秤及 4kg 的台秤（图 3-76）。

（1）电子秤　　　　　　（2）台秤　　　　　　（3）杆秤

图 3-76 称量器具

4. 蒸笼

蒸笼是面点厨房必备的承载工具，有大、中、小三种型号（图 3-77）。

  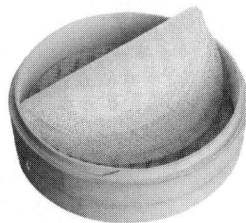

图 3-77 蒸笼

5. 其他用具

厨房中零碎的用具还有很多，如开罐器（图 3-78）、肉捶（图 3-79）、打蛋器（图 3-80）、竹垫（图 3-81）、铁钩（图 3-82～图 3-86）、铁叉（图 3-87、图 3-88）、面筛（图 3-89）、裱花袋和裱花嘴（图 3-90）等，可根据需要添补。

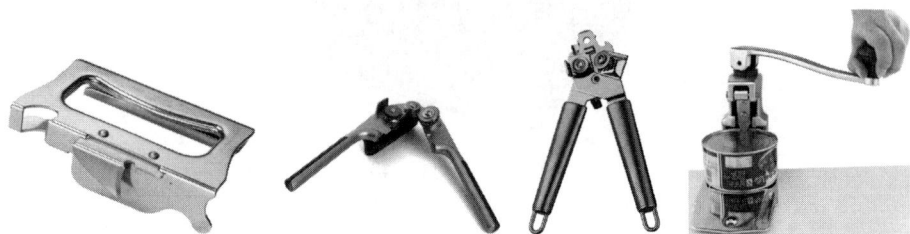

图 3-78 开罐器

图 3-79 肉捶　　　　　图 3-80 打蛋器　　　　　图 3-81 竹垫

图 3-82 丁字钩　　　　　图 3-83 烤鸭挂钩　　　　　图 3-84 S 钩

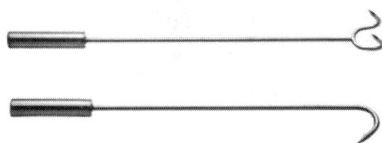
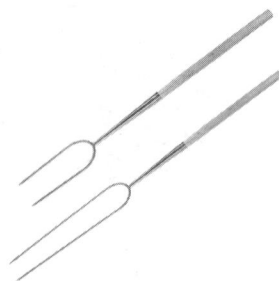

图 3-85 鹅尾针　　　　　图 3-86 汤钩　　　　　图 3-87 乳猪叉

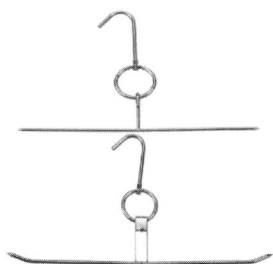

图 3-88　叉烧环

图 3-89　面筛

图 3-90　裱花袋和裱花嘴

（四）常用餐具

餐具由于洗涤和存放都在厨房中，所以还是要介绍一下。餐具是用来盛装菜点的，其形状多种多样。

按制作材料分，餐具可分为：陶器、青铜器、象牙器、竹制器、木制器、漆制器、石制器、金制器、银制器、瓷器和玻璃器等。

按器形分，餐具可分为：碗形、盘形、杯形和异形几种。

下面介绍几种常用的餐具盘。

1. 圆形盘

圆形盘给人一个完整的感觉，不向外延伸，圆满、孤独，菜肴位于中间得到强调的效果（图 3-91）。

（1）尺寸

常用圆盘的尺寸如图 3-92 所示。在三只盘中放入同样形状大小的三文鱼沙拉效果如图 3-93 所示。

大盘：三文鱼距离盘边较宽，富裕之感，给人以时尚的印象。

中盘：轮廓、器皿空白、三文鱼三者之间处于平衡状态，给人以安定平稳之感。

小盘：餐具空白较小，让人感觉到原料分量充足。

图 3-91　圆形盘

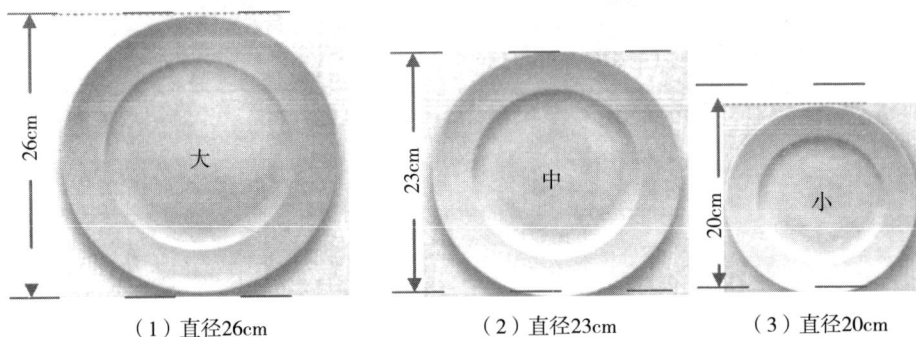

（1）直径26cm　　　　（2）直径23cm　　　　（3）直径20cm

图 3-92　常用圆形盘的直径

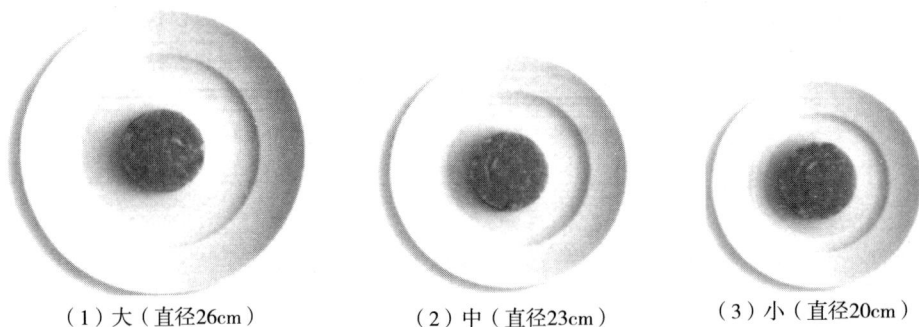

（1）大（直径26cm）　　（2）中（直径23cm）　　（3）小（直径20cm）

图 3-93　圆形盘菜肴盛放印象

（2）边宽

圆形盘的边宽如图 3-94 所示。

大宽边盘：边宽，盛放的空间小，视线集中于菜肴上，摆放有时尚感。

中宽边盘：盛放空间增加，有宽裕之感，摆放的菜肴显得高级。

小宽边盘：边宽变小，给人以轻松、舒适、安定之感。

平板盘：没有边，设计性增强。可以用酱料或花草进行装饰（图 3-95）。

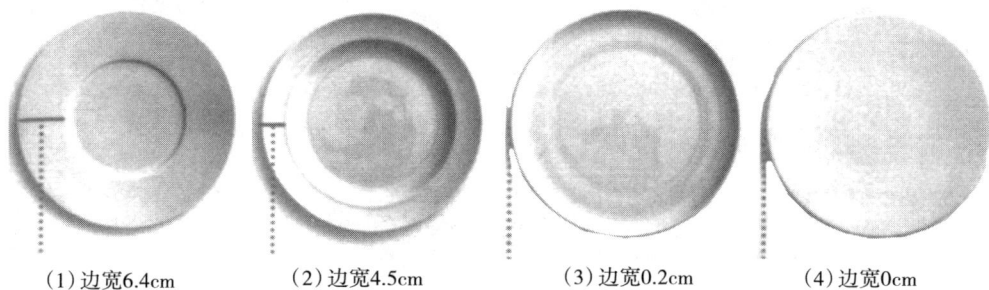

（1）边宽6.4cm　　（2）边宽4.5cm　　（3）边宽0.2cm　　（4）边宽0cm

图 3-94　圆形盘的边宽

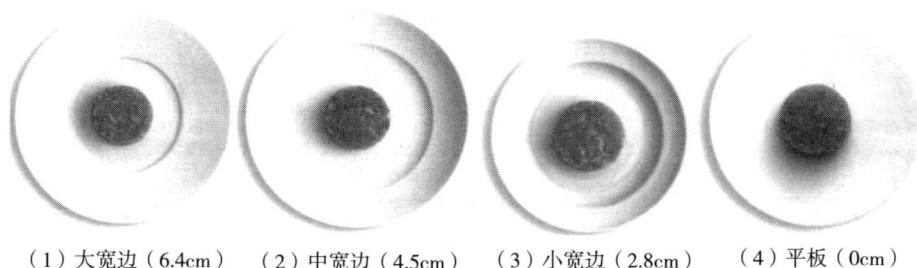

（1）大宽边（6.4cm）　（2）中宽边（4.5cm）　（3）小宽边（2.8cm）　（4）平板（0cm）

图 3-95　圆形盘不同边宽盛放印象

（3）高度

盘子的高度如图 3-96 所示。

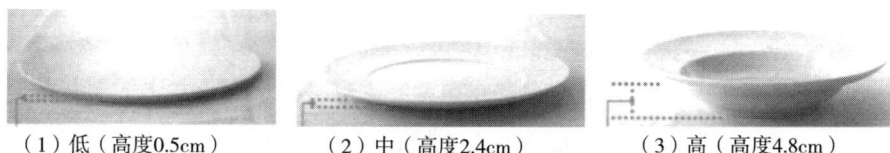

（1）低（高度0.5cm）　　（2）中（高度2.4cm）　　（3）高（高度4.8cm）

图 3-96　圆形盘的高度

低盘：平坦的空间能激发设计的想法，在盘中进行精致的装饰。

中高盘：器皿、三文鱼、空白三个方面达到平衡，是一个较好的装盘方式。

主盘：器皿增高，接近三文鱼的高度，增强三文鱼的立体感（图 3-97）。

2. 正方形盘

圆形盘是餐具中主流器皿，是曲线型，趋向变化，而正方形盘是直线，给人以安定、平稳、均衡、沉着和镇静之感（图 3-98）。

（1）低（高度0.5cm）　　（2）中（高度2.4cm）　　（3）高（高度4.8cm）

图 3-97　圆形盘不同高度盛放印象

图 3-98　正方形盘

（1）尺寸

大尺寸器皿其空间可灵活装盘，高雅稳重，盛装冷菜拼盘、简餐类。但盘中央点盛放菜肴时，要注意菜肴线条和器皿线条的配合。小尺寸器皿盛装甜点，给人以清凉、不过分甜的印象（图3-99）。

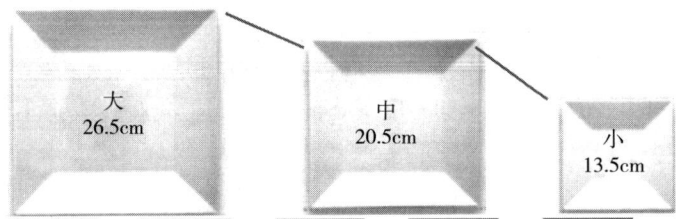

图 3-99　常用正方形盘的尺寸

（2）边宽

边宽大小在盛放菜肴设计方向上具有选择性，决定菜肴摆放于器皿中的实际面积。器皿空间、设计摆放空间的利用，因盘面状况而异，有着较大改变，需考虑选择菜肴装盘的构思（图3-100）。

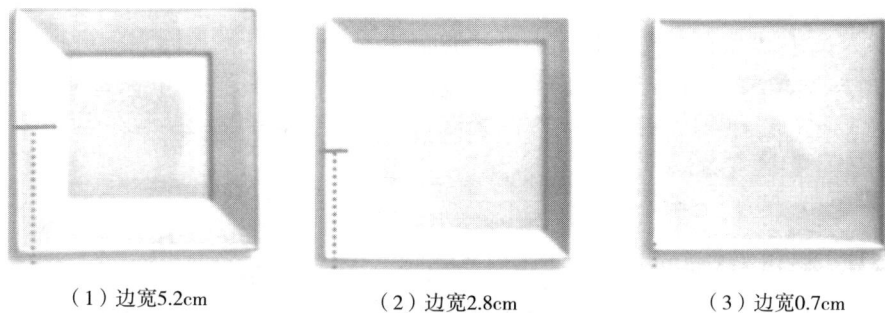

（1）边宽5.2cm　　　　（2）边宽2.8cm　　　　（3）边宽0.7cm

图 3-100　正方形盘的边宽

（3）高度

正方形盘因盘边高度增加左右着盛放方法。盘边高度很大程度影响着摆盘印象，盘边上升一定高度，会增加高级感，若要摆放好应根据现实中盘边高度而定。需注意能够设计的空间会变少。但平坦成为石板，就要考虑酱料装饰（图 3-101）。

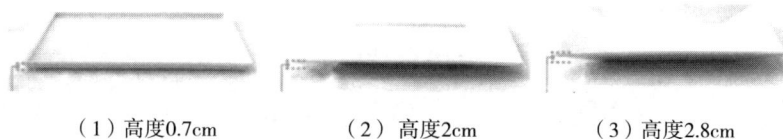

（1）高度0.7cm　　　　（2）高度2cm　　　　（3）高度2.8cm

图 3-101　正方形盘的高度

3. 椭圆形盘（腰盘、鱼盘）

椭圆形盘具有稳定性和柔和性共存的特点。具有适当紧张感和稳定性、柔和线条的椭圆盘出现在餐桌上的频率较高。尺寸不同的器皿因设计和环境变化较大（图 3-102）。

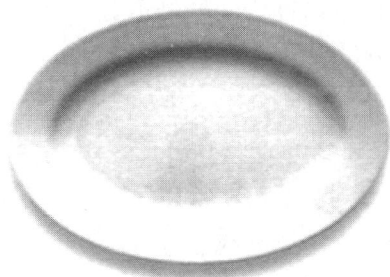

图 3-102　椭圆形盘

153

（1）尺寸

大尺寸椭圆盘有大气之慨，小尺寸的有休闲灵活之气。大椭圆盘可将多种熟食容纳于其中，也可将大型整只菜肴摆放于盘中，彰显大气。另一方面，小型休闲餐馆，提供装满小椭圆的菜肴，因餐桌较小，小尺寸椭圆盘就显得合适，方便灵活使用（图3-103）。

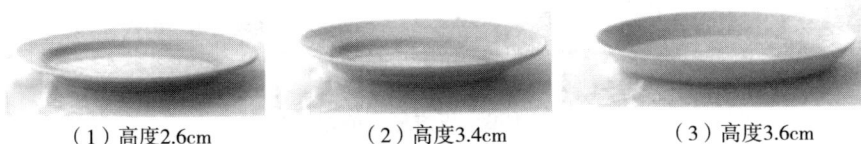

（1）高度2.6cm　　　　（2）高度3.4cm　　　　（3）高度3.6cm

图 3-103　常用椭圆形盘的尺寸

（2）边宽

椭圆盘应重视盘面的作用，没有圆形、正方形盘那样设计得盛放空间大。无论哪一种盘子，在分装和食用时，其作用是不让菜肴散落。没有边宽的盘子，其摆放空间增大（图3-104）。

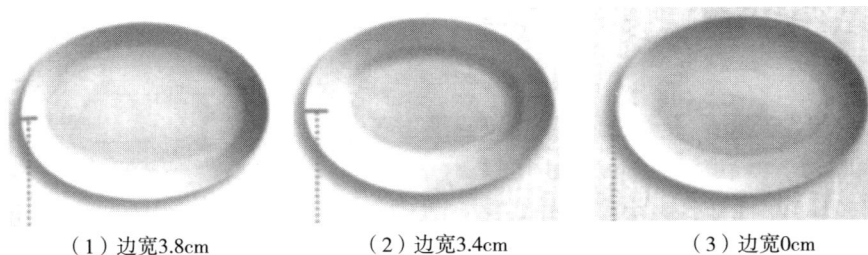

（1）边宽3.8cm　　　　（2）边宽3.4cm　　　　（3）边宽0cm

图 3-104　椭圆形盘的边宽

（3）高度

盘边高度体现出盛放的难易度。同样的边宽，盘边高度承担着盛放、分装和食用难易度的作用。大分量装盘、各客或自助餐用，应根据其用途选择盘边高度（图3-105）。

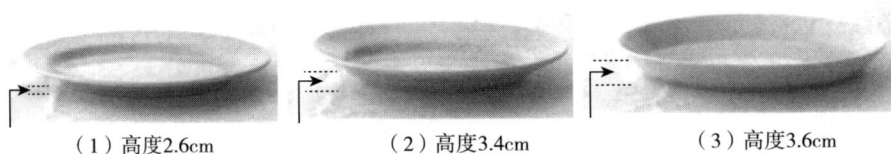

（1）高度2.6cm　　　　（2）高度3.4cm　　　　（3）高度3.6cm

图 3-105　椭圆形盘的高度

4. 长方形盘

长方形盘具有稳定性、协调性和方向性等特点，放置的方式对盘面效果有较大变化。长方形盘有纵向和横向放置，若边宽增大，其盘面效果也有变化（图3-106）。

图 3-106　长方形盘

（1）尺寸

大尺寸方形盘适用于宴会，小尺寸的作为小碟用。宴会一般使用大尺寸长方形盘盛放用，多利用平面无边类器皿。小尺寸长方盘，特别是边宽窄的，空间小，好取放（图3-107）。

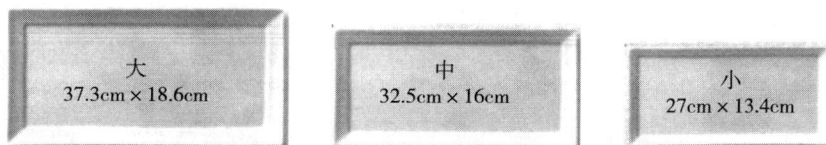

大
37.3cm×18.6cm

中
32.5cm×16cm

小
27cm×13.4cm

图 3-107　常用长方形盘的尺寸

（2）边宽

长方形盘需考虑到边宽与盛放设计的有机结合，边宽小的长方形盘其盛放设计难度会有所提高。但是，盛放有汤汁一类的菜肴时，必须用边宽的长方形盘。应根据菜肴类型选择器皿（图3-108）。

（3）高度

边高容易盛放菜肴，方便食用。长方器皿，特别是边窄的作用较大。应考虑到日常、宴会等场景进行选择使用（图3-109）。

5. 不同器皿摆放效果

菜肴用圆形盘盛放，盘面非常平衡，给人平安宁静之感（图3-110）。

菜肴用正方形盘盛放，盘面紧张，给人庄严之感（图3-111）。

菜肴用长方形盘盛放，盘面沉着平稳，给人安定稳重之感（图3-112）。

菜肴用椭圆形盘盛放，盘面休闲，给人温和之感（图3-113）。

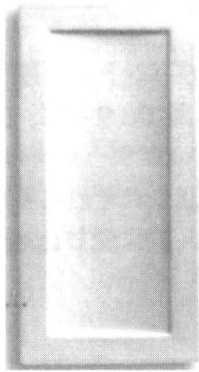  

（1）边宽2.8cm　　　　　（2）边宽1cm　　　　　（3）边宽0.2cm

图 3-108　长方形盘的边宽

（1）高度1cm　　　　　（2）高度2.2cm　　　　　（3）高度3.5cm

图 3-109　长方形盘的高度

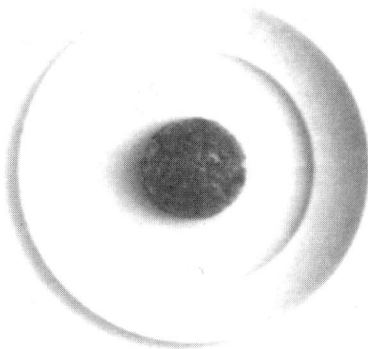 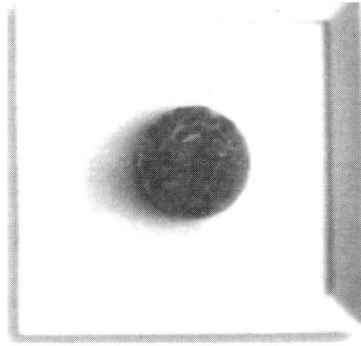

图 3-110　圆形盘盛放印象　　　　图 3-111　正方形盘盛放印象

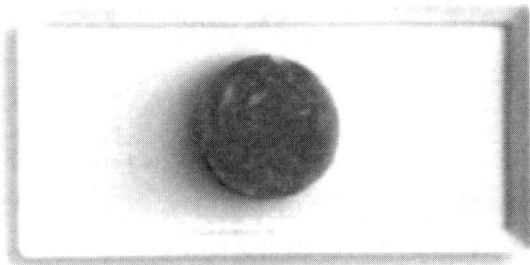 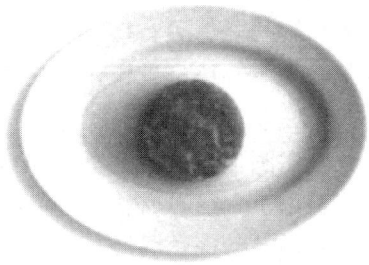

图 3-112　长方形盘盛放印象　　　　图 3-113　椭圆形盘盛放印象

（五）厨房用具配置实例

厨房设备购置主要依赖于饭店经营目标、经营风味和可投资金额，厨房管理者只有建议权没有决定权，厨房用具配置需要厨房管理者提出方案，实施应有的决定权，配置既实用又有效的厨房用具。能否配置好厨房用具是考核厨房管理者水平和能力的一种手段。

我们通过实例来说明。假设有家餐厅的基本情况为：餐位数450人，其中包间10个，零点大厅100个餐位，宴会餐厅250个餐位。其厨房用具配置见表3-6。

表 3-6　厨房主要用具配置

名　称		规　格	数　量
烹调用具	炒　锅	76cm	3 只
	炒　锅	48cm	10 只
	炒锅盖	46cm	2 只
	钢手勺	容量 300mm	10 把
	钢手铲	2 号	5 把
	木柄手钩		5 把
	钢水舀	2500mm	2 只
	钢油桶	内径 20cm	10 只
	钢炒锅架		3 个
	钢芝麻油壶		5 把
	钢酒汁壶		5 把
	钢胡椒粉盒		5 只
	钢豉油斗（调味罐）	14cm、16cm、18cm	各 40 只
	钢水斗（物斗）	20cm、26cm、32cm	各 40 只
	竹柄笊篱	36cm	15 只
	竹柄笊篱	32cm	15 只
	不锈钢芝麻笊篱		5 只
	洗锅帚		30 只

续表

名　称		规　格	数　量
厨房用具	钢大圆形洗手盆	内径 38cm	2 只
	钢长方形底盆	41cm × 31.5cm × 6cm	30 只
	钢长方形底盆	36cm × 28cm × 5cm	30 只
	钢长方形底盆	30cm × 24cm × 5cm	15 只
	钢码斗	18cm	150 只
	钢码斗	16cm	250 只
	钢码斗	14cm	200 只
	钢雀巢码斗	18cm	10 只
	钢雀巢码斗	16cm	10 只
	钢汤盆	38cm × 38（高）cm	3 只
	钢汤桶有耳有盖	61cm × 76（高）cm	2 只
	钢汤桶有耳有盖	50cm × 51（高）cm	2 只
	钢汤桶有耳有盖	36cm × 36（高）cm	4 只
	钢汤桶有耳有盖	30cm × 33（高）cm	3 只
	钢吊桶有盖	28cm × 33（高）cm	10 只
	钢肉食箱连盖	28cm × 18cm × 10cm	60 只
	塑料肉食箱连盖	26cm × 17cm × 9cm	30 只
	九江刀	1 号	15 把
	桑刀	2 号	15 把
	骨刀	2 号	2 把
	烧腊刀	2 号	2 把
	虾胶拍皮刀		2 把
	手开罐刀		2 把
	座台开罐器	1 号	2 只
	台式磅秤	8000g 计量	2 台
	电子秤	500g 计量	3 台

名　称	规　格	数　量
红 A 塑料笭箕（日形）	50cm×40cm×18cm	50 只
红 A 塑料笭箕（日形）	36cm×26cm×10cm	50 只
红 A 塑料笭箕（日形）	28cm×20.5cm×8cm	50 只
红 A 塑料笭箕（圆形）	38cm×15cm	25 只
红 A 塑料笭箕（圆形）	33cm×14cm	25 只
红 A 塑料笭箕（圆形）	28cm×13cm	25 只
松木砧板	51cm×18cm	5 只
松木砧板	48cm×18cm	3 只
钢砧板圈		2 只
剪刀	中号	5 把
油石		5 块
卤水笋		5 只
钢叉烧针		100 枚
钢鹅尾针		100 枚
钢烧鹅钩	33cm	30 只
钢烧鸭钩	26cm	30 只
钢乳猪叉	中号	5 把
钢烧乳猪长针	45cm	10 枚
钢密糖箱连架	61cm×36cm×36cm	1 只
排帚		5 把
油帚	中号	5 把
竹笼连盖	38cm	各 5 只
竹笼连盖	32cm	各 25 只
竹笼连盖	18cm	各 50 只
竹笼连盖	14cm	各 50 只
玻璃布丁碗	10cm	30 只
点心通心酥捶连棍		2 只

（左侧纵列合并单元格：厨房用具）

名　称	规　格	数　量
压面棍	长 25cm	6 只
蛋塔盏	容量 30mL	40 只
点心蒸 7 眼钢板		3 只
钢有孔圆盖饭盆		5 只
钢无孔圆盖饭盆		15 只
钢馅碟有脚	内径 27cm	3 只
码糕点四方盒	31cm×5cm	5 个
钢四方格连盖		6 个
竹馅挑		6 个
钢有眼蒸笼底片	内径 43cm	10 个
钢有眼点心底片	内径 12cm	100 个

　　厨房用具配置首先要考虑炉灶数，通常餐位 450 人，估计 80% 的上客率，按照配比（每个炉灶眼可供就餐人数为 60 ～ 80 人，折中取 70 人），炉灶眼数应为 5 个，炒锅数量至少为 5 个，从损耗的角度考虑可以采用 1：2（炉眼：炒锅）的配置，也就是 10 个。其他炉灶用品则根据损耗程度类推，如不锈钢油桶损耗小，但每个炉灶厨师都需要将清油和使用过的油分开，故配备 10 个是正确的选择。器物配备则应该按照比例关系，如用量大的码斗（一种盛装菜肴的不锈钢碗，可配菜也可码菜、扣菜，故名），按餐位数与码斗总数大约 1：2 进行配置；盛装原料器物按每个种类使用频率不同分别配置，通常采用 1：1/10、1：1/15 和 1：1/20 的做法，即餐位数与用具数的比值。对于砧板配置，要考虑砧板岗人数，原则上每个砧板岗需要 1 块砧板。按照配比原则（炉灶：砧板 =1：1），砧板应该为 5 块（不包含冷菜岗位的砧板数）。

　　当然，除了厨房各种用具和器物外，餐具配置关系也是厨房管理者应该掌握的基本知识和技能。通常餐具总数应该按照餐位的 1.5 倍配置。假设 10 人座的餐位，安排 8 个凉菜、16 个热菜、2 个汤碗或 1 组（以 10 个计）汤盅，其餐具总数 =（8 凉菜盘 +16 热菜盘 +2 个或 1 组汤碗或汤盅）× 总餐位数 ×1.5。

✔ 本章小结

现代厨房设备有组合式、多功能化和自动化三种发展趋势。厨房设备的动态对生产运作起到非常重要的作用，可以有计划、有目的地选择厨房必需、必备的设备和设施。

选购厨房设备要寻找一个平衡点，厨房设备、设施的配置处在一个合理状态，不能过度盲目投资，保证厨房基本设施，维持正常的厨房生产运作即可。

厨房设备与用具购置是厨房开业前必须要完成的计划，厨房管理者要掌握用具、配置和使用的经验，体现出厨房管理者水平。对于厨房设备，厨房管理者不但要自己掌握，还要负责培训所有员工熟悉和使用。

✔ 思考与练习

1. 厨房设备选购的方法有哪些？应该掌握哪些原则？

2. 厨房设备有哪几类？谈谈你所熟知的冷藏设备。

3. 写出厨房炉灶岗常用的用具。

4. 厨房常用餐具的分类及其使用方法。

5. 如果某饭店有餐位 100 个，按照正常的餐饮习惯，应该配备多少数量的餐具？

6. 如果有家餐厅从原来生意火爆的旧店搬至新店，需要配置厨房用具（原先的用具基本不用）。其新餐厅的基本情况为：餐位数 450 人，其中包间 20 个，宴会餐厅 250 个餐位。试写出厨房主要用具配置的计划表。

第四章　厨房组织结构设置

本章内容： 厨房组织结构设置

　　　　　　厨房岗位安排及职责

　　　　　　厨房人员配置

　　　　　　厨房团队管理

教学时间： 2 课时

教学思路： 以学生未来工作岗位的需求导入，讲解现代厨房组织结构设置原则、各岗位设置和职责要求、人员配置方案及团队管理

教学要求： 1. 了解厨房各岗位职责及其工作程序

　　　　　　2. 掌握厨房的组织结构及设置方法

　　　　　　3. 学会配备厨房人员及安排工作

　　　　　　4. 熟知厨房团队管理的分类和方法

课前准备： 阅读现代厨房各岗位分工和职责的相关知识

厨房组织结构的设立可以使员工了解岗位分配的情况，提高工作效率；同时了解个人工作责权及与其他员工的相互关系；组织结构图可以显示命令的路径，使员工知其上下属，并遵循指示；组织结构图透露出可能的升迁途径，让员工及早建立自己的事业目标。

第一节　厨房组织结构设置

餐饮业是劳动密集型产业，厨房生产是要依靠各种技术型人才共同完成菜点制备的活动。厨房生产正常而又顺畅，需要员工的通力合作及团队精神，起决定性作用的是要有一个完善的组织结构。厨房尚未开始运作时，首先要建立厨房组织结构系统。

一、厨房组织结构设置原则

厨房组织结构设置要遵循一定的原则，绝大多数厨房会以垂直指挥、责权对等、管理幅度适当及分工协作四项原则为出发点，来设计厨房的组织结构。

（一）垂直指挥原则

垂直指挥是指一位员工仅接受一位上级的指挥，而不是接受数位上级的命令，否则会使员工感到无所适从。垂直指挥并不意味着管理者只有一个下属，而是专指上下级间上报只对一个人，下传可以有多个人，要按层次去进行，不能越级，不能越俎代庖，才能形成有序的指挥链。

进行垂直指挥时，不能忽略参谋的作用，这时需要分清垂直指挥和参谋的关系。对上司而言，有效的参谋会对垂直指挥命令起到补充作用，但参谋只能隶属于垂直指挥之下。对下属而言，参谋的意见只能随垂直指挥命令下传，千万不能将参谋的意见取代垂直指挥的命令，造成指挥上的错位，这种多头指挥的做法只能造成管理混乱。

除多头管理外，实际工作中，越级管理的现象很多，如有些厨师长喜欢亲自去处理一些员工工作中的错误，越过各级领班和主管，使各级领班、主管在工作中的权威皆无，造成管理工作的失败。

垂直指挥还有另一种含义，是下属要对直接上司负责，不要超越直接上司去处理任何问题，每个管理者都有应该管辖和负责的事务，处理不当只能造成管理的混乱。

（二）责权对等原则

责是为了完成一定目标而应该履行的义务和承担的责任；权是人们在承担某一责任时所拥有的指挥权和决策权。在组织结构设置时，划清责任的同时，应赋予对等的权力。

厨房组织结构中，每一层次都应有相应的权力和责任。厨房中最有权威的人——厨师长，有权将生产责任交给下属，下属应该清楚他向谁负责，同时下属有履行职权的权力，厨师长不能过度干涉，应该保持各自权力和职责的对等。不能在出问题时采用集体承担、共同责任的习惯做法，也不能推卸责任给下属，忽略权力与责任的对等关系。把自己看成只能享受权力，而不承担责任的管理者，处在下层的员工，就会享受较少的权力，承担更多的责任，长此以往，领导者的威信和管理能力将大打折扣。

厨房管理中完全的责权对等比较难以实现，但可找到能让员工相对容易接受的奖惩办法。厨房生产工作烦冗而错综复杂，所以一些有经验的饭店负责人还是会将厨房人员进行细化分工。如有的厨房将炉灶、砧板、打荷建成一个组，专门负责某一类或某一组厅房或某几桌的菜肴供应，根据责权对等原则，将他们的奖惩系数定在5、4、3三个档次上，奖励时炉灶厨师系数乘5，处罚时炉灶厨师系数乘5，也就是高收入高处罚、高奖励的原则，既保护员工的积极性，又能履行饭店的规章制度，避免了过去餐盘贴号，只处罚炉灶的不公平处理方式，这种管理方式更合理、更公平。

（三）管理幅度适当原则

管理幅度是指某一特定管理人员可直接管辖的下属人员的数量。管理幅度与组织层次有关系，在厨房总人数一定的前提下，组织层次越多，管理幅度就越小；相反，组织层次越少，管理幅度就越大。原则上组织结构层次不宜过多，厨房中考虑到厨师长工作的深度和广度，其所管辖人员的跨度可小些，而基层管理者与厨房员工的沟通和接触机会较多，跨度可大些，可达10人左右。

（四）分工协作原则

厨房生产活动是一个复杂的劳动过程，实际操作中，每个厨师不需要做完所有的工作环节，只需要完成烹饪工作中的某一段，所以就需要岗位分工，将烹饪工作中的某几个环节进行分工划分，形成岗位。原则上分工越细，厨师操作专业性就越强，菜肴质量提高的可能性就越高。但光有细的分工，没有将分工联系在一起，即没有分工协作，就不能形成完整的烹饪过程。协作需要每个厨师之间进行适当的配合，发扬团结合作的精神，才能搞好厨房生产。

现代厨房组织结构中分工协作的职能已被进一步扩大，许多大规模餐饮企业采用"专职""专线"的策略。如专职加工组、专职海鲜组，将每一条由砧板—打荷—炉灶组成的烹饪线，称为一条专线，每条专线负责一个系列或几个包厢的菜肴，形成专职操作的局面，保证菜肴质量，利于管理。

二、厨房组织结构设置

厨房中应该设立哪些岗位以及岗位之间的关系，可以通过制订厨房组织结构寻找答案。不同生产规模和作业方式，其组织结构图就有着不同的表现形式。下面分析各种规模的厨房组织结构图。

（一）小型厨房

小型厨房规模小，厨房面积有限，人员、设备并不齐备。整个厨房生产是由两到三名主要厨师完成，这些厨师还具备多面手的能力，因此厨房的组织结构较为简单。这种组织结构的管理层次少，用工精练，但岗位分工不细，职责不明确，会出现一人多岗的情况（图4-1）。

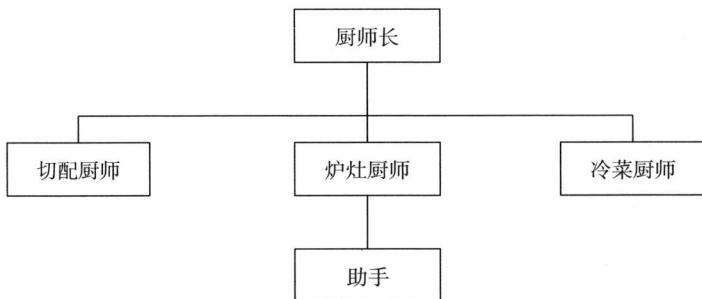

图4-1 小型厨房组织结构图

小型厨房组织结构一般适合小型的餐饮企业、专卖风味店及大型酒店某一特殊风味餐厅。

（二）中型厨房

中型厨房的规模、面积、人员都要大于小型厨房，厨房生产区域比较齐备，有的厨房除中餐外，还配备西餐厨房。厨房生产是按菜点加工程序分成若干个部门。每个部门设有一名领班，负责日常管理和菜点生产。厨房还设一名不脱产或半脱产的厨师长负责厨房整体管理工作。这种组织结构岗位分工明确，职责分明，便于督导和监控。中型厨房的组织结构适合于小型酒店业、中型餐饮企业。

港式粤菜的厨房人员分工与传统的组织结构有所不同，后面涉及厨房岗位的安排，是以粤菜分工的形式进行的，故提前说明。中型厨房的组织结构图有粤菜式和传统式两种（图 4-2、图 4-3）。

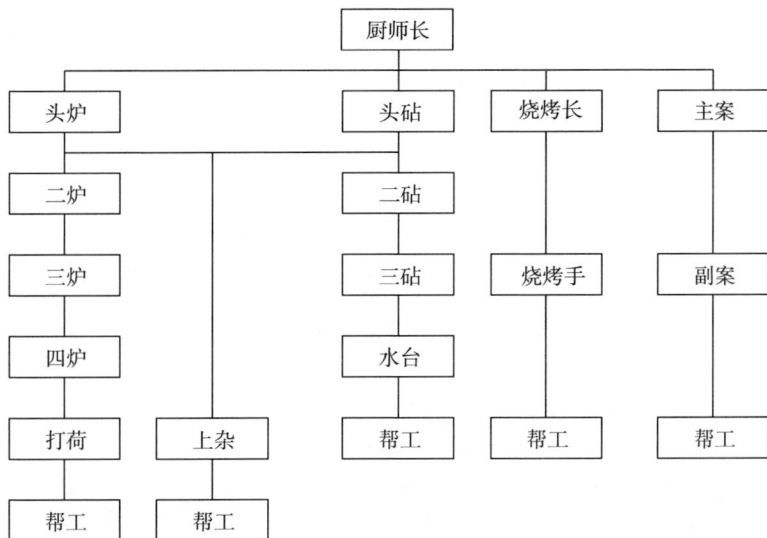

图 4-2　中型厨房（粤菜式）组织结构图

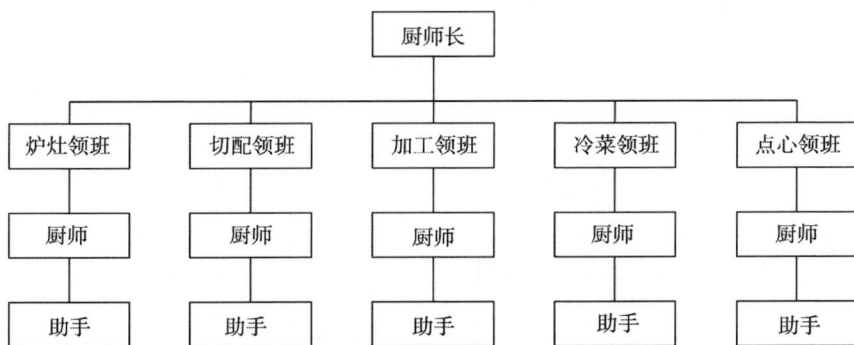

图 4-3　中型厨房（传统式）组织结构图

（三）大型厨房

　　大型厨房由若干个不同职能的中小型厨房组织构成。为便于管理，设立厨房中心办公室，设立行政总厨、副总厨、秘书和成本会计。厨房中心办公室的主要职责是：下达各厨房生产任务，制订生产流程，设计菜单，食品成本控制，督导、检查各厨师长，制定厨房各种规章，负责协调各厨房，负责新品种研制等多方面的厨房工作。大型厨房总厨全面主持厨房工作，副总厨具体分管一个或数个厨房，并分别指挥和监督各分厨房厨师长的工作，各厨房厨师长负责所在厨房的日常工作和具体生产。

有的大型厨房除各分厨房相对独立地进行生产外，还设立主厨房（或中心厨房）以提供各分厨房日常生产所用的各种半成品原料。集中与分散有机地结合，便于控制成本，也便于统一加工，确保各厨房成品质量。图4-4是星级酒店的组织结构图。

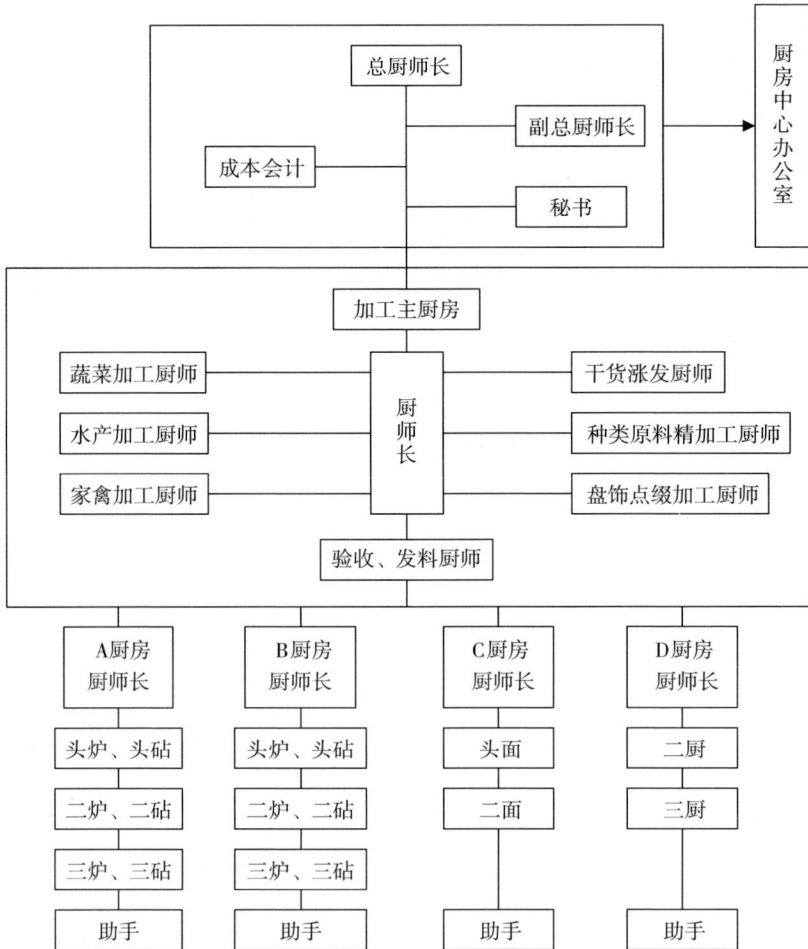

图4-4　大型厨房（酒店型）组织结构图

目前，大规模航母级餐饮企业的厨房更多地采用专线管理，与星级酒店模式不完全相同，是将粤式厨房组织结构与传统的组织结构相结合，形成一种新的组织机构（图4-5）。

这类饭店在实际人员安排上有一定的考虑。如太原海世界海鲜广场是一个营业面积在15000m²的超市化高档酒楼，厨房管理者将厨房按照本酒楼经营需要进行布置，切配与炉灶设置成 20 条线，共 60 人，每条线 3 人（炉灶、砧板、打荷）。明档风味安排 50 人，冷菜 15 人，面点 15 人，初加工、洗碗工、上杂分别是 10 人左右，海鲜池 15 人，厨房人员达到 200 人左右。从成本角度考虑，对厨师挑选不全是技术工，其中 45% 为基础工（即学徒工，来自各级的烹饪学校），55% 为技术熟练工。所有技术工都安排在炉灶岗和冷菜岗，全部基础工都安排在打荷和部分砧板岗位。

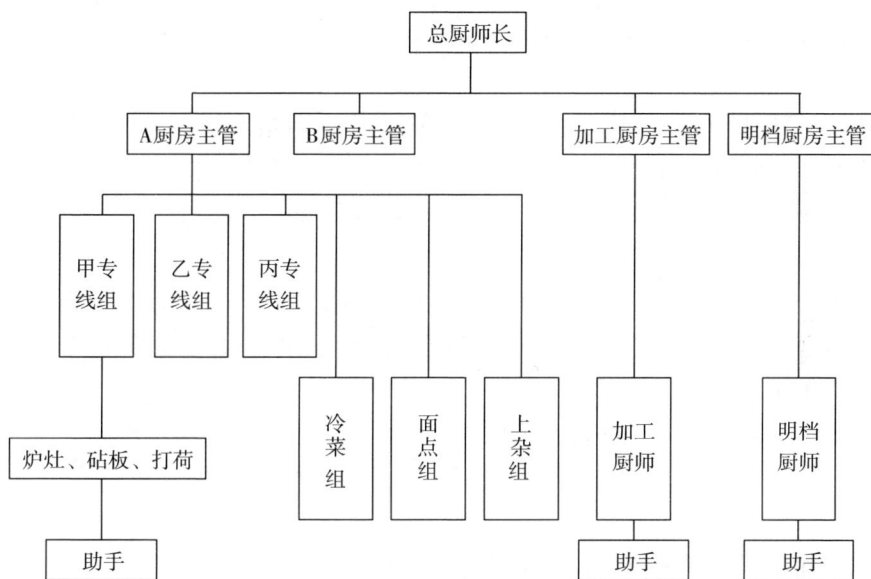

图 4-5　大型厨房（组合型）组织结构图

第二节　厨房岗位安排及职责

厨房组织结构确立后，厨房人员岗位的框架就有了雏形，将每个岗位的工作职责、工作要求、工作程序进行界定，形成对厨房人员职位化的描述和厨房生产体系的确定。从目前岗位分工来看，港式粤菜操作岗位分工的模式较为先进，被全国很多餐饮企业厨房直接或间接地采用，并取得了很好的经济效益。因倾向于这种岗位分工的模式，所以下面主要介绍是以港式粤菜分工模式进行。

一、厨师长岗位职责与要求

厨师长是一个厨房中权力最高的管理者。厨房规模大小、数量多少，需要设立一个或几个厨师长，负责几个厨师长的行政领导者又称行政总厨，主要负责所有分厨房的行政工作，生产工作主要由各分管厨房的厨师长负责。

1. 行政总厨岗位职责

行政总厨的直接上级为餐饮总监，直接下属为中餐厨师长、西餐厨师长和管事部经理。

行政总厨的岗位职责如下。

①根据酒店各餐厅的特点和要求，制订各餐厅的菜单和厨房标准菜谱。

②制订各厨房的操作规程及岗位责任制，确保厨房工作正常进行。

③根据各厨房原料使用情况和库房存货数量，制订原料订购计划，控制原料进货质量。

④负责签批原料出库单及填写厨房原料使用报表。确保合理使用原材料，控制菜肴装盘、规格和数量，把好质量关，减少损耗，降低成本。

⑤巡视检查各厨房工作情况，合理安排厨师技术力量，统筹各个工作环节。

⑥检查各厨房设备运转情况和厨具、用具的使用情况，制订订购计划。

⑦根据不同季节和重大节日，组织特色食品节，推出季节菜肴，增加品种，促进销售。

⑧听取客人意见，了解菜肴销售情况，不断改进提高食品质量。

⑨每日检查厨房卫生，把好食品卫生关，贯彻食品卫生法规和厨房卫生制度。

⑩定期实施和开展厨师技术培训，对厨师技术水平进行考核、评估。

2. 中餐厨师长岗位职责

中餐厨师长的直接上级为行政总厨，直接下属为中餐厨师领班。

中餐厨师长的岗位职责如下。

①在行政总厨的领导下，主持中餐厨房的日常工作。

②协助行政总厨制订菜单，根据季节变化，不断创新菜肴和推出每期的特色菜。

③调动厨师积极性，监督菜肴质量，满足顾客对食品的要求。

④监督宴会、酒会、团体餐的准备工作和出菜过程。负责指挥大型或重要宴会的烹调工作，制订临时菜单，并对菜品进行现场指挥和质量把关，特殊情况亲自操作。

⑤制订采购计划，及时提供采购单，签署厨房每日提货单。每天亲自验收原材料，杜绝不符合质量标准和价格标准的原材料入厨。

⑥按质量标准，督导厨师的菜肴投料和技术操作。

⑦监督厨师正确使用和维护厨房设备。

⑧评估厨师工作表现，检查仪容仪表、卫生状况。按规定着装，合理调配技

术力量，加强团结协作。

⑨完成食品成本控制，严禁偷窃和偷吃现象。

⑩合理排班，监督出菜顺序和速度，创造良好的工作环境。

3. 西餐厨师长岗位职责

西餐厨师长的直接上级为行政总厨，直接下属为西餐厨师领班。

西餐厨师长的岗位职责如下。

①协助行政总厨制定西餐厅菜牌、厨房标准菜谱及食品价格。

②给属下厨师布置工作并对员工工作给予指导和监督。

③合理配备厨师力量，确保上菜质量和上菜速度。

④监督、检查员工的个人卫生和劳动纪律。

⑤协助行政总厨检验食品质量，制订原料采购计划，减少烹调原料的浪费和损耗。

⑥监督属下严格按照程序操作，不使用不卫生的工具和用具。

⑦加强厨房内各种设备的管理，合理使用，经常进行清洁和保养。

二、炉灶岗位职责与要求

炉灶岗位是负责厨房所有菜肴烹调的工作部门，其作用不言而喻。一般炒锅要设立专职主管，由头锅担任，负责炒锅的一切事务，其直接上司是厨师长。

1. 炒锅岗的分工

炉灶岗位分工一般是按技术水平的高低划分。

头炉：是炒锅岗领班。处理原料较名贵、技术要求较高的菜肴，或贵宾、客人特别要求的菜肴。有的饭店考虑到经济实力和技术实力的问题，厨师长也可兼作头锅。

二锅：烹制中、高档的菜肴，配合头锅完成灶前的烹饪工作。头锅不在岗时，可顶替头锅工作，是厨房承上启下的关键人物，需要有较高的技术水平。

其余锅：处理平常小炒、调酱汁的工作，以及对菜肴进行半成品加工。

2. 头炉岗位职责

①负责厨房炉灶全面工作，合理安排分工。②主理烹制高档或大型筵席、高档菜肴。③指挥、辅导帮锅厨师的烹调工作和烹调技术。④与头砧师傅配合拟定筵席、零点餐等。并策划增添、创制菜肴新品种。⑤监督、检查炉灶卫生工作和菜肴加工质量。⑥负责炉灶人员的人事安排和考勤工作。⑦督促炉灶员工操作中节约用电、水、油、煤气等。

3. 头炉及炉灶员工工作程序

①准备用具，开启炉灶、排油烟机，使之处于工作状态。

②对不同性质的原料，根据烹调要求，分别进行焯水、过油等初步熟处理。

调制各种调味汁、酱，制备必要的用糊，做好开餐前的各项准备工作。

③开餐时，接受打荷安排，按菜肴规格标准及时进行烹调。依出菜顺序对热菜食品进行烹制。宴会菜单按先后顺序烹调，零点菜单则按点菜顺序烹调。

④结束时，收拾各种炉灶用具，送洗碗间清洗，将各种调味汁、酱加盖摆放好。关掉水、电、气的开关。妥善保管剩余食品及调料，擦洗炉头，清洁整理工作区域。

三、砧板岗位职责与要求

砧板岗位是负责厨房所有菜肴切配的工作部门。砧板要设立专职的主管，由头砧担任，负责砧板的一切事务，包括验货，其直接上级是厨师长，如果头锅是厨师长，其上级也可以是头锅。

1. 砧板岗的分工

头砧：通常是砧板领班，负责看市场，跟货源，控制原材料的进价成本，指挥员工进行备料；腌制各种高档原料。

二砧：备料头、花式料头；做好头砧的助手；负责各种海、河鲜的斩、切，改制（鸡、鸭）；腌制各种中、低档原料；做好原料冷藏和保管工作。

其他砧板：专门负责普通原料的切配工作；能够使用和保养各种加工设备和保藏设备。

2. 头砧岗位职责

①负责砧板全部工作，熟悉厨房全面业务技术知识。

②监督及负责较为高档烹饪原料的加工、腌制工作。

③负责订购、检查、验收烹饪原料货源。

④对货仓、冷库、冰箱中的烹饪原料进行妥善管理和使用。

⑤与厨师长负责拟订筵席、零点菜单。

⑥与财务部做好配合，做好清点库存、检查进货账目和计算菜肴成本等工作。

⑦监督砧板的工作情况和控制菜肴用量、质量的标准。

3. 头砧及砧板工作程序

①搞好本砧位的卫生，将清洗干净的用具摆放到固定位置。

②查看冷藏库早上购回的货源品种是否齐全，质量是否合乎要求。联络采购人员。

③通知每个岗位领取各自所需的原料。

④检查各冰柜原料品种是否齐全、有无变质。

⑤安排砧板各个岗位的工作。填写每日沽清单（介绍每天供应菜肴的单据），推荐给楼面经理或部长，使楼面更好地了解厨房能提供的品种。

⑥对原料进行加工。根据营业和需求情况，安排涨发好的干货原料，并妥善

保管。

⑦将加工好的原料送交炉灶进行熟处理。

⑧备齐开餐用各类配菜筐、马兜等，清洁场地、用具，按配份规格表配制各类菜肴主料、配料及料头，置于配菜台出菜处。

⑨结束时督促员工搞好收尾工作，把砧板、刀具清洗干净，竖立摆放，排列整齐。将剩余原料分类保藏，整理冰柜、冷藏库；督促员工清洁本岗位；督促员工关闭水阀及照明开关，并锁好柜门。

四、打荷岗位职责与要求

打荷是中厨房炉灶的主要帮手，与炉灶、砧板、传菜部、上杂有着密切关系，犹如交通警察一样指挥厨房生产运作。打荷人员辅助炉灶进行生产外，还要进行原料申领、炉灶开档（拿取、摆放好炉灶使用的用具）和花草制作等具体工作。好的打荷人员所懂的厨房业务知识，不亚于一个炉灶师傅或砧板师傅，所以炉灶人员多数是在打荷厨师中挑选。

打荷岗位是一种专职负责联系砧板、炉灶、传菜部等岗位的职位。过去，是通过走菜员来完成这项工作，由于是服务人员，不属于厨房管辖，同时对菜肴业务知识不可能好过厨师，所以工作效率和工作质量远不如现在打荷岗的专业。打荷岗位的上级是头锅。

1. 打荷岗领班及员工职责

①负责整个打荷岗运作组织协调工作。

②监督本岗位员工协助炉灶厨师。对菜肴成品进行点缀和造型。

③检查砧板厨师所配的主、配料及料头是否齐备。

④对原料进行上糊浆、拍粉工作。

⑤搞好案台卫生，收拾装配菜遗留下的马兜、盘、碗、碟等。

⑥将一些菜料交给上杂蒸炖，并提醒其开餐时间。

⑦运用灵活的头脑，依照零点或厅房催菜的紧、松程度，及时喂菜给炉灶，安排烹菜的时机，控制上菜的顺序和时间。

2. 打荷岗领班及员工的工作程序

①检查本岗位人员出勤情况、卫生情况。

②进行开市准备工作。先为炉灶开档，拿好各种洁净的炉灶用具，摆放在合适位置；根据经营情况，备齐各种餐具；依照剩余物料多少，填写申领单，领取炉灶使用的各种调味品或其他物料；当调味汁不够用时，帮助炉灶调配调味汁，或提醒炉灶厨师制作调味汁。

③摆放好岗位各类洁净用具，添加好调味料的调味盒放到打荷台上备用。

④取出备好的调味汁放在固定位置，各式汤料摆放在固定位置上，制作或领

取各类盘饰的花卉或点缀草，摆放好盛装码斗的周转箱（下篮筐）。

⑤菜肴烹调时，按顺序和节奏，传送和分派菜肴配份给炉灶厨师烹调。

⑥为烹调好的菜肴提供餐具，整理菜肴，进行盘饰。

⑦将已装饰好的菜肴传递至出菜位置。

⑧清洁工作台，剩余装饰花卉和调味汁及时冷藏，餐具归还原位。

⑨结束时，负责将贵重货料拿到储物柜锁好，将各种用具送洗碗间清洗，剩料放进冰箱，调味料加盖放好，检查卫生，安排值班人员，最后关门锁柜。

五、水台岗位职责与要求

水台是专职加工的岗位，主要负责各种家禽、家畜、飞禽、水产、海鲜的饲养和宰杀，以及各种蔬菜的剪改和保管工作，是不可缺少的基础工作岗位。

水台岗可分工为以下4种。

海鲜台：专门处理海鲜，要求技术熟练。

飞禽台：宰杀鸡、乳鸽、鸭等。

肉台：猪手、排骨、火腿等原料的清洗、斩件工作。

蔬菜台：对蔬菜进行初步加工，如剪切、削皮、清洗等。

水台岗位安排，可根据饭店需要来设立。使用半成品原料较多的饭店，水台人员就可以相应少些。中、小饭店在人员实在紧缺时，可以动用传菜部人员进行原料清洗加工工作。

1. 水台岗领班及员工职责

①按照菜肴要求进行加工，根据生意合理调配人员。

②密切联系各岗位负责人，根据各岗位的实际要求合理安排工作。

③掌握水台货源质量情况，加工中要充分控制起货成率。

④保证冷藏库水台货源的卫生、堆放整齐。

⑤抓好本岗位的清洁工作。

⑥负责本岗位考勤和考评工作。

2. 水台岗领班及员工工作程序

①上班即到冷藏库查看蔬菜的质量和数量。

②检查工具是否齐全，需要补领，及时领回备用。

③安排人员收货，做好加工前的准备工作。

④生产开始时，注意水台半成品质量；生意较旺时，要观察菜肴出售情况，根据需要配备人手；留意有特殊加工要求菜肴的原料；负责加菜、追菜的原料督促跟进工作。

⑤结束时，搞好岗位卫生，工具洗净分类摆放；检查蔬菜、禽畜的库存，告知砧板负责人；将当天用完和没用完的备料收拾好；检查水、电等开关是否

关好。

六、上杂岗位职责与要求

上杂岗位是一个负责厨房炖、焖、蒸扣、煲汤和发干货原料的特殊岗位，隶属于炉灶，直接上司是头炉，辅助炉灶完成炒锅无法进行的烹调操作，保证菜肴出品质量和出菜速度。厨房的炖、焖菜肴可以提前制作，厨房菜单中，上杂岗完成相当比例的预加工菜肴，可减轻炉灶过忙出菜速度慢的压力。好的上杂人员可以完成一半菜肴的烹制工作。

1. 上杂岗领班及员工职责

①负责上杂岗位全部工作，合理安排人员。

②负责本岗位员工考勤和考核。

③负责检查当天供应货源品种、质量是否与所下的订购单相符。

④负责监督检查冰箱生熟食品分类摆放及保鲜质量、卫生情况。

⑤掌握每天酒席及零点菜单中上杂所做的工作，并组织好人员。

⑥严格监督本岗位菜肴出品，保证菜肴质量、规格，使之符合菜肴的色、香、味。

⑦做好每天生产计划及货源订购计划。

⑧每天检查炉头、蒸柜等设备运转情况，保证生产正常。

2. 上杂岗领班及员工工作程序

①上班前首先检查冷藏柜内各种材料的数量和质量。

②检查各岗位卫生情况，检查各种酱料，试味，味道不对则重新调配。

③生产开始时，安排各项具体工作，协调各岗位人手，检查员工备料情况。负责贵重海鲜蒸炖，协调与其他部门的关系，如传菜部、水台岗。

④生产结束时，指挥大家将各种炖品取出放晾，用保鲜纸封好放入冰柜；搞好卫生；安排值班员工及提醒注意事项。

3. 上杂岗工作内容

①完成厨房蒸、扣、炖、煲等菜肴的制作。

②完成各种干货料的涨发，如鲍鱼、海参、鱼翅、燕窝、鱼肚等。

③煲制厨房例汤（每天一种不同内容的汤菜），煲制厨房使用的各种高汤（分清汤、浓汤和上汤，煲好浓汤和上汤可以放入冰箱保存）及炖品。

④保养好上杂所用的各种炖盅、煲、蒸笼等器皿，经常清洗笼、柜，保证食品质量。

⑤调制各种上杂使用的味汁，如豉油汁、蒜蓉汁、剁椒酱等。

⑥开设明档汤煲，要让一名员工在每天上午 8：30 左右，做所推介汤类开煲工作。

七、冷菜岗位职责与要求

冷菜岗位是负责厨房冷菜制作、卤水、烧烤制作的部门。有些冷菜岗位不提供卤水和烧腊菜。全国大部分地区厨房都使用冷菜的称呼（北方称冷荤），制作各种荤素原料的冷菜，有围碟、主盘之分；在广东、福建等地区，冷菜的概念就是卤水和烧腊类菜肴，可以单独处理，也可以成为拼盘。冷菜是饭店菜肴中首先上桌的，是给顾客的第一印象，冷菜至关重要。冷菜岗的直接上级是厨师长。

1. 冷菜岗领班职责

①负责冷菜岗位全面工作，经常听取顾客意见，不断改进加工水平。

②负责本岗位物品、原材料及设备的保管和保养。

③负责制订冷菜岗位操作规程和食品质量标准，监督检查员工执行情况。

④负责本岗位卫生监督工作，严格遵守《中华人民共和国食品卫生法》和卫生规范。

⑤负责本岗位员工考勤、考核、技术培训和思想工作。

2. 冷菜岗领班及员工工作程序

①上班到操作台前，冷菜厨师应先洗手消毒，更换工作服。

②炊具、餐具在操作前彻底消毒。

③原材料从采购到进货要严格把关，确保冷菜原料质量。

④根据不同品种冷菜，进行严格选料。

⑤根据不同冷菜菜肴，选好配料和调味品。

⑥按照冷菜不同的烹制方法，加工制作各种冷菜菜肴。

⑦根据客人点菜单，切配各种拼盘和雕刻制作冷菜菜肴。

⑧加工制作工作结束后，将所有炊具和用具进行清洗消毒，放到指定的地方备用。剩余冷菜食品放入冰柜中，注意生熟食器分开存放。

3. 冷菜岗工作内容

①严格检查原料，不合卫生标准的不用，做到不制作、不出售变质和不洁的食品。

②操作人员要严格执行洗手、消毒规定，洗涤后用75%浓度的酒精棉球消毒。

③冷菜制作、保管和冷藏都要严格做到生熟食品原料分开，生熟工具盛器、刀、墩、板、盆、秤、冰箱等，严禁混用，避免交叉污染。

④存入冷菜熟肉、凉菜的冰箱及房门拉手需用消毒小毛巾套上，每日更换数次。

⑤生吃食品蔬菜、水果必须洗净后，方可放入冷菜间冰箱。

⑥冷菜间内应设置紫外线消毒灯、空调设备、洗手池和冷菜消毒设备。

⑦冷菜熟肉在低温处存放超过 24 小时应回锅。

⑧保持冰箱内整洁，并定期进行洗刷、消毒。员工使用过卫生间后必须再次洗手消毒。

⑨严格执行酒店关于个人卫生规定，非工作人员不得进入厨房。

八、点心岗位职责与要求

点心岗位是一个负责厨房点心制作的部门。它可以单独存在，如专营早点的厨房，也可以和红案一起完成烹饪菜点的制作。目前多数高中档的厨房岗位设置都比较齐备。点心岗位主管的直接上级是厨师长，他负责点心岗位的管理工作，组织和督促本岗位员工工作好点心出品，保证质量和出品速度。

点心岗位分工如下：案板员负责面制品从原料到半成品的制作；拌馅员负责将所有馅类原料切配加工成半成品；煎炸员负责将案板需要制作的煎、炸的半成品炸成成品；熟笼员负责将案板、馅档制作的半成品蒸熟为成品出售；烘烤员负责将案板制作的半成品烘烤为成品出售。

1. 点心岗领班职责

①负责整个点心部门的运作，经常了解顾客对食品的要求及意见，不断改进加工质量。

②掌握货源情况，制订原材料订购计划，并负责原材料保管。

③核定食品进货标准和成本，合理定价。

④负责整个点心部的出品质量和生产数量。

⑤负责本岗位员工工作安排和技术培训，做好员工思想工作。

2. 点心岗领班及员工工作程序

①上班查点采购单的原料是否到齐，并领回点心间进行加工。

②检查早班人员的出品是否合格。

③进行点心制备工作，检查备货数量是否充足。

④生产开始时，如果点心尚未做完，留人继续生产，其他人接单进行点心的加温工作。监督出品质量、上菜时间，保证出品及时，质量稳定。

⑤结束时，安排人员准备第二天的生产计划，把剩余的点心存好，搞好卫生。

九、西餐相关岗位职责与要求

1. 西餐厨师领班

西餐厨师领班的直接上级为西餐厨师长，直接下属为西餐厨师。

西餐厨师领班的岗位职责如下。

①与厨师长一起安排员工工作。

②监督、检查员工个人卫生和劳动纪律。

③与主管清洁卫生的管事部保持密切联系，确保厨房卫生、清洁。

④负责监督厨房食品质量。

2. 西餐厨师

西餐厨师的直接上级为西餐厨师领班。

西餐厨师的岗位职责如下。

①按照菜肴投料标准和烹制方法，制作西餐菜肴。

②清理自己的工作台面，保持工作区域清洁，减少浪费。

③按照操作规程使用各种设备，清洁各种用具，并按规定摆放好。

3. 西餐面点领班

西餐面点领班的直接上级为西餐厨师长，直接下属为面包师、面点师。

西餐面点领班的岗位职责如下。

①与西餐厨师长一起安排工作，努力提高销售量，控制生产成本。

②严把食品质量关，努力生产优势产品，最大限度减少生产过程中的损失和浪费。

③检查本区域内的各种设备是否正常运转，发现问题及时解决。

④不断改进食品质量，降低食品成本。

4. 西餐面包师

西餐面包师的直接上级为西餐面点领班。

西餐面包师的岗位职责如下。

①准备所有的烤制配料，烤制各种面包。

②工作中严格按照投料标准和程序操作。

③保持工作区域和设备的清洁卫生。

④确保各种面包的足量供应。

5. 西餐面点师

西餐面点师的直接上级为西餐面点领班。

西餐面点师的岗位职责如下。

①装饰蛋糕，根据要求整形。

②制作开餐时所需的各种零点糕点和特色糕点。

③做好工作区域和各种机器设备的清洁卫生工作并保持好。

第三节　厨房人员配置

厨房筹划必须先完成组织机构划分和必要的岗位设定，才能确定厨房人员的具体数量。对厨房人员选配需要慎之再慎。现代厨房不是食品加工车间，人员配置受餐饮规模、档次、经营特色、厨房组织结构和布局等多方面的影响，很难有准确的人员数字标准，加之各个餐饮企业都会从经营成本出发，竭力控制厨房人员数量，多数厨房经常出现正常运行时人员出现捉襟见肘的现象，影响正常餐饮生产。为寻找一个最佳、最有效率的人员配置方案——既要保证企业正常营业运转人数，又不能加大企业劳动力成本，这是目前餐饮企业正式运行前，必须解决的重要课题。

一、影响厨房人员配置因素

厨房人员确定，一定要考虑餐饮企业经营规模、经营档次、经营方式、经营时间、设备条件、菜肴构成和环境布局等方面因素的影响，才能节约劳动力成本，调动厨房人员劳动积极性，提高厨房生产效率。

（一）经营规模

经营规模即餐饮企业具有经营面积、经营餐位的总和。餐饮企业经营规模越大，餐饮企业可接待顾客就越多，经营品种也就越多。为保证菜肴质量、服务质量，缩短上菜时间，增加厨房人手是显而易见的事。

（二）经营档次

经营档次指餐饮企业面向顾客提供高低餐食价位的取向。对低档位餐饮顾客要求低，附加值的含量小；而高档位餐饮顾客要求高，附加值含量高，厨房人员需要花费更多人力、物力去创造这种附加值，所以档次较高的餐饮企业需要较多的厨房人员。另外，消费水平高，顾客对菜肴质量和生产质量要求也高，迫使厨房进行更细的岗位分工，否则难以达到顾客的要求。更细的分工也就意味着需要更多高质量的专业人才。

（三）经营方式

餐厅经营是以零点为主、还是以宴会为主，是以热菜经营为主、还是以点心经营为主，是以便餐为主、还是以快餐为主，抑或两种兼而有之。在同样的餐位数下，零点餐厅周转率相对比宴会餐厅周转率要高；快餐厅周转率相对比其他餐厅周转率要高，那么人员配置侧重点就有所不同。

（四）经营时间

经营时间长短对人员配置影响十分明显。从早上 6：30 至次日 01：00 连续经营比正常早、午、晚三市经营所要求的人员配置和班次要多。如西餐厨房多为24 小时营业，其人员安排至少要三班制，其人数比同等规模的中餐厨房人数要多（只经营中、晚餐）。当然，饭店经营生意越旺，翻台率会越高，营业时间会相对加长，因此为保证工作效率，必须增加厨房人手。

（五）设备条件

随着社会的发展，厨房已运用高科技产品，更多地使用机械化、自动化烹调设备，降低劳动强度，提高劳动效率。机械化程度越高，需要的厨房人员会相对地减少，如西式快餐较中餐厨房用人少。反之，纯手工操作会增加厨房人员数量。

（六）菜肴构成

餐饮店生产菜肴品种少，需要的烹调和服务人员数量就少。随着菜肴品种增加，员工数量会相应地增加。另外，刚开始磨合的厨房人员，与磨合很久的厨房人员在对新品菜肴理解和制作能力上有所不同，磨合很久的厨房人员不会对新增菜肴感到吃力，为此，在一定的限度内，可以不增加人员。在中餐经营中，顾客要求比较高，菜肴翻新较快；而西餐中，菜单内容一旦确定下来，菜肴在相当长一段时期内是不更换的，因此，在规模一定的前提下，西餐厨房人数要少于中餐人数。

（七）环境布局

厨房布局的合理程度，也是影响厨房人员配置的因素之一。假设厨房点心间与热菜间不在一个加工区域或楼层内，生产加工过程中，将增加传递菜肴或联络信息的人手。

可以看出，影响厨房人员配置的因素很多，配置时一定要充分地考虑到。需要注意的是餐饮企业应尽可能使用先进设备，多使用半成品及成品，减少人员配置，同时设备成本、原材料成本都会加大，相互抵消后的成本不一定会低。所以人员配置需要根据餐饮企业各自的经济能力，灵活地处理，不要机械和教条。目前用工薪酬支出增加，因此饭店使用烹饪加工设备有所增加。

二、厨房人员配置方案

如前文所述，厨房人员配置不固定。每个饭店都有自身人员配备模式，甚至是同一家连锁饭店人员配置模式也不尽相同，要一个准确的人员配置方案相对较难。以下人员配置方案，仅供参考。

（一）按比例确定

按比例确定是常用的比较简便的方法。有两种确定方式，一是按岗位比例确定，另一个是按餐位比例确定。

1. 按岗位比例确定

为提高厨房人数配置相对准确性，要核定两个比例数，一是通过确定餐厅餐位数量来确定厨房后锅（炉灶）岗位生产人员数量，二是通过确定后锅人员数来确定其他岗位人数。

餐饮运作是烹调、销售、服务三位一体，厨房后锅多少表明厨房生产能力的大小，而餐厅餐位数量表明餐厅接待能力的大小，将厨房后锅生产能力和餐厅服务接待能力相协调，才能保证正常生产运作。任何新开张的饭店无法预测未来餐厅餐位的翻台率，所以每一个后锅（一个后锅一个烹调师）可以对应一次生产任务所能承担的餐位数。以珠江三角洲地区的餐饮业资料测算，一般一个后锅出品负责 60～100 个餐位供应，即 6～10 桌。其中 1∶（60～80）被认为是零点餐厅的最佳选择。因为零点餐厅面对突发、具有弹性的需求较多，顾客就餐随意性较大，将后锅比例确定 1∶（60～80）是一种明智的选择。而 1∶100 的比例被认为是宴会厨房最佳选择，因宴会预订较多，餐桌周转率相对较低，厨房人员生产准备期较充分，比现来、突发而至的零点顾客容易应付，不会加大后锅的承受力。如果设备、布局、人员素质都占优势，这种比例关系还可以调整，人员配备比例是一个相对数字，一定要灵活掌握。

确定后锅与餐位关系后，就可以确定后锅与其他岗位的关系（表 4-1）。

表 4-1　传统厨房人员配置比例

后锅	打荷	砧板	上杂	水台	冷菜	面点	杂工
1	1	1	0.5	0.5	0.5	1	0.5

可以看出一个后锅，要配置 5 个相关人员。按这个比例，在经营淡季时，会显得人工成本过高。

现在，一些餐饮管理者认为，1 个后锅配置 4 个相关生产人员比较合适，即后锅与其他岗位人员（含加工、切配、打荷等）的比例是 1∶4。这种比例配置也是现有包厨制经营中常使用的配置。因这种比例是人员最少的配置方案。配置人员中的杂工可以让水台厨师客串，上杂可以让打荷厨师客串，也就是说可以缩减同一类工种的人数。目前流行厨房人员配置比例可见表 4-2。

表 4-2　流行厨房人员配置比例

后锅	打荷	砧板	上杂	水台杂工	冷菜	面点
1	1	0.7	0.5	0.7	0.7	0.5

厨房种类不同，人员配置时可采用的形式很多。有时尽管人员比较紧，合理的排班，也能解决一定的问题。

2. 按餐位比例确定

按餐位比例就是按供餐者数量来确定厨房生产人员数量。这种配置法一般适用于宴会、团队厨房及一些招待所厨房。按比例测算厨房人员数量比较简单，但需要有一定的经验（表4-3）。

表4-3　按餐位数厨房人员配置比例

厨房供餐人员数量（位）	厨房所需厨师人员数量（位）
100	9 ～ 11
200	12 ～ 18
300	15 ～ 20
400	20 ～ 26

有时候用餐位数也可直接确定，一般 13 ～ 15 个餐位配 1 名生产人员。

使用按比例方式进行测算时，注意计算人数只是生产人员，为技术较熟练员工，是厨房骨干，一般帮工或学徒不包含在其中。也不包括实习工、勤杂工、清洁工，以及脱产厨师长等挂职人员；配置比例是按实际生产量所需厨师数量而定，不包括长休假人员、两班制或多班制人员，实际测算时要略放宽或增加人数。

（二）按工作量确定

厨房用人包括厨师、加工人员和勤杂人员三种。人员配置方法主要以劳动定额为基础，重点考虑后锅厨师。其他加工人员可以作为后锅厨师的助手。人员确定方法如下。

1. 核定劳动定额

核定劳动定额就是选择厨师和加工人员，正常生产情况下，平均一个上灶厨师需要几名加工人员，才能满足生产业务的需要。核定劳动定额计算公式如下：

$$Q = Q_X / (A+B) \tag{4-1}$$

式中：Q——劳动定额；

Q_X——测定炉灶台数；

A——测定上灶厨师；

B——为厨师服务的其他人员。

2. 核定人员编制

核定人员编制是在劳动定额确定的基础上，考虑影响人员编制数量，还有厨房劳动班次、计划出勤率和每周工作天数等三个因素，并根据国家规定每周工作5天要求来核定人员编制，人员编制计算式为：

$$n=(an \cdot F/Q \cdot f) \times (7 \div 5) \qquad (4-2)$$

式中：an——厨师炉灶台数；

F——计划班次；

f——计划出勤率；

n——定员人数；

Q——厨师劳动定额。

下面是一个工作量确定的实例。

某饭店餐厅有座位350个，旺季座位利用率为95%，每80个座位配一名后锅厨师，每位后锅厨师管理一台炉灶，并配有加工勤杂人员4人/炉灶，厨房一班制，计划出勤率98%。请核定：1.厨房平均劳动定额。2.厨房定员人数。

计算：

①预测炉灶台数为4台，其厨师的劳动定额为Q。

$$Q=4/[4+(4 \times 4)]=0.2（台/人）$$

②以厨房平均劳动定额为参数，其厨房人员编制数为n。

$$n=(350 \times 0.95 \div 80 \times 1/0.2 \times 0.98) \times (7 \div 5) \approx 30 人$$

③厨房各岗位人员。配备数量为30人（如果不算一周5天工作日，其实只需要21人），基本安排如下：

厨师长1名（不脱产），后锅厨师5名，冷菜厨师2名，打荷厨师5名，冷菜厨工2名，砧板厨师4名，面点厨师2名，砧板厨工2名，面点厨工2名，上杂厨师2名，水台厨师1名，杂工2名（以上考虑到一周双休，每个岗位都增加了人手）。

无论哪种配置方式都只是提供一个大概、理想的数字，实际操作中人员配置还要依靠各餐饮企业具体的情况来定。如有些私营社会饭店不可能有双休，有些甚至一年中都很少有休息，人员数字控制在很低水平。都需要认真仔细地测算，尽可能将厨房人员配置得更周全、更合理。

三、厨房人员班次方案

厨房人员班次与配置人员数量有关。大型餐饮企业中，根据经营档次和经营目标要求，厨房人员配置相对宽松，员工班次安排比较容易。可将厨房员工分成两个班组，每个班组只上半天班，每个班组都是全套厨房生产的配置。这对大多数社会餐饮企业而言几乎不能实行。更多餐饮企业考虑的是劳动力成本控制，人员班次安排上就需要讲究一定的方针和策略。

（一）班次安排策略

餐饮企业班次安排要根据营业情况确定。餐饮企业经营过程中存在营业高峰和低谷，客源变化较大，大多数餐饮企业配置厨房人员都不会非常充裕，如何合理安排班次，有效地发挥人力资源的作用，完成生产任务，是厨房管理者必须注意的问题。根据实际需要，厨房管理者采用以下两种策略。

1. 利用分班制

厨房班次安排必须参考餐厅营业时间。酒店中餐厅营业时间多为：早餐6:00～9:00，午餐11:00～14:00，晚餐18:00～21:30。如果所有员工上班时间都是6:00～21:30，一是不符合法律规定的每周40小时工作时间，每周实行双休制，每天工作时间是8小时。那么扣除吃饭1小时，每天工作14.5小时，超过国家法定劳动时间，超出的工作时间，只能餐饮饭店以加班费用或补休形式补给员工，才能符合法律规定，否则属于违法行为。二是浪费人力，根据资料显示，早午晚三餐的用餐人数百分比分别为30%、25%、45%。三餐的人力分配就应该与之相匹配，既节省人员编制，又缩短员工上班时间，还能减少不必要的加班费用（通常加班费是平均工资的1.5倍）。

目前，国内餐饮饭店根据经营需要，选择营业时间为两个时间段，一个时段是上午11:00～14:00，另一个时段是晚上18:00～21:30。而部分餐饮企业可能选择三个或四个时间段，主要是增加夜宵和早点。

实际工作中，中餐厨房多围绕餐厅营业时间，选择两个时间段的工作。饭店经营者考虑人员成本和工作效率，在员工总人数不变的情况下，将员工分成两班，让两班工作时间错开，既能延长营业时间，又能保证经营繁忙阶段生产人员的数量。如厨房根据餐厅经营时间，将人员划分为A、B两班，A班上班时间为上午9:30～13:30，下午16:30～21:30；B班上班时间为上午10:30～14:00，下午16:30～22:00；如果有经营早点项目，则将白案厨师分成C、D两个班次，C班上班时间为上午5:30～14:30，D班上班时间为下午13:30～22:00。上述各班次除去每天1小时用餐时间，实际工作时间为8小时。对于A、B班厨师来说，每天上午的10:30～11:00和下午的16:30～17:00为用餐时间，而C班厨师增加早餐时间，没有晚餐时间；D班只有晚餐时间。这样安排班次，人员总数不变，红案实际工作时间达到9小时，而白案工作时间几乎为14小时。红案两个班次在生意最繁忙的时间段，总能保证厨房员工人数为全额；而白案由于早晨是生意繁忙期，所以C班人数较多，而D班多为晚上席点服务，可以提前预制，故安排人手较少。

西餐厨房多围绕西餐厅营业时间，选择三个时间段的工作，按照目前国内酒店习惯，西餐厅需要24小时营业，故厨房工作时间正好分成三个时间段，每8

小时为一个时间段。

2. 利用临时雇工

任何一个餐饮企业厨房在考虑劳动力成本的前提下，都不可能将厨房员工配置得过剩，其中还有一个重要因素就是餐饮生产的波动性，工作忙时人手不够，闲时人手多余。国家法定假期和节日期间，餐饮企业生意火爆，对厨房员工数量需要加大。如果厨房人员停休人手还不够，适当地安排一些临时雇工（也称小时工）调节班次，保证厨房生产有充足的人手。临时雇工可缓解某一时段或某一时期厨房用工紧张状态，减少招聘合同制工人的成本费用。因为生意清淡时，合同制工人工资不能降低，加上福利、劳保等，多雇一名合同制工人意味着多增加一份成本。如雇佣一名临时雇工每月支付 600 元左右（不享受其他待遇），工作时间大约为 7 个月，人均费用为 4200 元，这些费用远远低于正式员工。安排临时雇工时要注意以下几点。

①要尽量定时。定时安排临时雇工，使雇工预先安排好时间，保证厨房生产需要。长期使用固定雇工，雇工可积累很多工作经验，提高操作技能，减少人事部门招聘和人力的费用。

②要安排非技术、不重要的岗位。临时雇工在工作中被约束的程度远远小于厨房员工，所承担义务或责任也小于厨房员工，重要的、技术性要求高的岗位不能安排，应安排易操作的工作，如运送菜肴、洗涤原料等。

③注意适当技术培训。雇工工作属于半技术或非技术类，为了保障厨房生产质量，须进行必要的、简单的培训。

④注意雇佣时间。雇工工作时间要尽量不少于 3～4 小时。雇工小时工作费用高于全日制临时工，过少的工作时间，不会对雇工有吸引力。当然，国内有些饭店使用技校、职校学生另当别论。

安排员工班次时，应该注意雇工与员工班次的合理性，将雇工安排到最需要的地方，调整的员工安排到重要地方，保证厨房生产有序地运行。

（二）安排员工班次

安排员工班次又称排班。根据国家劳动部门相关规定，员工每周都有法定休息日。餐饮企业都会根据本企业经营具体情况安排员工休息的天数。如根据每周40 小时工作日的规定，每天工作 7 小时左右的员工，原则上每周休息 1 天；每天工作 8 小时左右的员工，原则上每周休息 2 天；有些社会餐饮企业由于招聘的员工有限，基本上不安排员工休息。员工长时间没有休息，会降低工作效率。

员工有休息的需要，厨房管理者就应该根据经营要求合理安排人员的班次，保证营业高峰期内，有充足人手来完成厨房生产工作，避免出现多名员工休息的尴尬局面。厨房管理者对员工进行排班时，选择按星期或日期排班两种方式，如

表 4-4（按星期排班法）所示。

表 4-4 厨房每周排班表（部分）

部门：

岗位	姓名	周一	周二	周三	周四	周五	周六	周日	备注
炉灶	员工 1	A	A	A	A	A	A	O	
	员工 2	O	A	A	A	A	A	A	
	员工 3	B	O	B	B	B	B	B	
	员工 4	B	B	O	B	B	B	B	
	员工 5	B	B	B	O	B	B	B	
打荷	员工 6	A	A	A	A	A	A	O	
	员工 7	O	A	A	A	A	A	A	
	员工 8	A	O	B	B	B	B	A	
	员工 9	B	B	O	B	B	B	B	
	员工 10	B	B	B	O	B	B	B	

注：O=OFF A：9:30～13:00；B：11:30～14:00；C：5:30～13:30；D：14:30～22:00，6:30～21:00，17:30～22:00。

厨房管理者安排班次时，应该注意几个原则。

（1）生意高峰时期，员工尽可能不安排休息，保证厨房生产正常进行

各地区餐饮生意忙闲不一，厨房管理者应该根据本地区生意集中期来安排员工休息时间。如多数餐饮企业在周末比较忙，那么周五这天要保证全体人员到岗，不安排员工休息，尽量将休息安排周一到周四。

（2）两班次员工要相互协调好

如 A 班员工不要同时休息，排班时出现 A 班人多，而 B 班人少时，调整部分 A 班员工改上 B 班，不要出现都上 A 班的现象，防止错过营业时间。

（3）员工休息时间不要集中

厨房管理者排班时，考虑员工休息不要集中，防止出现某一天少人或无人上班的现象。避免同一岗位或类似岗位（即水台和案板、打荷和炉灶、炖煲和蒸菜等可以相互替代的岗位）员工在一天中有三人同时休息。

（4）相互配合的岗位人员安排上要协调好

如打荷和炉灶本身是一个整体，尽可能地保证周五、周六、周日人员最充足，如表 4-4 所示，分别为 10 人、10 人、8 人，其他时间都保持 8 人。对于其他岗位，休息与否相互之间不会产生影响，如冷菜与炉灶、点心与砧板，无须考虑上述问题。

无论何种形式的排班，一定要以厨房正常生产为前提，出现临时性生意火爆

或大量预订，厨房管理者应该考虑员工停休，及时调整班次，最终以欠假形式补给员工，人手还是紧张可以考虑临时雇工。所以再好的班次安排都要服从厨房生产经营的需要。

（三）安排员工值班

进行员工班次安排，要考虑营业结束后员工值班问题。餐饮企业在营业时间段，对光顾的客人有接待义务，顾客进餐消费时间超过营业时间，厨房应该有值班人员继续为客人服务。这点对比较正规餐饮店非常重要。额外加班人员填写值班记录，在以后得到相应时间的补假。

厨房班次安排时，B班厨师（D班）都有附带值班的职责，营业时间结束时，进行收尾检查工作。

厨房安排值班人员基于两种情况，一是客人用餐没结束，需要餐厅和厨房继续服务时；二是原料加工没有完成，需要有人看管时。值班人员安排人数不宜太多，值班只是完成一些后续服务和加工工作，过多值班人员就需要更多补假，对整个厨房运转不利，厨房管理者应根据厨房实际需要人数和要求安排值班人员。值班人员班次安排按照正常A、B班，以后累积时间补假。也可另外安排班次时间，如在原来班次的前提下，提前下班或迟来上班。

值班人员是最后在厨房的生产者，除必要的服务或加工操作外，检查厨房设备运行状况及关闭相关设备也是其工作之一，不能马虎。严格规范的餐饮企业，值班人员应该填写厨房值班检查表，保证万无一失（表4-5）。

表4-5　厨房值班检查表

检查时间	检查项目	检查结果		补救措施
时　分	水龙头	□关好	□未关好	
时　分	煤气总、分阀	□关好	□未关好	
时　分	长明灯	□关好	□未关好	
时　分	电器、照明、空调设备	□关好	□未关好	
时　分	门、窗	□关好	□未关好	
时　分	垃圾桶	□倒空	□未倒空	
时　分	异常情况	□有	□没有	

最后锁门离开时间：　时　分　值班人员签字：

注：厨房电器包括茶水炉、烤箱、排风扇及切割搅拌设备、电加热设备等。
（摘自《餐饮业经营管理实用图表》）

第四节　厨房团队管理

一个人是工作，一群人是事业。厨房工作中总会遇到个人无法解决的问题，需要团队的力量，需要厨房人员相互支持和配合。每个员工的能力是有限的，但都有自身的优势，管理者须将每个员工团结起来，给大家提供施展才华的舞台，充分发挥每个员工的优势，同时，又彼此有效地协作，高效率地工作。

一、厨房团队协作

厨房生产产品——菜肴是有效分工协作而成的，不是一个人独立完成。从粗加工、精加工、配伍、烹调加热盛放，一直到上桌提供给顾客，以及后续清洗工作，按流程作业共同完成工作任务。

（一）团队协作

当今社会竞争异常激烈，在竞争中若想单靠个人能力去取胜，十分困难，团队协作永远好于孤军奋战，这是被无数事实证明的真理。团队协作是事业成功的基础，严峻的就业、创业和竞争形势下，更应该精诚合作、共创未来。

厨房团队协作要注意以下几点。

1. 优秀的厨房团队强调优势互补、相互协作

不少管理者对优秀团队有一个误解，认为凡是优秀团队，内部每个成员都最优秀。其实并非如此，优秀团队强调的是优势互补、相互协作，不是要求每个人都最优秀。团队成员个个都是英雄，不一定能成就大业。

2. 让每个员工都融入厨房团队中，相互配合

作为管理者，应该想办法将每个员工都融入厨房团队中，让员工之间、员工与领导之间默契地配合，这样的团队才能所向披靡。领导者可以很优秀，但不可逞匹夫之勇。需重视让每个员工融入团队中，分工明确、各司其职、默契配合，产生成倍的战斗力。

3. 跨越"部门墙"，让各部门之间实现大团结

每个部门都是一个小团队，厨房是一个大团队。然而，不少中层管理者只重视自己的小团队建设，却忽视整个大团队的建设，每个部门各自为政，甚至互相拆台，这是工作中的大忌。员工与管理者是两个轮子，只有当两个轮子处于协同状态才能加速前进，缺少哪个部门，厨房就不正常运转。因此，部门之间应该相互协作、优势互补。

（二）重视员工

当今社会竭力提倡"以人为本"的管理。员工不能被当作机器，更不是成本，而是厨房的生命线。只有重视员工，将员工放在第一位，才能从员工那里获得巨大的回报。近年来，越来越多的管理者提出"尊重员工"，作为激励员工的一种策略。但仍然不够，因为尊重不等于重视，就像尊重不等于礼貌一样。相比之下，重视员工更契合员工对工作的诉求。在厨房里，无论职位高低，无论工作性质，员工是在实现自己的人生价值，换取相应的生活保障。其过程是厨房员工自我实现的过程，工作馈赠给他们更大的意义。要做到重视员工注意以下几点。

1. 要有信心地向员工描述工作愿景

重视员工，将员工视作自己的资本，视作成就事业的帮手，首先要有信心地向员工描述工作愿景，让所有厨房员工都向往这个愿景，并当作奋斗目标。

2. 对员工在工作中的付出表示认可

重视员工，将员工当成资本，须对员工工作和为之付出的努力表示认可。工作中常对员工说这 5 句话："你做得对！""谢谢你！""我需要你！""我相信你！""我为你感到自豪！"。这 5 句话不仅是厨房员工力量源泉的金字塔，威力也逐层递增。有一黄金法则：你愿意别人怎样待你，你也要怎样待别人。因此，管理人员应该对员工持这种看法："我相信每个人都有能力完成某些重要的事情，所以我认为每个人都重要。"

3. 尽可能多地让员工参与到决策中

让每个人都参与决策，会对他们行为有积极的影响。让员工参与到决策中，会产生贯穿整个群体的力量，还能产生造福全体的成效。权力可以集中在少数人手里，但思想没有必要集中在少数人手里，广纳良言和群策群力永远是表达对员工重视、激励士气的好方法。

（三）团队精神是企业最核心的竞争力

看一个企业是否有生命力，能否持续发展，除先进的理念、雄厚的资金、科技含量和优秀的人才外，重要的是团队精神，没有团队精神，前面的优势都化为泡影。最优秀的单位都不缺少团队精神，是企业最核心的竞争力。这种精神能带给企业无法计算的效益和难以衡量的竞争力。首先，表现为厨房这个整体的一种集体力，即 1+1 > 2 的结合力，或叫"系统效应"；其次，表现为厨房全体成员的向心力、凝聚力，"心往一处想，劲往一处使"，真正把自己看成企业的一部分；再次，表现为归属感，员工以身为企业的一员而自豪，并以此为自己全部生活、价值依托和归宿；最后，表现为安全感，即每个员工都深深体会到，这个企业就是自己的安身立命之所，是生活的保障。

打造团队精神注意以下几点。

1. 营造"企业兴旺我光荣，企业衰亡我可耻"的文化氛围

管理者应让员工具备这样的观念——企业衰亡，我可耻；企业兴旺，我光荣。只有当员工将企业利益与自己的荣辱得失联系起来，才能自发地去工作。

2. 将"家人意识"融入团队建设中

要让员工将企业视为一个大家庭，相应企业也应像一家之主一样关心和爱护自己的员工——就像爱护自己的家人一样。让员工感受到企业这个大家庭的温暖，员工自然会为企业着想，自然会心系企业，团结一致地为企业贡献自己的力量。

（四）团队协作凝聚力是团队的保障，创新力是团队的希望

蜗牛背着一个壳，是因为壳给蜗牛带来安全感和归属感，壳是蜗牛的家。同样希望员工将企业放在心上，就要想办法给员工归属感和安全感。对待员工亲情化经营和管理。员工一直都会想着企业，团队才会充满凝聚力。

当团队有凝聚力，企业发展就有保障；当团队有凝聚力时，员工就不断思考如何让企业变得更好，于是，创新力也就迸发出来。凝聚力是任何企业都不可或缺的。与此同时，企业应倡导全员创新，激励员工的创新行为，企业才会有源源不断的新动力。

没有凝聚力的团队，就是一群乌合之众，人再多也是一盘散沙；没有创新力的团队，就是一群苦干型的工人，很难在激烈的竞争中打胜仗。提高团队的创新力的方法：一是在实践与体验中寻找创新灵感，二是以消费者的身份造访竞争对手。

（五）好团队的标准：谁都可以用得上，谁都可以离得开

一个团队离开某个管理者，就不知道怎么开展工作，说明这个管理者也不是真正意义上的优秀管理者。一个不优秀的团队，因为多一个优秀的管理者，就变成优秀团队也是不可能的。一个优秀的团队不仅是指离开任何一名员工都可以正常运转，还包括离开团队的管理者也能正常运转。

"地球离了谁都能转"对团队就不一定适用，因为很多团队离开员工能正常运转，但离开管理者，团队就运转困难。这是因为团队成员没有形成良好的团队协作精神和自觉的工作习惯，是团队管理者没有意识到，管理者在的时候，处处以领导的身份和权威管理团队成员，这种管理可能表现为严厉约束，也可能表现为不懂放权、过分干涉和帮助员工。因此，当管理者离开团队，员工失去被约束感或失去上级的指导就变得不知道如何工作，结果团队就陷入混乱。关于团队建设的建议如下。

1. 努力培养员工独立解决问题的能力

管理者带团队时，重视培养员工独立解决问题的能力。下属面对困难，不要

急于给他们支招，试着多启发和引导他们去思考，教他们解决问题的思维和方法，应"授人以渔"。下属独立思考和解决问题时，也许会犯错，作为管理者，一定要避免随意责罚，而应宽容其错误，多予鼓励。比起直接帮助下属解决问题——"授人以渔"的帮助更有益。

2. 不再过细地监督下属的工作，而要用好的结果要求下属

管理离不开监督，但不需要过细的监督，因为过细的监督会让下属失去自觉性，变得疲于应付上司的监督。最好的办法是，向下属提出高标准的要求，以此要求下属自我管理、主动工作。这种管理模式下属才能逐渐养成主动工作的习惯和以结果为导向的工作态度，从而不断提升自己的工作能力。

（六）打造协作型团队，实现每个人的最大价值

古人云："夫兵，诡道也，专任勇者，则好战生患；专任弱者，则惧心难保。"打仗用兵只用勇敢之人，往往好战而惹祸端；只用弱者，往往会因胆小怕事而难保胜利。由此可见，用人合理搭配，优化组合，才能最大限度地发挥每个人的作用，使团队的战斗力达到最佳状态。

一个团队的实力，固然有赖于各个团队成员的能力，但更重要的是团队合理的人才结构。合理的人才结构有利于各个成员扬长避短，产生"化零为整"的"化学反应"。管理者一定要善于优化团队组合，让每个员工都能在适合自己的岗位上工作，同时又能协助同事，与同事保持融洽合作。这样才能产生凝聚力和战斗力。在共同完成目标任务的过程中，优势互补，协同作战，发挥每个人的特长，从而最大限度地提高团队的竞争力。

管理者要做的就是分配资源、分配任务、优化团队组合，让合适的人做合适的事，让各个成员相互配合，团队便更容易所向披靡。

打造协作型团队、优化团队组合要考虑以下几点。

1. 能力因素

打造协作型团队时，首先要考虑团队成员的能力。要优化团队组合，必须考虑到团队各个成员的能力匹配问题。人的能力有差异，有的人擅长做决策，有的人善于组织，有的人执行力强，有的人心思细腻，适合做监督工作。总之，每个团队成员都有各自的优势和才能，在组合时，要避免大材小用和小材大用，避免有才不用、无才乱用等现象，使用大家能力相匹配，达到"八仙过海，各显其能"的效果。

2. 知识因素

员工其拥有专业知识和知识水平不同，在搭配人才的时，要想办法让有不同专业知识背景的人才相互结合、相互合作。现代的生产经营，离不开知识和技术，竞争的日益激烈，技术的不断更新换代，都需要以专业知识为基础，而

任何一个人都不可能掌握多门科学技术和技能，因此就更需要不同专业的人才通力合作。

3. 气质因素

气质是脾气、性格、秉性等。有的员工外向，有的员工内敛；有的员工泼辣，有的员工斯文；有的员工沉默寡言，有的员工十分健谈；有的员工慢条斯理，有的员工火急火燎……不同气质的员工，适合担任不同的职位，做不同的工作。如健谈者适合搞组织协调工作，风度翩翩者适合做公关人员等。如果团队内都是性格急躁的成员，大家在一起工作时就容易发生矛盾冲突；如果团队内都是沉默寡言的成员，团队就会死气沉沉，没有轻松的氛围。所以，团队成员气质要相匹配，才能最大程度地发挥团队的力量。

4. 年龄因素

一个理想的团队应有各种不同年龄层的成员，青年人、中年人、老年人都要有，形成一个金字塔形的人才梯队，在年龄的匹配上较为和谐。这样，老年人的经验、中年人的理智、年轻人的干劲融合在一起，充分激发团队活力。

（七）形成利益和荣誉的共同体，才能形成牢固的团队

有这样一则寓言。一匹马与一头驴在主人的带领下，分别驮着货物行走在途中。驴背上的货物多，累得快撑不住了，便对马说："老马，你能帮我分担点货物吗？我累得受不了啦！"马说："我也很累啊！我帮不了你。"没过多久，驴因为不堪重负，终于累倒。主人见驴无法驮货物，把驴背的货物放到马背上。结果，马受尽了苦头，后悔之前没替驴分担货物。

这则寓言中的马和驴就像企业中的员工，彼此之间看似各干各的事，实际上是一个团队，如果员工没有将团队荣誉与利益放在第一位，凡事考虑的都是自己的利益，那么就很可能避不开马那样的遭遇。团队成员绝不能自私自利、各自为政，要始终想着团队目标，想着企业利益，将团队的荣誉当回事，才能形成具有强大合力的牢固团队。

还有一个例子，当野火燃烧时，蚂蚁会快速地聚拢，抱作一团，然后像球一样滚动起来，逃离火海。在逃离的过程中，蚁球外围的蚂蚁会被烧死，但它们用自己的牺牲换回了蚁球内部蚂蚁的生命，为整个团队留下了生机。企业中的员工就需要具备蚂蚁这种精神——将团队的利益和荣誉视为最高利益。企业管理者就是用利益和荣誉来凝聚员工。当员工在乎团队的利益和荣誉时，这个团队将会不可战胜。把团队目标和利益以及团队荣誉紧紧捆绑在一起，对员工可以产生不可估量的激励。如果管理者告诉员工达成团队目标会得到什么好处，会赢得什么荣耀，无疑会令员工动心。正如孔子所云："利益众生，施惠于民。"因此要注意以下几点。

1.明确制订利益分配方案

司马迁说过："天下熙熙，皆为利来；天下攘攘，皆为利往。"员工为企业效力，是为了利益。在利益问题上绝不可含含糊糊，必须明确制订利益分配方案，让大家知道实现某一目标，能得到什么好处。否则，员工不知道干多干少的区别，又如何肯为企业卖力？又如何甘愿服从团队目标呢？

2.在荣誉激励中加入真诚的感情

如果员工对企业有感情，自然会把企业的荣誉当成自己的荣誉。反之，员工会让企业荣誉受损。这就要求管理者在用荣誉激励员工时，要真诚地对待员工，让员工与管理者保持良好的关系。

二、厨房管理者自我管理

用人格感召团队，用魅力影响团队。一位管理大师曾经说过："真正的领导力是源于人们的内心和精神，而非外在的技能。卓越的领导者或许不擅长人际交往和沟通，但他一定雄心勃勃，能够面对巨大的挫折，自我控制能力很强，能忍受背叛，对他人表现出极大的同情。"一个管理者要想变得卓越，首先必须懂得自我管理，要有远见，务实，有道德感及勇气。这样管理者人格魅力才能感召大家，凝聚人心。

（一）不断丰富自己的知识结构，做学者型管理者

现在是知识经济时代，一切都与知识有关。想生存就必须学习、学习、再学习。对管理者来说，学习的重要性更是不言而喻。只有不断学习，时刻保持对知识的渴望，才能与时俱进，带领团队高歌猛进，才能走在时代的前列。

很多管理者自以为经验丰富，不学习也没有关系，殊不知，经验不等于知识，要想提高自己的管理能力和工作技能，既需要从实践中积累的经验，更需要理论学习，从而获得专业技能。没有人天生就是卓越的领袖，只有坚持学习，才是让自己成为学者型管理者的唯一途径。

俗话说："非学无以广才。"不学习就无法增长知识，提高才干。对管理者来说，好学不辍是重要的品质，学习能力是最重要的能力。有一位管理学家认为，管理者有三大能力：技术能力、人际能力和分析能力。如果将这三种能力比作管理者技能大厦的三根支柱，支撑三根支柱的就是学习能力。

学习的途径有以下几种。

1.向书本学习

读书破万卷，下笔如有神。管理者多看书，多向书本学习，是为了解决问题。书本、报纸、杂志等是知识的基本来源，管理者若能长期坚持读书看报，养成思考、总结的习惯，日积月累，知识水平会有所提高，必将在企业管理中发挥

作用。

2. 从实践中学习

管理者不能读死书，坐而论道，必须学会从实践中学习，在实践中锻炼自己，才能提升技术水平。"读万卷书，不如行万里路"。做个有心人，用谦卑的心态看世界，所见所闻，所经历的一切都将是学习的素材。

3. 向优秀者学习

优秀者永远是一面旗帜，一个标杆。他们或有丰富的工作经验，或有高明的管理智慧，或有远大的思想见识，只要虚心向他们学习，就可以取长补短，提升自己的综合素质。优秀者既可以是行业的精英，也可以是下属，无论他们的职位如何，无论他们的学历如何，无论他们的年龄多大，只要觉得他有优秀的一面，都应该向他学习。

（二）做情绪的主人，管理者应有情绪掌控力

在企业中，每一位管理者都扮演着重要的角色，冷静、平和的处理态度是管理者必不可少的素质。如果管理者无法保持冷静、平和，经常被不良情绪影响，就很容易影响自己与下属的关系，使自己失去号召力，使团队失去凝聚力。

很多管理者曾经都因心情烦躁，冲下属莫名发火，将下属当作"出气筒"。这样，有些下属感到莫名其妙，陷入郁闷之中；有些下属心生怨恨，继而背离远去；有些下属会当场吵起来，甚至因无法忍受而辞职，这都不是企业想要的结果。

当管理者情绪糟糕时，大多数下属是不愿意或不敢去汇报工作，因为担心不小心会撞在上司的枪口上。一个管理者情绪好坏，甚至可以影响到整个部门，乃至整个企业的工作氛围。如果经常因为一些小事控制不了情绪，有可能会影响到工作效率。作为一位管理者，情绪不仅是个人的事情，还会影响到下属及其他部门的员工。职务越高，这种负面影响就越大。所以，一个成熟的管理者应该具备超强的情绪控制力，同时需做到如下几点。

1. 给自己敲警钟，提醒自己不良情绪的危害

管理者的情绪化对一个团队来说，就如同瘟疫，传染性极强，影响面极广，有时还会导致整个团队身心不健康，其危害程度很大。首先，管理者情绪化会影响企业员工的工作效率；其次，管理者的情绪化可能会造成严重的经济损失，如优秀人才的流失。情绪化期间工作效率不高，也可能会给企业造成经济损失。

所以要是真心为企业着想，请控制好自己的情绪，别被不良情绪牵着鼻子走。当不良情绪快要爆发时，一定要告诫自己情绪化的严重危害。要努力做到将工作之外不良情绪放在企业大门以外，一旦进到企业，就告诉自己：现在是工作时间，那些烦心的事到此为止。还可以提醒自己：下属是无辜的，他们在企业不是被骂的，而是来为公司工作的，不应该为难下属。

2. 运用自我观察法控制不良情绪

（1）深呼吸，让自己集中注意力

只有注意力集中，才能有意识地进行观察。要想集中注意力，可以放慢呼吸的频率，深呼吸能够为大脑供应更多的氧气，激活理性脑，有助于集中注意力。深呼吸几分钟之后，会感到平静很多，有控制感，尤其是注意力会集中起来。

（2）观察不良情绪状态下是想逃避还是想对抗

集中注意力自我观察时，可以清楚地感知自己的想法：是想对抗，还是想逃避。当想和对方对抗时，内心往往充满愤怒，想批判对方或攻击对方，内心独白往往是："都是你的错""真想揍你一顿"等。当想逃避时，内心往往会充满愧疚感，不愿意面对，内心的独白往往是"真想尽快结束""真想赶紧离开这儿"等。无论内心独白是怎样，都需要及时提醒自己：不良情绪会让企业利益受损，会让团队氛围受影响，会让自己失去人心——以此迫使自己保持平静。

（三）修炼非权力性领导力：让员工自觉追随

很多管理者都有替人打工的经历。当选择一家企业时，是关注工资待遇，工作环境，晋升空间，还是企业前景？如果目标远大，肯定会关注企业的前景，那么，什么样的企业才有前景？除具备雄厚的物资实力外，还必须要有优秀的管理者，因为只有优秀的管理者才能带领企业走向光辉的前程。从这个角度来说，选择一家企业很大程度上要看这家企业的管理者是怎样的人，即很大程度上是看管理者所具备的非权力性领导力，通俗地说就是人格魅力。

古语有云："桃李不言，下自成蹊。"作为一名管理者，要想获得下属的追随，必须加强自我修养管理，提升自己的人格魅力，发挥非权力性领导力。

管理者的非权力性领导力所具备的品质有以下几点。

1. 自信、谦虚、胸怀宽广

身为领导，应有大肚能容的胸怀。管理者的心中要放得下一个团队，要包容不同个性、性格、能力和处事方式的下属，要善待员工，尤其是善待犯错的员工……要做到这些，必须有宽广的胸襟。

2. 吃苦耐劳的低调精神

管理工作头绪多、事情繁杂，急事突如其来，加班加点是家常便饭，因此，管理者必须要有吃苦耐劳的精神，这样才能以身作则，感召大家养成吃苦耐劳的工作作风。

企业管理者最忌讳的是自认为高人一等，坐在办公室里指手画脚，与员工说话趾高气扬。聪明的管理者懂得放低姿态，与员工打成一片，更能发现企业生产过程中的问题，从而更好地采取应对措施，企业自然会欣欣向荣。

3. 平易近人的待人态度

没有人喜欢整天板着脸、对谁都冷冰冰的领导，如果可以做到让员工喜欢，最简单的办法就是保持微笑和热情，如与员工握手，拍一拍员工的肩膀，适当与员工开一些无伤大雅的玩笑等，都能拉近与员工的距离。

（四）自我要求：用放大镜管人，用望远镜管事

生活中，有两种工具都不陌生：一个是放大镜，一个是望远镜。放大镜是把细小的事物放大之后去观察，用放大镜看事物，无论多美的事物都能看出它的瑕疵。对于观察事物，没有必要用放大镜。但对于工作而言，该用放大镜的时候就必须用，因为每一个团队都是一个密切统一的整体，就像金字塔一样，无论管理者能力多强，团队的其他成员都是重要的根基。

望远镜是用来远距离观察的工具，望远镜的视野很开阔，看得更长远。在管理中，当发现工作的某个环节出现问题时，不能只是局部地看问题，而要用全局的眼光、长远的眼光看问题，继而深入地思考问题、解决问题。才能避免只见树林不见森林，避免解决了这个问题却造成另外一个问题。

"用放大镜管人，用望远镜管事"应注意以下几点。

1. 把"用放大镜管人"和"用望远镜管事"作为对自己的要求

管理工作无外是管人和管事，管事先管人，管人先管己。作为管理者有必要严格要求自己，对工作要有细节精神，对工作中的问题要有长远思维。即用放大镜管自己和员工，用望远镜去管事、解决问题。小事不能忽视，若忽视其细节的结果是被细节处罚。对待存在的问题，不要想当然地"治标"，一定要找出问题的根源和症结，从根本上解决问题，消除隐患。这才能让团队保持高效运转。

2. 严格要求团队成员保持注重细节的工作态度

在平时工作要用放大镜去检查员工的工作成果，也要求员工用放大镜去自审。如此，员工对工作的责任心就更强，工作中的失误更少，工作做得更到位。

（五）不要和下属争功劳，否则会失去人心

在功劳面前，管理者是将其据为己有，还是将功劳归于下属，这两种处理方式结果相差甚远。在这个问题上，管理者做得正确与否，直接影响管理者在员工心目中的形象。对待功劳应注意以下几点。

1. 功劳确实是下属的，毫无疑问要给下属

有些管理者，明明功劳是下属的，却希望听到下属说类似于"都是领导指导有方"的客套话，如果下属不奉承自己，心里就不舒服。这是没有必要的，功劳是谁的，员工心知肚明，明明没有上司的指导，没有付出，却硬要接受下属的奉承，做上司的心理也不踏实，下属也不喜欢看到好面子的虚伪行为。

2. 即便是你的功劳，也别忘了与下属分享

有些工作出色完成，确实有管理者的付出，而且这种付出至关重要。对于功劳，管理者如果完全归为己有，下属也不会有什么意见。如果管理者懂得分享，甚至甘愿把功劳让给下属，那就更能赢得下属们的心。

3. 下属尽力，成绩不突出，依然要记上一功

有时候，下属的成绩不突出，管理者知道他们确实已尽力，在这种情况下，有功劳也要记上他们的一份。如在上级面前替这些下属说好话，或公开某个下属的独特才华。这样，下属自然会感恩图报，服从管理，加倍努力工作，从而使团队更具有战斗力。

（六）无关紧要的事情，妥协一下更能彰显气度

企业管理仿佛是一个很严肃的话题，因为一个企业未来如何发展，管理的成败有着举足轻重的作用。既然是重要的事，那当然要严肃地对待，力求尽善尽美。由于存在这样的想法，不少企业管理者就容易犯一个错误——习惯做教父，眼里揉不进沙子。

其实，管理是一门艺术，更是一门哲学，讲究的是智慧。就如同抓一把沙子，如果抓得太紧，沙子会从手缝里漏掉，抓得太松，也会漏掉沙子。要想抓住沙子，就得掌握力度，做到不紧不松才对。管理也是这个道理，讲究的是"度"，既不能过于松散，也不能过于严格。否则，都无法取得最佳的管理效果。

1. 有些事可先缓一缓，不急于一时解决

对于棘手的事情，不要急于求成，要有智慧，懂得放一放，缓一缓，找准时机再解决问题，在无关紧要的小事情上，适当妥协，也许就能赢得转机。如员工之间闹矛盾，员工的工作出现失误等，对此，管理者不要急于去批评员工，试着冷处理，也许问题会顺利解决。

2. 有些事无须挑明，装一装糊涂，给员工留面子

在工作中，有些事情管理者需要装糊涂。如管理者发现员工在工作时看手机，没有必要当众批评，试着装糊涂，给员工留面子，他会变得更自觉。如果对方实在不自觉，再单独聊聊也不晚。如果不懂得装糊涂的艺术，遇到鸡毛蒜皮的小事就大动干戈，闹得人心惶惶，员工也就没有心思完全放在工作上。

（七）必要时做员工的挡箭牌，保护员工得人心

《菜根谭》上说："当与人同过，不当与人同功，同功则相忌；可与人共患难，不可与人共安乐，安乐则相仇。"意思是学会推功揽过，可以赢得人心，保全功名和声誉。作为管理者，必要的时候替下属做挡箭牌，不仅可以使下属免受责罚，更可以凝聚人心，鼓舞士气，最终赢得下属的支持，强化团队的凝聚力。

替员工做挡箭牌要注意以下几个时机。

1. 管理者决策失误，导致下属工作出差错时，应主动揽过

管理者要想受人爱戴，要学会揽过。特别是自己决策失误，导致下属工作中出错时，更要第一时间站出来替下属承担。

另外，管理者在交代各项任务时，因分工不明确，导致工作交叉或出现空白地带，或交代不清楚，下属理解出现错误，执行出现偏差，管理者都有必要承担责任，甚至应该承担主要责任，有魅力的管理者应该如此。

2. 管理者督察不力，导致下属出现差错时，应主动揽过

作为管理者，除了交代任务，还有督察的责任，是决策实施过程中重要的一环。但经常会出现这样的情况：一是管理者对下属过于信任，疏于指导和督察，对工作完全放手，结果导致下属执行不到位；二是管理者责任心不强，懒得督察，交代任务之后，就不理不问，下属工作出现难题，也不管不顾。如果是因为这些情况导致下属工作出现失误，管理者应该勇敢地站出来承担责任。

3. 管理者用人不当，导致下属工作出错，应主动揽过

任何一项工作目标的顺利实现，都离不开知人善任。管理者在分配工作时，一定要根据工作的性质、难易程度，找到合适的人选，切不可乱用人，错用人。否则，就很容易出现差错。用人不当导致下属工作出错，管理者完全有必要站出来承担责任。否则不能服众。

三、授权管理

有一个说法叫"管得少，就是管得好"。如何管得少，就是充分而有效地授权。授权不仅是调动员工的积极性、责任心、提升员工的自信心和执行力的有效办法，还是把管理者从烦琐的事务中解放出来的有效策略。高明的授权就像放风筝，既可以让风筝在天空中自由飞翔，又能牵好风筝线，掌握风筝的飞行方向，不让其偏离正确的轨迹。

（一）合理授权才能凝聚团队的力量

每个人的时间、精力、知识和能力都是有限的，管理者不可能事事亲力亲为，要想让工作更加富有成效，就要学会合理地授权，给下属施展才华的空间，激发员工无限的潜力，让整个部门的每个员工都动起来，让大家自发地做自己擅长的工作。授权管理要注意以下几点。

1. 授权要适度，别让下属压力太大，以免影响执行效率

过度授权，容易累垮下属，又会影响工作完成质量。授权适度的做法是，一次只授予一种权力，即如果下属接受了新的授权，原来的工作就应该安排给其他人员处理，以便让下属专注地完成目标，保证执行效率。

2. 授权之后切忌胡乱干涉，以免打击下属的自信心和积极性

授权以后不去干涉下属，这是管理者自信的表现，也是信任下属的表现。如果不信任下属，就不要授权。"授权给他人后就完全忘掉这回事，绝不去干涉。"这样的授权才能凝聚人心。

（二）授权管理的原则：分散权力，总揽大局

授权管理的核心原则，就是分散权力，总揽大局。上层将权力下放给中层，中层将权力下放给下属。通过层层授权不断分散权力，同时要求下属对上级负责，最终实现上层的总揽大局。

管理专家彼特·史坦普曾经说过："成功的企业领导不仅是控权高手，更是授权高手。"授权，就意味着把 80% 不那么重要的事情交给别人去办，自己只做 20% 重要的事情。授权，也意味着尊重和重视员工的价值，给员工提供发挥才能的机会，可以充分激发员工的潜能，从而将工作做得更好。

要想做到在分散权力的同时，还能总揽全局，需要注意几个授权原则。

1. 逐级授权原则

管理者（尤其是中层管理者）应该明白，自己所掌握的权力是有限的，在授权的时候应该把权力授予自己的直接下属，如果越级授权，就会出现两个方面的问题，一是下属到底听谁的，二是让下一级管理者的权力被架空，导致下一级管理者交办的工作无法按时执行，很容易削弱下一级管理者的威信。这不但会扰乱管理者之间的权限，还会造成责任纠纷，引起团队内部的人际矛盾，这对凝聚人心是极为不利的。因此，授权一定要牢记一个原则，即逐级授权。

2. 权责明确原则

管理者给下属授权，其实不仅是授权，在授权的同时，还授责。因为权责是相统一的，下属接受领导的授权，也意味着接受了责任——假如事情没办好，应该承担相应的责任。可以防止下属滥用职权，可以增强下属的责任感，从而用心地对待所接受的工作。

3. 抓总线、放支线原则

在企业管理中，有这样的管理者：凡事都想抓，结果力不从心，与此同时，下属却优哉游哉，工作没了积极性和责任心。这就犯了管理的大忌。

授权是为了把工作做得更好，也是为了更好地调动团队的积极性，分散权力并不会造成权力丧失，因为通过总揽大局可以做最重要的事情，可以掌握最重要的权力。这是管理者最应该做的。

（三）管理才不做太多决策，只做重大决策

聪明而懒惰的管理者，可以解释为，聪明是指有智慧，懒惰是指懂得授权。

此类管理者能发挥团队的力量，增强团队的凝聚力和战斗力，能减轻自己的工作负担，使自己有更多的时间去考虑重大决策。至于那些不是太重要的事情和决策，完全可以交给下属去完成——既表达了对下属的信任，还能使下属有机会获得历练。

做重大决策或授权给下属要注意以下几点。

1. 常问自己是否必须要做

勤奋对成功是必要的，但是有选择地做才是管理者最应掌握的智慧。当你在做一件事之前，不妨问一问自己："这件事有必要让我做吗？是否可以交给下属呢？"如果可以交给下属做，那么请授权给下属去做。

2. 明确自己的角色，有所为，有所不为

管理者一定要明确自己的角色定位，什么事情该做，什么事情不该做，要看自己所处的职位和角色，自己职责范围内的事情要做。职责范围之外的事情尽量别做，而要授权给下属去做。这种管理智慧就叫"有所为，有所不为"。"不为"是为了更好地"为"。在管理者决策的问题上，也应该掌握这一原则，大事自己做决策，小事由下属做决策。这一点管理者一定要心里清楚。

3. 大事与小事，其实是相对而言

大事管理者做决策，小事下属做决策，什么是大事，什么是小事，是相对而言的，最关键是，管理者觉得什么是大事，什么是小事，什么事该由自己做决策，什么事该由下属做决策。领导者不做太多决策，只做重大决策，这一点很重要。

（四）授权的前提是找到合适的人选

授权之前，一定要找到合适的人选，把权力授给最合适的人，才能保证工作顺利地开展。每个员工都有所长，管理者想让员工都能发挥长处，最重要的就是把合适的人用在合适的岗位上，授予他们相应的权力，让他们的工作效率最大化，从而是保证企业的整体效益。

找适合人选时注意以下两点。

1. 看下属是否具有完成某项工作的特长和能力

举一个简单的例子，要求 10 分钟之内，需要将一份材料打成电子版的文件。肯定要选择最擅长录入的下属完成这个工作。如果随便让一个下属来完成这个工作，碰巧对方录入速度慢、出错率高，就会把这个工作搞砸，影响后续的工作。

2. 充分考虑授权对象的个性、脾气、气质等

权力不仅要授予有能力的下属，还要授给有合适脾气、秉性的下属。还有要注重对方的品行，一般来说，要授权给正直、责任感强、积极上进的下属，而不要授权给品行不端、为人不忠、见利忘义的下属。应综合考虑这些因素，选择最

合适的授权人选。

（五）有效授权和盲目放权不是"同门师兄"

什么是授权？表面上看，授权就是把权力交给下属，让下属去做决策、去执行，这似乎意味着对权力放弃了掌控。但实际上，授权与放权并不是一个概念，有效的授权就像打篮球，不是把球交到谁手里，然后就站在原地观望甚至连看都不看，而要积极跑位、策应、配合进攻。而盲目放权则是另外一种概念，它指的是不合时宜地用人，授权之后不过问、不监督，听之任之、因此，有效授权与盲目放权根本不是"同门师兄"，所以千万不可误解授权。

美国著名的管理学家 M·K.马达维说过："控制是授权管理的'维生素'，授权管理的本质就是控制。所以充分授权还要有效控制，这才是授权的最高境界。"所谓控制，并不是带着不信任的眼光控制，而是持续地关注、有效地监督、适当地过问，并辅以相应的协助。不仅可以防止下属滥用职权、执行方向偏离，还可更好地协助下属完成工作。

领导者在管理中，必须遵循授权加控制的原则。如果不授权只控制，那么局面将会变成一潭死水；如果授权之后不加以控制，就可能事与愿违。管理要认识到一点：授权之后，不过问、不监督，那叫放权，而授权与放权根本不是同一概念，因此，授权后的关注与监督是必不可少的。

在授权与过问、监督时要注意以下两点。

1. 讲明工作要求及完成期限

授权时的明确要求和授权制度中的奖优罚劣机制，可以有效地保证授权工作的顺利开展。管理者一定要认识到，最好的管理是让员工自己管理自己，自己约束自己。要达到这个目标，奖优罚劣的制度是必不可少的，以保证下属在企业规范的轨道上做事，同时增强下属的责任感，提升下属的执行力。

2. 适当关注，而不是质疑

有时管理者为了监督员工，无形中将关注演变成了质疑，让下属感到不被信任，极大地打击了下属的积极性。正确的监督应该是在授权之后，适当地关注员工的工作进展，如通过例会、书面报告、口头汇报等形式，定期获悉工作的进展情况。还可以偶尔询问一下工作进展，了解下属是否遇到困难，帮下属识别潜在的风险，提醒其进行有效规避。

（六）最有效的授权是让员工各尽其责

有些管理者趋向制衡管理法，对下属灌输在执行过程中，发现不对，就不听、不执行，私下与其沟通。其管理者不希望某个部属权力过多、过大，防止决策失误危害企业发展。但也是制衡管理法，导致授权不彻底，下属得不到信任，并且还导致下属决策效率低下、执行力糟糕。更严重的是，下属之间很容易产生矛盾，三天两头就有下属到管理者面前告状。每当看到这种情况，管理者感觉良好，因为下属之间相互制约，更加彰显自己的地位多么重要。

在制衡管理法之下，下属的责任感慢慢下降、工作积极性大减，最后还有几位优秀的下属离职，只有几位安于听命、接受制衡的下属愿意跟管理者干。在当今激烈的市场竞争中，因决策迟钝、执行力低下而错失机会，会被市场淘汰。

企业授权一定要彻底，授权的前提是信任，如果不信任下属，那就不要授权。既然授权，就不要暗中搞"制衡"。因为制衡只是满足管理者的一些"小心思"，但产生的负面影响和阻碍是巨大的。

让员工各尽其职，要做到以下几点。

1. 人才适合干什么，就让他干什么

管理界有句话叫"放错位置的人才就是垃圾"。

这是说一定要把人才放在合适的位置。对不同人才，管理者一定要了解他们适合干什么，擅长干什么，保证放在适合的位置上。

2. 划分职权，分配工作，让员工清楚自己的职责

要想员工各尽其职，首先要划分好职权，分配好工作，让员工清楚自己的工作内容。做好这些后，员工就可以在各自的岗位上发挥自己的才能。管理者要做的，就是定期或不定期地了解员工的工作状况，并做好激励工作。

（七）缺乏信任的授权不可能达到授权的目的

授权这一行为本身是管理者信任下属的表现，不仅如此，在授权之后，管理者还要继续信任下属，这是对下属最好的激励，也是激发下属全力以赴、不辱使命的有效方式。如果没有信任，就不要授权，因为缺乏信任的授权，不可能达到授权的目的，而且还会打击下属的自信心。正所谓"用人不疑，疑人不用"，既然决定用某个下属，就要信任该下属。

向下属表达信任的方式多种多样。除常规的授权之外，在某些特殊的时候授权，更能表达对下属的信任，从而激发下属的工作热情。

1. 在下属犯错之后，依然信任他、授权给他

人无完人，孰能无过，再聪明、再优秀的员工也会犯错。员工犯错之后，管理者用怎样的态度对待，有很大区别。聪明的管理者，不会因为优秀人才的几次错误就对其失去信心，而是一如既往地信任他们。否则，会影响优秀员工情绪，一旦不被信任，他们将会选择离开企业，势必给企业造成损失。

2. 授权给那些不太出众的下属，激发他们的信心

强调要授权给最合适的人和最有能力的人。但其实有些技术含量并不是很高的工作，并不需要授权给最优秀的员工，授权给那些不太出众的员工，他们

同样可以圆满地完成工作，更重要的是，还可以激发其自信心，增加对企业的认同感。

四、员工管理

一个员工放在不同的岗位上，对企业的贡献不一样，是因为团队领袖有不同的带队、用人方式，造成不同带队效果。所以，没有带不好的队伍，只有不会带队的领导。带队伍的根本在于带人心，在于正确用人。对待不同类型的员工应该有不同的管理方式，这样才能把员工管得心服口服，把团队带得有模有样。

（一）发挥员工的优势

企业用人时，不按照员工的优势安排职位和工作，而将员工放在不适合、不擅长的岗位上，会白白浪费人才资源，影响企业的正常经营和发展。

身为企业管理者，要想一想：员工的优势是否得到了发挥？工作岗位是否适合？然后问一问，看他觉得自己适合做什么工作。这样更有利于发掘人才、用好人才。

1. 不怕有缺点，就怕没特长

金无足赤，人无完人，再优秀的人才也会有缺点，而且往往优点突出的人，缺点也很明显。如果管理者因为他们有缺点，就忽视其优势，那就犯了用人之大忌。用人的关键是用人之长，避人之短，让员工最大限度地发挥"优势效应"。

2. 合理搭配，使人才优势互补

孙悟空有通天本领，但总是急于出手，这种人才几乎每个企业都有，而且应该有，否则企业没法经营下去；猪八戒好吃懒散，大错不犯，小错不断，但幽默随和，善于调节气氛；沙和尚脚踏实地，埋头苦干，任劳任怨。当这些优缺点结合在一起时，就组成了优势互补的团队。由此可见，在用之长时，还须合理搭配人才，使大家形成统一整体 。

（二）对天生领袖型员工：大胆授权，带活团队

企业中的员工类型多种多样，其中有一种员工叫"天生领袖型员工"，他们不仅能力出众，还有突出的领导才能，对于这样的员工，企业若想发挥他最大作用，最好的办法就是授权，让他带领团队。

对于一个企业团队来说，领袖的作用无可替代，因为他要负责决策、监督实施、激励下属，使团队发挥出最大的合力。因此，选择天生领袖型员工，对其大胆授权，才是带活团队的妙方。那么要注意以下几点：

1. 了解天生领袖型员工的特质

一般天生领袖型员工有三个典型的特质。

（1）思维由远及近，有长远眼光

领袖型员工在考虑问题时，有一个基本模式：我要去哪里？我现在在哪里？我怎样才能到达那里？他们对自己的选择有坚定的信心，对自己的人生和事业有清晰的规划，对未来充满信心，并且看问题有乐观的心态。他们思考问题不会拘泥于现状，也不会停留在固有的思维，在任何环境、情势和条件下，他们都有挑战现状的勇气，有付诸行动的能力。

（2）有使命感，有责任心

领袖型员工对工作充满使命感和责任心，他们判断自己该不该行动的标准是该行为是否符合自己的行为准则和所追寻的使命。他们不会为追求功利性的目标而行动。这种员工顾大局、识大体，绝不斤斤计较，遇事也不会推卸责任，而是勇于担当。

（3）善于自我激励，不抱怨不懈怠

领袖型人才从来不被动期待别人来激励自己，而总是想办法让自己充满自信心，保持激情。他们遇事不抱怨，总是用行动去改变；他们面对挑战不懈怠，总是积极进取。

2. 对待领袖型员工要大胆授权

了解领袖型人才的典型特质后，管理者可根据这些特质来判断一个员工是否为领袖型员工。当发现领袖型员工后，不仅要大胆授权给他，还应舍得付出代价留住他，让他死心塌地地为企业效力。

（三）对待大胆创新型员工：择优而用

管理大师杰弗里曾经说过："创新是做大公司的唯一之路。"没有创新，企业肯定会毫无作战能力，也根本不会有继续做大的可能。企业要具备创新能力，肯定离不开创新型人才。因此，企业一定要重用创新型人才，对于他们提出的创意，要择优而用。这样创新型员工才能为企业的发展添砖加瓦。

创新并不是难于上青天的事情，有时候往往只需做一些小的改变，就可以实现创新的目标。对于员工创新想法和建议要加以重视，要先慎重思考员工的建议，看看是否具有价值。对于有价值的建议，一定要大胆地采用。

对于员工建议中合理的成分，管理者应予以肯定，并加以赞扬。如果员工创意没有价值，管理者有必要讲明不采用缘由。这样员工才不会觉得被否定和忽视。除此之外，在对待创新员工时，还需要做到以下几点。

1. 了解创新型人才典型特质

创新型员工对研究工作充满兴趣，会专注认准的研究领域，勇于探索创新，有敏锐的洞察力、灵动的创造性思维、丰富的创新知识，最终体现在具有批判思考的能力、善于发现问题的能力，以及解决问题的能力。当有这些特质的员工，一定要予以重用。

2. 给创新型员工创造好的工作环境

人才永远希望留在一个回报最高的环境中，创新型员工除了这以外，还需要一个良好的发展环境和一个允许失败的工作环境，创新型员工是天生的实验主义者，永远在探索和失败中追求成功。明智的管理者不能因员工创新失败而进行处罚，允许创新失败。当然会增加成本，企业要舍得投入，以保证创新型员工能够积极大胆地开动脑筋进行创新。

3. 给创新型员工安排有意义的工作

天生的创新者极具远见、有很强的大局观、能把握关键工作。创新型员工缺点也很明显，不愿意从事重复性的工作。如果管理者将那些不能施展创新才华的工作交给他们，没有挑战性激发不出创新欲望，会抑制工作积极性，长此以往，创新员工觉得才能无从施展，就会萌生离职的念头。

所以，对待创新型员工，一定要将最有意义、最需创新性的工作交给他们，满足创新欲望。与此同时，给创新型员工一定的关注和鼓励，让他们感到自己很重要。此外切记，千万别给创新型人才过多的压力，因为他们需要自由和弹性，才能释放出更多的创造力。

（四）对待埋头苦干型员工：给予指导，高效工作

有这样一类员工：工作踏实、任劳任怨、没有杰出的表现，也没有大过；性格内向，不爱说话，是"闷葫芦型的老黄牛"，也叫"埋头苦干型"员工。

这类员工比较好管理，他们服从命令，听从指挥，不与领导唱反调。然而正因为这类员工好管理，管理者才容易忽视对他们的指导和激励。

埋头苦干型员工只知埋头苦干，会忽视寻找高效的工作方法，导致工作效率不高，他们还可能会觉得工作很累。管理者可以在工作方法上给他们一些指导意见，帮助他们提高工作能力，使工作变得更效率。管理者要注意以下几点。

1. 让员工对工作目标有清晰的理解

"目标"这个词管理者听得太多，而会忽视目标的重要性，更多是关注员工的细枝末节。埋头苦干型员工工作效率低，是因为忽视对目标的清晰理解。他们接到任务后，往往是迫不及待地开始干，对于工作关键没有多想，搞错了工作方向，白干一场，重新再来，浪费时间和精力。

在帮助员工明确工作目标时，管理者至少要问员工三个问题：①这件事做到什么程度才算成功；②哪些方面必须做；③哪些方面不用做。如果员工搞清楚这三个问题，基本可以保证不走冤枉路，不做无用功。

2. 引导员工明确一项工作的关键点

高效地完成一项工作，要抓住关键点。所谓的关键点，指的是对这个事情方向有巨大影响的环节，将这个关键的环节细化为"节点"。有两种方法可以找到关键点。一是，对于相似的工作，要教员工反思。反思之前做这类工作时的得与失，找到其中的关键点，从而保证这次不出差错。二是，对于以前没有做过的全新的工作，管理者要启发员工大致推演一下，做好这件事可能要几个关键环节，这样有利于提升工作效率。

3. 教员工抓好开头，鼓励员工坚持到底

前面两步是事先思考、分析和计划，这一步就真正地执行。对于"做"最重要的是开头，然后是坚持到底。开头是工作成败的关键，"万事开头难"，当开头遇到困难时，管理者要教员工做三件事。

（1）保持平常心去应对

管理者可以告诉员工，开头遇到困难很正常，千万别被困难吓倒。

（2）鼓励员工坚持到底

面对困难时，要鼓励员工坚持与困难作斗争。

（3）鼓励员工善于利用团队去工作

管理者要告诉员工，工作并不是孤军奋战，要善于和同事合作，遇到困难可以求助团队，借用团队的智慧。

通过以上三步的指导，让员工形成一种工作习惯，找到高效的工作方法。

（五）对待恃才傲物型员工：泼凉水，精心调教

企业都有这一类人：工作能力强，为人狂妄自大，不把同事放在眼里，甚至不把制度和领导放在眼里，为"恃才傲物型员工"。恃才傲物型员工业绩突出，受器重，而有些管理者害怕这类优秀人才流失，对他们的出格行为也是睁一只眼闭一只眼。其结果就是导致这类员工公然违反制度，这不仅损害了制度的权威性，还让其他员工觉得不公平，会严重打击大家的积极性。"忍让"的方式对待恃才傲物型员工十分不妥。

不可否认，这类员工会为企业创造很多价值，但作为员工，就应该遵守制度，如果做不到这一点，再优秀的员工也会成为"反面教材"，会影响企业管理成效，影响企业的发展。"优秀的刺头儿"有时是害群之马，因为领导者管不了他们。

对待这类员工，要注意以下几点。

1. 多用感情激励，晓之以理、动之以情

优秀的员工有出色的能力，相信他们的情商也不会很低，当发现他们恃才傲物，甚至违反企业制度时，管理者最好先晓之以理、动之以情地进行说服教育。

同时，要给予这类员工足够的信任和尊重，让他们独立完成工作，并在其圆满完成工作之后当众予以表扬，鼓励大家向他们学习。这样一来，他们为了维护自身形象，会自觉纠正自己的不妥行为。

2.泼冷水，让恃才傲物的员工意识到"没有他工作仍会正常运转"

员工恃才傲物，往往是因为其具备超过他人的知识、资源、能力等。由于能力出众，对公司的作用大，他们才会太把自己当回事，太不把别人当回事。要想彻底打消这类员工的嚣张气焰，管理者不妨采取"泼冷水"的策略，让他们保持清醒。

（六）对待推卸责任型员工：坚决处罚，扫除恶风

强烈的责任心和敬业态度是每一位员工做人做事的基本准则，是衡量每个员工是否值得信任的重要标准。如果企业是一座大厦，那么员工的责任感就是这座大厦的基石。因此，企业一定要重视员工责任感的培养，对于推卸责任型员工，要坚决予以处罚。不过，处罚不是目的，目的是让员工认识到责任感的重要性。因此，管理者在处罚员工的时候，还要辅以说服和教育，使责任感在其身上不断增强。

1.把好第一道关，别让没责任心的人进门

员工是否有责任感，招聘这一环节很重要。如果能把好第一道关，就可以在很大程度上减少员工推卸责任现象的发生。当然，仅靠这一环节是不够的。

2.明确工作任务要求和员工岗位责任

明确工作任务要求和员工岗位责任，这是非常重要的一环。很多时候，员工之所以推卸责任，是因为他们觉得事情不在自己的责任范围内。之所以这样认为，是因为企业事先没有给他们清晰地划分责任。所以管理者在工作分配和责任划分时，务必做到越明确、越具体越好。

3.正视员工的推诿行为，用说服与处罚并存的方式处理

责任感、敬业心，首先是一个态度问题，员工出了差错就推卸责任，这是工作态度问题，其次才是人品问题。因此，管理者不妨先将这种行为视为态度问题，对员工采取说服教育与处罚并存的方式。如果这样处理还不奏效，那只能将这类员工进行辞退。这样才能达到"处理一人、警告一群"的效果。

（七）对待得过且过型员工：加强考核，断其后路

在企业中也有一些这样的员工：他们对工作毫无激情，只知道被动反应，一件很简单的事他们磨磨蹭蹭，要花很长时间才能完成；他们消极怠工，抱着"混日子"的心态上班。得过且过型员工有这样一些行为表现：①上班无所事事，好像每天都需要领导提醒他该做什么似的；②不爱动脑筋，做了第一步工作，总不

知道下一步该做什么，遇到困难更是找代借口逃避；③慢悠悠，火烧眉毛也不着急，就算是每月拿着业内最低工资，他们照样悠然自得；④不爱提问题，不喜欢汇报工作，当领导询问工作进展时，他们往往含糊其词地应付；⑤执行力非常差，领导给他们安排工作，他们口头上答应，但迟迟不动手；⑥依赖性强，喜欢跟着别人一起干活，如喜欢跟着其他同事或领导一起出差，但自己只跟在后面混；⑦不爱学习，工作时间经常上网、看新闻、聊天，熬到下班时间比谁都跑得快。

得过且过型员工并非没有能力，只是没有激情和动力；他们并非坏员工，只是没有积极地为企业干好事。他们对企业有认同感，至少喜欢待在企业里；他们服从命令，听从指挥——至少表面上是这样。对于这类员工的管理应注意以下几点。

1. 健全考核制度，让员工不得不努力

员工不求上进，是因为企业给他们提供了安于现状的条件和环境。换句话说，员工即使在企业不求上进，也能拿到他们觉得还可以接受的收入。

因此，对于这类员工，企业应该健全考核制度。在考核制度中，对员工提出更高一点的要求，如增加员工的任务量。当员工超额完成了规定的任务，企业再给他们较高的提成，这样既能约束他们，又能激励他们努力完成超额任务，去获得诱人的绩效提成。对于那种能力较差、意志力较差的员工来说，他们可能觉得提高每月的任务量无法达标，不如选择离开企业。

2. 主动接近员工，改变其想法

得过且过型员工在企业表现不积极、思想不活跃、不太引人注意，但管理者却不可以忽视他们的存在，更不可轻率地给他们贴上不思进取的庸才标签。相反，应主动接近他们，与他们谈心，了解原因，帮他们改进工作方法，督促他们不断进步。通过主动接近，这些员工会感到自己在领导眼里很重要，自己在企业的职位很关键，这能激发他们的自信心和自尊心。

当然，对得过且过型的员工也不能奢望一两次谈话就可以彻底改变其长期形成的慵懒心态，需要耐心和坚持，需要经常给他们关注和鼓励，给他们表扬和激励，慢慢地激发出他们内心的进取欲望。

3. 给他们安排合适的工作

不同的工作岗位需要不同类型的人才，管理者不能苛求每名员工都能冲锋陷阵、独当一面。因此，对待混日子的员工要因人而异。如将能力一般、得过且过的员工安排在不需要太强创造性和挑战性的岗位上，从事一些日常性、程序性的工作，发挥他们按部就班、循规蹈矩的长处，这样能让企业和员工各得其所。

五、结果管理

业绩证明能力，结果说明价值。当一个人没有把一件事做好时，经常会有人安慰他："没有功劳也有苦劳！"很多管理者也这么想，员工更是这么想，结果大家在执行时不重视结果，认为工作干了就行，干得好不好不重要。殊不知，这种心态是完美执行的大忌，是企业发展的大忌。因为企业经营追求的是效益和利润，唯有把工作做到位，才能产生高效益。否则，"苦劳"再多也无济于事。因此，企业一定要倡导以业绩和结果为目标的执行文化。

（一）工作就要以成败论英雄

市场竞争残酷异常，企业与企业之间拼的是效益，拼的是利润，而企业效益和利润，是靠企业上下实打实干出来的，因此工作要以成败论英雄，以业绩论英雄，而不要说什么"没有功劳也有苦劳"。员工只有努力提升自己的业绩，用实力来证明自己存在的价值，这样才有前途，企业才有发展。因此，企业一定要营造"以业绩为导向"的奋斗气氛、激励员工不断创造更多的价值。管理者要求员工做到以下几点。

1. 要求员工把工作做到位

在工作中，管理者最关心的不应该是工作过程中出现了什么问题，而是问题有没有得到解决。同时，管理者要向员工强调：工作必须要做到位，而不能到敷衍了事。之所以强调，是因为有很多员工认为，只要完成领导交代的任务就等于创造了业绩。实际上，完成一项工作能否创造业绩，还要看这项工作完成的质量。要以最少的成本，办最多的事情，提高办事效率，才是企业最需要的价值创造。以工作效率论英雄，更要以高效率论英雄。

2. 鼓励员工追求卓越的效果

追求卓越的工作精神值得每一位管理者学习，管理者要鼓励下属把每件事做到极致。如果下属把每件事都能做得超乎管理者的期望，那么企业的效益自然就有保障。

（二）定好目标精确到个人，别让团队整天"瞎忙"

金字塔是由一块块大石垒起的，由此可以得到一个目标管理的启示：要将企业的大目标分解到每一个员工身上，让每个员工都清楚自己的工作内容，扮演好合适的角色，发挥应有的作用。这是许多企业容易忽视的问题，还会因此造成员工之间、部门之间相互抱怨、推卸责任，无法密切地合作。

当员工的工作目标不清晰、不明确时，就很容易造成赏罚不明。要解决这个问题很简单，那就是将大的工作目标分解到每一个员工身上，每个员工都知道这个月自己要完成多少工作任务，知道未完成任务的后果，也知道完成了任务的好处。他们所要做的，就是心无旁骛地去行动，这样他们往往会充满动力。要想将订好的目标落实到个人，让大家都各司其职，都有明确的工作内容和行动方向，管理者需要做好以下几点。

1. 狠抓落实，看下级部门是否真的把团队目标分解到个人

在企业中有中层管理者不将目标分解到个人，是因为目标达成了，大家都可以获得奖励，而且奖励多少由领导来定。反之，如果团队目标没有达成，上级无从追踪个人的责任，处罚也不会落到个人头上。

要想杜绝这种趋利避害的做法，企业的最高管理者一定要狠抓目标分解是否落实到每个员工头上，而不能仅仅满足于分解到部门，因为部门是个团体，团体不是个人，无论是奖励团队还是处罚团队，都不能直接激励团队成员。

2. 将分解的目标记下来，为考评保留重要依据

一定要把分解的目标记录下来，对于超额完成的员工，企业应给予目标完成奖励，超额的部分还应设立绩效提成，这样就能更好地激励大家积极地完成自己的目标任务。当然，对未完成目标的员工，也应按照一定的比例扣除基本工资或予以罚款处罚，有奖有罚、奖罚分明，才能鞭策大家进步。

（三）业绩是检验结果的唯一标准

企业生存下来的根本在于利润，真正热爱企业的员工，应该把业绩奉献给企业。衡量一个员工的工作是否出色，最终看的也是业绩，只有当大家都积极为企业创造业绩，企业才会发展得越来越好，大家的收入才会越来越多。

1. 鼓励员工少说多干，脚踏实地为企业做贡献

创造业绩靠的是实际行动，靠的是脚踏实地地工作，而不是靠夸夸其谈。企业中，有些员工绩效一般，能力一般，但是由于口才出色，善于逢迎，往往会成为企业的红人，成为领导眼中的"人才"。对于这种现象，应坚决避免，用人之道在于用有用之人，而非名不副实之人。因为光靠耍嘴皮子是无法创造效益的。管理者应该欢迎员工提意见和建议，但更应该鼓励员工拿出实际行动，积极解决企业发展中的难题，为提高企业的效益做贡献，这样的员工才是真正的好员工。

2. 员工为企业节约成本，也是为企业创造业绩

为企业创造效益，并不一定要做多么惊天动地的事情，有时候修正一个不起眼的细节，就能帮企业节省成本。当成本降低时，企业的效益自然就提升了。因此，管理者应鼓励员工平时多开动脑筋思考，大胆地提一些节约成本的建议，从而为提高企业的效益做贡献。

3. 对待有贡献的员工，企业一定要舍得奖励

企业与员工虽然是雇佣与被雇佣关系，但本质上是合作关系。既然是合作，就要互惠互利，这样的合作才能长久。因此，当员工对企业有突出贡献时，企业也应该重奖自己的"合伙人"，这样才能激发出他们更多的潜能和干劲。

　　如果对企业做出突出贡献的员工十分吝啬，不予重奖，其结果是寒了员工的心，一有机会，那些有才能的员工就会跳槽，损失了优质的人才资源。

　　作为一名明智的管理者，千万不能吝啬奖金，因为，今天你因员工业绩突出给他们丰厚的奖励，明天他们会表现得更加出色，为企业创造更多的利润。所以说，舍得奖励员工十分重要，这样可以激励员工创造出更高的业绩。

（四）有计划的执行才会让结果更完美

　　管理就是计划、组织、指挥、协调、控制。计划是管理的首要职能，管理始于计划，同样，计划也是执行的首要环节，执行始于计划。通用汽车公司第八任总裁阿尔弗雷德·斯隆曾经说过："你应当计划你的工作，在这方面所花的时间是值得的，如果没有计划，你始终不会成为一个工作有效率的人。工作效率的中心问题是——你对工作计划得如何，而不是你工作干得如何努力。"

　　其实，无论是在工作中，还是在生活中，事先都应有计划和安排。有了计划，工作就有了明确的目标和具体的行动步骤，执行就会有路线、有方向，这就增强了执行的主动性，减少了盲目性，使执行有条不紊地进行。

　　很多人在执行任务之前，很容易因事先计划不周，把一些重要的事情遗忘了，影响了执行效果。有些人在执行时，喜欢"摸着石头过河""干了再说""不对再改"，这就很难一次把事情做到位，不但影响工作效率，往往还可能把事情有搞砸。

　　春秋时期军事家孙武认为，将帅指挥打仗，没有预见性和计划性，是不能取得胜利的。同样，在执行之前没有计划，也很难高效执行。因此，管理者不但自己要重视按计划执行，还应引导下属们学会在执行前做计划，按照计划去执行任务。

　　1.细心计划自己的工作

　　很多人工作过度而感到吃力的真正原因不是工作太多，而是因为事先没有做计划。那些没有做计划习惯的人往往会想：我必须工作。可是，由于没有计划，他们很可能不知道从何下手，而如果他们有计划，那么他们在每一分钟内，都知道自己应该干什么。这就是计划的好处，它可以让我们不再盲目地工作。

　　2.监督员工执行计划

　　管理者除了自己工作做计划之外，还应鼓励员工养成做计划的习惯，并监督员工按计划执行。因为计划虽然对执行有很大的帮助，但是计划只是计划，如果员工不积极地执行，计划就会成为一纸空文，就失去了意义。如果员工执行时，不按照计划来做，计划也就失去意义。因此，一旦员工制订了计划，要求员工按照计划来执行就显得尤为重要。

　　3.当计划与现实不符时应该调整计划

　　俗话说："计划赶不上变化。"计划虽好，但客观情况却在不断变化，也许当准备执行时，某些客观条件已经变了，原计划可能变得不切实际。因此，当计划不符合实际情况时，就必须要调整，毕竟尊重客观现实才是最合理的。

（五）结果就是目标，盯紧才能快速到达

在工作中，从目标走到结果，这中间会遇到很多问题，但只要紧盯目标，无论过程有多么困难，都不至于迷失方向。所以，管理者一定要对目标保持清醒的认识，除了经常提醒自己紧盯目标之外，还应引导下属们重视目标，坚定不移地达成目标。

有了目标，紧盯目标还不够，作为领导者还要思考怎样更快地达到目标。尤其是在指导下属完成工作时，更要帮下属指出一条快速达成目标的"高速通道"，这样下属工作起来才会轻松愉快，企业的效益才有保障。

除此以外，还需要将目标分解，这样脚踏实地去执行，每完成一个小目标，都会收获一份成就感，收获一种离最终目标更进一步的愉悦感。

要想快速达成目标，应该注意以下几点。

1. 目标要清晰具体，具有可行性

有了目标，才知道去哪里，走什么路线——目标就像一盏明灯，指引着前进的方向。目标要清晰具体才能有指导意义。清晰的目标不仅可以少走弯路，还能维持和加强行动的动机。

2. 善于分解目标，逐个击破小目标

目标和现实之间有着一定的距离，尤其是目标过大时，让人觉得目标与现实之间的距离很遥远。因此，最好将大目标分解为多个小目标，通过逐个实现小目标，最终实现大目标。假如一家餐饮企业想实现一年1000万元的利润，这是一个很大的目标，就需要分解开成为12个月的盈利目标。团队每个月为一个小目标而努力，实现起来的难度就小些。当逐月实现盈利目标之后，大家就会从中受到激励，更有动力去完成后面的目标。

（六）运用二八法则，把多数时间用在重要的事情上

"事有先后，用有缓急。"当遇到千头万绪、问题繁多的事情时，就需要分清事情的紧急程度，找到其中迫切需要解决的问题，并集中力量解决它。身为管理者，每天都要处理很多事情，就更需要分清事情轻重缓急，把多数时间和精力放在最重要的事情上，之后再处理其他事情。要事第一的工作原则，是有条不紊、高效工作的保障。

效率大师艾维·利认为，一般情况下，如果人们每天都能全力以赴地完成六件最重要的事，那么他一定是一位高效率人士。下面介绍一下六点优先工作法。

①在前一天晚上，把第二天要做的工作都写下来，并对事情按重要程度从1到6进行排列。其中1的级别最高，6的级别最低。

②化整为零。把那些重要级别非常高的任务，分为若干个容易完成的小的工作任务。

③按照从高到低的顺序，把那些重要级别较高的任务优先解决，然后依次是较为重要的，将最不重要的放在最后处理。

④解决事情的过程中，要和拖延做斗争，要即刻展开行动。每天工作开始的时候，首先要集中精力解决好标记为1的最重要事情，再将1以下所有的事情解决好。

六点优先工作法看起来很简单，但如果长期坚持，工作效率将得到大幅度提高。解决的问题越来越多，而承受的压力会越来越小。

管理者虽然很忙，但事实上，每天要完成的重要事情很少会超过6件。对于那些不重要的事情，完全可以授权给下属去做。这样管理者可以解放自己，把更多精力投向最重要的事情，把该做的工作做得更加圆满。

在坚持"要事第一"的工作原则时，须注意两个关键点。

1. 好钢用在刀刃上，把80%的时间和精力用在20%的要事上

19世纪末20世纪初，意大利经济学家、社会学家帕累托发现，在一家企业里20%的高绩效员工通常会完成80%的工作。也许你会感到惊讶，但这却是事实。如销售部拿下的订单中，80%的订单是20%的人拿下；在开会时，80%的建议是20%的人提出来的。据此帕累托认为，任何一组事物中，最重要的只占其中的一小部分，在20%左右。这就是著名的"帕累托法则"。

根据帕累托法则，高效工作的技巧是将80%的精力用在20%重要的事情上，将剩下的20%的精力用在不重要的80%的事情上，甚至可以忽略这些不重要的事情，或将其交给下属去办。

一件事重要与否是相对的，第一重要的事情是重要且紧急，如救火、抢险等，必须立即去做，否则就会遭受重大损失。其次是重要但不着急的事情，如参加一个培训课程、做一项计划、与员工谈心等。对于这类事应该将其当作紧急的事情去做，而不是拖延。接着是紧急但不重要的事情，如有人突然打电话请你吃饭。最后是既不紧急也不重要的事情，如娱乐消遣。

2. 制订时间安排表，确保重要的事情不被耽误

事情的重要性分成了四类，对于前两类重要的事情，应该全力以赴地去做。为保证顺利完成，最好做好时间安排表，将这两类重要的事情安排好，不仅是安排顺序，还应安排每件事大概完成的时间。

（七）细节决定成败，用细节收获最好的结果

密斯·凡·德罗是20世纪最伟大的四位建筑师之一，有人曾问他有什么成功秘诀，他的回答是："秘诀在细节中。"他反复强调，无论你的建筑设计方案

如何恢宏大气，但如果对细节没有把握到位，就不能称为一件好作品。

执行细节决定执行效果，重视细节，用细节可以收获好的结果。任何细小的事情，只要坚持去做，就会得到回报。结果管理也是如此，只有当你做好了细节，才能保证工作做到位，结果见成效。

身为管理者，有些事情并不需要事必躬亲，但一定要明察秋毫，当下属在细节上做得不够好时，要及时指出他们的不足，督促他们重视细节，才能将细节精神灌输给全体员工，使大家在细节中见成效，用细节创造效益。为了让员工把细节精神落实到位，管理者需要做到如下两点。

1. 以身作则，做注重细节的表率

很多企业管理者针对"细节"高谈阔论，但真正以身作则的并不多见。说得好不如做得好，要想员工按希望的去做，最好的办法就是以身作则，给员工带个好头。

2. 在小事上做文章，可以获得大成绩

一项工作的成与败，有时候不取决于能力，而取决于是否重视细节的工作态度。就拿一个大政策的落实来说，并不是有能力就能执行到位，而必须要有脚踏实地、坚决落实的精神和态度。因为工作的成效依赖工作的成功，工作的成功有时候取决于细节。因此，要善于在小事和细节上做足功夫。

细节是最容易打动人心的。做同样一件事，注重细节与忽视细节，产生的结果肯定不同，注重细节往往会收获好的结果。试想一下，假如会计算账时，少加了一个零，就会给企业造成很大的损失。这些重大事情，仅因为小事上的忽略，导致功败垂成，岂不可惜？

✔ 本章小结

厨房组织结构设立，使员工了解岗位分配情况，有效提高工作效率；了解个人工作责权及与其他员工的相互关系；明白组织结构图显示路径，建立自己的事业目标。

厨房组织结构确立人员岗位框架雏形，岗位的工作职责、工作要求、工作程序，形成对厨房人员职位描述和厨房生产体系确定，为厨房人员招聘提供依据。

筹划厨房人力资源，先完成了组织机构划分，再进行岗位设定后，最后确定厨房人员具体数量。厨房人员配置是餐饮企业普遍存在的问题，寻找最佳、最有效率的人员配置方案，要保证企业正常运营人数，不能加大企业的劳动力成本，最佳方案是确定餐位数、炉灶数及各岗位之间比例关系。

对厨房人员进行合理安排和科学有效的团队管理，才能发挥厨房员工最大的工作效率，保证厨房生产的正常运转。

✓ 思考与练习

1. 厨房组织结构设置的目的与原则分别是什么？

2. 简述厨师长的岗位职责。

3. 假设餐位数为 350 人，请按照厨房人员数与餐位数的关系，设计一份厨房人员配置表。

4. 怎样做好厨房员工管理工作？

5. 简述厨房团队管理法则分类，并举例说明。

6. 下列上杂人员制作清蒸鱼类菜肴的方法是否正确？请你说一说。

蒸制原料的方法：

清蒸鱼类：蒸前先将菜单贴在盘边或置于案台上，在盘面横放一根葱（8～12 厘米），再把鱼压着葱条，撒上一片姜（长约 4 厘米，宽约 2 厘米，厚 2～3 厘米，具体情况视鱼体积大小而定）。

7. 按最佳的排班组合将下列的排班表中的空格填好，其中 A、B 分别代表两个班次，0 代表休息（注：员工每周单休）。

员工	周一	周二	周三	周四	周五	周六	周日
张三	O	A	A	A	A	A	
李四	A		A	A	A	A	A
王五	B		O		B		B
赵六		B	B	O	B	B	B
何七	B	B	B	B		B	

第五章　厨房菜单设计

本章内容： 菜单概述
菜单筹划
菜单设计与编排
菜单定价
菜单分析

教学时间： 4课时

教学思路： 以学生收集的菜单为例，深入讲解目前菜单的种类、筹划、设计、编排以及菜单定价的原则和方法，并根据餐饮企业的经营状况进行菜单分析

教学要求： 1. 了解厨房菜单的基本内容及设计方法
2. 掌握菜单编排规律
3. 熟知菜单定价基本原则、定价策略及分析方法

课前准备： 收集餐饮企业成熟菜单

在厨房开业筹划中，需要进行诸如厨房布局规划、组织结构设置、人员配置、设备安排、菜单设计等多方面的设计规划工作，其中菜单设计尤为重要，是厨房生产之前需要进行的一个重要环节。因为菜单设计不能达到目的时，也就是不能满足顾客的需求，转化不了利润，那么之前所有设计与计划都将成为空谈，所有辛苦也将付诸东流，最终造成人、财、物的浪费。

由此可见菜单设计的重要性。菜单是餐厅销售的名片，一份设计精美、赏心悦目的菜单可展示餐厅品位，是烹饪技艺水准的体现。学会安排菜单、设计菜单是每个厨房管理者必须具备的素质之一。

第一节　菜单概述

菜单是确定餐厅经营主题的决定因素，餐厅所有的销售从菜单开始。充分了解菜单的内涵和由来，了解菜单的真实目的，才能设计出一套完善、理想、有说服力的菜单。那么，我们先从菜单的由来说起。

一、菜单的由来

关于菜单的由来有很多种不同的说法：第一种说法是法国人说，菜单源自1498年蒙福特公爵的宴会上。他在每次宴会中，总用一张羊皮纸写着厨师所做的菜的名称，以便宾客们了解当天吃些什么。第二种说法是英国人说，16世纪的布朗斯威克公爵，在私邸宴请亲朋好友，席间每上一道菜，公爵都要看一看自己面前的菜单，边吃边欣赏。旁边人看了，都认为是个好主意，于是后来纷纷效仿，并逐渐普及。第三种说法是民间说，菜单源于欧洲，尤其是法式西餐厅，在以前均把菜单的内容用粉笔写在黑板上，挂在墙上，让顾客选择他们所需要的食物与菜肴。后来随着时间的推移，欧洲一些知名的餐厅，把每天供应的食物与菜肴的名称写在纸上或卡片上，这时候的菜单还是用手写菜单。不管那种说法正确，第一份详细记载并列有各项菜肴细目的菜单出现在1571年一位法国贵族的婚宴典礼上。之后法国国王路易十五，不但讲究菜色的结构，而且重视菜单的制作，后来菜单就演变成王公贵族及富豪宴客时不可缺少的物品。

欧洲保存最早的菜单是为聚餐会备餐用的食品单，主要用于厨房备餐，一般不给顾客看。法国大革命后，将从墙上挂的菜单发展成提供给顾客的单独菜单。后来在菜单设计和加强菜单吸引力方面做了很多努力，并且菜单形式也随之发生了很大的变化。

中国烹饪历史悠久，很早就有记录菜肴的文字。但是，从目前所掌握的资料来看，这些文字或书籍记载的大多数是菜谱、食单，主要侧重于菜肴食品的配料、制作方法、火候及烹饪时间等，如《随园食单》《调鼎集》等。

二、菜单的定义与作用

菜单一词最早来源于拉丁语 minutus，意为指示、备忘录，即菜单本是厨师用来记录的单子。菜单现在英文的叫法为 menu，源于法文，有"细微"的意思。《牛津词典》中其意义为"在宴会或点餐时，供应菜肴的详细清单、账单"。实际上人们多会把菜单与菜谱（英文称，recipe）弄混，一般说来，菜单是向餐客介绍餐饮经营商品的目录单，反映食品的品种，用于沟通生产与消费的主要营销工具，也是指挥、安排和组织餐饮生产和餐厅服务的计划任务书。而菜谱是介绍菜肴制作方法的食谱。

（一）菜单是重要的营销工具

餐饮企业就是要通过菜单的媒介作用，推销餐饮服务和产品，菜单是一个很好的营销工具。菜单是厨房管理人员分析菜肴销售情况的基础资料。厨房管理人员可以定期对菜单上每项菜肴的销售状况、顾客喜爱程度、菜肴价格敏感度进行分析和调查，从中找到菜肴生产计划、菜肴烹调、菜肴定价上的问题，从而有效地帮助管理人员更换菜肴、改变计划、调整价格，完成餐饮企业菜肴销售的工作。

菜单一旦成为销售工具，就能以多种形式出现。首先，可以成为艺术品。一份装帧精美的菜单，能使顾客感到心情舒畅，让顾客体会到餐厅的用心经营，进而对餐饮企业留下深刻的印象。如四川眉州东坡酒楼，将菜单的封面用木板来制作，完全像一本古书，一改纸张做封面的俗套，加之上面篆刻名人语句，既具乡土气息，又有文化品位，引起顾客的兴趣；还有些经营私房菜（一种由过去官府私家菜演变而来的菜肴形式）的饭店，在菜单上动足脑筋，将菜肴名字写在竹片上，组合成一本竹制菜单，客人每点一个菜肴就拿出有菜名的竹片，递给服务人员，整个点菜过程具有艺术美感，仿佛有古朴遗风一般。其次，可以成为宣传品。作为宣传品的菜单已经不是固定在餐厅中使用，可以成为赠送的宣传单、图片、台历等，是可以发放到顾客手中的不同形式的宣传品。如香港京港酒店将婚宴菜单印刷在台历上，赠送给自己的客户。最后，菜单还可以转化为实物展示。如现在超市式的饭店以实物菜肴展示宴席菜，顾客可以了解即将消费的宴席中的具体菜肴，一目了然，做到心中有数；而快餐类、专卖形式的店铺则以仿真菜（用硅胶和橡胶制作菜肴的实物模型）来展示套餐菜单内容。可以想象未来菜单形式会越来越多，顾客可以通过触摸屏操作，选配自己喜欢的各种类型菜单。菜单营销功能也会越来越大。

（二）菜单是餐饮的计划书

设计一份好的菜单，就相当于给餐饮生产制订一份完备的计划书。餐饮设备选购、人员配置、食品采购贮存、成本控制、厨房布局等多方面的工作，都需要依据餐饮企业所经营的项目而定。

1. 决定餐饮设备的选购

餐饮企业选择购置设备、灶具、厨房用具和餐具，无论种类、规格，还是质量、数量，都取决于菜单的菜式品种。经营自助餐企业就必须要购置保鲜、保温的设备；经营快餐企业就必须要购置与菜肴相符的器械设备，如电炸炉、饮料机等；经营西餐的企业不会使用中餐设备，就像煎锅不能替代炒锅一样。显而易见，通过确定菜单，可以决定餐饮企业的经营内容，进而选择适合自身操作的餐饮器械和设备。有适合厨房使用的餐饮设备，在一定程度上，又可以决定餐饮企业设备的投入成本。

2. 决定厨师、服务人员的配备

菜单内容可以真实地反映餐饮企业的经营档次，为餐饮企业选拔厨房、餐厅工作人员提供依据。前面介绍过，餐饮企业经营规模、经营档次、经营风味的不同，会影响到厨房人员的配置。如粤菜擅长经营鲍翅，考虑到制作的效果，应该设专人制作和专人服务；淮扬菜擅长炖焖，对特色菜的制作，也应该设专人制作；对于一些特色经营项目，像刺身、抛饼、明档烧卤等都要增加人手和服务。可见，菜单制订是餐饮企业选择各方面人才的前提，餐饮企业围绕着自己制订的目标挑选所需技术人才，才能搞好餐饮生产，获得更多的利润。否则，不依据菜单内容，乱搭"草台班子"只能给企业的经营带来损失。

3. 决定食品的采购储存

菜单已经确定销售内容，必然决定其厨房需要购买相应的原料和对原料应有的储存方式。如使用固定菜单的餐饮企业，由于菜肴在一定时期内保持不变，企业所需食品原料的品种、规格也相应地保持不变，这就使企业采购部门选择适合的采购方式，保持原料供货渠道，仓管人员选择适合的储存手段，保持使用部门——厨房有源源不断的原料，保障生产供应。如果企业使用循环菜单或季节菜单，则会有不同的进货方式和储存手段。

4. 决定餐饮成本的控制

菜单设计一定要反映餐饮成本，每一道菜肴都要标明价格。从经营角度考虑，一本菜单中最好不要全是价格昂贵、材料珍稀的菜肴，也不要全是精雕细刻、加工烦琐的菜式，如果那样，会加大成本和增加员工劳动强度，最终会缩小企业的赢利空间。所以好的菜单会适当掌握工艺操作难易程度，合理安排原料贵贱，调节各种菜肴的成本比例。

5. 决定厨房布局

厨房布局和餐厅装饰会受菜单内容影响。厨房是加工生产场所，厨房内各种设备、器械、工具的定位，是以菜单经营内容为准则。一般说来，不同菜单内容会有不同的厨房布局，而相同菜单就有相同的厨房布局。

（三）菜单是餐饮服务的依据

菜单决定餐厅服务方式和方法，一般零点菜单设计比较随意，可供顾客选择的菜肴较多，服务人员根据顾客要求选择上菜的顺序；宴席菜单设计比较讲究程序，服务人员一定要根据菜单顺序进行服务。在经营潮州菜餐馆中，服务人员要了解每道菜应该配合跟上的酱碟；在西餐中，服务人员要知道每道菜所使用的刀、叉等，这些都是菜单所传达的服务指令。所以若想做好服务工作，必须首先要知晓菜单，了解菜单的内容、菜肴的烹制方法、菜肴口味、菜肴原料等各方面知识，最大限度地服务于顾客，满足客人的求知欲望。可见，在任何一家新开张的餐饮店中，对服务人员进行菜单培训是必不可少的工作之一。

第二节　菜单筹划

菜单编写不能随心所欲，必须经过事先筹划。餐饮企业在确定自己目标定位后，要寻找自己的竞争对手和了解经营市场，在充分了解竞争对手和经营市场的前提下，广泛收集各种信息、资料，尤其是掌握对手经营的菜单资料，进行分析、评估，设计出自己需要的经营菜肴项目，做到有的放矢，才能保证以后经营中的优势。

一、菜单种类

菜单在不同经营方式下会呈现不同的形式。如果按经营时间划分，有早餐菜单、午晚餐菜单、夜宵菜单；按菜单使用周期划分，有固定性菜单、循环性菜单、即时性菜单。所谓固定性菜单就是不常变换的菜单，常用于顾客流动性大的餐饮店中。循环性菜单就是可以周期性使用的菜单，一般在医院、食堂中多用。即时性菜单是某一时期内制订的菜单，有原料、季节性的原因，使用时间较短，变换较快。

在酒店、饭店的菜单类型中，通常将菜单按其功能分成，零点菜单、套菜菜单、特色餐厅菜单和特种菜单四种。

（一）零点菜单

零点菜单又称点菜菜单、单点菜单，是针对零散客人点菜需要的一种菜单，也是最常见、使用最广泛的一种菜单形式。其特点是菜单上每一道菜都标明价格，有些甚至标明原料、烹法，价格的跨度比较大，能满足各类顾客的口味需要。

从零点菜单餐别上分为早餐和正餐两种。一般正餐包括午餐和晚餐，通常采用相同的菜单。下面分别介绍中式、西式的早餐和正餐。

1. 早餐零点菜单

（1）中式早餐零点菜单

目前中式早餐菜单经营项目一般有以下几个种类。

粥类：包括白粥、红豆粥、皮蛋瘦肉粥、鸡粥、牛肉粥或菜粥等。

点心类：点心类主要以中式点心为主，通常有蒸饺、烧卖、肉包、春卷等。南方许多早餐店还提供牛百叶、排骨、凤爪等荤菜类，统称为点心。

小菜类：有传统的各种咸菜。

甜品类：有各式的甜点。在我国南方、包括中国香港、澳门等地的菜单中多用。

茶：有些餐馆还提供水果。大多饭店早餐不卖酒。

在中国香港、澳门地区等我国的南部地区，早餐多以品种全、经营灵活而著称，形成了自己独特的粤式风格，有的早餐经营时间会延续到 11 点钟，这时，供应品种可能会增加一些特式小食、例汤等。相反，在我国的大部分地区，早餐点心品种相对固定，一般多为包子、饺子、烧卖、油条、面条、馄饨等，经营项目的种类和经营灵活性都逊色于粤式早点。见下面一份粤式早餐单（表5-1）。

表 5-1　粤式早餐菜单（部分）（价格单位：CNY ￥）

煎炸点心	港式点心	甜品
风味蛋挞王 □小	风味虾饺王 □大	风味 汤圆 □小
腊味萝卜糕 □小	豉汁蒸排骨 □中	椰汁马豆糕 □小
香煎马蹄糕 □小	香菇肉烧卖 □中	西瓜汁凉糕 □小
芋丝脆春卷 □小	香茜牛肉丸 □中	粥类
香麻炸软枣 □小	蜜汁叉烧包 □小	避风塘艇仔粥 □大
香煎南瓜饼 □小	贵妃奶黄包 □小	皮蛋瘦肉粥　□中
……	……	……

小点 3 元　中点 5 元　大点 7 元　特点 10 元

（2）西式早餐零点菜单

西式早餐零点菜单一般按下列几类安排。

果汁与水果类：果汁主要有番茄汁、橘子汁、凤梨汁、葡萄汁等，水果主要有西瓜、香蕉、橘子、苹果等。

餐包类：有面包、果酱、黄油类（如牛角包、丹麦包、烤面包等）。面包与果酱、黄油同时送上。

奶与麦片类：有牛奶、酸奶，各式麦片。

蛋与火腿类：有各种鸡蛋，火腿、香肠、咸肉类。

饮品类：咖啡、红茶等。

见下面一份西式零点早餐单（表5-2）。

表5-2　西式零点早餐单（部分）（价格单位：HK＄）

水果和果汁类 （FRUITS AND JUICES）	早餐精选 （MORNING FAVOURITES）
橙汁　　　　　30.00 Orange Juice	法式吐司　　　　　45.00 French Toast
番茄汁　　　　　30.00 Tomato Juice	煎饼配黄油或蜂蜜　　45.00 American Hot Cake With
西柚汁　　　　　30.00 Grapefruit Juice	配一份火腿或培根　　22.00 American Hot Cake With Butter or Honey
麦片类 **CEREALS**	**早餐面包** **FROM OUR BAKERY**
麦片　　　　　27.00 Porridge	早餐面包篮　　　　24.00 Basket of Croissant or Breakfast Rolls
粟米片　　　　27.00 Corn Flake	吐司，配黄油、果酱　20.00 Toast（All served with Butter and Jam）
蛋类 **EGGS SELECTION**	**饮品** **BEVERAGES**
煮蛋、煎蛋、溜糊蛋或水波蛋　27.00 Tow Fresh Farm Eggs any style （Boiled, Fried, Scrambled or Poached）	新鲜咖啡　　　　24.00 Freshly Brewed Coffee
新鲜鸡蛋两只，款式任选配一份火腿或培根 　　　　　　　　　　35.00 Two Eggs any style with a Portion of Ham or Bacon	红茶　　　　　22.00 Tea
奄列　　　　　35.00 Omelet 普通煎蛋 Plain Omelette 芝士煎蛋 Cheese Omelette	鲜牛奶 Fresh Milk
……	……

加收10%的服务费

2. 正餐零点菜单

（1）中式正餐零点菜单

中式正餐可以有几种分类形式，一种是传统式，以原料类型进行分类。如冷盘类、海鲜类、畜肉类、家禽类、蔬菜类、主食类、汤羹类、甜品类、饮料类；另一种是流行式，不拘泥于传统类别，将特色菜肴体现出来。以常州长兴楼菜单为例，其分类为特色菜介绍、风味凉菜、烧卤类、四川凉菜精选、河鲜海鲜类、鲍参翅肚燕、汤羹炖汤类、三鸟类、凤城小炒、厨师推荐、卵石风味菜、竹筒风味菜、江南风味菜、家庭小灶、家常砂锅系列、飘香煲仔系列、潮式明炉、铁板类、时令蔬菜、粉面饭类、甜品点心类、夜宵美食熟笼类、煎炸类、粥类、灼煮类、酒水类等二十几种类型，基本涵盖各种风味和菜肴的制作方法，满足顾客的猎奇、求新需求。

见下面一份中式酒店零点单的框架（表 5-3）。

表 5-3　中式酒店零点菜单（部分）（价格单位：CNY ￥）

烧味、头盘、冷菜类	例	大
乳猪烧味拼盘	48.00	72.00
水晶肴肉	18.00	25.00
……		
燕翅		
红烧大排翅	260.00/ 位	
菜胆肘子鸡炖翅	160.00/ 位	
……		
海鲜类		
白灼基围虾	时价	
XO 酱炒虾仁	88.00	100.00
……		
家禽类		
东江盐焗鸡	38.00/ 半只	68.00/ 只
姜葱霸王鸡	38.00/ 半只	68.00/ 只
……		

续表

牛、猪类		
中式牛柳	32.00	42.00
北菇榨菜蒸牛肉	26.00	36.00
……		
精美小菜		
香煎银鳕鱼	68.00	88.00
脆炸鳝球	45.00	68.00
……		
时鲜蔬菜		
竹荪上素	28.00	38.00
豆豉鲮鱼炆时蔬	22.00	32.00
……		
汤羹类		
韭黄瑶柱羹	48.00	68.00
莼菜鲈鱼羹	35.00	53.00
……		
粉、面、饭		
生炒牛松饭	20.00	30.00
XO 酱干炒牛河	30.00	40.00
……		
甜品类		
椰汁炖燕窝	260.00/ 位	
竹荪雪蛤红枣茶	12.00/ 位	
……		

（2）西式正餐零点菜单

西式正餐菜单一般按就餐顺序分类编排菜肴项目，其种类主要有以下几种。

开胃品：也称开胃菜或头盆、餐前菜，是西餐中第一道菜肴。其特点是数量少，味清新，色泽鲜艳，具有开胃、刺激食欲的作用。

汤：不吃开胃品的客人要先来一盘汤，也具有增进食欲的作用。

主菜及附属菜：是西餐重头戏，通常在全餐中，烹调较为复杂，口味也最好。

沙拉与三明治、汉堡类：选用各色新鲜未烹调过的蔬菜，可补充人体需要的植物纤维和维生素。

甜点：可口甜点可满足口舌之欲。

酒水饮料：酒水包括开胃酒，跟餐酒和饮料，餐后烈性酒及咖啡、牛奶、茶。

见下面一份西式正餐零点单框架（表5-4）。

表5-4　西式零点菜单（部分）（价格单位：CNY ￥）

餐前菜 （STARTER）	
挪威熏三文鱼 Norway Smoked Salmon	80.00
餐前猪肉盘 Pork plate before meal	80.00
……	
汤类 （SOUP）	
奶油蔬菜汤 Cream Vegetables Soup	40.00
红菜汤 Bortsch Soup	30.00
……	
沙拉 （SALAD）	
农夫沙拉 Farmer House Salad	50.00
鸡尾酒大虾沙拉 Prawns Salad Cocktail	70.00
……	
鱼类 （FISH）	
炸鱼块（配青葱，奶油沙司） Fish Escalope with Leeks Cream Sauce	70.00

续表

鱼类 （FISH）	
黄油大虾（配香芹，大蒜沙司） Fried Prawns with Garlic and Parsley	140.00
……	
肉类 （MEAT）	
美国带骨牛排 Grilled T.Bone Steak	280.00
法国波尔多肉眼牛排 Grilled Entrecote Steak in Bordeaux Style	140.00
……	
餐后水果（甜食） （IN THE END）	
水果沙拉 Fruits Salad	50.00
炸香蕉 Fried Banana	30.00
……	……

（二）套菜菜单

套菜菜单就是将各种类型菜肴，合理地组合在一起的菜单编排形式。套菜也称和菜，西式套菜就是将开胃品、汤、主菜、甜点、饮料等各个组分选配几个菜肴组合在一起，以一个价格销售的形式。中式菜也是将冷盆、热炒、汤、主食、饮料各个组分中选配若干个菜，按一定的原则组合在一起，以一个价格销售的形式。

套菜菜单的种类通常分普通套菜、团队套菜和宴会套菜三种。

1. 普通套菜菜单

普通套菜通常是一个人或几个人吃一餐饭，所需要几种主食、菜肴或饮料的组合，通常提供一种或几种价格供用餐者选择，免去客人点单的麻烦。

（1）西式早餐套餐菜单

大多数西式早餐菜单都有固定格式，标准欧陆式早餐套餐、美式早餐套餐、英式早餐套餐销售于世界各国的大小饭店中。一般欧陆式早餐主要有果汁、面包加黄油、果酱、咖啡、牛奶或茶。美式早餐在此基础上加了鸡蛋配咸肉、火腿或香肠。英式早餐又在美式早餐基础上加各种谷麦片或麦片粥任选。见下面的一张西式早餐套菜单（表5-5）。

表5-5　西式早餐套菜单

欧陆式早餐（the CONTINENTAL BREAKFAST）
自选果汁（Choice of Chilled Fruit Juice）
各类精选面包，配黄油、果酱或蜂蜜（Our Baker's Basket with Butter, Assorted Jam and Honey）
咖啡，无咖啡因咖啡，茶，热巧克力或鲜奶（Freshly Brewed Coffee, Decaffeinated Coffee, Tea, Chocolate or Milk）
美式早餐（the AMERICAN BREAKFAST）
自选果汁（Choice of Chilled Fruit Juice）
各类精选面包，配黄油、果酱或蜂蜜（Our Baker's Basket with Butter, Assorted Jam and Honey）
鲜蛋两只配瑞士土豆和火腿，烟肉或香肠（Two Farm Fresh Eggs any Style Served with Hash Brown Potatoes and Bacon, Ham or Sausages）
自选酸奶或麦片（Choice of Yoghurt or Cereals）
咖啡，无咖啡因咖啡，茶，热巧克力或鲜奶（Freshly Brewed Coffee, Decaffeinated Coffee, Tea, Chocolate or Milk）

在中国香港，有些饭店经营者将烦琐的西式早餐套餐进行简化，并将中式早餐和西式早餐结合，形成一种中国人能接受的早餐套菜单。看下面的西式早餐套餐菜单（表5-6）。

表5-6　简化西式早餐套餐单（部分）（价格单位：HK＄）

特式早餐（SPECIAL BREAKFAST）上午7：00-11：30
薄牛扒，火腿煎蛋，多士
（Steak, Ham & Fried Eggs w/Toast）

续表

特式早餐 （SPECIAL BREAKFAST） 上午 7：00–11：30
石斑，肠仔煎蛋，多士
（Garoupa Fillet，Sausage & Fried Eggs w/Toast）
煎猪扒，烟肉炒蛋，多士
（Pork Chop，Bacon & Fried Eggs w/Toast）
……
咖啡或茶
（Coffee or Tea）
每客 20 元　冷饮加 2 元，鲜奶加 3 元

（2）西式正餐套餐菜单

西式正餐套餐一般选用客人一餐较基本的组分，较全面的由一份开胃品、一份汤、一份主菜、面包黄油、甜点及咖啡组成。最简单可以由一份汤、一份主菜加面包和黄油组成。见下面的一张西式套餐菜单（表 5-7）。

表 5-7　西式套餐菜单（部分）（价格单位：HK ＄）

星期一
意大利鸡蛋多士肉汤 Italian Toast Meat Soup
意大利扒大虾配意大利黄油饭 Roast Prawn with Italian Butter Rice
红酒啤梨 Red Wine Peas
星期二
腌火鸡片 Salted Twrkey Slice
东方海鲜锅配米饭 Oriental Sea Food with Rice
炸香蕉拌鲜忌廉 Fried Banana with Frech Cream Cut Cake
……

续表

星期六
意大利杂菜汤 Italian Vegetable Soup
海鲜草原牛肉 Sea Food Grassland Beef
黑森林蛋糕 Black Forest Cake
每套价：56 元

摘自《菜单计划与设计》

（3）中式早餐套餐菜单

中式早餐套餐的形式根据各地风俗不同，形式也有不同，但无论何种形式，点心、粥、茶等品种是一致的。见下面一张淮扬早餐套餐菜单（表 5-8）。

表 5-8　早餐套餐菜单

冷菜
水晶肴肉　高丽虾仁　金钱冬菇
炝虎尾　洋菜鸡丝　泡黄瓜
调味碟
扬州酱菜
热菜
鸡汁干丝　三鲜锅巴
点心
三丁包　萝卜酥饼　五仁油糕
虾仁蒸饺　翡翠烧卖　绿茵白兔

摘自《淮扬风味宴席》

（4）中式正餐套餐菜单

中餐套菜菜单种类很多，当前经济型大众套餐深受工薪阶层的欢迎。见下面一张中式正餐套菜单（表 5-9）。

（5）中式下午餐套餐菜单

在南方许多地方，由于生活习惯和气候的影响，还提供下午餐，下午餐主要内容与正餐大致相同，在菜单选择上更多地采用小吃类食品，就餐形式随意和自由，人们更多的是品茶，很少饮酒，这类餐厅趋向休闲化。下面看一则下午餐套餐菜单（表 5-10）。

表 5-9　中式正餐套菜单（价格单位：HK ＄）

阿一鲍鱼菜单
中华鲟龙套餐
四位用 ＄1800 元
特色拼盘
椒盐鲜鱿　沙律海鲜卷　麻辣海蜇　炸蟹盒
泰国椰青炖翅 4 位
原只（3 头）南非鲍或青边鲍 4 只（任选一款）
黑椒牛肋骨
鲟龙两食（蜜豆炒秋、姜葱头腩）
白粥或白饭　任选
生磨芝麻糊
奉送生果拼盘

表 5-10　下午餐套餐菜单（部分）（价格单位：HK ＄）

热狗、汉堡、石斑、猪柳包配薯条（任选一款）
吉列猪扒、吉列石斑配沙律（任选一款）
日式炸饺拼春卷（各两只）
……
鲜味肉丸河粉
生炆牛腩河粉
各款下午茶餐配饮品　每客 20 元 冷饮加 2 元 鲜奶加 3 元

2. 团队套餐菜单

团队套餐菜单是针对各种会议或旅行团队所编写的菜单。团队套餐一般需要大批量生产，多是便餐，很少饮酒，较之商务餐而言，对服务要求不高。从目前来看，由于旅游、会议团队都存在住宿问题，餐饮只是满足正常的果腹需要，与其他类型菜单相比价位不高，尤其是旅游团队。所以团队菜单多以实惠、家常的菜肴为主，主要目的是让团队客人填饱肚子。为此，不下饭的油炸、酸甜菜肴要少上，而小炒、焖、烧的下饭菜要多上。

下面介绍几种类型的团队套餐菜单（表 5-11）。

表 5-11　团队套餐单（价格单位：CNY ￥）

（会议餐）400.00
美味双冷拼
翡翠牛肉片
青椒里脊丝
京酱爆鸡丁
三色蒸水蛋
金葱扒大鸭
砂锅炖羊肉
珍珠嫩肉圆
苏式豆瓣鱼
鸡汁煮干丝
清炒小油菜
萝卜酥腰汤
米饭

3. 宴会菜单

宴会菜单是为某种社交聚会而设计，具有一定的规格质量，由一整套能相互配合在一起的菜肴组成菜单。从宴会形式上来分，可分为桌筵式和自助式两种，其中桌筵式中餐使用较多，主要有庆典式、商务式和特色式三种；而自助式在西餐中使用较多，主要有自助餐、鸡尾酒会、冷餐酒会等形式。桌筵式菜单根据其宴请的对象、宴席规格、宴请目的等可以有不同，由于中餐习惯上要求由三大组菜组成，一是冷菜，二是热菜、大菜、汤、甜品，三是点心、主食、水果、茶等。而自助式菜单由于从西方传来，更多地采用冷食、点心为主。

（1）庆典宴菜单

庆典宴会菜单多指各种以节庆、贺喜、祝福之类的主题为目的编写菜单，一般从菜单中要反映出主办方某种意图和目的，菜肴名称一般也多选用吉利的词语，讨 "口彩"以满足客人需要，在粤菜菜单中，经常可以看到这类菜单，其形式一般有几种，一种是利用谐音，如 "发财好市"是 "发菜蚝豉"的谐音；另一种是利用意音，如 "平步青云"是表达升迁的意义，具有祝福内涵；还有一种是利用嵌字格形式，表达吉庆意图，即在每个菜肴名称中，嵌入字（多为第一个字），连接起来形成一句祝福的话语。目前这类庆典菜单比较多，通常出现在婚宴菜单、生日宴菜单、寿宴、庆功宴、谢师宴及年夜饭等菜单上。下面是几张庆典宴菜单（表5-12、表5-13）。

表5-12 庆典宴菜单（1）

满堂喜庆宴
阖府安康——川粤大拼盘
家家欢乐——玉环瑶柱脯
平步青云——云腿乳鸽柳
安居乐业——锦绣炒虾仁
共度新春——红烧鸡丝翅
贺岁增寿——双菇扒时蔬
新年进步——清蒸海石板
春满华堂——南乳吊烧鸡
幸福炒饭
金银伊面
核桃汤丸
羊城美点

摘自香港京华酒店菜单

表5-13 庆典宴菜单（2）

开国第一宴菜单
美味四小碟
扬州小乳瓜 琥珀核桃
白糖生姜 蜜腌金橘
淮扬八冷碟
香麻海蜇 虾子冬笋
炝黄瓜条 罗汉肚子
芥末鸭掌 酥烤鲫鱼

续表

淮扬八冷碟
镇江肴肉　桂花盐水鸭
大菜
清炒翡翠虾　鲍鱼浓汁四宝
扬州蟹粉狮子头　全家福
东坡肉　鸡汤煮干丝
汤菜
口蘑罐焖鸡
点心
黄桥烧饼　炸年糕
淮扬汤包　艾窝窝
主食
菠萝八宝饭
水果
水果拼盘
汤菜
口蘑罐焖鸡

摘自《中国淮扬菜——淮扬宴席菜》

（2）商务宴菜单

商务宴菜单一般是为进行洽谈、商务、接待活动的客人，提供具有一定规格、档次的菜单。商务菜单一般规格标准较高。从中国人接待礼仪来说，宴席标准越高，说明接待的客人档次、级别就越高。所以一般商务宴席的菜单，多会使用一些高档、贵重的原料，菜式精细而气派，菜单封面设计也比较讲究档次。

当然，在竞争压力下，商务宴菜单也接近平民化，有时也以每人、每位的形式出现，降低单位餐价格，使在人少的前提下，照样可以享受精美菜肴，目前中国香港、澳门地区比较流行。下面列举商务菜单应该具有一定档次和影响力（表5-14、表5-15）。

表 5-14　商务宴菜单（1）

主题：汪辜会谈菜单
情同手足　"乳猪鳝片"
琵琶琴瑟　"琵琶雪蛤膏"
喜庆团圆　"董圆鲍翅"
万寿无疆　"木瓜素菜"
三元齐集　"三色海鲜"
兄弟之谊　"荷叶香稻饭"
夜语华堂　"官燕炖双皮奶"
前程似锦　"水果拼盘"
龙族一脉　"乳酪龙虾"
时间
1993 年 4 月 27 日
地点
新加坡海皇大厦

表 5-15　商务宴菜单（2）

主题：APEC 会议餐菜单
迎宾龙虾冷盘
开胃四小吃
瑶柱辣椒酱　黑鱼子酱
琥珀橄榄仁　糖醋三椒
翡翠鸡蓉羹
清炒蟹黄虾仁
香煎鳕鱼松茸
锦江烤填鸭
天鹅新鲜水果
巧克力慕斯蛋糕

续表

时间
2001 年 10 月 21 日午
地点
上海

（3）特色宴席菜单

特色宴席菜单多为某一主题而制订，有一定独特风格的菜单，种类也比较多，有以古代事件为主题的，如红楼宴、仿唐宴、琼林宴；有以景点为主题的，如西湖十景宴、洛阳牡丹宴；有以原料为主题的，如海参宴、鱼翅宴、螃蟹宴、三头宴等；以季节为主题的，如秋瑞宴、春晖宴；以人物为主题，如梅兰宴、乾隆宴、板桥宴等（表 5-16）。

表 5-16　特色宴菜单

西湖十景宴
苏堤春晓——冷拼盘
曲院风荷——莼菜汤
断桥残雪——爆鳝背
三潭印月——炒三鲜
南屏晚钟——炸响铃
花港观鱼——糖醋鱼
柳浪闻莺——扣本鸡
平湖秋月——糯米蟹
双峰插云——两点心
雷峰夕照——银耳羹

（4）自助餐菜单

自助餐多是提供菜肴的种类和数量，不管客人选用多少，只按每位顾客规定的价格收取费用。自助餐顾名思义是自己为自己服务，从食品的选取到寻找餐位都可以根据自己意愿而来，所以这种餐饮形式深受一些顾客的欢迎。这种斯堪的纳维亚式（Scandinavia Appetizer）的就餐方式，目前在中国比较盛行，尤其是早餐，在许多酒店已完全采用自助式的经营方式。除去正式自助餐外，目前我们也在寻求中西合璧式的自助餐形式，不过几年前在我国的香港、澳门等地，将冷菜、点心自助，而热菜由顾客挑选的点菜方式应该值得借鉴。下面是一份中西自助餐单（表5-17）。

表 5-17　中西合璧式自助菜单

冷菜
（西）澳洲龙虾沙拉　挪威烟熏三文鱼　新西兰青口　里安拿肠　青岛冻虾
（中）麻辣海蜇　盐水鸭　五香花生　烧味拼盘　卤水拼盘　烤乳猪
（亚洲特式）新加坡蔬菜沙拉　日本寿司拼盘　泰式粉丝沙拉
色拉
西生菜　西红柿　黄瓜　酸什锦菜　胡萝卜　火腿粟米粒　土豆　西蓝花
四季豆　菠萝鸡肉　鲜蘑菇
开胃品
黑橄榄　青橄榄　炸包丁　脆烟肉　番茄酱　芥末酱　酸黄瓜　荞头
汤
霸王花南北杏煲猪手（中）　海鲜奶油汤
热菜
小牛扒什菌汁　米兰猪柳　鸡皇酥盒　红酒烩牛尾　西卤鳜鱼　烤鸭
咖喱目鱼　什锦沙爹配料　炸海鲜　蒜香酥骨　土耳其烤羊肉
主食
烟肉蘑菇炒意面　扬州炒饭　白米饭
蔬菜
青菜　土豆　炸粗土豆条　什菜煲　清炒荷兰豆　烩萝卜　扒番茄
肉车
烧牛肉青椒粒汁（美国）
火锅
生菜　菠菜　小白菜　鲜菇　香菇　豆腐　粉丝　面条　鸡肉　猪肉　牛肉　猪肝　牛百叶　云吞

续表

甜品
（西）猕猴桃蛋糕　黑森林蛋糕　法式什饼　朱古力毛士　热面包布丁
焦糖吉士　水果冻　橙汁班戟　椰汁布丁　鲜果盘　椰汁鲜果西米露
（中）萝卜丝饼　芝麻酥　蛋挞　叉烧酥　糯米酿藕　红豆糕
面包
法包　面包棍　硬包　软包　芝麻包　洋葱包（装饰面包篮）

（三）特色餐厅菜单

特色餐厅主要是专门经营特色风味产品的餐厅，挑选出几个或几十个特色产品，专向经营，以便在竞争市场中找到立足之地。由于这种风味店产品少而精，对便于喜好某一食品的顾客很有吸引力，所以其市场巨大。

1. 快餐店菜单

不去追溯快餐历史，只知道麦当劳、肯德基给我们带来的众多启示，已经向世人宣布快餐是世界范围的一种产业。无论西式快餐还是中式快餐，其最大特点主要有四个方面。一是产品快速制作，生产和服务时间是 2 ～ 15 分钟，家庭送餐不超过 30 分钟。二是适宜用手食用，使用一次性环保包装、刀叉和餐具。三是制作好的产品通常只能持续几分钟（即热快餐），有一些情况下数小时。这是区分小吃和甜点的关键点。这种短暂性、一次性因素几乎与服务产品相一致，都无法保存。四是相对于其他餐饮产品有较低的价格。下面是一则中式快餐店的菜单，价钱后面的括号是给食客点菜打钩用的（表5-18）。

表5-18　特色餐厅菜单（1）（价格单位：CNY ￥）

中式快餐菜单					
老乡面点之家		粤之春		南北一家	
担担面	9.00（　）	荷叶糯米鸡	6.50（　）	葱香卤肉饭	12.00（　）
炸酱面	9.00（　）	豉椒蒸排骨	6.50（　）	红烩牛肉饭	12.00（　）
酸辣肉末凉面	9.00（　）	豉椒蒸凤爪	6.50（　）	梅菜排骨饭	15.00（　）
水饺	7.50（　）	酱肉包	4.50（　）	黑椒排骨饭	15.00（　）
鲜肉锅贴	7.50（　）	素菜包	4.50（　）	香酥排骨饭	14.50（　）
鲜肉馄饨	6.00（　）	桃仁豆沙包	4.50（　）	什锦菜炒饭	12.00（　）
		及第粥	5.50（　）		

中式快餐菜单		
手拉面 / 刀削面系列	**粥系列**	**套餐系列**
清炖牛肉面　　13.50（　）	生滚鱼片粥　　5.50（　）	咖喱鸡套餐　　14.50（　）
红烧牛肉面　　14.50（　）	皮蛋瘦肉粥　　5.50（　）	红烩牛肉套餐　　17.00（　）
雪菜肉丝面　　10.00（　）	八宝营养粥　　5.50（　）	豉椒鱼球套餐　　17.50（　）

2. 风味餐馆菜单

风味餐馆一般是提供特色餐饮的餐馆，其种类很多，可以经营单一产品，也可以经营多种产品，价格便宜，经济实惠，重点突出菜肴的风味特色。如火锅菜单、寿司店菜单、面食专卖店菜单等。

在餐饮竞争激烈的前提下，一些小型餐饮企业另辟蹊径，经营一些专卖或特色风味餐厅，其实这不失为一个好的经营思路，值得我们借鉴和学习（表5-19）。

表5-19　特色餐厅菜单（2）

上海避风塘特色餐饮店菜单（部分）　　价格单位：CNY ¥	
（A）美食类	
避风塘辣椒炒蟹（原只特级青蟹）（大辣 / 中辣 / 小辣）	例盘 12.00
椒盐中虾	例盘 25.00
椒盐富贵虾（濑尿虾）	例盘 25.00
椒盐九肚鱼	例盘 25.00
豉椒炒田螺 / 油盐水凤爪	每款 15.00
油盐水花蛤 / 青口 / 蛏子 / 鱼云	每款 20.00
酸甜炒花蛤 / 青口	每款 20.00
避风塘豉椒炒花蛤 / 青口 / 蛏子	每款 20.00
⋯⋯	
避风塘炒面（小辣）/ 豉油王银芽炒面	每款 12.00
避风塘腊味炒米粉（小辣）/ 银芽腊味炒米粉	每款 12.00
干炒牛河 / 韭黄（河粉）	每款 16.00
避风塘烧鸭腿汤河粉 / 汤面 / 汤米粉 / 汤粉丝	每款 18.00
避风塘烧鸭汤河粉 / 汤面 / 汤米粉 / 汤粉丝	每款 13.00

续表

上海避风塘特色餐饮店菜单（部分）　　价格单位：CNY ￥	
（A）美食类	
原煲老火汤（见今日介绍 / 每款二碗起售）	每碗 12.00
（菜肴和粥、粉、面、汤类价格均为例盘 / 碗价格，点心类每客约为 100 克）	
（B）饮料类（略）	
（C）啤酒类（略）	

（四）特种菜单

特种菜单一般是为特殊的行业或特殊的部门服务，有时在大众餐饮店或普通的酒店中不多见。

1. 客房送餐菜单

客房送餐菜单多是为有客房的酒店提供菜单，这种菜单是为有某种原因不能或不愿去餐厅就餐的客人，或在餐厅开餐结束后需要用餐客人所提供的服务。由于是餐厅的额外服务，所以大多数饭店都会收取一定金额的服务费。不过需要注意，餐厅送餐到客房要经过一段时间，在服务中一定要有辅助设备作保证，如保温车、保温容器。另外，菜单中不要选烹制方法复杂或加工时间长的菜肴。

客房送餐菜单的形式有多种，可以是以菜单形式出现，可以是挂于门把手上挂片，也可以是放于床头的卡片（表 5-20、表 5-21）。

表 5-20　特种菜单（1）

天府丽都喜来登房间服务餐牌（卡片式）　　价格单位：CNY ￥			
炸芝士春卷拌葡萄白汁	30.00	（可选多士，麦包或法包配四种配料：青瓜、洋葱、番茄、火腿、培根、烟熏鸡胸肉、烧牛肉、芝士牛油或白汁）	
日式炸鸡翅	30.00		
自选三明治	35.00		
炸鱼柳伴薯条	30.00	韭黄肉丝炒面	40.00
泡椒凤爪	25.00	火鸭汤通粉	40.00
酸甜炸云吞	25.00		
扬州炒饭	35.00	白粥　皮蛋瘦肉粥　牛肉粥　鸡球粥	40.00
粤式干炒牛河	40.00		
以上价格需加收 15% 政府税和服务费			

表 5-21　特种菜单（2）

新加坡港丽酒店房间服务餐牌（悬挂式）　价格单位：SGD (S$)

早餐食谱

早餐供应：上午 6 时至 11 时，食物将在送餐时间的前后 10 分钟送到。请在格上划出您的选择。
请在凌晨 2 时之前把餐单挂在门外把手上。

港丽早餐　27.00

任选果汁或豆奶
□橙汁　□黄梨汁　□番石榴　□西印度柚汁
□芒果汁　□番茄汁　□豆奶

季节水果大拼盘

芦笋加荷包蛋

酸乳酪类任选
□低脂肪　□原味　□水果味道

烘全麦面包
佐以牛油、人造奶油、果酱和蜜糖

饮料
□咖啡　□洋菊茶　□热巧克力　□无咖啡因咖啡　□茉莉花茶
□脱脂牛奶　□英式早茶　□日本绿茶　□冷牛奶　□伯爵洋茶
□薄荷茶　□热牛奶

欧式早餐　19.50

任选果汁或鲜果
□橙汁　□黄梨汁　□番石榴　□西印度柚汁
□芒果汁　□番茄汁　□季节水果大拼盘

任选三种面包糕点
□牛角面包　□烘烤　□酥卷　□丹麦酥饼
□松糕　□黑麦面包
佐以牛油、人造奶油、橘子等果酱和蜜糖

饮料
□咖啡　□洋菊茶　□热巧克力　□无咖啡因咖啡　□茉莉花茶
□脱脂牛奶　□英式早茶　□日本绿茶　□冷牛奶　□伯爵洋茶
□薄荷茶　□热牛奶

日式早餐　27.00

·烤三文鱼·蒸日式饭·Nikujaga 牛肉和马铃薯

·味噌汤·沙律和日本调味品·炒蛋

·海藻·日式 Pickles·绿茶

续表

新加坡港丽酒店房间服务餐牌（悬挂式） 价格单位：SGD (S$)
快捷早餐 8.00
饮料 □咖啡　□茶
任选两种面包糕点 □牛角面包　□丹麦酥饼　□松糕
特制美味糕饼 □什锦糕饼（250 克）20.00 □香蕉面包（200 克）6.00
所有价目需交付 10% 服务费及包括消费税在内的现有政府 CESS

2. 航空菜单

航空菜单一般是提供给乘坐飞机的乘客使用的。航空菜单的菜式多不复杂，以西餐形式出现的为多，都附有中文和英文文字说明。具体式样如下（表 5–22）。

表 5–22　新加坡航空公司菜单

新加坡—香港　（英文略）	香港—新加坡
3 小时 35 分	3 小时 25 分
早午餐	**午餐**
特选果汁	开胃小菜
开胃鲜果	香茄鱼柳
金针香姜鸡	胡萝卜
香芹炒胡萝卜	杏仁西蓝花
炒饭	莳萝马铃薯
香菇煎蛋卷	橘酱猪肉
牛肉香肠	什锦时菜
番茄与玉米	春葱饭
洋葱马铃薯	乳酪与苏打饼
甜品 果子馒头—全麦面包 牛油—橙酱	甜品 面包与牛油 巧克力
咖啡—红茶 / 中国茶	咖啡—红茶 / 中国茶

3. POP 菜单

POP 菜单（Point of Purchase Advertising）又称卖场广告菜单，一般将饭店经营的特色菜肴部分或全部印在、写在纸上、口布、桌面、墙壁等地方，起到宣传和推广的作用。顾客不需翻菜单就能了解本店某些特色菜肴。下面是一则印在一次性餐巾包装纸上的菜单（表 5-23）。

表 5-23　POP 菜单

上海滩十大名菜
脆皮乳鸽　美味凤节　鸭血四宝　椰香青豆泥　响油鳝糊　蟹粉玉粒 砂煲翅　生啫鱼头　淮扬狮子头　红烧带皮蛇
浓郁的上海 20 世纪二三十年代怀旧氛围，就座于此，聆听着淡雅的琴声，品尝着色香味俱佳的美食，享受着情趣盎然的人生，让你置身于经典浪漫的氛围中，享受着独一无二的好滋味。
订餐热线：××××××××

二、菜单筹划

在经营中，各个餐饮企业以菜单形式表现自己的经营内容。一个新开张的餐饮企业首先应该了解菜单，通过对菜单的分析、整理，选出自己经营目标，然后进行定位，在确定可行的前提下，研究竞争对手，分析市场，预测菜肴流行趋势，最终形成书面文字，为菜单的设计提供参考。

（一）经营目标的定位

经营目标的定位就是要确定餐饮企业经营方向、选择经营档次和面对竞争对手，搞清自己的经营目标，才能选择自己的经营范围。经营范围确立切忌求全、求满，要避免将所有的餐饮项目都作为自己经营内容这种不切合实际的做法。

1. 主营方向

确立餐饮企业经营方向，就是要确定企业的经营风格，是小吃、快餐、特色餐厅还是酒楼、饭店，不同经营风格有着不同的经营模式。一定要让员工了解餐饮内容，知道企业主营的菜肴特色及经营特点。如快餐企业要求菜肴少，制作加工简捷，速度要快，周转率要高；酒楼、饭店要求菜肴要多，最好要有一定的特色菜肴，服务要到位等。

2. 经营档次

经营何种风味、采用何种档次，企业一定要确定。档次无外乎高、中、低三种，就实际经营效果看，走中间路线难度较大。选择高档和低档是最佳。不过走高层路线需要有强大的资金作后盾，走低层路线，尽管投资较小，但竞争群体较多，也需要经营出特色。

事实上，以上只是对经营档次的一个粗浅理解，在实际工作中，高档、中档、低档经营中，还应该分别包含高档中的高、中、低档次经营，中档中的高、中、低档经营，低档中的高、中、低档经营。如某一老三星级酒店，在给自己档次定位中选择的是星级酒店中的最低档，其菜肴价格最实惠，但服务和硬件并不落后，结果生意一直兴旺。

3. 面向客户

餐饮企业客户是经营的主要对象。每一个企业的影响力、品牌效应是企业客户群大小和范围的决定因素。一般新开张的餐饮企业，不具备影响力和品牌效应，所以客户群的来源要以自己企业周边一定范围作为选择对象。以步行市场区来说，一般顾客愿意去离自己在 3 ~ 4 个街区为半径范围内的饭店就餐，或者步行 15 ~ 20 分钟时间的范围内；而对驾乘市场区来说，一般开车或乘车在 20 ~ 30 分钟之内的范围区域，人们愿意就餐；如果是开车前往，客人更希望有良好的停车环境。在餐饮经营中，一种现象不容忽视，那就是有特色、名气大的餐厅，人们愿意花时间前去就餐，而经济餐馆和快餐店购买属于即时性决策，一般不会为吃顿无关轻重的饭，而开车、乘车或走路去浪费时间。

新开张餐饮企业一定要先考察自己周边范围内的客户，尽可能地得到这些客户的饮食资料，在未来餐饮经营活动中，建立必要的客户档案，了解客户需求和饮食习惯，首先要先让周边客户认可自己的产品，再努力创造品牌，扩大影响力。

（二）竞争对手调查

对竞争对手了解是新开张企业最基本的工作思路。通过试餐、查看菜单、体验服务等多种方法，了解自己的对手，从中寻找竞争点，做出自己的菜单计划。

1. 选定竞争对手

任何企业都有竞争对手，在众多餐饮企业中，一定要挑选对自己构成威胁的竞争对手，不要将不是竞争对象的列入自己的竞争名单中。如经营酒店和经营快餐，不会直接产生竞争，除非酒店经营快餐项目。

竞争对手是可以变化的，任何一家餐饮企业在经营范围较小的时候，其竞争对手也较少，但随着餐饮企业经营发展，经营项目增多，影响力增大，其竞争对手会越来越多，有时甚至可以是境外的竞争对手。

2. 确定调研的方式

调研竞争对手的方式很多，有直接式和间接式两种。直接式就是上门去试餐，了解竞争对手经营项目，包括菜单、菜肴、供餐方式、服务内容等。间接式就是通过收集竞争对手在相关媒体、报刊、杂志上刊登的广告，从多方面了解竞争对手在客户心中的口碑。表 5-24 是一种菜肴市场情况调查分析表。这张表可以让经营者清晰地了解竞争对手在菜肴经营中存在的优势与劣势。

表 5-24　菜肴市场情况调查分析表

主要竞争对手	A 饭店		B 饭店		C 饭店		D 饭店		备注
类别 菜肴	价格	质量	价格	质量	价格	质量	价格	质量	
虾类菜肴									
蟹类菜肴									
鱼类菜肴									
……									
猪肉类菜肴									
牛肉类菜肴									
……									
鸡肉类菜肴									
鸭肉类菜肴									
……									
菌类菜肴									
……									
豆腐类菜肴									
……									
蔬菜类菜肴									
……									

3. 寻找竞争点

通过调研得到竞争对手的相关资料，寻找自己的优势。一般是先找对手弱点，如在价位、菜肴质量、品种、风味等多方面有无不足，比较自己的优势，再找突破对手弱点的方法，主要是自己在经营中应该借鉴和参考的地方，避免犯对手所犯的错误，最后学习对手的优点，弥补自己的差距。当然如果竞争对手的实力确实较强，那么也可以考虑转向，避开竞争对手项目，寻找一个中间地带。

4. 进行菜单计划

当最终确定竞争点后，可以进行菜单编写计划。这其中一定要注意以下几个原则：一是菜单要能满足市场需要；二是菜单要反映出经营方式，努力形成自身特点；三是要能实现既定的毛利率，实现餐饮企业利润；四是保持各类品种数量上的合理平衡；五是选择的品种是烹调所能及的，不能生搬硬套；六是菜单要不断创新，要预备各种类型的菜单，保留发展空间。

（三）菜肴发展预测

除了对竞争对手有所了解外，对菜肴发展走向也要能够预测和把握。把握菜肴发展方向，才能满足顾客对餐饮日益提高的需求。

1. 季节性变化

现在原材料受季节影响的可能性越来越小，就选择的菜肴来说，季节对人们影响还是巨大的。如冬季老百姓讲究进补，瓦罐、砂煲之类的菜肴必然增多；夏季讲究薰脑解毒，汤水、清凉菜肴必然增多。往往经营反季节菜肴可能会付出更多的代价，所以大部分餐饮企业会随季节而变化，随季节调整经营品种。

2. 流行趋势变化

餐饮流行趋势就是餐饮企业根据不同顾客的需求，提供新颖的经营模式，在一段时间内形成各企业跟风之势，以此来带动市场发展，赢得顾客的喜爱。一般说来，在餐饮业形成餐饮经营流行趋势主要有以下几种表现方式。

（1）流行的经营方式

主要以独特经营的模式来取悦顾客。如新颖的超市式自选餐厅、自助式海鲜店、特色专卖粥面店、敞开式厨房小吃店、茶餐厅等。

（2）流行的就餐方式

主要以各种形式的就餐手段来满足顾客。如现场表演的印度抛饼、日本烧烤；自取自食的回转寿司店；增加顾客参与度（如顾客自己包汤圆），可自己挑选或制作的餐饮店等。

（3）流行的菜肴款式

主要以各种菜肴的烹制技法、原料、调味方式形成特色，而带动菜肴的流行。如营养食品仙人掌、芦荟；烹调独特的水煮鱼、香辣蟹；形成系列操作的避风塘、咸蛋黄焗等。

三、菜肴选择

菜肴选择上要反映出餐厅经营风格，要符合餐厅顾客需求。在这种前提下，草拟菜肴，首先，要确定菜肴种类，将风味菜肴、流行菜肴、拿手的特色菜肴分别列出，时令菜、高、中、低档菜分别列出，从中进行挑选；其次，要确定菜肴数量，对于一个中型规模经营中餐的社会餐厅，菜肴数量至少要有80个品种，而大多数在150种左右，有些甚至可以达到200种左右，而对于快餐、特色餐饮店的菜肴品种一般只有 40 ～ 60 种，前者如果品种太少客人选择的范围太小，没有吸引力，后者如果品种太多，菜肴上桌速度就会降低，特色餐可操作性也会降低。最后，要评估菜肴的可行性，这其实是对菜肴进行筛选，要考察菜肴在本店厨房中的可操作性、原料供应情况、原料质量、市场价格等因素，去掉不适宜的菜肴，形成初稿，再经有关人员审核，成为试营业的菜单。

经过试营业的菜单还需要修改，试营业中要注意菜肴的销售情况，通过手工或计算机做销售记录卡。将记录的数据进行分析，找出畅销、高利润，畅销、低利润，不畅销、高利润，不畅销、低利润的菜肴来，将它们分类，凡是畅销、高利润的菜肴一律保留；凡是畅销、低利润的菜肴做招牌吸引客人，保留；凡是不畅销、高利润的菜，留做吸引高档客人的菜肴；凡是不畅销、低利润的菜，选择性地取消，进行换菜处理。如此一来经过初步筛选，会使菜单中的菜肴具有一定的生命力，这也为未来菜单的修改提供了依据。

需要注意连锁经营餐饮企业尽管会有现成的或比较成熟的菜单，但在另一地方开分店时，也要经过市场检验，切记在一个地方成功的菜单，到另一个地方不一定是成功的菜单。

第三节　菜单设计与编排

菜单作为餐饮生产和经营的计划书，在外观设计和内容的编排上一定要合乎规律，否则菜单的作用就不能体现出来。

一、菜单设计

菜单的设计包含了菜单内容设计和菜单装帧设计两方面。

（一）菜单内容设计

菜单内容设计一定要注意将最有效的信息传递给顾客，使顾客能迅速地了解餐厅的经营项目，以及与这些项目有关的各种信息，如特色菜点、辣与不辣菜点、菜肴上桌顺序等。

1. 菜单的内容

从现存最古老的菜单中，可以发现菜单里除介绍菜名外，还有上菜顺序，每道菜虽无详细的文字说明，但主要原料可以看得一清二楚。当菜单功用并非商业目的时，无须列入菜单价格。演变至今，餐饮业使用菜单的目的已经非常明晰，就是要让顾客了解餐饮企业所提供的各项服务，为此菜单内容包括三个方面。

（1）菜肴名称和价格

任何一本菜单都不能缺少菜肴名称和价格。原则上菜单中菜肴名称一定要真实可信，切不可故弄玄虚，华而不实。如果确实需要用艺术名称，旁边一定要附带说明。对于要配有外文的菜肴，名称翻译要准确，否则会令外国客人感到茫然。如名为"红烧大鲍翅"的鲍翅，应该译成 Shark's Fin。而不要通过字面意思翻成 Abalone's Wings 鲍鱼是没翅膀的，这种翻译就如同将"狮子头"翻译成 Lion's Head 一样可笑。

菜肴价格的标列，切不可随心所欲，一定要经过仔细计算，并由物价部门认可方可标列其上。

（2）菜肴介绍

餐饮行业的竞争激烈有目共睹，从菜单中可见一斑，过去菜单只需写明价格和名称就可以，现在为了吸引顾客，有些饭店甚至将菜肴数量、主料和烹法都——在菜单上注明，有些特殊风味的菜肴还加上典故，既让顾客保持一种不被欺骗的感觉，又让顾客体现饭店的文化品位，总之，顾客有什么样的餐饮需求，饭店都能尽量满足，所以菜单中必要的菜肴介绍必不可少。

（3）菜单说明

菜单中有菜肴介绍、菜肴价格、名称，并不代表菜单内容就完整，有时菜单中必要的说明，也是让顾客产生美好印象的前提，如有些饭店将餐厅介绍、地址、电话、店标、营业时间、是否加收服务费等促销信息都印在菜单上，顾客可以从中得到许多饭店的信息。对饭店来讲，这种做法不失为一种好的促销手段。

2. 菜单内容安排

菜单内容安排一般要讲究一定的顺序，有时还要有重点和非重点之分，使本店特色、主打菜肴能被顾客牢记在心，为饭店培养品牌产品做准备。

不同类型的菜单都有其讲究的排菜顺序，只是明显程度不同而已。这种顺序一般都是按照人们的进餐习惯进行。这里仅以中式零点菜单、宴席菜单、西式菜单为例。一般零点菜单无论其名称起得多么吸引人，其菜肴排列的顺序都是依照冷菜→热菜（海鲜、湖鲜、家畜、禽类、小炒、特色锅）→汤羹→时蔬→主食（饭、面、粉）→点心→饮料的顺序进行；而宴席菜单也是按照冷碟（可带主盘）→热炒→大菜（头菜、二菜、三菜）→素菜（蔬菜）→汤→主食→点心→水果的顺序进行。西餐菜单是按西方人的习惯排序。一般其顺序是开胃品、汤、沙拉、主菜、三明治、甜点、饮品。

菜单按顺序排列不等于顾客就一定按顺序点菜，其实将菜点放在怎样的位置上是有讲究的。要使菜点推销效果显著必须遵循两大原则，即最前和最后原则。列在第一项和最后一项的菜肴最能吸引人们注意，能在人们头脑中留下最深刻的印象。经过调查，顾客几乎总能注意到同类产品的第一个和最后一个，尤其是排列在第一位的菜肴，经过实验，被排在首位的菜肴，销售量会大大增加。当然菜肴的位置排列只是一种手法而已，能真正给客人留下印象的关键是菜肴的品质和口味，千万不能舍本逐末，只重视排列，忽视烹饪技法和操作。

菜单上有些重点菜肴、高价菜、特色菜或套菜可以单独进行推销。这些菜不要列在各类菜通常的位置上，应该放在菜单的显眼位置。种类不同的菜单的位置不一样。

就单页菜单而言，菜单应以横线将菜单对分，菜单上半部是特色菜肴安排的重点；二折菜单其右上角是重点；三折菜单其中间部分是顾客首先注意的地方，接下来是右上角，然后是左上角，再来是左下角，之后是右下角，最后回到中间；对于多页菜单中间部分是重点，然后是前页与后页。掌握这些原则可以充分抓住顾客心理，以及时推销饭店特色菜肴（图5-1）。

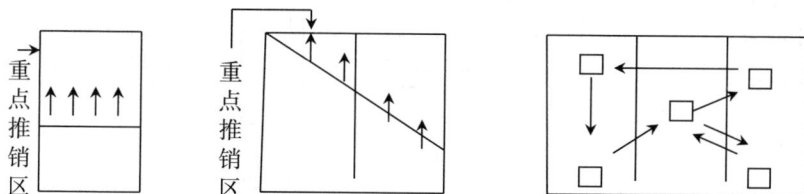

图 5-1　菜肴重点推销区示意图

（二）菜单装帧设计

菜单装帧设计是一门学问。可以由专业人士进行设计制作，但对于使用者——餐饮管理人员还是应该了解相关知识，这样可以给专业人士提供一定的指导，使设计好的菜单既美观又实用。因为一张装帧精美的菜单，对菜单促销效果会产生好的影响。在中国香港，一些设计师还将自己的简介印在菜单上。

1.菜单规格

菜单要递给客人翻看，所以要有适合的比例和尺寸。根据美国餐厅协会对顾客调查的材料证明，菜单最理想的开本尺寸为23cm×30cm。而其他规格的开本尺寸为：小型15cm×27cm或15.5cm×24cm，中型16.5cm×28cm或17cm×35cm，大型19cm×40cm。

在文字安排上，一般要求字间不要太密，菜单篇幅应保持一定的空白，通常文字不超过总篇幅面积的50%。当然，还可以选择插页，插页可以是图片或特别介绍，一般最好是彩色图片，用一部分图片取代文字，可以刺激食客的消费欲望。应注意控制插页数量，不能安排过多，防止顾客无从下手，使点菜时间过长（图5-2）。

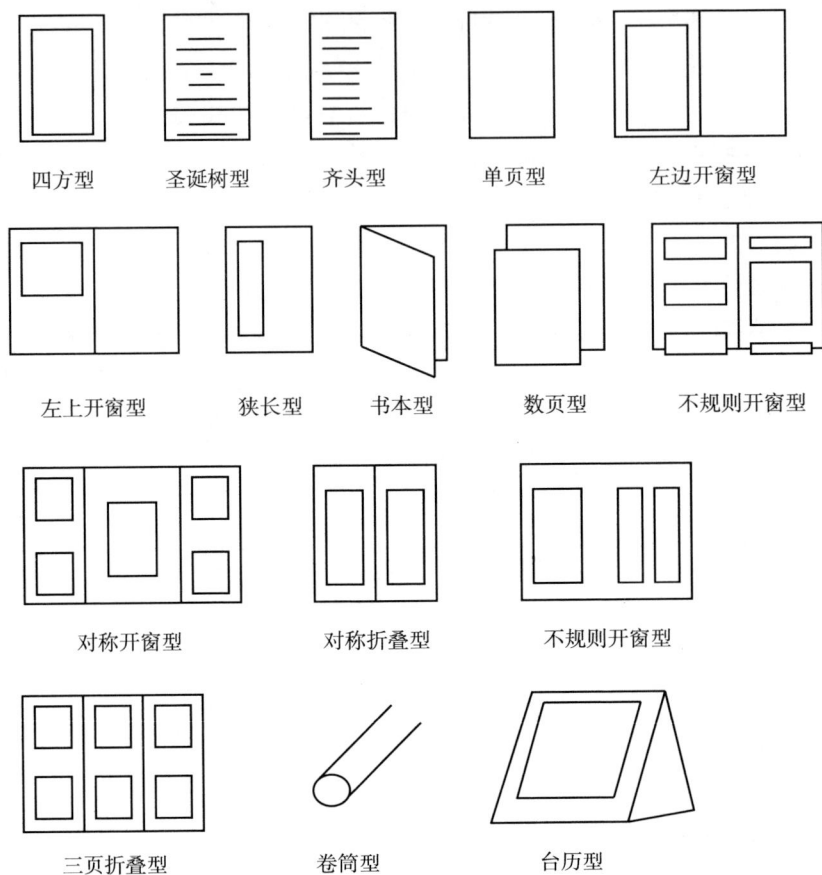

四方型　　圣诞树型　　齐头型　　单页型　　左边开窗型

左上开窗型　　狭长型　　书本型　　数页型　　不规则开窗型

对称开窗型　　对称折叠型　　不规则开窗型

三页折叠型　　卷筒型　　台历型

图 5-2　菜单设计的规格参考图

2. 菜单的纸张与颜色

菜单的纸张质量好坏，可以看出餐饮店的经营档次。因经济实力的不同，一般西餐厅和我国香港、澳门、台湾等地区、各高星级饭店所使用菜单纸张较高档，普通餐饮企业菜单的纸质差异就比较大。目前中国菜单用纸主要有以下几类：胶版纸、铜版纸、哑粉纸、凸版纸、特种纸等。选用何种质量的纸张，完全取决于餐饮企业的经济实力，因为菜单纸张质量会影响到经营投资的成本，所以有些饭店将菜单承包给服务人员，由他们看管、维护，是个好办法，可以有效地防止菜单缺失、保持菜单整洁。

菜单纸张颜色一般要和餐厅经营模式相协调。如快餐店菜单颜色多为红色、黄色相间的颜色，有活力和跳跃性；古典餐厅菜单颜色要古朴，稳重，像紫色、灰色、深红色等颜色都是可选的颜色；有宫廷色彩餐厅，其皇家气较重，金色、黄色是首先颜色。一般菜单颜色选取上，多用金色、银色、铜色、绿色、黄色、蓝色等。除了注意选色，还要注意搭配，如菜单中文字较多时，为增加易读性，纸张底色不宜太深。如用红色、蓝色等太深的底色，以黑色字印刷，文字就较难辨认，还容易花眼，所以菜单封面颜色一般不和菜单夹页颜色相同，这样可以使菜单有美丽的外观和易读的内容。

二、菜单编排

菜单编排原则上要讲究"3S"，即简单化（simple），菜单内容清晰，一目了然；标准化（standard），菜单内容分量要讲究一定的标准；特殊化（special），菜肴配置必须风格独具、引人入胜。一份编排好的菜单既要能反映饮食口味的变化和潮流，又要符合消费者的需求。

（一）菜单编排步骤

对菜单作通盘了解后，便要从众多菜肴中挑选最适合餐厅使用的菜肴，其步骤如下（图5-3）。

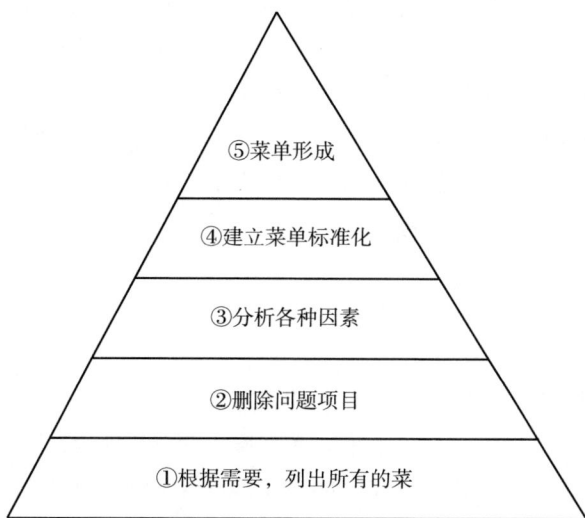

图 5-3 菜单形成金字塔

①根据一般市场需求，从食谱、烹调书籍、餐饮杂志、相关菜单、自己掌握的菜肴中，列出所有合适的菜肴，以供参考。

②通过市场调研，删除因产地、季节而改变的问题项目。

③逐项分析剩余菜肴在制备过程中所需的设备和能力，除去无法达成的项目。

④将现存菜肴逐一试制、试吃，建立每道菜肴的标准食谱，若烹调品质难以维持，宁愿舍弃这道菜。

⑤历经前面4个步骤的筛选，代表一个餐厅的菜单基本产生。

（二）零点菜单编排

零点菜单从表现形式上一般有两种，一种是大菜单（大菜牌），另一种是小菜单（小菜牌）。大菜单比较正规，是按照一定的规格设立，反映饭店和酒店的经营方针与风味，其菜肴数量较多，方便客人挑选，选用的菜肴一旦确定将不会轻易改变，原因有二：一是大菜单菜肴是饭店和酒店的主打菜肴，是经营特色的反映，一年四季都需提供；二是大菜单制作费用比较高，若随意更换，成本费用会增加。小菜单一般比较灵活，菜肴可多可少，以弥补大菜单菜肴的不足，且制作成本不高，既给顾客一种常吃常新的新鲜感，又能鼓励厨师不断地翻新菜肴。

小菜单的形式比较多，有根据不同季节制作的春、夏、秋、冬时令菜单，突出季节性原料。以淮扬菜为例，春季的刀鱼，夏季的鳝鱼，秋季的螃蟹，冬季的鲫鱼都能体现季节特点。有根据不同风味制作的潮州、淮扬、客家、湘味等风味菜，突出各地选料、加工、调味的特色。有根据不同节气制作的元宵、端午、中秋的节令菜，突出不同节日的风俗习惯。有根据不同主题制作的豆腐、盆菜的特色菜，突出这类菜肴独特的一面。有根据不同销售途径制作的外卖、堂食、特选的菜肴，突出除菜肴外便利服务的一面。还有以盛器分的煲、锅子、铁板系列菜，以调味方法分的避风塘、金沙、辣子、剁椒系列菜，以加工方法分的桑拿、盐焗、锡纸包系列菜，除菜肴外，靓汤、粥饭也可以成为制作系列，成为小菜单的内容之一，如何使用主要是看店家的需要。

1. 大菜单编排

零点大菜单编排有以下一些步骤。

（1）确定菜肴风味

我国地大物博，菜系众多，确定一种风味或几种风味融合是比较容易的。是广东风味、四川风味、淮扬风味还是湖南风味，还是兼而有之，要根据具体情况来定，不同风味都有其固定的模式，如广东风味中卤水、烧腊类必不可少，淮扬风味炖焖菜不可少等。

（2）确定菜肴数量

现代餐饮为保证有足够菜肴供顾客挑选，零点菜单中所选的菜肴不能少于80种，通常保持在150种左右。

（3）确定菜肴用量、盛器

菜单中菜肴用量一般都是与菜肴价格相对应，同时与餐具也对应。通常例（小）份是供1～4人食用，中份是供5～8人食用，大份是供9～12人食用。

（4）确定菜单格式

首先要将菜单选择适合的类型，通常大菜单编排可以使用以下几种类型，第一种是常用型，主要设冷盘类、海鲜及鱼虾类、肉类、家禽类、蔬菜类、主食类、汤类、甜品类和饮料类；第二种是粤菜型，粤菜风靡全国，但分类方法自成一派，主要是卤水烧味类、鲍、参、翅、肚类、海鲜类、畜肉类、家禽类、煲子类、蔬菜类、汤羹类（老火例汤）、点心类、粥、粉、面、饭类和饮料类；第三种是改良型，这是近年来流行的一种菜单编排类型，分类方法比较随意，除了将冷菜、热菜、点心、汤羹、饮料分开外，热菜基本没有定式，将选菜的权利交给顾客，如海鲜类、蔬菜类都按照原料来选择烹调的方法，如下面一则菜单所示（表5-25）。

表5-25　零点大菜单（部分）

河鲜、海鲜类
鳜鱼（清蒸、西卤、刺身）
美国加州鲈鱼（广式清蒸、刺身、干烧、剁椒蒸、酸菜锅子煮）
河鳗（蒜子煲、红烧、豉汁蒸、香炸）
活梭子蟹（清蒸、姜葱、避风塘、芙蓉蛋蒸、花雕蒸）
花蟹（清蒸、姜葱炒、咸蛋黄焗、避风塘、牛油焗）
……

以上菜单所有烹饪方法都标注在原料之后，方便客人挑选。另外，有些菜单还将菜肴主、配料的分量标明，让顾客能知道菜肴的内容，如下面一则菜单所示（表5-26）。

其菜单内容之间的比例要合适，一般冷菜、热菜、大菜、点心大致比例关系是10∶30∶50∶5；另外，高、中、低档菜肴的搭配要合理，高档的占25%～40%，中档的占45%～50%，低档的占20%～25%。菜肴编排时还应该注意，要根据厨房技术实力和设备条件选择菜肴，菜肴不要无限制地增加。因为客人大多不会将很多时间花费在点菜上，而且菜肴太多会使客人无所适从。同时，菜肴太多会加重厨师负担，容易出现缺售的现象，质量也会打折扣；还会增加整个厨房员工的工作量，如管事部的洗涤工作、厅面的服务工作、传菜部的上撤菜工作。在人手不足的情况下，每一次工作量的提高都可能带来各项工作质量下降的风险，反而因小失大。

表 5-26　大菜单编排形式列举（部分）

精美（家常）篇 价格单位：CNY ¥	
新派杭三鲜（肉皮 150 克　鱼圆 75 克　猪腿 50 克　肉圆 50 克　大虾 25 克	
火腿片 15 克　竹笋 25 克）	28 元
片制鸭下巴（鸭下巴 1 只）	4 元
腊笋千层肉（腊笋 250 克　条肉 300 克）	28 元
荷叶粉蒸肉（炒粳米粉 50 克　荷叶 50 克　夹心肉 100 克）	6 元 / 块
……	

2. 小菜单制作

小菜单数量安排相对比较灵活，少则几道，可以是一种纸卡插在台号牌上；多则几十道，可以制成小菜单本，制作方法基本和大菜单相同，形式上可以不拘一格，既可以有一定主题的菜单，如中秋菜、重阳菜、淮扬菜、谭家菜，又可以是系列，如火锅系列、煲仔系列、锅仔系列。

零点小菜单编排相对于大菜单比较容易，可选菜的余地较大，不同的季节、节日、主题下都可以制作，以调动食客食欲和弥补大菜单不足。菜单内容安排并不复杂，如下列菜单是系列的豆腐菜（表 5-27）。

表 5-27　小菜单形式列举

汤羹类
拆肉豆腐鱼翅
西湖鲜菌豆腐羹
……
海鲜类
干烧鳜鱼豆腐
三色虾蒸豆腐方
……
地方风味类
咸蛋焗豆腐
回锅肉豆腐
……

小菜单制作时还应注意几点：一是菜肴数量不要太多，一般 10～30 道；二是要有相应的主题内容介绍或说明；三是有折扣或加收的项目应标注在显著位置。

零点菜单编排并非一成不变，随着经济的发展，人们需求的提高，满足顾客需求成为经营中不变的真理，新颖和符合现代潮流的菜单将会占主导地位，如日本一些餐馆用硅胶制作的仿真菜肴，可以说是一种以模型实物制作的菜单，给人直观的印象。再如香港酒店中流行一种自助式零点小菜单，费用是固定的，以每位多少钱计，冷菜、点心自助，热菜即点即食，所有热菜写在一张点菜单上，随叫随点，菜肴按每人的量供给，如再需要可以再点，不另外加费，此种方式非常经济和实用，菜肴不浪费。

（三）宴席菜单编排

宴席菜单形式一般有几种，其中比较讲究的是商务菜单和庆典菜单（如婚宴、寿宴等）。

1. 商务菜单编排

商务菜单顾名思义是在商务活动中使用的菜单，一般档次较高，讲究高质量的菜肴和服务。其设计难度比较大，不具备一定专业素质的人很难高质量地完成，这也是许多厨师遇到的难点。商务菜单设计并非无章可寻，若先确定好菜单菜肴数量就开了个好头，商务菜单原则上菜肴数量不宜太多，以精细为主，有条件尽量分食。

商务宴席菜单编排应讲究一定原则，先确定人数、价格和特殊要求，对内容安排，一是菜单中原料种类尽可能不重复，二是菜单中原料烹法尽可能不重复，三是菜单中菜肴的口味尽可能不重复，四是菜单中使用的盛器尽可能不重复，这样才使整个宴席菜肴有高低和起伏，不至于平淡无奇。

商务宴席菜单编排首先应了解宾客情况，这点很重要，不同的国家、风俗、民族的饮食习惯、禁忌不一，不了解会犯忌讳。另外不同人群、不同生理状态对饮食也有不同要求，像老百姓与美食家对菜肴数量要求都不一样。其次，要确定菜肴品种，宴会菜单和零点菜单不同之处，就是讲究上菜内容和上菜程序，星级酒店宴会菜单内容要求热菜是八菜一汤，社会饭店多是 14～16 道菜加一汤。可以按以下列形式进行商务菜单制作。

（1）冷菜

上桌形式有多样，可以一个主盘配 8 个围碟，也可以单独的 8 个单碟。在广东、福建地区，习惯上是拼盘形式。

（2）热炒

通常提供 2～4 道热炒，是宴席中不可缺少的项目之一，热炒多以煎、炒、烹、炸、爆、熘、炝、灼等快速烹调方法制成，星级酒店由于数量的限制，所以热炒多为 2 道。

（3）主菜

主菜也称大菜，是菜单中的重头戏，一般有干货、海鲜、畜禽类、素菜及鱼类等项目。主菜中先上的多为干货制品，价高质美体现档次，如海参、鲍鱼、干贝等；主菜后是二菜、三菜，可以从海鲜、禽肉、畜肉、水产类中选择，烹调方法可以是烧、炸、熘、焖，四菜一般是清蒸鱼类，然后接着是素菜，素菜包括一道蔬菜，正常是两道。

（4）甜菜

根据酒席的需要进行选择。在东南亚地区，多使用甜品，一般每道酒席中都必须要有，是菜肴结束后再上。

（5）汤菜

只能有一道，宴席汤要比团队会议的汤质量高，大多是浓汤，一旦是清汤必定是上汤。有些地方也将汤先上，或变成羹的形式先上，美名开胃羹。

（6）点心

正常是两道多为一甜一咸，一荤一素，一酵一酥。如果是以点心著称的饭店，点心的道数可以再增加。

（7）主食

多为饭、面、粥类，一般宴席只上一道。

（8）水果

宴席水果一定是加工过的或高质量的水果。

在编排商务宴席菜单时，对于品种的确定应当考虑到两种变化，一是菜单价格变化，即一桌是多少钱。要合理地选择价值相当的菜肴加入菜单。如黄焖蹄筋、黄焖鱼肚和黄焖鱼翅❶都可以做主菜，但黄焖鱼翅可以出现在价高的菜单中，而黄焖鱼肚只能出现在价中的菜单中，黄焖蹄筋只能出现在价低的菜单中。二是来宾人数的变化。如果菜单价格一定，来宾人数多其数量和质量就会发生变化，如 10 人 1000 元一桌和 4 人 1000 元一桌，菜肴质量就不相同，10 人桌是平均 100 元/人，4 人桌是平均 250 元/人，所以菜单设计时，既要考虑数量，又要考虑质量。可以看出，人数和价格是宴席菜单设计的两个变量，把握好与坏会影响到宴席菜单的最终质量。最后，注意上菜顺序，菜肴一旦确定，其顺序就依照排菜顺序上，通常是先冷后热，先菜后点，先炒后烧，先咸后甜，先淡后浓。下面列举一则北京饭店的宴席菜单（表 5-28）。

---

❶ 鱼翅为养殖的可食用品种，下文同。

表 5-28　宴席菜单

花式大拼盘
八冷菜
四调味
芹菜鱼丝
清炒鳝糊
翡翠松茸扒鲍鱼
牛头海参
生吃龙虾
豆瓣鳜鱼
绣球干贝
三丝鸭丝
人参裙边汤
点心四样
八宝饭
水果拼盘

需要说明，在宴席菜单制订后，要有精美的盛器和优良服务对菜单进行相应的辅助，否则菜单设计也达不到最佳效果。

2. 庆典菜单编排

庆典菜单编排方法如同商务宴席菜单，在菜肴选取上要合乎各地的风俗习惯，必要时可以使用吉祥的词语美化菜肴名称。如过年、过节、喜庆、升迁等喜事。下面以婚宴为例来说明。

婚宴菜单在编排时一定要注意以下三点。一是依照一定风俗习惯下单，如婚宴中选择菜肴的习惯、寿宴中必须安排面条、蛋糕等。二是防止忌讳食物上桌，如豆腐、大粉类食物。三是菜肴名称尽可能吉祥。

婚宴对各地区人们的人来说都比较重要，要求菜单中要体现民俗或带有喜庆的内容，编排起来相对容易，只要套模式即可，如扬州一带婚宴讲究三整即整鸡（做汤用）、整鱼（做蒸菜）、整鸭（做烧菜），另外，一定要有四炒菜和一只头菜（大菜），忌使用豆腐菜，由于风俗和习惯的影响，原则上菜肴数量要多，最好能剩下来，这样主人脸上才有光，其实这是一种不好的习惯，应加以改进。
而广东和香港婚宴就在名称上下功夫，原则上第一道要上乳猪或拼盘，第二道和
第三道是炒菜，接着是鲍鱼、鱼翅，再下来是清蒸整鱼，最后是一道鸡菜，下面
是一则扬州某饭店婚宴菜单和香港某酒店婚宴菜单（表5-29）。

表 5-29　婚宴菜单

扬州某饭店婚宴菜单	香港某酒店婚宴菜单
金陵嫩鸭	鸿运乳猪全体
八位冷碟	发财蒜子柱脯
白灼基围虾	富贵干烧虾
银杏牛柳粒	糖豆花枝带子
避风塘花蟹	螺头鸡炖鲍翅
三鲜烩鱼肚	碧绿金钱鲍片
酸菜炖甲鱼	清蒸大青斑
女儿红扒鸭	金华玉树鸡
清蒸活鳜鱼	海皇炒饭
鲜百合西芹	上汤水饺
广州炒饭	美点双辉
龙凤汤	雪蛤炖银耳
桂圆枣莲	鲜果拼盘
美点双辉	
时令水果	

使菜单设计效果达到最佳，商务菜单和庆典菜单可根据具体的情况，在外部
形式上进行适当调整。如香港某酒店的商务菜单就带有一定的吉祥寓意，菜单
如表5-30所示。

表5-30　商务菜单

香港某酒店的商务菜单	
大展宏图宴	**满堂喜庆宴**
万家增寿——鸿运猪全体	阖府安康——川粤大拼盘
事事顺境——鲜带拌金蚝	家家欢乐——玉环瑶柱脯
胜意吉祥——玉簪明虾球	平步青云——云腿乳鸽柳
意锦华归——双冬扒菜胆	安居乐业——锦绣炒虾仁
四季平安——肘片炖鲍翅	共度新春——红烧鸡丝翅
时运亨通——鹅掌美鲍脯	贺岁增寿——双菇扒时蔬
兴隆顺境——清蒸海东斑	新年进步——清蒸海石斑
旺丁旺财——京华茶皇鸡	春满华堂——南乳吊烧鸡
锦绣糯米饭	幸福炒饭
龙牙伊府面	金银伊面
鸿运庆团圆	核桃汤丸
鸳鸯美点心	羊城美点

如果将两菜单的首字连读即为"万事胜意，四时兴旺"和"阖家平安，共贺新春"。再如，香港京港酒店对婚宴单进行改进，就是将许多菜肴按字母分成几类，然后让客人进行排列组合，使客人选择的空间增大。菜单如表5-31所示。

表5-31　自助式婚宴菜单（价格单位：HK＄）

头盆：请自选一款	两热荤：第一度：请自选一款	第二度：请自选一款
1. 鸿运乳猪大拼盘	1. 香酥葡汁凤尾虾	1. 如意百合鲜带子
2. 海蜇大红乳猪件	2. 千岛蜜桃海鲜卷	2. 翡翠蚌片鲜带子
3. 鲜果甜心明虾沙律	3. 瑞雪珊瑚喜明珠	3. 爱巢琥珀海中宝
4. 彩虹三星拱照大虾沙律（B）	4. 红粉艳丽鲜虾仁（B）	4. 鸳鸯龙凤锦绣球
5. 大红乳猪全体（B）	5. 香酥玉带凤飞翔（B）	5. 金丝百花蟹钳（B）
6. 鸾凤和鸣迎金猪（C）	6. 红鸾星动添姿彩（C）	6. 发财玉环瑶柱脯（B）
	7. 琥珀海象戏珍珠带子（C）	7. 碧绿明珠鲜带子（C）

鲍鱼：请自选一款	鱼翅：请自选一款	活鱼：请自选一款
1. 鹿筋扣鲍脯	1. 龙凤海皇大生翅	1. 双喜斑
2. 海参扒鲍脯	2. 金枝玉带海虎翅	2. 双杉斑
3. 北菇花胶蚝皇鲍片	3. 双喜红烧鸡丝生翅	3. 双星斑
4. 红烧鹅掌扣鲍脯（B）	4. 红烧海虎大生翅（B）	4. 大青斑（B）
5. 虾子柚皮金银鲍（C）	5. 鸿运亨通菜胆翅（B）	5. 大杉斑（B）
6. 蚝皇原只鲜禾麻（C）	6. 珠联璧合炖勾翅（C）	6. 海星斑（B）
	7. 呈祥红烧菜胆勾翅（C）	
	8. 鸳鸯凤液津胆勾翅（C）	
	9. 鸾凤和鸣大生翅（C）	

家禽：请自选一款	蔬菜：请自选一款	甜品：请自选一款
1. 鸿运脆皮龙岗鸡	1. 金钱双宝蔬	1. 百年好合
2. 情浓手烤鸡	2. 瑶柱扒双蔬	2. 莲子红枣茶
3. 荔轩脆皮蒜香鸡	3. 玉竹扒翡翠	3. 凤凰马蹄露
4. 婆娑椰林烧鸡	4. 珊瑚鸳鸯蔬	4. 幸福团圆
5. 鸾凤和鸣双喜鸽（B）	5. 云彩珍宝蔬（B）	5. 鲜百合绿豆爽
6. 白加德脆皮火焰（C）	6. 扇影现金蔬（C）	6. 琥珀核桃露

面类：请自选一款	饭类：请自选一款	点心	生果：请自选一款
1. 虾子干烧伊面	1. 良缘锦绣饭	鸳鸯双美点	1. 合时鲜橙
2. 幸福伊府面	2. 彩虹虾仁炒饭		2. 精美时令鲜果盘（B）
3. 北菇上汤生面	3. 银湖海皇烩饭		
4. 雪菜火鸭丝伊面	4. 福建炒饭		
5. 上汤水饺生面（B）	5. 鲍鱼鸡粒烩饭		
6. 虾汁海皇烩伊面			

以上款式婚宴菜式可自由选择，每席供十二位用
（A）每席3880.00，可随意选择菜式，除列明（B）或（C）外
（B）每席4080.00，可随意选择菜式，除列明（C）外
（C）每席4480.00，可选择任何菜式

（四）西餐菜单编排

西餐菜单编排内容包括前菜类（appetizer）、汤类（soup）、鱼类（fish）、主菜类（middle course）或肉类（meat）、冷菜或沙拉（salad）、点心类（dessert）及饮料（beverage）七个项目。

1. 前菜类

前菜也称开胃菜、开胃品或头盘，是西餐中的第一道。其特点是分量少，味清新，色泽鲜艳。现代常见的开胃菜有鸡尾酒开胃品、法国鹅肝件酱、俄式鱼子酱、苏格兰鲑鱼片以及各式肉冻、冷盘等。

2. 汤类

汤与其他菜性质不同，具有增进食欲的作用，不吃开胃菜的客人可以先来一碗汤。

3. 鱼类

鱼类可视为汤类与肉类的中间菜，味道鲜美可口。

4. 主菜类或肉类

西餐的重头戏，烹饪方法较为复杂，口味最独特。材料多为大块肉、鱼、家禽等。注意以肉食为主的主菜必须搭配蔬菜使用，原因有二，一是减少油腻，二是增加盘中色彩。常用配菜为各色蔬菜、马铃薯等。

5. 冷菜或沙拉

生蔬菜可以补充身体所需的植物纤维及维生素，将生蔬菜作成各式的沙拉，符合人们节食和养生的需要。同时沙拉还可以作为主菜类的装饰菜。

6. 点心类

点心品种包括各色蛋糕、西饼、水果及冰激凌。

7. 饮料

以咖啡、果汁或茶品为主。可以供应冷、热饮料（表5-32）。

（五）自助餐菜单编排

自助餐是靠菜肴展示来吸引顾客，自助餐的形式一定要吸引人，同时对自助餐台及设备的要求也比较高，需具有吸引力。餐台要进行艺术化布置，有主雕、鲜花和各种饰品进行装饰，餐具设备要具有保温和保鲜功能。对于自助餐主体内容——菜肴，一般有以下的要求。

①选用能大批量生产且放置后质量不降低的菜肴。热菜要选用能加热保湿的品种。②选用大众化、大家喜欢的食品，避免使用个别群体喜欢的风味菜。③尽量选用能反复使用的食品且易存放，比如冷食、生食、糕点类的食品。④注意菜肴颜色搭配，要挑选颜色比较鲜艳的菜肴。

表 5-32　传统与新式西餐菜单对照

传统西餐菜单	新式西餐菜单
冷前菜（hors d'oeuvre froid） 热前菜（hors d'oeuvre chaud） 开胃点心（savoury）	前菜类（hor d'oeuvre）或开胃菜
汤类（potage）	汤类（soup）
鱼类（poisson）	鱼类（fish）
大块菜（gross piece） 热中间菜（entrée Chaud） 冷中间菜（entrée Froid） 炉烤菜（roti）附沙拉（salad）	主菜类（middle course）或肉类（meat）
蔬菜（legume）	冷菜或沙拉（salad）
甜点（entremets） 餐后点心（dessert）	点心类（dessert）
冰酒（sorbet）	饮料（beverage）

　　自助餐看起来比较随意，可以安排各种类型菜肴上桌，就其内容来看，应该分为以下几类。

　　冷食类：各种原料制作的冷菜。

　　沙拉与水果：各色蔬菜、水果沙拉、时鲜水果。

　　热菜：热汤及各种炖、炸、炒的鱼、肉、家禽、蔬菜等食品。

　　甜食：各式蛋糕、面点或其他甜食。

　　主食：各种米、面制品，面包。

　　饮料：各色饮料、酒类。

　　自助餐来自西方，此种餐饮形式比较自由，不受拘束，故酒店、饭店采用较多，目前自助形式也很多，有海鲜自助餐、西式自助餐、日本自助餐、中式自助餐，还有中西合璧的自助餐，当然，不管哪种形式自助餐都要按照要求来进行选菜、编排，切不可随心所欲，违背原则。下面我们看一则西式鸡尾酒会菜单（表 5-33）。

　　自助餐在经营中菜单还可以每天设立不同的主题，每周一轮换。在一周中采用不同的自助餐菜单，根据不同主题来装饰、点缀餐厅，营造一种特殊的就餐氛围，是一种新的经营自助餐方式。下面是天府丽都喜来登饭店一周的不同形式主题自助餐（表 5-34）。

表 5-33　鸡尾酒会招待菜单

冷食单	热开胃食品
（选二种）	选五种（俄式风格）
烤牛胸肉	大茴香鸡翅膀
浸卤汁的鲑鱼	椰子果和啤酒虾
烟烤牛腰肉	鳕鱼饼和意大利南瓜
烤鱼片	豌豆馅面包
烤火鸡胸肉	茄子卷
甜火腿	干酪蛋奶酥球
	墨西哥鸡翅膀
自助餐桌	
选五种	肉串
Canapé Variety	虾味吐司
加勒比腊肠和番茄	菠菜馅饼
各式乳酪	中国蒸饺
生菜和汤	夹心葡萄叶
切片的新鲜水果	**甜品桌**
鳄梨沙拉和三角玉米饼	选三种
鹰嘴豆泥和填馅面包	用巧克力覆盖着的草莓
莴苣片	巧克力松露
新鲜土豆加酸奶油和鱼子酱	林茨夹心大蛋糕
醋泡虾	蛋白杏仁饼干
鱼糕加黄瓜片	大胡桃块
夹心雪豆	粉色小蛋糕

表 5-34　主题自助餐菜单（价格单位：CNY ￥）

星期一：渔海归来之夜 （Monday　Fisherman's Village）
星期二：南美烧烤之夜 （Tuesday　South American BBQ）
星期三：美国牛肉之夜 （Wednesday　American and U.S.Beef）
星期四：亚洲美食之夜 （Tursday　Asian Continent）
星期五：欧洲佳肴之夜 （Friday　European Continent）
星期六：甜点精灵之夜 （Saturday　Sweet Dessert and Cooking with Fruits）
星期日：家庭欢乐午餐（每位人民币 98 元） （Sunday　Family Brunch RMB98 per Person）
国际大荟萃晚餐 （International Buffet）
每位 118.00
（118.00 per Person）

第四节　菜单定价

餐饮管理者对菜单定价时，须考虑到菜肴价格与菜肴质量要相符，菜单价格决定着顾客的购买行为和餐厅未来客源人数，还关系到菜肴原材料成本的控制，关系到餐厅能否赢利。菜单定价对企业实现经济效益有着非常深远的影响。其中，菜单价格就像杠杆一样，调节顾客的购买行为和餐厅的赢利行为，调节好两者都可以达到最佳，调节不好总有一方要蒙受损失。

一、菜单定价原则

管理比较规范的星级酒店，厨房管理人员不是菜单定价的最终确定者，而是由财务部门统一进行核算，需要厨师长提供菜肴主配料的比例，能使菜肴价格保持在一个准确的价位上。在社会餐馆，多数情况下厨师长是菜单定价的主要负责人，不能完全凭借自己的经验或"拍脑袋"即兴发挥，或参考同行业的菜单价格，而不考虑企业经营方针，盲目地借鉴。因此，对菜单定价时要掌握一定的原则和方法。

（一）依据餐饮经营方式

非同类、连锁餐馆、饭店菜单由于经营方式上的差异，价格不可能完全相同，因此，要选择适合自身的定价策略。具体可从以下几个方面来考量。

1. 经营风味

经营风味上的差异，决定餐饮企业选择适合风味类型的定价策略。如经营燕鲍翅的酒楼，其独特的风味就已经显示出其所用原材料的价格肯定高于普通酒楼、饭店；经营火锅生意的饭店，其独特的风味也显示出其所用原材料的价格肯定低于普通酒楼、饭店。同一风味类型的餐饮企业，由于技术力量和原材料进价的影响，其菜单价格也会有差异。品牌类风味菜肴的价格，肯定会高于同类菜肴。如北京全聚德的价格，就要高于其他烤鸭店的价格。另外，连锁经营餐饮企业也会选择不同消费水平不同的定价策略。如肯德基、麦当劳等店，同样的品种，不同消费水平的城市价格不同。

2. 经营档次

不同的经营档次，菜单定价也会不一样，这主要取决于原材料的进价和饭店所规定的毛利率，档次高的饭店原料进价成本较高，加之高的毛利率，菜单定价自然会高。反之，低档餐饮企业原料进价成本低，毛利率较低，菜单定价自然会低。无论价格高低，菜单中菜肴价格与品质、服务相符都会宾客迎门。

3. 经营手段

餐饮企业属于服务性行业，产品不能大批量生产，是根据顾客指令进行小批量生产，加之服务员直接面向顾客服务，人工费用在餐饮价格中占很大比例，菜肴价格自然不会低于同等类型的食品制造业。如酒店生产曲奇饼的价格，肯定高于超市购买的曲奇饼，甚至有些高档餐厅使用精加工的手法生产菜肴，加工生产费用大大提升。如有些星级酒店开设极品餐、私房菜等，手工操作大于机械化操作，其菜价也大大提升。在菜单定价的时候，有些手工菜因手工费用高，毛利率会大大地超过其他菜肴的平均毛利率，如淮扬菜中的三头宴、红楼宴等，从价格上就普遍高于其他类型的宴席。

并不是原料越金贵，菜价就越高。多数餐饮企业会采用低价位菜肴设置高利润，高价位菜肴设置低利润的做法。如干丝成本价为3元，可以卖到10元；而澳龙成本150元，可以卖到225元，前一个是成本3倍多利润，后一个是成本1.5倍利润，看似前多后少，其差价一减干丝赚7元，龙虾赚75元（不是纯利）。可见，菜肴定价千万不能被固定毛利率所左右，菜肴定价要灵活。

（二）反映餐饮成本费用

西方一些经济学家认为，餐饮产品价格范围一般应在下列三个因素中浮动：一是餐饮产品成本、费用规定的最低价格；二是餐饮企业同类产品的竞争价格；三是餐饮产品消费者购买力最高需求量的最高限价。不符合上述三种定价因素可能会导致餐饮经营上的失败。给菜单定价之前，先了解菜肴价格的构成，然后清楚餐饮产品成本、费用的最低价格。下面介绍菜肴价格的构成。

1. 菜肴材料成本

菜肴价格形成主要有赖于生产菜肴所需原材料的进价，原材料一般有水产类、禽畜类、水果类、蔬菜类、粮食类、调味品类，可以通过直拨、仓储等方式购进和使用。购进的所有原材料无论以什么方式存在，都构成菜肴成本，将成本除以售价，就得到菜肴成本率。档次越高的餐厅菜肴原料成本率较低，通常占到售价的30%。低档次餐厅原料成本率较高，通常占到售价的60%～70%。高档餐厅用30元的原料，卖出100元的菜肴价格，可赚毛利70元；低档餐厅用70元的原料，卖出100元的菜肴价格，可赚毛利30元。由此，毛利率与成本率相加应该为100%。

菜单售价遵循下列公式：

售价 = 原材料成本 + 毛利

成本率 = 原材料成本 / 售价 × 100%

毛利率 = 毛利 / 售价 × 100%

成本率 + 毛利率 = 1

毛利是各个餐饮企业所追求的，是由费用加税金加纯利构成。即：

毛利 = 费用 + 税金 + 纯利

餐饮企业最终能获得多少纯利，与费用、税金等费用有关，也与原材料成本有关，假如这些费用能相对固定，售价（菜肴价格）越高，餐饮企业所获的毛利就越高、纯利也越高。现实经营中，菜肴售价不能盲目地加高，需考虑顾客的购买力。没有顾客的购买，合理的菜肴价格结构也是空谈，更谈不上获利。

2. 营业费用

营业费用中，如人事费、折旧费、维修费、水电费、燃料费、洗涤费、广告费、办公用品费、各式餐具费、其他（书报、邮费、运费）等费用都要折算到菜肴中，成为毛利的构成部分。其中水电费、燃料费，会随着经营状态出现变动。

营业费用中最重要的是人事费用，常涉及员工的薪资、福利、服装及餐费等四项。通常星级酒店，招聘人员的费用较高，有较好的福利、服装及餐费，所以毛利肯定要高于福利相对较低的社会餐饮企业，菜肴售价自然也要高于社会餐饮企业。

3. 财务费用

财务费用包括银行费用及贷款利息。企业因经营需要向银行贷款，就要支付相应的利息，在制订菜单价格时，这项费用也应计算在内。

4. 营业税金

餐饮产品的定价除营业成本和费用外，还要包括税金，税金主要有以下几个方面。

营业税：餐饮企业税收中最重要的部分，政府按企业餐饮收入的一定百分比征收，在5%左右。

房屋税：按房屋原价值的一定百分比征收，约为12‰。

所得税：按企业经营利润总额扣去允许扣除项目的金额后，依一定税率征收。

此外，还有印花税、牌照税、城市维护建设税。

国外的一些餐饮企业有的税金是分开计算，不加入菜肴中，由顾客单独支付，如新加坡在菜单的标价后面写三个"+"号，就表示要收政府税、饮食税和服务税。

5. 经营利润

经营利润是通常所说的纯利。大部分餐饮企业（提供福利的餐饮企业除外）都是以营利为主要目的，期望能获得最大利润。这并不是指在制订菜单价格时，一味地为了加大利润而提高售价，高利润固然很好，也要顾及客人的接受程度和其他各方面因素。一般而言，售价与销售量成反比。

（三）选择适合的餐饮定价策略

餐饮企业定价决策者应该考虑适合企业的价格策略，在保证成本、利润与经营理念上取得平衡，确保不会因定价太高而让竞争者有机可乘，也不会因售价太低而利润微薄。餐饮企业大多会采用以下的定价策略。

1. 暴利定价策略

暴利定价策略也称高价位策略，也称撇脂定价策略。撇脂原意是将牛奶上面那层油脂撇出来。现在的意思是餐饮企业在新产品刚推出的时间段里，采用高价的策略，让企业迅速赢利，犹如从鲜牛奶中快速把油脂撇取出来的效果。这类定价策略适合知名度高的品牌企业，实行这种策要具备两个条件。一是菜肴的独特性，市场无竞争对手，容易在市场中占据主导地位。如制作河豚需要一定的去毒加工技术，以保证食物的安全。而餐饮行业中并非所有饭店都拥有这项技术，所以掌握此项技术的饭店就容易从中赚取更高利润。通常一条20～80元成本的河豚制作成品价格可以翻几倍甚至几十倍。二是餐饮企业本身的品牌效应强，信誉好，具有一定的高消费顾客群。据笔者调查，在北京，全聚德烤鸭价格要高于一般烤鸭专营店，可以看出品牌店使用的价格策略。当然，暴利定价并非天价，其实际内涵是，对某一类型或品种的菜肴采用适合菜肴本身的最高价。在国内，餐饮企业不合时宜地定了天价，会带来更多的负面影响。多数天价产品在人们咋舌的"爆料"后，带来更多的指责。从以下案例可知其中缘由，据 2003 年 1 月 7 日《扬子晚报》的转摘报道："西安某饭店为 12 名客人精心准备了一桌 36.6 万元的满汉全席，创下西安宴席之最。"一时间各大媒体、报刊竞相报道，西安这家饭店成为焦点。但 3 天后，报道却出乎人们的意料，《扬子晚报》以《一桌饭 36 万出恶名——饭店营业额跌到最低》为标题进行了报道，文章中分析生意下滑的原因："由于消费者误认为该饭店属于那种'没有数万元甭想进'的饭店，那些想花几百元吃饭的顾客根本不敢进门，饭店营业额直线下滑，跌到最低点。老板因架不住海外媒体的采访要求而藏身他处，税务部门也特别留意 1 月 6 日那天的 36.6 万元营业款，要等饭店申报纳税之日仔细核查。"

一种定价的策略，却出现不应有的结果，主要原因还是在价格的离谱，带来适得其反的效果。

2. 渗透定价策略

与暴利定价策略相反，渗透定价策略是指餐饮企业将推出的餐饮产品，以较低的价格投放到市场的策略。为促销新产品、出清存货或加快现金周转，餐饮业把菜单中某些产品的价格定在比成本低或接近边际成本，扩大本类产品及相关产品的市场接受度，达到薄利多销的目的。餐饮企业采取渗透定价策略，最好具备下列条件：一是市场对价格敏感度高时，采用渗透定价策略有助于拓展市场；二是要以增加销售量来降低餐饮企业产品的单位成本；三是餐饮企业要阻止其他竞争者进入市场而采用低廉价格的策略，应具有一定的耐受力。曾几何时，杭帮菜以低价格、低成本运作手法进入上海餐饮市场获得成功，就是很好的例子。

如何使新产品赢得应有的市场份额，还需进行必要的评估和测算，可以通过下面公式计算得知：

$$M = U/P$$

M 为市场性

U 为产品的效用

P 为产品的价格

该公式表示，现有的和新开发产品所具有的市场性（M）就是用顾客眼里的效用（U）与顾客不得不支付的价格（P）相除所得的结果。从公式中可以看出，产品所占市场份额多少是需要以较高的产品效用和较低的产品价格为前提。反之，顾客认为缺乏吸引力、价格高昂的产品，其市场性与销售机会也会降低。顾客对效用（U）的评价会受年龄、个人喜好、社会地位、职业、收入等因素所影响。产品定价决策必须针对市场需求，尽量激发顾客的购买兴趣。

3. 优惠定价策略

许多餐厅在新开张期间，为使餐饮产品迅速打入市场，让顾客了解餐厅所经营的产品，吸引顾客消费，会暂时将价格压低，一旦过了优惠期，价格便恢复正常。一般优惠定价策略都是短期的，具体来说有折扣优惠、时段优惠、地点优惠等多种方法。

（1）折扣定价策略

折扣定价策略完全是利用消费者乐于享受各种优惠待遇的心理需求来定的。实际操作中，折扣定价策略包含真实折扣和虚假折扣两种形式。真实折扣是经营者在原有菜肴价格的基础上，给消费者实在的优惠比例，客人在消费此菜肴时比原来便宜。虚假折扣是经营者用打折来吸引消费者，先提价再打折，保持实际折扣的价格水平，与原来核定的真实价格水平基本相当。消费者对此并不知情，所以无论真实折扣还是虚假折扣，都具有一定的吸引力。

在具体的运用中，餐饮企业还实行一次性折扣和累计性折扣两种方式。例如：凡一次性消费500元以上给予5%的折扣优惠，1000元以上给予10%的折扣优惠，2000元以上给予15%的折扣优惠；再如：每预订12桌2280元以上的婚宴，只收取11桌的费用，这就是一次性折扣。累计性折扣如：凡累计消费1000元以上给予5%的折扣优惠，2000元以上给予10%的折扣优惠；又如：凡累计消费次数3次以上给予5%的折扣优惠，累计消费次数5次以上给予10%的折扣优惠，累计消费次数10次后可免费就餐一次（金额300元以内）。

其实折扣的方法很多，远不止列举的这些，实际工作中还可以采用回赠优惠券、免去餐费零头、发放实物礼品、赠送菜肴、免费享受特价菜等方法来吸引顾客。

（2）时段定价策略

时段定价策略是根据客人就餐的不同季节、日期、时间等，采取不同层次的优惠价格策略，包含的内容主要有季节优惠、周末优惠、时间优惠等。如以一天不同时段为单位进行优惠酬宾活动，上海某自助餐就是以不同时段优惠顾客：

中午自助餐（11:00～15:00）——80款上海菜任选，成人33元、儿童25元；

下午茶自助餐（14:00～17:00）——所有上海点心任选，成人20元、儿童15元；

晚上自助餐（18:00～24:00）——80款上海菜任选，成人68元、儿童48元；

夜宵自助餐（21:00至次日01:00）——80款上海菜任选，成人58元、儿童38元。

再比如以周末时段进行优惠酬宾，香港京港酒店推出的中式海鲜夜宵自助餐广告单，就有如下内容：由 6 月 3 日起，逢星期五、六、日 21:30 至午夜 0:00，荔轩中餐厅供应丰富中式夜宵自助餐，每位只需 98 元（原价 118 元）。另可特价 20 元享用啤酒 3 罐。

时段性优惠一般多用于生意较好的餐厅，这种做法既可以大大地提高餐厅利用率，将顾客分流，生意较淡的时间段被充分利用，又能调节菜式结构，保证每日菜肴新鲜而优质。

（3）地点定价策略

目前流行一种按地点定价的优惠策略，也称分价消费。即把包厢和大堂的消费价格分开，店堂与外卖的消费价格分开。

这种新兴的定价策略是店家考虑到顾客消费能力及消费环境而采取的手段，把大堂与包厢消费价格分开。大堂是饭店的一块"鸡肋"——不设，够不上档次，会失去婚宴这块市场；设了，多数时候没生意。用大排档消费价格去经营大堂，容易赢得更多的大众顾客，用星级饭店消费价格去经营包厢，则能争夺高端的消费人群。目前，多数饭店高档消费注重消费者的私密性，价格不是第一要素，重要的是包厢消费是否具备优质的服务和典雅的环境。

4. 心理定价策略

心理定价策略是最常使用的一种定价策略。利用得好，可以满足顾客的消费心理。一般常用的方法有尾数定价策略、首数定价策略、固定数定价策略。

（1）尾数定价策略

根据心理学分析和市场调查的统计数据显示：在消费者心目中，4.9 元与 5 元，9.9 元与 10 元，38 元与 40 元对比定价，在理性认识时，这些价格是一回事，但消费者对这些价格的心理反应却不一样。他们认为 4.9 比 5 元、9.9 比 10 元、38 元比 40 元便宜。针对消费者不同的心理反应，餐饮产品定价应遵循一定规律，通常有奇数和偶数两种尾数定价法。

针对奇数定价法而言，国外餐饮企业使用得较多。一项对美国 242 家餐厅所作的调查表明，58% 菜单价格以 9 结尾，35% 菜单价格以 5 结尾，6% 价格以 0 结尾。

美国心理学调查显示：价格在 7 美元以下的菜肴，其价格尾数通常是 9，使消费者认为餐饮企业有意给他们 1 美分的折扣，如某菜肴定价为 3.99 美元，顾客会认为该菜肴的实际价格是 4 美元，折扣为 1 美分。价格在 7 美元以上 10 美元以下的餐饮产品价格尾数通常为 5，使消费者认为餐饮企业给了他们 5 美分的折扣，价格高的菜肴应该有较大折扣。国外有些消费者会认为以 9 为尾数的价格，是廉价餐饮企业的标志，与他们身份和地位不相称。以 5 为尾数的价格，更能满足这类顾客的消费心理。餐饮产品的价格超过了 10 美元，尾数为 0 也不常见。

如某菜定价为 19 美元，而不应定价为 20 美元。

我国餐饮企业使用偶数定价法较多。根据我国餐饮企业经营经验，中国消费者就餐图吉利，更容易接受 6、8 等较为吉利的数字，餐饮企业在具体定价时必须充分考虑这些数字。如香港玉屏轩海鲜酒家推介菜单有如下内容：精美小菜 38 元起计、清蒸大东星斑每条 380 元、姜葱炒肉蟹每 500 克 48 元、生猛澳洲龙虾每 50 克 8.8 元等。

尾数使用 6 和 8，在我国香港、澳门、台湾等地也多有使用，尤其是 8 与"发"谐音，有发财之意，符合中国人"讨口彩"的习惯。

（2）首数定价策略

消费者通常会根据餐饮产品价格第一个数字，做出消费决策，认为菜肴价格中首个数字要比其他数字更重要，每一个首位数字会代表一个价格等级。如消费者会认为 8.9 元与 9.1 元两种价格之差，要比 8.7 元与 8.9 元两种价格之差大得多。因此，餐饮企业应该了解消费者的心理，宁将菜肴价格在同等级内调整，如菜价从 8.2 元调整至 8.7 元，也不要将菜肴的价格跨等级调整，如菜价从 8.9 元调整到 9.1 元。

（3）固定数定价策略

心理学家调查显示，有些消费者会把某一价格范围看成是一个固定价格。如经常把 8.6 ～ 13.9 元看成是 10 元；把 14 ～ 17 元看成是 15 元；把 18 ～ 23.9 元看成是 20 元等。快餐店使用固定数来定价菜肴，可以使顾客感觉到便宜和实惠。

二、菜单定价方法

实际工作中，菜单定价方法有很多，其准确程度只有一种，就是通过毛利率（或成本率）计算得到真实菜价。餐饮企业根据经营规模和方式，会采用不同的定价方法。前面介绍过，星级酒店菜单多是通过厨房对每道菜的原材料进行确认、核定数量、估算净料率，然后送交财务部门，由财务部门根据进价核算出原材料的成本金额，最后根据酒店的毛利率（或成本率）得出建议售价，最终酒店当局决策者会根据具体情况，采用合理定价策略确定菜肴的最后售价。对于一个新开张的酒店，这项工作是相当重要，当然也比较烦琐（表 5-35）。

（一）确定菜单价格方法

餐饮企业菜单定价时，首先确定本企业所采用原材料的成本率或毛利率。可以编制利润预算，确定企业利润率，加上企业比较容易确定的营业费用率和劳动力成本率，得出标准成本率。即：

表 5-35　成本核算标准配方卡

菜名			日期		编号	
原材料名称	单位	数量	单价	成本金额	备注	
菜肴要求： 建议售价 毛利率					合计成本	

批准　　　　　　　　　　　　　　餐饮经理　　　　　　　　制单

标准成本率＝计划利润率＋其他营业费用率＋劳动力成本率

一旦成本率得以确定，餐饮产品价格就比较容易确定。

将售价等于原材料成本除以成本率，即：

售价＝原材料成本 ÷ 成本率

或

售价＝原材料成本 ÷（1－毛利率）

这里只需要知道原材料成本，就可以算出售价。厨房生产中，原材料进价并非就是原材料成本，很多外行人会在这上面犯错误。每一种原料经过加工后，其真实重量会减轻或增加（干货原料），这部分消耗价值一定要加入成本之中，就引出净料率的问题（也叫出料率）。

净料率＝净料重量 ÷ 毛料重量 × 100%

厨房中有些人将净料率称"折"或"成"。如购进一只鸡，重 2.5 千克，经处理后得净鸡 1.7 千克，此鸡的净料率为 68%，厨房一般认为，一斤出六两八（即 500 克出 340 克）。从严格角度考虑，每种原料都有净料率，包括罐装（袋状）制品，需要称量，得出准确数字。行业中已经将原料净料率列出，形成固定数字。

计算原材料真实成本，先计算净料单位成本，即毛料单位价格除以净料率，净料单位成本＝毛料单价 ÷ 净料率。

将实际每份菜肴所用的数量乘以净料单位成本，再加上调味料、配料成本，就是组成菜肴的原材料成本。实际工作中，调味料成本多为估算。下面介绍一则菜肴售价计算方案。

对"滑炒玉兰片"进行定价。已知饭店的成本率为40%，炒玉兰片的主料为黑鱼，黑鱼进价为18元/千克，黑鱼出成鱼片的净料率为60%。炒一盘例份玉兰片，需要主料0.25千克，已知配料作价3元，调料作价1元，计算"滑炒玉兰片"的售价。

原材料的成本 = 毛料单价 ÷ 净料率 × 净料数量 + 配料成本 + 调料成本

=18÷60%×0.25+3+1=11.5（元）

售价 = 原材料成本 ÷ 成本率 =11.5÷40%=28.75 ≈ 28.8（元）

就是说一个例份（小份）的"滑炒玉兰片"的售价应该为28.8元。

综上所述，计算一份菜肴的公式其实就是：

售价 =［（毛料单价 ÷ 净料率 × 净料数量）+ 配料成本 + 调料成本］÷ 成本率

（二）菜单定价的种类

前面已经介绍过正规餐饮企业一般都由专业财务人员根据厨房提供每款菜肴的具体数据，计算出菜肴最后售价。事实上，许多社会餐饮企业没有专业财务人员为其计算和定价，为此，常常也会采用一些其他方法。

1. 参考价格法

许多新开张的中、小饭店，在厨师确定菜单后，大多是参考同类饭店的菜肴价格，照搬照抄，有时会在价格上略有调整。由于是参考价格，对别人饭店原材料进价、操作工艺、原材料损耗等一无所知，就容易造成生产的盲目性，导致亏损经营。这种方法大多为估算价格，处理不当会引起顾客投诉，或造成自身经营的亏损。如果是应急或参考使用，应考虑对菜单价格进行一定的核实和计算，力求准确再使用。

2. 系数计算法

系数计算法其实和公式计算方法大致一样，为方便厨师心算菜肴价格，而将复杂公式中的固定值变成系数，所得出菜肴价格与实际价格大致相同。据了解，行业中为便于计算，厨师都将鱼加工成鱼肉的净料率定为0.6或0.5，其系数为1.7或2，将虾加工成虾仁的净料率定为0.3，其系数为3.3等，将40%成本率定为系数2.5，50%成本率定为系数2，60%成本率定为系数1.7等。如用黑鱼肉制作炒玉兰片，已知饭店的成本率为40%，炒玉兰片的主料为黑鱼，黑鱼进价为18元/千克，黑鱼出成鱼片的净料率为60%。炒一盘例份的玉兰片，需要主料0.25千克，已知配料作价3元，调料作价1元，计算"滑炒玉兰片"的售价。

根据公式，净料系数 =1 ÷ 净料率

成本率系数 =1÷ 成本率

原材料成本 = 毛料单价 × 净料系数 × 净料数量 + 配料成本 + 调料成本

　　　　 =18 元 / 千克 ×1.7×0.25 千克 +3 元 +1 元 =11.65 元 ≈ 12 元

售价 = 原材料成本 × 成本率系数 =12 元 ×2.5=30 元

　这种系数计算法将原有公式中所有除法都变成乘法，便于厨房人员心算，针对一些应急菜肴进行定价或核定某个菜肴价格时，就容易体现出优势。如餐饮经营中，顾客需要消费时价的菜肴（由于季节因素，使此类菜没有固定价格，需要与顾客面议），在顾客消费后，收银部门需要厨房给出合理价格，需要厨房管理人员用应急方法进行计算。

　　菜单书面上定价还是要通过适当计算得出真实的结果，这对餐饮企业未来的成本控制会起到很好的作用。

　　3. 利润定价法

　　利润定价法除考虑食品成本外，另加上餐厅所追求的利润目标，将两者合并计算来制定菜单价格。此种方法的计算步骤如下：

　　预计食物销售额为 5000000 元

　　营运费用（不含食物成本）为 3150000 （元）

　　预期利润为 250000（元）

　　步骤 1：预估食物成本

　　　　5000000–（3150000+250000）=1600000（元）

　　步骤 2：算出定价的倍数

　　　　5000000 ÷ 1600000 ≈ 3 倍

　　步骤 3：计算每道菜的售价

　　　　食物成本 × 定价倍数 = 售价

　　假设沙拉的食物成本为 25（元）

　　　　25（元）×3（倍）=75（元）

　　这是一种从利润角度计算的方法，有许多数字是估算，缺乏相应依据，倍数的大小会有出入，食品价格准确度就大打折扣，这是个简单的计算方法，但国内还是少用。因为大陆较好的饭店成本率多为 40% 左右，达到 30%（即约 3 倍）的较少，目前香港的一些餐饮企业可以达到这个倍数。

　　4. 范围框定法

　　范围框定法是一种确定菜肴价格大致范围的定价手法，多用于修订菜单价格、制订菜价范围时使用，在修订菜单价格之前，需要进行许多数字统计工作。具体方法是在确定各类菜肴的价格范围时，先要把菜肴分成各大类别，根据竞争者餐厅或本餐厅以前的销售调查，算出各类菜肴占销售额的百分比，以及顾客对各类菜的订菜率。其公式如下：

各类菜的平均价格＝综合人均消费额 × 该类菜占销售额百分比 ÷ 订菜率

某餐厅计划客人每餐人均消费额为 30 元，菜单菜肴的分类，每类菜肴销售额百分比和顾客的订菜率见表 5–36。

根据上述公式：冷盘的平均价格 =30 元 × 16% ÷ 40%=12（元）

算出各类菜肴的平均价格后，根据各类菜肴拟定的菜肴数，向上或向下调整，定出该菜肴的价格范围。

各类菜肴的价格范围内，可以选择原料成本高、中、低档次搭配的菜肴，各类菜肴在一定价格范围内有高、中、低档之分。如果鱼虾类菜肴拟定为 12 种，价格范围应在 18 ～ 30 元，高、中、低档菜肴的价格范围则可按下列方法分解：高档菜肴 2 种，28 ～ 30 元；中档菜肴 6 种，22 ～ 28 元；低档菜肴 4 种，18 ～ 22 元。

表 5–36　菜单菜肴的分类表

菜肴类别		占销售额百分比	订菜率	计划平均价格（元）	价格范围（元）
冷盘		16%	40%	12	6 ～ 18
热炒	鱼虾类	16%	20%	24	18 ～ 30
	家禽类	15%	25%	18	12 ～ 24
	肉类	15%	25%	18	12 ～ 24
	蔬菜类	10%	30%	10	5 ～ 15
汤类		10%	70%	4.3	3 ～ 8
主食类		10%	100%	3	2 ～ 6
饮料类		8%	40%	6	2 ～ 6

（热炒小计占销售额百分比 56%，订菜率 100%）

如此，菜单价格被框定在一定的范围内，依照一定的策略定价计算，才能实现双赢。

第五节　菜单分析

菜单分析是厨房生产运作管理的重要内容之一。通过菜单分析，可以了解菜品的销售情况，厨房生产的盈利情况，市场消费价值趋向和菜点创新目标方向等问题，对厨房加工中二级（次级）原料应用，厨师技术水平评估、优秀人才选拔和菜单更新均有实际意义。

菜单分析方法有多种，分析指标主要有菜品的销售量、销售额、食品成本率、毛利额、净利额等。客源构成人均消费分析、ABC 分析和菜单工程分析是目前厨房采用较多的简便可行、操作性强的三种分析方法。

一、客源构成及人均消费情况分析

1. 分析目的

了解酒店各餐厅客源构成情况，掌握当期各类客源对饭店餐饮营业额的贡献，进一步强化市场定位。确定本厨房菜单菜品内容，准确定价。

2. 分析要点

（1）各客源群实现的餐饮收入比。

（2）各餐厅客源人均消费额与该餐厅市场定位的比较。

（3）各厨房菜品规格、档次、种类定位。

3. 分析步骤

如表 5-37 所示为某酒店不同菜单消费统计情况。

表 5-37　客源构成及人均消费情况分析　　　　　　　　　　　　　　　单位：万元

项目	宴会	零点	团队	本期实际
上期销售额	90	150	230	470
本期销售额	100	200	300	600
销售额构成比%	16.67	33.33	50	100
本期客人数	5000	12500	25000	42500
本期人均消费额	0.02	0.016	0.012	0.014

首先，按照宴会菜单、团队菜单及零点菜单等情况，将各种菜单客源消费情况予以划分并记录汇总。

其次，将每种菜单客源的收入额与历史月（年）底比较，从中找出每种菜单客源市场的潜力。如果当月宴会菜单、团队菜单引发餐饮营业额大幅度上升，应鼓励和要求销售部大力开拓团队、会议、婚宴市场；同时厨房要做好大宗相同原料的采购预订，批量菜品的预制加工，半成品的合理储存（容器容积要大），人员调班等生产准备。如果零点菜单有市场推力，应提前计划下个经营期各类原料众多品种的采购，不同菜品种类的预制加工，半成品的存放（容器数量要多），人员配备等生产准备。

最后，根据公式计算出各餐厅的人均消费水平。通过餐厅人均消费水平检查顾客实际人均消费额，是否在菜单策划的理想范围内，验证菜单市场定位与顾客消费是否吻合。根据人均消费金额和人均菜品消费数量，调整菜单品种和菜品零售价格。

4. 分析评价和对策

对客源市场的分析，可以帮助厨师长了解不同客源动态变化及客源潜力，便于对不同客源组织不同对策，如对不同客源组织生产销售对策、菜品策划、个性化服务方式等。

对餐厅人均消费的分析，可以帮助菜单策划者掌握不同厨房的生产定位与实际消费人群定位是否一致；帮助厨房对不同消费者策划不同的菜单、使用不同的定价策略。如是否应调整高低档菜肴比例，是否应引入部分菜肴，是否应调整菜肴价格等。

二、ABC 分析法

菜单 ABC 分析法是借用管理学中的一种分析方法，以菜品的销售额为指标，根据每种菜点的销售额百分比序列，将它们划分为 A、B、C 三组，并进行分析评价。

1. 分析目的

通过分析厨房每款菜品占菜品总销售额的百分比，掌握当期各菜品对厨房营业额的贡献，从而确定本厨房菜单菜品内容，确定营销策略。

2. 分析要点

①菜单中各菜品销售额之和。

②菜单中各菜品销售额占总销售额的百分比。

3. ABC 分析的步骤

如表 5-38 所示为某高校学生食堂炒菜的目录。

①统计每种菜肴的销售份数，乘以单价，计算出每种菜肴的总销售额。

②求出每种菜肴的销售额在分析菜品总销售额中所占的百分比。

③按百分比的大小，由高到低排出序列。

④按序列计算累加百分比进行分组。按惯例，A 组菜肴销售额占总销售额的 70%，B 组占 20%，C 组占 10%。

⑤通过对菜单菜肴的 ABC 分析，确定今后销售中应当加强推销的菜品，以及应当裁减的菜品。

4. 分析评价和对策

A 组菜肴由于比较畅销，销售额比重较大，达到总销售额的 70%，是菜单上的主力菜肴，也可称为重点菜品。

B 组菜肴销售额占比重居中，有的菜肴可能是过去的重点菜，有的菜肴通过促销也能成为未来的重点菜，这类菜肴也可称为调节菜。

表 5-38　菜单 ABC 分析法

品名	单价（元）	销售份额（份）	总销售额（元）	销售额构成比（%）	序列号	百分比（%）	分数
1# 菜	3.00	200	600.00	3.40	9	96.42	C
2# 菜	2.50	1100	2750.00	15.60	3	56.37	A
3# 菜	3.50	910	3185.00	18.07	2	40.77	A
4# 菜	6.00	50	300.00	1.7	11	100.00	C
5# 菜	12.00	70	840.00	4.77	6	84.39	B
6# 菜	2.00	400	800.00	4.54	7	88.93	B
7# 菜	2.50	800	2000.00	11.35	5	79.62	B
8# 菜	2.00	360	720.00	4.09	8	93.02	C
9# 菜	8.00	500	4000.00	22.70	1	22.70	A
10# 菜	11.00	30	330.00	1.87	10	98.29	C
11# 菜	10.00	210	2100.00	11.91	4	68.27	A
合计		4840	17625.00				

C 组菜肴销售额较低，一些是滞销菜，还有一些可能是尚未打开销路的新产品。对于那些销路一直较窄，又没有什么特色或其他作用的菜肴，应将其从菜单上去掉，用其他菜品替代。

由于每种菜肴的食品成本及售价不同，销售额指标并不能完全反映出菜品盈利能力的高低。但是在不了解菜单上各种菜的标准食品成本、只知道售价的情况下，ABC 分析法显得既方便又实用。

三、菜单工程分析法

菜单工程分析法又称 ME 分析法、波士顿矩阵，是从客人对菜肴的欢迎程度和盈利能力两个角度，以菜品的适销指数和毛利额两个指标同时对菜品进行综合分析的方法。

菜单策划的目的是获得更多客人以及更多收益，以毛利额评价菜品的盈利能力，比食品成本率评价更具合理性。因为菜肴的食品成本率低并不表示盈利能力必定高，有时尽管食品成本率较高，但菜肴所创毛利额也很高，这对实现企业经营目标更有实际意义。

1. 分析目的

通过分析菜肴的受欢迎程度，了解每款菜肴对企业利润的贡献，便于对菜单进行更正和取舍。

2. 分析要点

①每款菜品的畅销程度。

②每款菜品的毛利高低。

3. 分析步骤

表 5-39 为某酒店西餐厅菜单销售统计汇总。

①根据特定时间内菜单上某类菜肴销售份数计算各自的畅销指数。畅销指数是某菜肴销售份数除以每种菜平均应销售份数值。

②根据菜品标准成本、售价，计算各菜肴的毛利额，加权平均毛利额和食品成本率。

③根据国际惯例，以畅销指数 0.7 为界，对菜品进行畅销程度分类，即以平均畅销指数的 70% 为界限，超过畅销指数 0.7 为畅销菜肴，超过的越多，表明越畅销，而低于 0.7 的则为不畅销。以加权平均毛利额为界，对菜品进行盈利能力分类。某菜品的毛利额高于加权平均毛利额者，即为高利润菜。

④根据菜品畅销程度和盈利能力情况对菜品进行综合分类和评价。一般可综合分为四种类型：畅销、高利润，畅销、低利润，不畅销、高利润，不畅销、低利润。

为更直观、更方便地对菜品进行比较，以畅销指数为纵轴，毛利额为横轴，建立坐标系，如图 5-4 所示，标定所分析菜目在坐标系中的位置。以畅销指数 0.7 和加权平均毛利额为中线，将坐标系分为四个区域，自然地把菜品划分为上述四种类型。根据营销学术语，处于坐标系四个区域的菜品可以分类命名为明星、金牛、七巧板和瘦狗。

4. 评价与决策

菜品综合分类后，可根据所属类型以及具体情况进行评价与决策。

（1）明星类菜品

这类菜品既畅销，又具有获取高利润的能力，是厨房获利的明星项目，可以作为特色菜或重点菜向顾客推荐。在菜单上要安排在最醒目的位置，厨房生产中要严格控制和稳定这类菜品的质量。

明星类菜品可以选择适当机会尝试菜品需求的价格弹性，考察一下顾客是否愿意为这类菜中某些品种支付更多的钱并且继续畅销。明星类中超级星有时其价格敏感程度较其他菜品都低。

（2）金牛类菜品

此类菜品十分畅销但利润较低，这类菜往往起到吸引顾客的作用，能促进其他菜品的销售，被称为需求的发动机。

表 5-39　菜单工程分析法

序号	品名	销售份数（份）	销售指数	单位成本（元）	售价（元）	单位毛利（元）	成本合计（元）	销售额（元）	毛利额（元）	畅销程度分类	盈利能力分类	综合评价分类
A	炸鱼条	135	1.5	20.00	35.00	15	2700	4725	2025	畅销	不盈利	金牛类
B	煎牛扒黑花椒少司	90	1.0	30.00	65.00	35	2700	5850	3150	畅销	盈利	明星类
C	葱头汤	150	1.7	5.00	20.00	15	750	3000	2250	畅销	不盈利	金牛类
D	比吉达猪排	80	0.9	15.00	40.00	25	1200	3200	2000	畅销	盈利	明星类
E	莳萝烩海鲜	70	0.8	40.00	75.00	35	2800	5250	2450	畅销	盈利	明星类
F	蒸填馅鸡腿	110	1.2	10.00	30.00	20	1100	3300	2200	畅销	不盈利	金牛类
G	红酒汁焖猪肉卷	90	1.0	20.00	45.00	25	1800	4050	2250	畅销	盈利	明星类
H	烤羊排	75	0.8	35.00	60.00	25	2625	4500	1875	畅销	盈利	明星类
I	焖比目鱼白酒汁	50	0.6	25.00	70.00	45	1250	3500	2250	不畅销	盈利	七巧板类
J	普鲁旺斯小牛肉片	50	0.6	30.00	50.00	20	1500	2500	1000	不畅销	不盈利	瘦狗类
	合计/平均	900					18425	39875	21450			

加权平均毛利额＝23.83

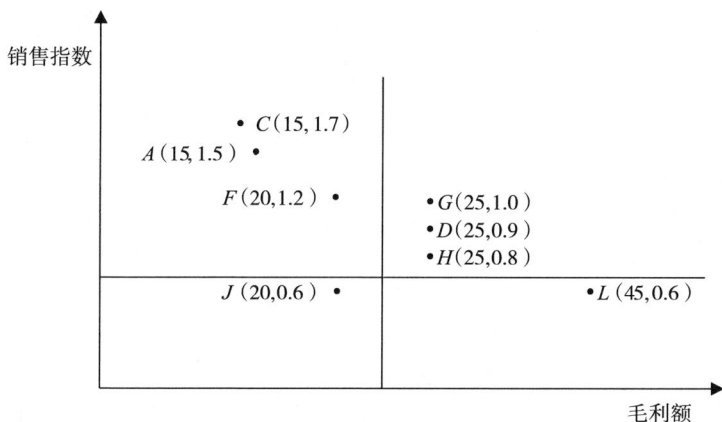

图 5-4 菜单工程分析图

金牛类菜品既可以是菜单的领头菜目，也可以是特色项目。要分析这类菜品的直接人工成本，确定劳动力和技术密集程度。如果某一金牛菜肴技能技巧要求高或费工费时，则要适当提高售价或降低标准成本，但不能有显著差别。如果该菜肴具有树品牌、占市场的作用，为增强竞争力，则应保持现行价格。无论是提高价格，还是改善毛利，均应根据（弹性）需求，分阶段适当进行。

（3）七巧板类菜品

七巧板类菜品也称为问号菜品，这类菜品虽然不畅销但单位毛利额却较高。厨房每生产一份该类菜品并实现商品价值，都能产生较高的利润。

菜品成为七巧板类的原因很多，有些可能是定价太高，名不符实；有些可能是定位不准，缺少顾客群；还有些可能是新推菜，还没有被顾客认可。菜单策划中要认真分析菜品成为七巧板类的原因，对于那些一直不畅销，并且制作成本较高、原材料难以保存、产品质量也不稳定的菜品，坚决从菜单上去掉。对受欢迎程度较高，但价格弹性需求不敏感的菜品适当提高售价，以获取更高的利润。对暂时滞销的菜品，要分析原因，重新制定营销策略。有些七巧板类菜品虽然销量很低，但能起到体现厨房生产水平、烘托餐厅气氛的作用，也称为招牌菜。对这类菜既要限制其数量，还要精确估计其影响效果。

（4）瘦狗类菜品

这类菜品称为瘦狗类，是因既不畅销，也不盈利或盈利能力较低。这类菜品应及时从菜单上去掉，选择其他菜肴替代。当然某些瘦狗类菜品可能有推销潜力，通过努力可能会成为金牛或七巧板类菜品。

菜单中各类菜之间互相竞争，最直接的是同类型菜品。在使用菜单工程分析法分析菜单时，先将菜品按不同类别进行划分，对直接竞争的同类菜品进行分析。菜单工程分析不是对菜单上所有的菜品分析，而是按类型、菜式分别进行。如中餐菜单可以分为冷盘、热菜、汤类、面类四类。西餐菜单可分为开胃品、汤类、沙拉、主菜、甜食、饮料六类。进行菜单工程分析时每次只对同一类菜品进行分析。

✔ 本章小结

菜单是餐饮企业的销售名片，一份设计精美、赏心悦目的菜单能展示餐厅品位，体现烹饪技艺水平。学会安排菜单、设计菜单是厨房管理者必须具备的素质之一。

菜单编写必须经过事先筹划。餐饮企业确定目标定位后，必须寻找竞争对手和了解市场行情，广泛收集各种信息、资料，尤其是掌握竞争对手的菜单资料，进行系统分析、考证，然后设计出经营项目，做到有的放矢，保证日后经营中的优势。

餐饮企业菜品经过一段时间运营后，需对菜品盈收进行系统分析，确定明星类菜品，淘汰瘦狗类菜品，对菜品进行重新编排和更新，以满足广大消费者的要求。

菜单定价对企业实现经济效益有非常深远的意义。其中，菜单价格就像杠杆一样调节着顾客购买行为和餐厅盈利行为，调节好两者达到最佳状态，保证餐饮企业经营效果。

✔ 思考与练习

1. 什么是菜单？何为菜谱？它们的区别在哪里？

2. 菜单的种类与作用有哪些？

3. 设计一份中型酒店的零点菜单。

4. 设计一份350元的团队菜单（要求：写出各菜肴的烹法和口味）。

5. 什么是菜单的 ABC 分析方法？

6. 如何对饭店的菜品进行评价与决策？

7. 设计一份冬令菜单，价格为800元/人，人数10人（要求：写出菜肴的名称、口味及上菜顺序）。

8. 看下面一则案例，分析其中定价错误的地方。

某酒店的一份松仁玉米标价98元，顾客食用后结账发现不对，遂投诉给餐厅，餐厅认为没有问题，并坚决要客人结账。最后引发纠纷，客人将98元/份的松仁玉米投诉到消费者协会，消费者协会认为酒店有欺客行为，要求酒店做出答复。几天后酒店总厨作出解释，玉米乃进口玉米，价格为4.5元/听，松子的价格为50元/斤，炒一份松仁玉米需用玉米2听，松仁5两，这样成本为34元，加上调料5元钱，乘上2.5的毛利系数（60%的毛利），正好是98元。

第三部分　厨房的生产实施

第六章　厨房原料管理

本章内容： 原料采购

原料验收

原料贮藏与领用

教学时间： 4 课时

教学思路： 由烹饪原料学引申导入，讲解厨房运营中，原料从采购到验收再入库，

最后领用的整体流程中各个环节的程序和管理

教学要求： 1. 了解厨房原料管理的基本方法及程序

2. 掌握厨房原料控制的规律及表格设计

3. 熟知厨房原料选购、检验、贮藏及盘存的原则

课前准备： 阅读烹饪原料贮藏的相关知识

人们常说"巧妇难为无米之炊"，筹措原料是厨房生产的第一步。每个餐饮企业要从自己的经营目标出发，选择适合厨房生产的原材料，确定质量标准，规定需要的数量，选择适当的价格，同时使用正确的贮藏、保管的方式，为厨房生产做好准备。选择质优价好的原料是原料管理的宗旨，这是厨房生产出高质量餐饮产品的前提条件，就连古人对待原料问题时，都说"司厨之功居其六，采办之功居其四"，可见厨房原料管理的重要性。

第一节　原料采购

管理学家认为：一个好采购员可为企业节约 5% 的成本。如今餐饮企业内部分工越来越细，除一些小型餐馆是老板或非专业的亲属去采购，大型餐饮企业都有专门的部门、专业的人员去采购。对一个餐饮企业来说，采购员代表餐饮企业的整体利益，手头掌握企业的一部分资金。因此，这些采购人员除须具备一定的业务经验外，还应该具备良好的职业道德。

有些餐饮企业中，采购部门隶属于餐饮部，餐饮部门管理者可以直接进行监督、管理工作。有些餐饮企业，采购部门隶属于财务部。无论哪种情况，采购部门和厨房都没有从属关系。采购部门对厨房的重要性有目共睹，厨房在实际工作中，可以指导、监督采购部门的工作，这又使得两者之间的关系非常紧密。有时厨房管理者可充当采购员的角色，如异地采办高档干货原料时；同时也是监督员的角色。为此，了解采购各种程序及方法是厨房管理者应该具备的基本知识。

一、原料采购方式

原料采购方式多种多样，餐饮企业选择何种采购方式，其实完全依照厨房生产规模和原料市场的具体情况。餐饮企业原料的采购方式，一般可分为合同采购、报价采购、实地采购、招标采购四种。

（一）合同采购

合同采购是指买卖双方达成的一致性协议，签订合同进行采购。从目前情况看，合同采购可分为长期合同和短期合同采购两大类。

1. 长期合同

长期合同主要用来采购餐饮企业用量比较稳定、数量较大的食品原料。它能够保证供应商提供稳定可靠的货品。合同条款对双方都会有制约，但餐饮企业一方在遇到质量问题时，可以有明确的责任承担者和索赔对象。同时，由于合同条款的限制，采购人员舞弊的可能性会降到很低。

2. 短期合同

短期合同采购是一种较为正规的采购，它一般可以用来采购用量不稳定但单位价值高的原料，如鱼翅、燕窝等。

（二）报价采购

报价采购是指餐饮企业将所需的物品填写进订购单，附带采购质量规格说明书，向供应商询价，由供应商填写报价单或正式报价。通常情况下，供应商所填写的报价单应包括品名、价格、单位、数量、交易条件及有效期等。采购部门将各供应商报价单汇总，填写原料采购单，以供餐饮企业决策者选择（表6-1）。

表6-1　供应商评估表

	单价（元/500克）	质量	可供数量（千克）	结算期限（天）	采购方式	信誉度
A供应商	5.60	去筋	10	10	送货	好
B供应商	5.00	去筋	15	15	送货	一般
C供应商	4.60	有筋	25	10	不送	一般
D供应商	6.95	进口	不限	合同	送货	好

经过多方的权衡、分析和比较，餐饮企业的决策者会选择一个比较公道的价格，质量相对好的供应商为本企业提供货品，当然，一般餐饮企业为了防止一家垄断，多会掌握两个或两个以上某一品种原料的供应商（有的企业规定不少于三个），见表6-2。从原料管理的角度出发，餐饮企业每月会让供应商们重新报价，在其中选出当月最适合的供应商，保持同类原料供应商之间的竞争，餐饮企业才能从中受益。

（三）实地采购

实地采购是餐饮企业根据所需的原料及数量，直接到市场上进行选购。实地采购有两种采购形式，一种是本地采购，另一种是外地采购。

1. 本地采购

本地采购是大型的餐饮企业和小型的餐饮企业多采用的手段之一，尤其是大型的餐饮企业，他们多选择供应商供货，缺少市场价格浮动的一手资料，有时容易被供应商左右价格，适时地选择本地采购可以及时了解市场行情，约束供应商的不良行为，同时还可以为厨房提供最新的原材料信息。

表 6-2　×× 大酒店采购单

编号　　　　　　　　　　　　　　　　　　　　　　　　　　　　　　　日期

					从：部门				至：采购部					
编号	品名	规格型号	数量	上次单价	本期报价						本期定购		
					一		二		三				
					供应商	单价（元）	供应商	单价（元）	供应商	单价（元）	供应商	单价（元）	金额（元）
	肉类												
	牛肋条肉	一级	20千克		A	6.50	B	6.20	C	6.40	B	6.20	
	牛排	一级	15千克			6.80		7.00		6.90		7.00	
	……	……	……			……		……		……		……	

1. 运输条件 2. 付款条件 3. 其他	备注

申请部门经理　　　　　　采购部经理　　　　　　财务总监　　　　　　总经理

第一联：采购部　　　　　第二联：收货部　　　　第三联：财务部　　　第四联：申请部门

2. 外地采购

到外地或产地直接进行采购，虽然要支出更多的交通费用和人工费用，但由于减少了许多中间环节，加之原料价格大大低于市场价格，因此采购的总成本还是比较低的，这对大型的餐饮企业、连锁企业非常合适。例如，上海、杭州的一些大型餐饮企业，都到广州、福建等地进行海鲜原料的实地采购，一般可节省1/3 的原料成本。

（四）招标采购

招标采购是一种按规定的条件，由卖方投标价格，并确定时间公开当众开标，公开比价，以符合规定的最低价者得标得一种买卖契约行为，其步骤如下。

1. 发标

餐饮企业对所要采购的原料、物品的名称、规格、数量及条件等加以确认，填制发标单，刊登公告并准备出售标书。

2. 开标

把供应商投来的标书启封，审查供应商的资格，如果没问题再予以开标。

3. 决标

开标之后，必须对报价单所列各项规格、条款加以详细地审查，再举行决标会议公布决标单并发出通知。

4. 合约

决标通知一旦发出，这项采购买卖就告成立，再按照这个规定办理书面合同的签订工作，合同签订之后，招标采购就算完成。

招标采购具有公平自由竞争的优点，可以防止舞弊。多适合大型餐饮企业选用。

二、原料采购程序

原料的采购有两个步骤，即订货和购买。餐饮企业中原材料一般是两个部门进行订货，即厨房和仓库，一般厨房负责直拨原料的订货，也就是鲜活原料的订货；仓库负责仓领原料的订货，然后统一交由采购部（或采购人员）去购买。下面分别介绍原料采购的程序。

（一）厨房原料采购程序

厨房原料需要每天申购，前一天提出请求申购第二天的原料。为便于操作，厨房会固定在一个时间段进行申购。各餐饮企业经营情况不同，各厨房申购的时间段不尽相同，有下午提出申购，或晚上提出申购的，从效果上看，晚上申购第二天原料更好些。

厨房申购原材料一般指鲜活的动植物原料，这些原料用量大，贮存期短，为保持原料特有新鲜的风味，一般由厨房负责申购，而非仓库。具体的申购程序如下。

1. 递交申请单

厨房需在每天下午或晚上，对厨房里现存食品原料进行清点，查看明日各种食品原料的需求量，将预期的需求量与厨房现有的库存量进行比较，估算出明日需购进原料的数量，并填写厨房食品申请单，报餐饮部经理批准。有的饭店为提高效率，认定厨房主管签字也可以（表6-3）。

填写申请单时，注意将所要采购的原料进行分类，要求和规格填写清楚，以备采购部门查验。餐饮饭店将原料采购单据直接进行分类，会减少厨师填写单据时出现原料混乱的现象（表6-4）。

由于厨房食品申请单是提供给采购部参考的单据，多数餐饮企业食品申请单设计得都比较讲究。少数小饭店考虑成本，采用一般便签，甚至是废纸去填写采购单，这种做法不可取，一来比较容易丢失，二来不太容易核算每日成本。事实上一些有实力的餐饮企业将每日所需要各种原料，提前印刷在无碳复写纸张上，每日采购的原料只需打钩，免去厨房誊写的工作，既简洁又高效，格式如表6-5所示。现在，随着厨房中计算机和互联网的广泛使用，无碳复写申购单可以直接在计算机上进行作，利用网络传输给采购部，其工作效率会更高。

表 6-3　厨房食品申请单

年　月　日

原料名称	规格质量要求	需求数量	备注
牛柳	进口	5 千克	
猪仔肉排	一级	10 千克	
肉蟹	鲜活	4 千克	不带绳子
……			
小青菜		7.5 千克	
西芹	进口	8 棵	
……			

申请部门　　　　　　　　　　　申请主管　　　　　　　　　　　采购部门
第一联：厨房留存　　　　　　　第二联：采购部

表 6-4　××饭店每日市场采购计划单

年　月　日

肉类			水产类			蔬菜类		
品名	单位	申购数量	品名	单位	申购数量	品名	单位	申购数量

禽类			豆制品					
品名	单位	申购数量	品名	单位	申购数量			

申请部门　　　　　　　　　　　申请主管　　　　　　　　　　　采购部门
本单一式三联，验收、采购员一联，留存一联。

表 6-5　每日市场单

申请日期

送货日期

序号	品名	单位	库存	已订货	订货	供应商	单位价格
	蔬菜						
122003	鲜芦笋	千克					
122011	银芽	千克					
122014	紫菜头	千克					
122017	西蓝花	千克					
122022	津白	千克					
122024	包菜	千克					
122028	西芹						
……	……						

准备　　　　　　　总厨证明　　　　　　　成控组　　　　　　　采购主管

2. 处理申请单

签过字的采购单送交采购部后，负责厨房采购的人员会一一地将各种申购原料进行划分，挑选出需特殊购买的原料和一般原料、明日购买的和次日购买的、急购的和缓购的，然后填写每日原料订购单，再交部门主管签字。也有一些饭店采购部将各种申请单进行处理后，直接在申请单上签署意见就实施采购，无须主管签字。

3. 供应商选择

采购部在采购原料之前，一般会选择供应商提供的报价表，根据不同报价、供应商资金实力，供应商的供货信誉及基本素质，选定最佳供应商。

4. 实施采购

当采购部决定向供应商或供货单位订购原料时，采购部要制订正式的订购单或订货记录向供应商订货，此单一式两份，一份给采购部，验货时交给收货部，以备收货时核查，验完货后，收货部将单交还采购部备存。另一份给供应商，以作为送货的依据。单据如表 6-6 所示。

5. 处理票据

当验收完毕，验收人员必须做到以下几点：一要开具验收单；二要在供货发票上签字；三要将供货发票、原料订购单、验收单一起交于采购部，再由采购部转到财务部审核，经审核无误后，定期支付货款。

表6-6　每日食品订单

编号　　　　　　　　　　　　　　　　　　　　需货部门：

供应商：　　　　发单日期：　　年　　月　　日　　交货日期：

品名	规格、下单数量	实收数量	品名	规格、下单数量	实收数量

发单人：

（二）仓库原料申购程序

仓库原料申购不一定像厨房要每天进行，只是到仓库库存量达到最低界限时，才填写采购单。仓库中所存放的各种物品、原料第一次申购不是在库房，而是由厨房主管填写采购单，一旦仓库有了存货，仓库保管员就会根据物品、原料的缺失情况下单补货。

仓库一般申购的原料、物品多为冻制品、调料制品、干货制品及厨房使用物品。这些原料、物品都具备贮存的功能，货架期较长。具体的申购程序如下。

1. 填写申购单

仓库一定要了解各种物品库存的最低限量。所谓库存的最低限量，是为保证厨房的正常供应，减少资金积压而确定的订货库存量，主要根据各种物品的每日消耗数量、保存期限、进货难易以及从订货到入库的间隔天数等因素加以确定。一般只有现存货数量接近或达到最低限量点时，仓库保管员才会填写申购单申购，这样可以减少资金的占用。

最低库存量控制的概念用具体事例来阐述。

例如某饭店月采购罐装菠萝的订货量。

采购周期：30天

采购单位：瓶

每天的使用量：10瓶

每月的使用量是：10 瓶 / 天 ×30=300 瓶

从订购到送到仓库所需时间：5 天

从订货到送到仓库期间的使用量为：10 瓶 / 天 =50 瓶

安全系数是：50 瓶 ×50%=25 瓶

最佳订购量：

订货到货送至仓库期间的使用量 + 库存安全系数，即 50 瓶 +25 瓶 =75 瓶

最高限量：300 瓶 +50 瓶 =350 瓶

最低限量：50 瓶

采购量：现有库存量减去最佳订购量。再将采购周期使用量减去超过数量得出本月所需采购的量。

假设现有库存 80 瓶

即：80 瓶 –75 瓶 =5 瓶

300 瓶 –5 瓶 =295 瓶

本月最佳采购量为 295 瓶。

仓库填报的申购单，通常称做申购单，即采购单，通常有三家供应商的报价，报价由采购部提供。通常厨房需完成第一次申购物品（无库存的）或需仓库贮存的原料、物品，这时要填写申购单，以后厨房需要物品的申购只需通知仓库即可，由仓库直接下申购单。

2. 审批

仓库原料、物品的申购与厨房申购不尽相同，厨房申购都是日进日出的原料，为减少不必要的手续，直拨类原料只需下厨房食品（非物品）申购单，由厨房主管或餐饮经理签字即可。仓库原料、物品必须经过询价，要同时有三家供应商的报价，尤其对新购物品或原料应该按照这个程序来进行，甚至对一些大宗的物品，价值超过 2000 元的（各餐饮企业规定不一），需总经理或董事长来审批、签字。凡是经过询价确定合同关系的供应商，此采购单只需仓库主管签字，如果是厨房用品，订购数量需厨房主管审定，然后报餐饮部经理批准确认即可。

3. 采购部订购

采购部或采购人员根据申购单的要求，先报出三家供应商的价格，没有三家需说明原因，再选出质量上乘和价格合理的一家。采购部经理审批后，交财务总监和总经理签字后做订购单，即 PO 单（purchase order），与供应商签订订货货单或合同，经批准后采购部门除自己留存一份外，还应送交请购部门、仓库验收、财务各一份，然后安排采购事宜。

4. 验货与付款

供应商送到的货物，需收货部、厨房主管进行验收，合格后，由财务部核准按合同规定的期限付款。采购程序见图 6–1。

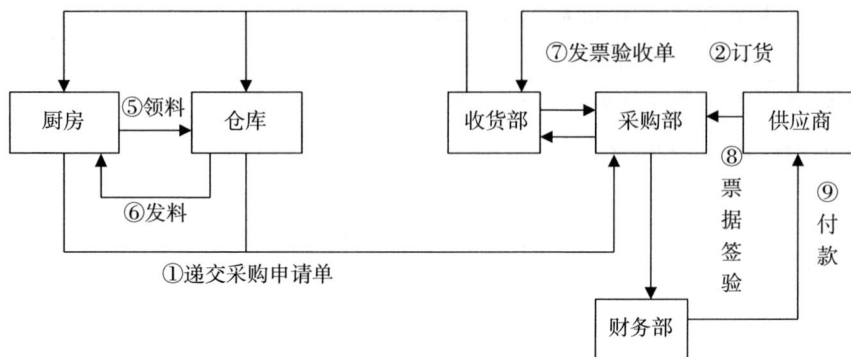

图 6-1　采购程序示意图

三、原料采购管理

采购工作尽管是采购部门操作，但作为原料、物品使用部门——厨房，有权对采购的原料、物品进行监督和管理。通常监管的主要有质量、数量和价格三方面。

（一）采购质量管理

原材料采购环境中，对质量理解应该包含两层意思。

第一是原料品质质量概念，就是将原料部位、产地、等级、外观、色泽、新鲜度等定为质量标准的参考因素。为避免口头描述产生的理解误差，使原料规格质量不稳定，通常采用书面的形式加以说明，需要编撰标准采购规格书。此规格书需要根据菜单中提供菜肴的要求编写。使用固定菜单的餐厅，在一段时间内其菜肴相对稳定，原料标准采购规格书也相对稳定。如果菜单变化或市场条件变化，采购规格书就应进行部分调整、修改或重新制订（表 6-7）。

第二是原料使用质量概念，厨房管理者往往会忽略这点，如要煲一个老火例汤，需要加入一定数量的猪肉，可以是里脊肉，也可以是猪瘦肉，就原料质量而言，里脊肉最好，价格也最高，而猪瘦肉的质量与价格都低于里脊肉。同样用于熬汤，两者的效果几乎没有差异，从成本角度考虑，厨房管理者会考虑采用猪瘦肉，因此，使用猪瘦肉最好。在厨房生产中，这种例子还不少。

具体工作中，不能把采购规格书当作"万金油"，厨房管理者更应灵活掌握原料质量概念，做好质量控制、监管工作。市场原料变化因素太大，厨房管理者只有不断地学习，掌握一些最新鉴别原料质量的手段，才能以不变应万变。如有些供应商将发好的鱼肚浸入猪油，猪油起冻后，可以使原料增重；福尔马林浸泡海参可以使海参增大、富含水分等，这些都是不法商贩使用的手段，如果管理者缺少足够的认识，就可能加大餐饮企业的损失。

表 6-7　标准采购规格书

品　名	规格	质量说明	备注
牛腰肉	0.5～5 千克	带骨切块，25 厘米。符合商业部牛肉一级标准，油层 1～1.5 厘米，肉色微深红，无不良气味，无变质和溶冻迹象	冷冻运输
猪里脊	1.5～2 千克/条	每条猪里脊不得超过规格范围，不得带有脂肪层，新鲜的或冻结良好的，无异味	送货时应予以低温冷冻
箱装肉用鸡	1～1.25 千克/只	去头颈爪、内脏，并将肫、肝、心整理后装入腹腔内，冻结良好，外观白净无异味	运输时应低温
……			

（二）采购数量管理

原料采购数量管理需要厨房管理者对采购人员进行必要的指导，使原料供给既充足又不额外剩余。对日进日出的厨房物品、原料进行管理、控制确实难度很大，因为谁都难以预测物品、原料消耗的数量。鉴于此，对原料的类型分类管理可能是一个好的办法。一般餐饮原料可分为易坏性原料和非易坏性原料两种。

1. 易坏性原料的采购数量

易坏性原料一般多为鲜活原料，这类原料需要尽快地消耗完再购买，保持原料特有的新鲜度。这类原料采购方法有两种，一是根据实际用量采购，即需要每天检查厨房原料的库存，对单价大、价值高的原料需要准确地清点，而对单价小、价值低的只需要估算。由此，确定出每天大致需要量，一般可以通过简便的计算来进行。

原料需购量 = 应备原料量 - 现存量

二是当原料价值不是太大，但消耗量大，所需数量比较稳定时，可以采取另一种采购方式，即长期订货采购，这类原料一般会有一个固定的消耗，可以与供应商规定协议数量，定期送，除非有特殊情况需要增减，再另行通知，这样，既避免每日清点的麻烦，又能保证不缺货，如鸡蛋类食品。

实际工作中对采购的控制与管理，并非只是和采购部门打交道，和前厅及营销部门也需要适时的沟通，如鼓励顾客提前预订，可以出台相应的奖励机制，与就餐活动进行捆绑。如在某日之前预订，可以优惠或得到某种酒的奖励，将顾客举手之劳的预订活动与顾客利益挂钩，使顾客得到实惠。从生产经营角度来看，饭店预订越多,厨房原料采购的数量就越稳定,原料稳定厨房生产量控制就越好,浪费就越少。长久来看,厨房生产产品量可以保持在一个相对稳定的基础之上,从而尽可能做到"零"储存,既能保证原料的新鲜度,又不积压原材料增加成本,这是对易坏性原料采购数量的最佳控制。如果增加厨房包装化半成品原料的存储,也可以达到控制原料数量的目的。因为包装化半成品原料,既具有储存的特性,有保藏期、保质期,又处于毛料和成品之间,离成品只一步之遥,可以减少突来顾客引发菜肴上桌缓慢的不利因素。可以预见,未来厨房生产中使用包装化半成品的可能性会大大提高。因为既要菜肴出品质量好,又要出菜速度加快,还要应付突如其来的零散客源,防止造成缺货,包装化半成品可以起到一箭双雕的功效。

2. 非易坏性原料采购数量

非易坏性原料不易迅速变质,为减少工作量可一次性采购较大数量贮存起来。非易坏性原料一次采购量多少,采购间隔天数多少,可根据餐饮企业的具体情况选择不同的方法。总体说来它比易坏性原料容易控制。

（三）采购价格管理

原料采购中,价格管理是比较重要的工作之一。市场每天都会有价格波动,所以原料价格要固定在一个数值上是不可能的。任何一家餐饮企业都希望能得到价格优惠的高质量原材料,这就需要有相应的措施来保证采购的价格。具体方法如下。

1. 执行每周询价制度

多数大型餐饮企业都是由供应商提供生产必备的原材料,供应商提供的价格一般情况下会比市场价格略高,这与餐饮企业需要供应商送货消耗人力费用和提供相应的税票有关。餐饮企业可以让供应商有高于市场均价的价格,并非让其无限制地去抬价、随意报价,餐饮企业必须要有相应的制约手段,那就是要求总厨、采购部经理、餐饮部经理、成控部经理每周到市场去询价,了解最新市场价格的动态,掌握最新的价格信息,为每月定价工作做准备。

2. 遵循每月报价制度

上面提到市场价格波动的必然性,餐饮企业就必须做出相应对策,坚持每月供应商报价制度。每月报价包括在可能的情况下,蔬菜、水果、鲜肉类、鲜禽类等鲜活类原料每周报价和调料、水产、冻肉类、冻禽类等冻制品每月报价,分别由各供应商填写自己经营品种的最新价格,然后由采购部组织召开由主管部门、厨房和供应商参加报价定价会,根据询价结果确定最新的原材料价格,最后形成本月的报价单,报价单如表6-8所示。

表 6-8　某酒店食品报价表

年　月　日　单位：元

名称	规格	本期价格	上期价格	名称	规格	本期价格	上期价格
茼蒿		0.80	1.00	进口西芹		5.00	5.50
冬瓜		0.30	0.20	白瓜		1.10	1.50
菠菜		0.90	1.20	青瓜		1.10	1.50
黄芽菜		0.60	0.80	西蓝花		3.00	5.00
莴苣	净	1.00	1.20	茄子	山东	1.80	1.20
……				……			

财务总监：　　　　　　　　　　　　成控：
采购部：　　　　　　　　　　　　　餐饮部：

3. 建立现金采购制度

大多数餐饮企业为能保证更多的流动资金，不会用现金去购买各种原材料，大多采用供应商送货的方式，企业结账期为一个月到几个月不等。如果不能及时按月结账，供应商会有意抬高价格，必然造成部分原料价格上扬，所以餐饮企业采购形式不能只依赖于供应商送货，有时要采用部分原材料现金采购的制度，尤其是对于急需用品的采购。现金采购的好处是可以时刻了解原材料市场的新动向，避免餐饮企业急需原料时供应商抬价，避免不必要的资金浪费。

4. 建立价格否决制度

质（质量）价（价格）相符是原材料采购的基本原则，为保证原材料的质价相符，应设立"三级"否决制，即采购经理、厨师长、餐厅经理三方对原材料质量和价格的否决制度。如果餐厅经理对菜肴出品的质量和售价不认可，即可以投诉厨房，由厨房承担相应菜肴损失费用，厨师长对原材料质量和价格不认可，可以投诉采购部，由采购部承担相应原料损失，采购部门对原材料质量和价格不认可，可以对供应商实施一定的"惩戒"。如货品"白吃"，或者推迟结账日期等。

对于原材料管理，首先是原料价格、质量和数量之间是存在着相互依存的关系的，如价格与质量应该是相符合的，原料不能价格高而质量差；价格与数量之间也要保持一种平衡关系，价格高的原料在采购中进货数量就要控制在一定的范围之内，不要盲目多进，否则会更多地积压资金。理清它们之间的关系才能更好地对原料进行更合理管理。其次是不能忽视对供应商的管理。供应商不是餐饮企业的员工，而原材料质量、数量、价格的第一关又来自供应商，其重要性可想而知。为此拉拢供应商，为供应商寻找双方合作的利益点，成为餐饮企业原料管理的重点。这样可以杜绝采购及厨房等相关人员的吃、拿、卡、要等不良风气，减少餐饮企业不必要的经济损失。目前，国内部分餐饮企业采用的是每年对各类供应商进行评比，质量信得过的供应商予以进货上的优先考虑权，或缩短结账周期等优惠政策，提高供应商为餐饮企业着想的意识，杜绝假货或劣质货。

第二节 原料验收

餐饮企业花了很大精力进行采购，按质量标准订购各种原料，如果没有一个很合理的验收制度和程序，前面所做的任何工作都成为徒劳。为了避免验收工作出现一人说了算的不合规定现象，一般餐饮企业会责成收货部、成控组和厨房组成三方验货小组，避免与供应商接触的采购人员来验货。

一、原料进货验收要求

原料验收工作是餐饮生产前的一项重要工作，对此项工作安排千万不能草率和随意，许多餐饮企业成控上的失败与验收工作不到位有很大关系，所以对于验收工作人员和场地安排也要提出一定的要求。

1. 验收人员的要求

一些大型餐饮企业中，会专门设立收货部，配备专职验收人员，隶属于仓库。一些中、小型餐饮企业多从仓库、厨房或成控组专门抽调人员兼职做验收人员。无论是何种形式的收货人员，必须具备以下要求。

（1）身体健康，讲究清洁卫生。

（2）熟悉验收所使用的各种设备和工具。

（3）通晓原材料的采购规格和标准。

（4）具有一定鉴别原料的能力。

（5）熟悉企业的财务制度，会处各种票据。

需要说明的是验收人员需来自比较懂行的仓库、厨房或专业培训人员，千万要避免使用采购人员兼职的做法。

2. 验收场地和设备要求

大型餐饮企业都会设立专门的验收场地，其位置应该在货物出入比较方便的地区，并靠近贮藏室、仓库或厨房加工场所，便于货物的搬运，缩短货物搬运的距离，同时也保持餐饮企业内部的环境卫生。如果有条件的餐饮企业还要设立验收办公室，便于开出各种票据、账单和存放一些验收工具。一般验收工具有称量器具，大到磅秤，小到台秤、天平秤，还有验收的辅助工具，如切割刀、榔头、推车、箩筐、笸箕、起货钩等工具。

二、原料验收程序

前面提到过验收工作一定是验收人员、成控人员、厨房人员三方在场，保证收货质量和防止违规操作，验收成员应该有具体的分工，厨房人员主要负责原材料质量，成控人员和验收人员主要负责原材料数量、价格，使每日进入原料符合订购原料的基本要求。一般餐饮企业验收工作都定时定点，采用验收程序如下。

1. 核对采购计划

当供应商送来原料时，验收人员首先要核对送到的原料、物品是否和订购单计划相符，有无特殊说明，防止原料或物品名称与实际订购的不同，然后核对价格是否与采购部提供的价格相符。

2. 核查原料数量

核查原料数量主要采取点数或称重的办法。

有包装，如对罐装、袋装、瓶装食品通过外包装上显示的数字进行核查，如果数量比较多，整箱购进，可以开一或两包进行验数处理，然后统计总数。

鲜活原料或没有专门进行包装的原料，需要进行称量。对鲜活原料处理时，水分过多的原料，需要沥干水分后再进行称量，如蔬菜类、水产类等原料，要用筲箕将水分沥干后再进行称量。

3. 检查原料质量

原料质量检查一定要仔细，要符合标准规格书的要求，也要具有一定的灵活性。

多数供应商为达到价格有竞争力，会压低价格，有些甚至会低于成本价，亏损的部分供应商不会贴补，必然会在重量上做文章，将原料实际重量加大，如注水鸡、注水冬瓜、注水青椒等，所以厨房验货人员除掌握必要的原料规格质量外，对被不正当手法处理的原料也要有心理准备。

另外，造假原材料的猖獗，给验货带来一定的麻烦。目前市场上一般存在有包装造假原料和无包装造假原料两类，如有包装假食粉、假松肉粉、假粉丝等；无包装福尔马林浸泡过的干货原料；以猪血充当鸭血；以小龙虾仁冒充河虾仁；以虾黄冒充蟹黄等。作为有包装的原料，对比真货商标、字迹、印刷等办法来鉴别，罐装制品通过凸打或凹打的痕迹来鉴别，甚至可以开袋或开罐来品尝。对于无包装原料，鉴别方法就要通过观察原料的光泽、颜色、弹性、气味等物理性质，与正品原料感官鉴定比对，看是否一致，所以厨房验货人员的工作绝对不轻松。

由此，厨房验货人员除了要具备专业的知识外，防范假冒、伪劣产品的能力也要加强，还要提高工作责任心，通过各种检验手法，将劣质、假冒及不符合要求的原料阻挡在厨房之外，保证未来厨房生产产品的高质量。

4. 填写收货单

经过检验合格的原料，需要收货部验货人员填写每日食品收货单，表格式样如表 6-9 所示。

填好的收货单一联给供应商，这是他们将来报销的凭据，一联交财务部存档，一联给采购部做账，一联给成控组，一联自己留存，以备日后核查之用。

5. 退货处理

退货的情况一般有两种，一种是送货数量比订购数量多。这种情况经常会发生，如订购 5 千克羊肉，送来 6 千克羊肉，根据需要退掉多的货。这类退货一定要考虑厨房是否急用以及多的原料、物品对生产有无影响，对于不易保存、价格较高、加工不方便的多余原料一定要进行退货处理。另一种是提供原料不符合厨房原料规格要求而退货，这类原料的退货一定要坚决，还需要供应商及时地补足符合要求的原料，保证正常的生产。假设供应商不能做到，那采购部门就要考虑更换供应商。

表 6-9　每日食品收货单

编号：
供应商：　　　　　　　　　　　　　　　　　　　日期：
收货部门：　　　　　　　　　　　　　　　　　　采购单号：

货物名称	单位	规格型号	数量	单价	金额	备注
合计金额（大写）						

收货人：　　　　　　　　　　　　　　　　收货文员：
第一联：财务部　第二联：成控组　第三联：收货部　第四联：采购部　第五联：供应商

验货者也不要因为一些小缺点而任意退货，因为供应商可能不愿意与太过注重细枝末节的买主继续往来，尤其在遇到缺货、应急时，还需要供应商的积极配合，关系处理不当，容易造成厨房生产的困难。

6. 处理原料

经过检验合格的原料，一般会分成两个渠道，一个是直拨原料直接进厨房，另一个是仓储原料直接下总仓。进入厨房的原料，收货部验货人员会将每日食品收货单填写好，交由厨房厨师长签字确认；进入仓库的原料，厨房人员会填写领料单去仓库领取。这样，不同类型原料就进入不同的生产、贮存区，整个验货工作宣告结束。

第三节　原料贮藏与领用

原料经过验收工作后，一部分进入厨房，一部分进入仓库，除去当日即被使用转化成产品的以外，大部分原料都需要贮藏。

一、原料贮藏管理

现代餐饮企业中除了仓库（总仓）有必要的贮藏设备外，厨房也会配备一定贮藏原料的设备或设施，如贮藏干货、调味品的干调仓库，冷藏原料的各式冰箱，既可冷藏又可冷冻的活动冷库。

1. 干调库管理

通常厨房干调库房是属于总仓下属的二级库房，主要作用是贮藏原材料和物品。要存放干货原料及米面、罐头、袋装调味料等，对库房环境和条件有一定的要求。首先，库房温度要保持在 18 ～ 21℃之间，湿度控制在 50% ～ 60% 之间，如果存放谷物类原料湿度还可以再低些，以防霉变；其次，通风设施要好。按照标准，干调库房的空气应交换 4 次 / 小时；再次仓库照明保持在 2 ～ 3 瓦 / 平方米。

干调库的管理还需做到以下几点。

①干调仓库应设温度计和湿度计，如有超越许可范围的现象及时做调整。

②避免将物品置于地面导致细菌污染，物品要放置于货架上，离地面至少0.15米，离墙壁 0.05 米。

③不要将排水沟或污水管经过干调库房，防止热水、蒸汽增加湿度，使原料受潮。

④各种原料要按类别排列好，并贴上标签。将非食用物品与食品原料分开防置，如洗洁净、肥皂、杀虫剂等。

⑤原料进入库房需标明进货日期，遵循"先进先出"（first in first out）的原则，保证不积压原料。

⑥所有散装原料最好能放入有盖的容器中。常使用原料要置于易取到的位置上。

⑦控制领取原料的人员，非领用人员禁止入内。

⑧定期清扫、清理库房，保持卫生干净、物品摆放整齐。

2. 冷藏库管理

厨房使用冷藏设备的目的，是利用低温抑制细菌、微生物的繁殖速度，保持原料的质量，使其短期内不会发生变质和腐败。冷藏冰箱的温度一般控制在 -5 ~ 0℃，而蔬菜、水果冷藏温度多在 2 ~ 7℃之间。

厨房生产人员必须了解不同原料的不同冷藏温度和湿度。通常，10 ~ 60℃最适宜细菌繁殖，在食品贮藏中属于"危险区"，冷藏设备都必须将温度控制在10℃以下（表 6-10）。

表 6-10　各类食品原料冷藏温度、相对湿度要求表

食 品 原 料	温度（℃）	相对湿度（%）
新鲜肉类、禽类	0 ~ 2	75 ~ 85
新鲜鱼、水产类	-1 ~ 1	75 ~ 85
蔬菜、水果类	2 ~ 7	85 ~ 95
奶制品类	3 ~ 8	75 ~ 85
厨房一般冷藏	1 ~ 4	75 ~ 85
自然解冻	-3 ~ 3	60

需要注意冷藏不是万能的，原料冷藏不当，会引起食品腐败、变质，在了解必要的贮藏条件之后，还应该掌握一定的冷藏管理方法。

①各种冷藏设备每天要检查，查看原料保鲜的状况，保证各类原料在适宜的温度范围内。

②冷藏冰箱或冷藏室中原料要有规律地摆放。使用保鲜盒，散乱原料摆放有序，便于取放。同时要留有一定的空隙，保证冷气流通，避免冷气不流通，造成原料堆积温度过高，引起食物腐败。

③熟制品一定要放凉后，才能置于冷藏冰箱内，避免未凉食品提高冷藏室温度；生熟原料分开放置，有条件的厨房，熟制品使用专用冰箱，如果没有，熟制品一定要放置于生原料之上。注意冷菜间的保鲜冰箱只能放置熟制品。

④不经常使用的原料要标明冷藏日期，要及时地将其推销掉。

⑤冷藏冰箱和冷藏室一定要定期清理，不要等到冰箱有异味时清理，有可能原料已经被不良气味污染，造成原料的损失。

⑥每个冷藏冰箱有专人负责清洁、卫生工作。

3. 冷冻库管理

冷冻库的温度一般都控制在 -23 ~ -18℃。在这种温度下，大部分微生物和细菌都得到了抑制，它可以使原料保持更长的时间。冷冻库管理的具体的方法如下。

①对新鲜原料冷冻，必须先要经过速冻，再进行冷冻贮藏，否则原料质量会大受影响。

②控制好冷冻库的温度，千万不要随意地调节。

③一次性准备好所要冷冻或领取的原料清单，避免来回开启冷库大门的做法。

④冷冻原料一经解冻，不要再次冷冻贮藏。否则，原料的质量会急剧下降。

⑤入冷冻库贮存的原料一定要有抗挥发性的包装材料，以免水分的流失造成原料冻伤。

⑥原料一定要上架，并摆放整齐。

⑦专人定期清理冷冻库，保持冷气的通畅与干净的卫生。

二、原料领用管理

厨房生产需要库存原料来补充时，就会产生领料的活动。从仓库领取原料需要开具食品领料单和物品领料单。仓库存放的原料除饭店日常用品外，贮存厨房的东西多为干货、冻品、调味料、粮油等食品原料及厨房使用的各种工具、物品，厨房根据需要来开单（表6-11）。注意需要将食品领料单和物品领料单要分开填写和申领。

表6-11　食品领料单

部门：　　　　　　　　　日期　　　　　　　　　　编号

现存	申　请		项目	货品编号	发货数量	成本
	数量	单位				
合计						

申请　　　　　　批准　　　　　　发货　　　　　　收货
第一联：财务部　　第二联：仓库　　第三联：成控组　　第四联：申领部门

领料每天都会进行，对领料管理主要有以下几点。

1. 定时领料

定时领料的好处有两点，一是便于仓库保管员每天有充足的时间整理仓库，检查各种原料的缺损情况，不必整天忙于原料发放工作；二是可以使厨房原料领取工作更加有效率，将每天所需原料进行统计，有一个时间段去集中领取，既有效还不混乱。一般餐饮企业都规定每天 8：00 ～ 11：00，15：00 ～ 17：00 为领料时间。

2. 按需填单

厨房从仓库领取或内部调拨各种原料都会计入每天的营业成本中，通过食品领料单或内部调拨单领取的原料切不可多填，多填会加大经营成本，增加原料保管的时间和人力，对厨房成本控制不利。需要注意填写物料领料单的物品成本是不计入原料成本中，它属于经营费用。尽管食品领料单与物料领料单非常相似，但我们不能因此将物料与食品混同，否则会使仓管工作更加复杂，给成本核算工作增加难度。

3. 做好留存

食品领料单或内部调拨单都涉及当日的经营成本，作为厨房管理者要想保证当天成本核算准确及月底成控的成功，必须对每日食品领料单及其他成本单据进行留存，切不可丢失。

三、原料盘存管理

为了成本控制的需要，贮存原料定期要进行盘存，可以知道每月原料的消耗和存留，得到每月真实的原料成本，算出每月的成本率，以考核厨房是否完成企业每月规定的指标。

1. 盘存方法

直拨原料给厨房，或成为仓储原料被领用，都成为厨房生产的主要原料，除一部分转化为餐饮产品外，每天都有或多或少地存留，每到一个月肯定会有相当数量的原料留存，这部分原料在一个月中已经分次打入成本中，所以在月底的成本核算中，应该将其从成本费用中减掉，到底有多少余留的原料成本呢？这必然需要进行盘存工作，将对厨房剩余原料的盘存称为实物盘存，而将对账目进行核查的方法叫账面盘存。

厨房中原料的存留，是通过实物盘存方法进行，因不可能每天对厨房原料的消耗进行记录，只能使用阶段性实物盘存的方法。而仓库由于每天都有账面的原料出入库记录，所以盘存时要实物盘存和账面盘存相结合，这时管理者查验时要注意账面存货与实际存货的差异。通常在非常理想的条件下，账面存货与实际存货会保持一致，但实际两者或多或少都存在着差额。造成这个差额的原因主要是两方面，一是操作上的失误，如领料原料称量的数字有出入或四舍五入掉了，或记录上出错等；二是管理不善的原因，保管人员未收到领料单就发货，或保管不善造成原料变质、员工偷拿等。通常两者之间会有一个浮动关系。账面存货和实际存货差异不应超过核算期间发货总额的1%，如果超过，管理者就要追究入库、存储和发货等环节操作人员的责任。

2. 盘存实施

如果要使原料盘存数据更加准确有效，原则上每10天进行一次盘点，即一旬盘点一次，是比较合理和科学的。如果确实没有精力和人手，可以考虑每月进行一次盘点。

厨房进行实物盘存时，一定要由仓库主管、成本总监、总厨及有关人员进行盘点，没有这类职务的企业则由相应职能的人员实施。千万避免一个人盘点，防止出现漏盘或多盘的可能，造成成本核算的不准确。

厨房盘点一般比仓库要复杂，因为厨房原料比较零散，且多为净料，缺少标准包装型原料，所以盘存实施时应该注意以下几点。

①对厨房中出现的净原料，如鱼片、菜心等。应该有两种盘存的手段，一是将净料转化为毛料，真正的数字应该填写毛料的重量；二是将毛料的价格转化成净料的价格，盘存填写净料的重量。

②遇到包装完整的整袋、整箱、整桶原料可按其规定的容量标准计算。对完整原料可以记数，对已开封的原料，根据用量多少来确定数量，用得多需要称量，少则估算即可。

③盘点高档原料时，要使用称量工具，保证大额原料成本出入不要过大。如燕、鲍、翅的价格每斤都在上千甚至上万元，相差几两，就是几百或几千元的差别。

④对低值易耗品，可以使用估算方法进行计算。

以上可以看出，厨房盘点工作一定要仔细和小心，最好使用称量工具，除非特殊情况不好计算，才使用估算方法。这样得到的数据才最接近真实，才能得到当月真正的成本及真正的毛利。许多饭店的奖罚制度跟毛利挂钩，所以千万不能马虎。见厨房盘点格式表6-12。

表6-12　厨房盘点表

类别	名称	规格	单位	单价（元）	上期盘存	本期盘存	金额（元）
砧板	海参	1#	千克	300.00	0.12	0.06	18.00
砧板	海参	4#	千克	260.00	0.12	0.06	15.60
……							
冷菜	三明治	进口	根	32.00	0	0.75	24.00
冷菜	鸽子	0.45千克/只	只	28.00	4	8	224.00

续表

类别	名称	规格	单位	单价（元）	上期盘存	本期盘存	金额（元）
……							
白案	吉士粉		听	44.00	3	1	44.00
白案	鸡蛋		千克	8.80	4.25	15	132.00
……							

✓ 本章小结

保持产品质量稳定，从厨房原材料采购开始。古人云："司厨之功居其六，采办之功居其四。"体现出对原材料采购的重视。现代餐饮企业需要建立一整套原料采购、验收、贮藏领用的程序，完善表格设计、程序操作、审核制度，保证厨房生产有序进行和合理完成成本有效控制。

厨房管理者应该具备基本采购知识，监督原材料采购过程的管理环节。

验收工作由收货部、成控组和厨房组成三方验货小组，避免采购人员参与验货。

厨房人员及管理者必须掌握原料贮藏知识、领用、盘存原料制度，保证控制成本，提高餐饮经营的利润空间。

✓ 思考与练习

1. 餐饮企业原料的采购方式有哪些？
2. 试述厨房原料采购程序。
3. 如何进行原材料的采购管理？
4. 请设计一份你理想中的"市场采购申请单"。
5. 试述厨房原料盘存的过程及方法。

第七章 厨房生产管理与运作

本章内容： 厨房生产阶段管理

厨房生产重点管理

厨房生产运作

厨房人员生产运作程序

教学时间： 6 课时

教学思路： 由学生日常零点消费导入，讲解厨房在生产阶段和生产重点管理，以及厨房运营中不同餐别的生产和人员运作程序

教学要求： 1. 了解厨房生产管理的基本方法及程序

2. 掌握厨房生产控制手段、各种类型的就餐形式

3. 熟知厨房实际生产过程

课前准备： 阅读厨房零点生产和宴会生产的相关知识

厨房生产工作绝不是人们想象的由一个或几个人即可完成，从原料加工到烹调制作全程操作的工作，要经过必要的分工，即将生产工序分成若干个岗位，每个岗位按照生产规律为上一个或下一个工序服务，严格按照一定生产工艺流程进行操作。厨房生产管理就是要对每个岗位或环节分阶段进行规范，并使各岗位之间保持一定的协调关系，为最终生产高质量的产品服务。

第一节　厨房生产阶段管理

厨房生产的最终目的是通过生产管理的有效调节作用，生产出让顾客满意的、有质量的产品。现代餐饮对产品质量界定是以顾客的满意程度为前提的，所以质量的概念应该是提供的产品或服务不断与顾客的期望和需求相吻合。质量是一个动态概念。在对厨房生产的每个阶段进行质量管理时，一定要掌握这个原则。

一、加工阶段管理

加工阶段包括原料的初加工和深加工。初加工是指冰冻原料的解冻，鲜活原料的宰杀、洗涤及整理的过程；深加工是指对原料的切割成型和腌浆工作。在具有加工功能的厨房中这些工作是在一起的；无专职加工厨房的餐饮企业中，深加工一般属于砧板岗位的工作。

1. 加工质量的管理

加工质量主要包括制订冰冻原料的解冻质量、原料加工的净料率和加工的规格标准及腌浆原料的标准等几方面。

（1）冰冻原料的解冻质量

冰冻原料解冻可以依照下列的方法进行（表7-1）。

表7-1　几种常用的解冻方法

解冻方法	时间	备注
冰箱的冷藏室	6小时	时间充裕时采用，以低温慢速解冻
室温	40～60分钟	视当天气温而定
自来水	10分钟	时间不充裕时采用，但必须将密封包装一起放入水中，以防风味及养分流失
热水解冻	5分钟	时间不充裕时采用，但必须将密封包装一起放入水中
微波解冻	2～3分钟	一般视原料体积来定。1千克原料需3分钟

（2）原料加工的净料率

原料加工的净料率，包括鲜活原料净料率和干货原料涨发率两个方面。原料净料率、涨发率越高意味着原料的利用率越高，原料净料成本就越低。现代餐饮企业强调低成本运作，就包含原料加工的利用率，首先是加工技术要过硬，无论处理原料或涨发原料都要有很高的出货率。其次是对加工剩下的下脚料，再充分地利用，使原料成本进一步降低，把实惠留给顾客。如禽类的肠脏、血，鱼类的皮、骨等看似无用之物，进行再加工使原料得到充分利用。这种做法可以延伸对传统原料净料率概念的理解。

（3）原料加工的规格标准

原料加工需制订相应标准，让每位加工人员能够按照标准进行，这样加工原料半成品有一定的规格质量。如家畜类、家禽类、水产类的成型标准，表7-2列举的是猪肉的加工成型标准，其他类型原料的加工成型标准基本相同。

表 7-2　猪肉的加工成型标准

成品名称	用料及部位	加工成型规格	适用范围
肉丝	里脊、弹子肉、盖板肉、肥膘	长 8 厘米、粗 0.3 厘米 ×0.3 厘米	炒、熘、烩、煮
	里脊、弹子肉、盖板肉	长 10 厘米、粗 0.4 厘米 ×0.4 厘米	炸、烧
肉片	里脊、弹子肉、盖板肉、腰柳	长 6 厘米、宽 4.5 厘米、厚 0.3 厘米	炸、熘、烩、煮
	五花肉、肋条肉	长 8 厘米、宽 4 厘米、厚 0.4 厘米	卤、拌
……	……	……	

（4）浆腌原料的标准

深加工原料存在着一定的技术难度，更需要规定人员按照标准操作，保证原料质量的稳定。如浆腌原料时一定要按照配方来，每个餐饮企业经营风味不同，其所使用原料腌浆的配方也就不同。下列表7-3是腌浆的配方。

表 7-3　肉类腌制用料

名称	分量
水律蛇片	蛇片 500 克、食粉 6 克、松肉粉 2.5 克、盐 4 克、糖 1.5 克、味精 5 克
虾球	虾肉 500 克加硼砂 10 克、食粉 10 克、拌腌 3 小时后，漂水至虾身起爽硬，便可捞起，用布吸干水，再放糖 15 克
虾仁	虾肉 500 克、食粉 2.5 克、味精 5 克、粟粉 10 克、蛋白 1 只
……	……

原料除了"浆"外，还可以将"糊"建立标准，避免因人而异的盲目操作，如表7-4所示。

表7-4　制糊规格表

品名	用料及用量						
	低筋粉	生粉	泡打粉	鸡蛋	鸡蛋清	精炼油	……
泡打糊	120克	80克	10克		1只	50克	
全蛋糊	100克	50克		1只		80克	
蛋清糊		40克			1只	50克	
……							

2. 加工数量管理

加工型厨房中还主要依据厨房砧板岗位下的预订单（表7-5）。没有加工型厨房的餐饮企业会根据餐厅预订情况、前一日餐厅销售情况，预测加工数量。如果是运转正常的餐饮企业其原料加工，是根据原料加工的难易来呈现梯队批量，如容易加工，且不易摆放的葱姜类，一般会切少量作配料，将洗净的葱姜准备一部分存放好，随时根据需要再进行切配，千万不要一次性加工出来。葱姜这样的原料就会呈现毛料→净料→成品料这样的梯队产品；再如海参，干货涨发一般需要2～3天，甚至更长的周期，海参有干货→半成品→成品（发好的）三种梯队产品，这样原料的供应会十分及时，一旦成品使用完，半成品原料就会填补上去，那新一批干制海参也要开始涨发。如此循环，由此原料贮备的量原则上是预售产品的2～3倍。

表7-5　加工原料订单

订料时间：　　　　　　　　　　　　交料时间：

品名	单位	数量	实 发 数	备注
猪肉片	千克			
猪肉丁	千克			
菜心	千克			
……				

订料部门：　　　　　　订料人：　　　　　　发料人：

现代厨房为避免加工占用人工过多，许多有条件的厨房会更多地使用袋装半成品原料，这种原料经加工，有时甚至是处理好的半成品，又具有很好的储存功能，在短期不担心数量问题，使用非常方便。现在厨房半成品原料的使用频率已经变多，如袋装的蛋皮、袋装的黄鱼鲞、袋装的虾胶等。

二、　配份阶段管理

配份就是将加工成形或腌浆好的原料，按标准进行组配，形成一个或一组未烹调菜肴和宴席的过程。配份阶段看似简单，实际是一个非常重要的工作岗位，其重要性体现在以下几方面：一是通过配份工作为下一步烹调作准备；二是通过配份工作使菜肴或宴席初步成型；三是通过配份工作确定菜肴或宴席成品的烹调风味；四是通过配份工作控制原材料成本。配份工作像中间枢纽一样，决定着未来菜肴形式和风味的走向。

1. 配份质量管理

保证配份工作的高质量，必须进行以下的工作。

（1）保证菜肴、宴席原料搭配的合理性

许多菜肴讲究一定的搭配，完全来自砧板配份的工作。不合理的原料搭配会导致菜肴或宴席不被顾客接受，最终影响店内的生意。尽管为了满足顾客的需要，现在杭菜的搭配给人耳目一新的感觉，如丝瓜配油条、茄子配刀豆、鸭血配鱼圆、竹蛏配鳝丝，改变了以往许多固守的配菜模式，但从搭配原则上还应该遵循一定的规律，如豆腐与菠菜、螃蟹与柿子、苋菜与甲鱼等搭配就不合理。

（2）保证菜肴、宴席原料搭配的统一性

任何一家餐饮企业最忌讳的就是配菜标准的不统一，同样一份"三鲜锅巴"，有火腿、鸡片、肉片这样的"荤三鲜"，也有笋片、木耳、蘑菇这样的"素三鲜"，选择哪种配料形式，餐饮企业一定要有规定。对于餐饮企业的厨房来说，厨师长是确定标准的决策者，必须让每个配菜的厨师知道菜肴配制的标准，所以一定要编排一个菜肴配置标准单张贴于显眼之处，供厨房的配菜人员参考。其式样如表7-6所示。这其中规定了主、配、调料的内容及分量。

表 7-6　料头配制表

料头名称	配制原料
红烧料	原只菇　姜片　火腩　笋片　蒜　陈皮　葱
红炆料	火腩　蒜子　姜丝　蒜蓉　陈皮　葱或豆腐
油泡料	甘笋花　姜花　白菌片　蒜片　葱白
炒料	甘笋花　姜花　白菌片　蒜片
……	……

另外，各种料头的配制方法也要固定，列表让所有配菜人员都知道，使最简单、最容易随意操作的料头也有标准。只有保证原料搭配统一，才能稳定菜肴质量，才能让顾客感到货真价实。

（3）保证菜肴、宴席原料搭配的灵活性

此灵活性是建立在规范的配料制度上，如果突然有顾客点取菜单上没有的菜肴，那应该如何处理？显而易见，要满足客人的要求，按照客人的要求去搭配原料。如有些顾客在宴席中要求多上鱼类菜肴，这时要改变约定的规矩，满足客人需求；有些零点客人要求在牛肉汤中加入番茄，而不加香菜，那配菜时加番茄不放香菜就是标准，必须注意，切不可死守教条。满足顾客需要就成为提高菜肴质量的关键所在，这也应了前面介绍的质量概念。

最后，在菜肴配制过程中，还应该注意规范一些配菜的行为，如主、配、调料分开放置；宴席、零点菜分开放置；不同的宴席菜归类放置，这样即使在生产忙碌时，也可以清晰地知道配菜的程度，防止漏单，同时为下一道烹调顺利操作而准备。其实这一切有条理的工作都是为厨房生产高质量产品做前期准备。

2. 配份数量管理

一份菜肴数量的确定，是根据饭店的要求，首先是选择盘子的尺寸，每盘菜中盛放原料的数量；其次是确定饭店的档次、利润率，是以实惠为主还是以高档为主，每盘菜肴的最大量等。一旦经营思路确定，就要进行合理的管理，明确菜肴量的标准。通常会制订菜肴配置标准单。

表7-7是饭店菜肴配置常用的标准单，依规定是由饭店的总厨制定，经餐饮经理批准，然后提供给砧板厨师，是配菜时菜肴数量的标准和依据。标准菜单应写清菜肴名称、主料、配料的量，多以克重计或斤两计。标准菜单除标明原料的克重数量外，也可使用片或个的计数单位，以便于配菜时好把握，比如"大煮干丝"这道菜，直接可以确定使用几只菜头或几片笋作配料。

表7-7　菜肴配置标准单

菜名	主料	配料
金牌纸包鸡	仔鸡400克	银杏100克　香菇50克　锡箔纸12张
过桥生鱼片	黑鱼片300克	酸菜100克　野山椒50克　粉丝100克　香菜20克
红扒鲢鱼云	鲢鱼云12只	豆腐12块　粉皮100克　菜头12棵　蘑菇12个
龙须石榴球	虾胶300克	马蹄丁少许　威化纸12张
……	……	……

标准单设计有利于厨师配菜的准确性，有利于成本的控制和核算，减少菜肴

缺斤少两的现象。

实际操作中，砧板厨师在组配单只菜肴时，依标准单的数量将原料称重后配放在不同的配菜盘中（或码斗中），要分类放置，如上好浆的主料与配料分开，配料与调料分开，方便炉灶厨师操作，忙起来看料头就知道菜肴的烹调方法；桌数较多的宴席菜肴组配时，将原料称重后放在不同的且较大的盛器中，数量准确而有效，避免凭经验和感觉导致的失误，造成数量上的浪费，尤其是要注意减少大型宴会中原料的浪费，也为每月能保持一个良好的成本控制做好准备。

确定菜肴量时，还应该明确菜肴使用盘子的型号，正常情况下，饭店菜单上反映的菜肴分为例份（小份）或大份，有时还有中份。标准单只能代表一种类型，通常以例份为多，如例份用 6 寸盘子，主料的量多在 150 ～ 200 克，配料的量在 50 ～ 100 克；中份用 8 寸盘子，主料量在 250 ～ 300 克，配料量在 100 ～ 150 克；大份用 10 寸盘子，主料量在 350 ～ 400 克，配料量在 150 ～ 200 克。行业内有时为避免麻烦，将例份分别乘以 1.5 为中份或乘以 2 为大份。以上的数量仅供参考，现在有许多饭店大、中、小分量完全依照饭店自身要求而确定，有的饭店将例份菜肴量分别乘以 2 为中份或乘以 3 为大份，实行薄利多销的原则，以让利给顾客。

三、烹调阶段管理

烹调阶段是确定菜肴色泽、口味、形态、质地的关键，是形成菜肴风味、风格的核心环节，是厨房技术实力的根本体现。

烹调阶段是厨房生产的最后一道环节，前面各环节会发生错误，后一道环节可以弥补，烹调阶段基本上不存在弥补的可能，所以对烹调阶段的质量管理要慎之又慎。

（一）烹调质量管理

中餐菜肴的烹制中，保证菜肴质量最关键的两个因素是，一是菜肴味道，二是菜肴的温度，所以对烹调质量的管理要从这两方面入手。

1. 菜肴味道

菜肴味道包含菜肴滋味和质感两方面，通常人们说某菜味道一般，是指菜肴口味一般，也指菜肴口感一般。如某店炒的肉丝不好，可能是这份肉丝口感太老、不软嫩，人们会笼统地称其味道不佳。既可能是炉灶厨师加热不当，也可能是砧板厨师加工不当的原因。把握菜肴口味，一定要加强操作的合理性和调味的规范性。

操作合理性就是要求炉灶厨师掌握最基本的烹调时机、烹调技能及操作程序。如表 7-8 所示，掌握水、油、汽加热的状态。

表 7-8　油、汽的状态表

状态		温度的范围	烹调方法	加热后的状态
水	热水	82～100℃	浸、汆	锅底开始出现水泡，并缓慢向上移动，直至加快，但水面无沸腾现象
	沸水	100℃	汆、煮、烧、炖、煨、烩	水面开始沸腾
油	温油	90～140℃	滑炒、油汆、松炸、油浸、滑熘	有响动，油开始向内翻动
	热油	140～180℃	炸、焦熘、烹、煎、贴	油面明显的翻动，并向中心移动，锅边开始有油烟
	高热油	180～230℃	炸、油淋、油爆	油面翻动停止，油烟加大
	极高热油	230～250℃	—	油面平静，生成大量油烟
汽	放汽蒸	95～100℃	冒曲气	蛋羹、蛋糕、鱼虾蓉制品
	足汽蒸	100～103℃	冒直气	质嫩的原料
	高压汽蒸	103～120℃	喷直气	质老的原料

　　掌握基本烹调知识，还要制订标准操作规程。厨房炉灶岗位经过分工，每个岗位应该掌握本岗位烹调的特点。

　　头炉主要负责头菜、大菜，就应该清楚烩菜的程序。如红烧大鲍翅，炉灶的程序是鱼翅预热→上汤调味→勾芡→兑色→淋汁于原料上。

　　二炉、三炉主要负责炒、爆、熘类的菜，就应该清楚炒、爆、熘的程序。如滑炒类菜肴应该先滑油或过水锅→调味→勾芡。熘类菜肴则是走油→调味→勾芡→淋稠汁。

　　尾炉负责炸类，主食类菜肴的烹调，就应该清楚炸类菜的程序。如炸类菜应该使用高油温或低油温处理，不需要勾芡，炸好后调味。

　　上杂厨师负责菜肴的煲、炖，就应该清楚烧、炖的程序。如烧类菜肴应该先预制（过油、焯水、油煎）→中等时间烹（大火→中、小火→大火）→调味→勾芡。实际烹调中会烧至八成熟，不勾芡，冷却保存，客人点菜后上笼蒸或再加热，最后勾芡淋汁。炖类菜肴要先将原料焯水→长时间烹（大火→小火），保持汤或浓或清。

　　针对调味的规范性，按照一定的配方将调味料进行处理，厨房调味料可以酱和汁的形式出现。不同的厨房其调制的酱或汁不同。下面的表 7-9 配方仅作参考。

表 7-9　调味酱、汁配方表

酱　类	
柱侯酱	葱头 0.5 千克　爆香 加入磨豉 5 千克　麻酱 1.5 千克　海鲜酱 1.5 千克　大南乳 5 件搓碎
沙爹酱	香菜 400 克　石栗肉 400　红薯粉 250 克　五香粉 250 克　花生酱 2 瓶　沙爹粉 250 克　虾米 400 克　三花淡奶 250 克　干葱、蒜蓉各 400 克
鱼香酱	霉香咸鱼 1000 克　蒜仁 150 克　生姜 150 克　葱白 50 克　辣椒酱 250 克　鸡脯肉 250 克　鸡蛋 3 个　红油 200 克　味精 50 克　料酒 100 克　胡椒粉 20 克　花生油 3000 克　生粉 150 克　骨汤 750 克
……	

汁　类	
西汁	地门茄酱 4 千克　牛尾汤 2 千克　OK 汁 1.5 千克　美极鲜 150 克　喼汁 250 克　冰糖 2 千克　味精 75 克　红萝卜、红柿、洋葱、姜、蒜、芹菜、香菜各 0.5 千克　盐和少许大红色素
京都骨汁	清水 400 克　镇江醋 2 瓶　糖 1 千克　盐 30 克　茄汁 250 克　味粉 30 克　浙醋 1 瓶　西柠 2 只搅烂
海鲜豉油	上等生抽 0.5 千克　味粉 100 克　糖 50 克　芫荽 10 克　鲮鱼骨煎水 1 千克　古月粉 10 克
……	

有相对规范的调味配方，工作程序和细化的分工，厨房烹调随意性会大大降低，餐饮产品风味质量会保持相对稳定。厨房生产中必要的监督还是要有，比如有些饭店有专职品尝员把关菜肴的风味质量，不合标准的一律在未上客人餐桌前退掉，以免产生投诉带来不好的影响。

2. 菜肴温度

菜肴的核心味确定，那么菜肴的外部因素——温度一定要保证。具体的方法有以下几种。

（1）缩短上菜时间

缩短上菜时间的方法很多，如厨房设计时，将餐厅与厨房安排在一起。厨房组织安排上，分工尽可能细化，使厨房每个岗位进行专职加工，原料成菜速度会大大加快。

（2）运用冷藏、热藏手段

菜肴温度的处理，一种是使用热藏手段，一种是使用冷藏手段，保证原料在适宜的温度下，使口感和风味达到最佳。热藏可以使用保温柜、保温车，可以保温餐具和菜肴，有时防止原料过分脱水，可加上不锈钢盖子。冷藏多用冰块、冰屑或冰柜保藏食物，如刺身、冰激凌、布丁等。

（3）运用特殊器皿

温度控制可以使用一些特殊餐具或器物来辅助，尤其在冬季保温效果非常好。如锅仔、小火锅、瓦煲、铁板、卵石、石锅、巴西明炉等。但这也会对菜肴风味起到一定的影响。

（二）烹调数量管理

菜肴烹调数量完全根据点单或预订单的人数或桌数而定，对于点单来说，烹调时应该看清点菜者的人数，选择客人需要的分量进行烹制。这部分工作砧板配份时已经做好，炉灶操作者主要是起监督作用，防止砧板将大份误配成小份，把小份充当大份。对于预订的宴席单，要根据最后走菜时确定的数量进行烹调，多的部分要退还给砧板，防止成本增加。许多餐饮企业的厨房管理者，对大型宴会多出来的原料不以为然，认为都已经赚回来了，事实上，节约每一份原料是厨房管理的首要责任。对鲜活原料的管理要有灵活性。如宴席的桌数为 26 桌，备 2 桌。那么，宰杀的活鱼应该是 26 条，剩下 2 条等确认后再杀也来得及，否则多杀的鱼不用掉会加大当天的成本。宴席中经常出现的 800 元 / 桌，10 个人；与 80 元 / 人，6 个人，有不同的质量和数量，首先两种宴席标准是一样，但 6 个人的人数少，菜肴数量应该减少，标准不低，需要菜肴品质的提升，对宴席不同的实际情况，烹调数量的控制就不同。

在前台预订时，当宴席桌数较多时，要让客人确认并保证人数，这个保证人数是指，一旦到席人员低于此数时，宴席结账按保证人数结，这样会保证厨房烹调数量的稳定，也不会过多地浪费。

第二节　厨房生产重点管理

在搞好厨房日常生产和运作的同时，加强厨房生产某个环节、某个阶段的质量管理，尤其对一些重要任务、重要人物、重要活动进行专项生产，以此扩大餐饮企业的知名度，提高对重大事情的接待能力。

一、重点岗位、重点环节管理

对厨房生产及产品质量的检查和考核，找出影响或妨碍生产的环节和岗位，设立为重点，及时地分析其中的原因，经改善后能够提高工作效率和产品质量。如许多餐饮企业都面临的厨房菜肴出品慢的问题。通过图 7-1 的每个环节和岗位的分析，很容易地分析出菜速度慢的原因，然后加以改进，必然能提高菜肴的出品速度。这种重点岗位、重点环节的分析方法，在实践中是一种非常有效的管理手段。

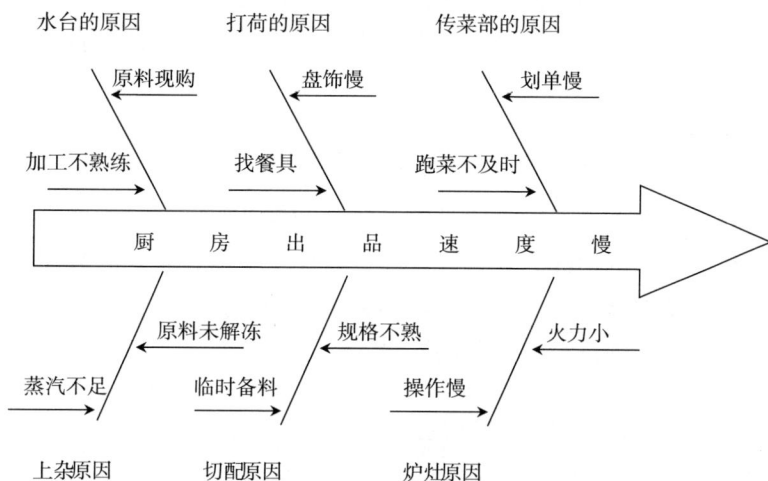

图 7-1　厨房出品速度示意图

实际工作中，可以设计的原因有很多。一旦一个问题或投诉出现，就需要用重点岗位、重点环节的这种管理方法，设定出各种原因，然后一一排除，最后找到最为关键的点，加以重点解决。

二、重要客情、重要任务管理

每个餐饮企业都会遇到重要任务或重要客情接待，有时可能是重要的 VIP 客人，对待这类餐饮活动餐饮企业一定要重视，因为它可以扩大企业的影响力，同时也为餐饮企业积累宝贵经验。

对待重大客情、重要任务应该如何处理呢？首先应全面了解本次活动的实质。要重点了解 VIP 客人的口味和喜好，最好建立相关的客史档案。客史档案可以前厅、厨房都准备，前厅主要负责客人的口味喜好、禁忌，厨房主要是收藏菜单，以防下次就餐菜肴的重复，客史档案如表 7-10 所示。

表 7-10　用餐客史

公司名称	用餐次数	接待等级	用餐金额	客人口味	客人禁忌	备注

客史档案是通过私下了解或观察客人进餐活动中所表现出喜好而制订的，不要直接去询问客人，这样显得没有礼貌。客史档案的记录要尽可能保密，不要对外宣传。对于厨房来说，使用过的 VIP 菜单一定要保存好，并注明日期，为客人下次到来服务。

另外，要特殊原料进行特殊购买。对需要用到但缺货的原料要特事特办，注明 VIP 的字样由专人采购，并保证原料的高质量。

最后，要实行专人烹调专人跟进的策略。为保证厨房产品的质量，需要专人为其设计，包括菜肴的色泽、原料、口味，餐厅的气氛，菜肴的装饰等，然后由专人烹调，一般是餐饮企业技术水平较高的人员操作，使餐饮产品从采购、加工到烹调都进行把关，保证最终产品的质量。

三、重大活动、重大宴席管理

厨房对重大活动、重大宴席的管理，从菜单入手，对人员进行合理分工，这期间要检查各岗位工作进展的情况，随时调配人手给未在规定时间内完成任务的岗位，配合协作其完成应有的工作。下面通过图表来说明工作的情况。

假设厨房接受 150 人宴会预订单工作情况如下。

图 7-2 中的节点"○"代表宴会工作的项目，即若干个可以明确划分的工作点。箭线代表两个工作项目之间的活动，即实际工作。箭线上的数字表示该项工作所需的时间。从图上可以看出，这项工作共有 1235、1236、1247 三条线路。把各条线路中各段箭线上的时间加起来，就是总的工作时间。经计算 1235 → 185 分钟、1236 → 235 分钟、1247 → 150 分钟，其中 1236 所需时间最长，就是影响整个工作进度的关键线路。这样一来，厨房管理者可以很容易地调整整个工作中的人力、物力，找出最优方案，以便用最短的时间、最少的成本和人力，得到最大的效果。下面也可以通过表 7-11 列出的工作顺序，进行督察和协调工作。

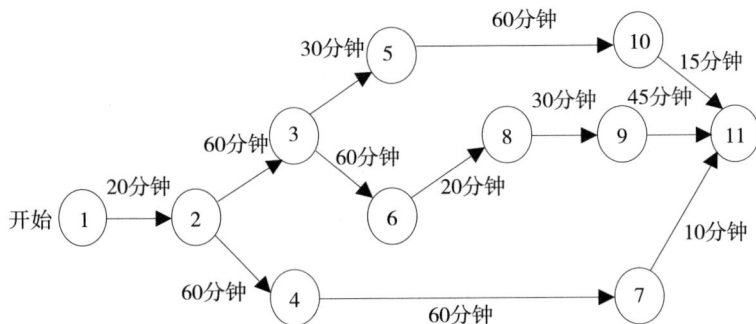

图 7-2 宴会生产计划图

表 7-11　安排厨房工作的顺序

数字序号	选项	需要完成的目标	估计的时间
1	1→2	计划菜单	20 分钟
2	2→3	砧板、上杂依单申购	60 分钟
3	2→4	冷菜依单申购	60 分钟
4	3→5	上杂备料	30 分钟
5	3→6	砧板备料	60 分钟
6	4→7	冷菜备料、加工与拼摆	60 分钟
7	5→10	上杂烹调	60 分钟
8	6→8	菜肴上浆	20 分钟
9	7→11	冷菜上菜	10 分钟
10	8→9	菜肴预加工	30 分钟
11	9→11	菜肴烹制、上菜	45 分钟
12	10→11	上杂岗出菜	15 分钟

第三节　厨房生产运作

对厨房生产各阶段及重点岗位的管理，只是介绍厨房生产的一般管理工作，要真正地清楚厨房生产的实质，需要对各种餐别的实际运作程序做进一步了解。

一、零点餐生产

零点餐是大多数餐饮企业生产的基础。除非零点与宴席生产是分开的厨房，一般餐饮企业各种餐饮形式都会将零点餐作为生产准备的基础，然后选择菜肴，编写菜单，形成团队餐、自助餐、商务宴席餐等。

（一）生产前准备

零点顾名思义是针对零散客人，而非团体或享受套餐的客人，点取菜肴的一种餐饮形式。大多数饭店都会提供这种餐饮形式，并依照饭店提供的零点菜单，向前来就餐的顾客提供各种风味美食。每天来店就餐的零散客人数量难以保证，客人喜欢点取的菜肴也难以预测，饭店提供的菜肴不能有缺货现象。所以将厨房

317

每天生产重点定为零点菜肴的准备，一点都不为过。零点餐一来是其他餐饮形式菜肴的基础，二来代表餐厅经营的形象。零点生意好的餐厅，其他餐饮形式肯定好；其他餐饮形式好的餐厅，零点生意不一定很好。

每天砧板厨师准备零点餐的第一步是查点零点菜单，查看前一天售卖的情况，检查当天菜肴有无缺售，然后根据原料采购情况，安排人员进行加工，尽可能地保证当天菜肴能够齐全，如果确有缺售的现象，则需要通知传菜部进行沽清。每天沽清工作由餐厅的传菜岗，在固定时间（班前会前）向厨房提出，砧板主管根据开餐前的准备情况，告之传菜员工菜肴准备的程度，是否有缺售的情况，是否有特别推荐的菜肴，是否有摆放时间较长、需要急推的菜肴。传菜人员会将得到的各种信息填写在一张沽清单上（表7-12）。

表7-12　沽清单

年　月　日

游水海鲜							炖品部（例汤）		烧味部						沽清
澳洲龙虾	本地龙虾	生虾	老鼠斑	苏眉	青衣	红斑			乳猪	烧鸭	豉油鸡	叉烧	一品鸡	烧排骨	

蔬菜类										急销部		甜品点心	
鲜芦笋	西蓝花	小塘菜	金菇菜	西生菜	菠菜	西芹	茄子	凉瓜	蜜豆				

传菜人员会及时地将沽清单上墙，并通知餐厅主管。餐厅主管会在班前会上通知零点服务人员，哪些菜会出现缺售，哪些菜肴需要急推，哪些菜肴特别推荐，今天的例汤是什么等，零点服务人员会在菜单上注明。这样形成一个很好的信息渠道，不至于顾客点菜时遇到点空的尴尬状态，还能保证将积压的菜肴和特色的菜肴及时地提供给客人。

这种方法多是南方的餐饮企业，主要是经营粤菜的餐饮企业采用，但其良好的沟通方式是值得各大菜系、风味的餐饮企业在厨房管理与运作中推广的。

（二）生产实施

厨房生产是从传菜部接到点菜单开始。实际工作中，餐饮企业经营项目、规模的不同，点菜单的种类也不同，其生产实施方式也有所不同。

1. 宾馆、酒店类生产实施

宾馆、酒店多使用以下形式的点菜单（表7-13）。

表7-13　点菜单（Captain's Order）

部门　　　　　　　　　　　编号

台号 TABLE	人数 PERSONS	服务员 WAITER	日期 DATE
数量 QTY		品　名 DETAILS	

此单一式三联，第一联（白色）给收银员，第二联（蓝色）给厨房，第三联（红色）给传菜部（传菜员），纸张为无碳复写，比较方便。其纸张顺序是固定的，字迹清楚的应该给收银员，最不清楚的给传菜部。

①服务人员根据客人点菜的要求，先将点好的冷菜送入厨房，然后将点取的热菜及其他品种送入厨房。厨房的传菜部接单后，分单。

②通常下单的服务人员是将冷菜、热菜和点心及主食分开写，需要传菜部人员将它们归类，将蓝联分别发送给厨房冷菜、打荷和点心厨师，红联留作划单用。

③确认菜单目前状态，及时通知厨房人员是否出菜。前台点菜服务员会在单据上写明"即"或"叫"，"即"的意思是马上走菜，"叫"的意思是等客人叫再走菜。有时客人催菜还可以使用"快"的字样，表示菜要快走，传菜人员要提醒厨房。

④配发台号夹，一般是有几个菜配几个台号夹。

⑤厨房各岗位厨师接到单后，根据单上要求，分别进行生产，原则上冷菜厨

师要先出菜。打荷厨师接到单后，要将点单通知砧板厨师，砧板厨师接单后，根据点单上要求进行配菜。如客人点的海鲜是斤两计（有的海鲜单是由传菜部直接送至海鲜处），要按斤两配给；蔬菜是按例、中、大点，要按例、中、大配给；禽类菜是按只计算的，要按只配给。所有配好的菜夹好台号夹送交打荷人员，打荷人员按单要求和先后的顺序，通知炉灶出菜，每出一道菜肴，打荷厨师要将单上的菜划去，防止漏上。烹调好的菜肴要经过传菜部再传递到餐厅，传菜部人员要对台号夹，确定菜肴是否上桌，然后在单上划去上过的菜肴，并确认菜肴是否上齐，如有短缺可以催叫菜肴。一个零点菜肴生产实施宣告结束。厨房生产远非一个菜肴生产这么简单，是由多个菜肴交叉重复的过程，实际生产中，对打荷、传菜部人员的素质要求极高，否则难以完成正常零点生产的工作。

2. 社会餐饮、酒楼类生产实施

社会餐饮、酒楼多使用以下形式的点菜单（表7-14）。

表7-14　点菜单

点菜单（结账单）　　　　　　　编号：

台号	茶位	餐别	服务员	开单	月　　日
人数		台号		入厨时间	
点心					
人数		台号		入厨时间	
厨房					
人数		台号		入厨时间	
刺身					
人数		台号		入厨时间	
冷菜					

此类零点点菜单是按照菜肴出菜的顺序排列，冷菜在最下端，热菜其次，最上端一般是点心。在每个项目的分界出用虚线分开，可以撕下，主要是加快上菜的速度。如客人点好了冷菜或刺身，及时地传递到厨房，再去为客人点热菜和点心。利用点菜的时间差，让厨房去完成冷菜和刺身的制作，减少顾客等待的时间。此点菜单是一式四联，第一联（白色）给收银员，第二联（蓝色）给客人，第三联（红色）给传菜部（传菜员），第四联（黄色）给厨房。

南方粤菜酒楼也使用另一种形式的点菜单，如表 7-15 所示。

表 7-15　点菜单

（酒楼名称） 咨客存根	No. 经手人：
点菜单 台号：　　　茶：　　　芥：　　　经手人：	
台号 No.	台号 No.
台号 No.	台号 No.
台号 No.	台号 No.
台号 No.	台号 No.

此点菜单一般一式四联，第一联（黄色）给厨房，第二联（绿色）给收银员，第三联（红色）给客人，第四联（蓝色）给传菜部。这种点菜单每一个台号都是可以撕下来的，这样无论客人从什么菜肴点起，都能尽快地通知厨房，使厨房做好准备。这种点菜单一般是先由咨客（有的酒店叫领位，即将顾客引导到餐桌前的服务人员；也有的叫迎宾，即专门负责迎送客人的服务人员）来填写，主要填写台号，客人人数，点的茶种类及芥辣。芥辣是餐前小食，餐前小食都是由厨房提前准备好，交给传菜部，由传菜部人员提前用小碟分好。一般咨客填写人数，通常用"正"来表示，传菜部人员通过点菜单上的表示，掌握 4 ～ 6 人上两碟，7 人以上上 4 碟的原则，根据人数来派发。菜单的内容一般需要点菜服务人员根据客人的要求来填写。假如 023 号台的客人点半只文昌鸡，此种菜单的填写如表 7-16 所示。一般服务人员主要填写菜肴的数量（分量）、名称及进单的时间，为厨师操作提供依据。

表 7-16　点菜单填写方式

台号：023　　张三（经手人）
文昌鸡　半只
No.00112

如果点菜单已经分送给各部门后，客人要求加菜，还可以使用加菜单，如表 7-17 所示。

表 7-17　加菜单

<table>
<tr><td colspan="3">（酒楼名称）加菜单
No.00112</td></tr>
<tr><td>台号：023</td><td>经手人：张三</td><td>日期：　月　日</td></tr>
<tr><td colspan="3">白灼芥蓝　例
11：30</td></tr>
</table>

不管那种形式的酒楼式点菜单，在客人点菜后都强调速度。众所周知，社会性酒楼、饭店生意多好于宾馆、酒店，顾客多希望上菜速度快，菜肴实惠，为此使用可以撕下的单据，并及时分发到厨房任何一个岗位。厨房接到传菜部传来的菜单，其生产步骤如同宾馆、酒店，其操作程序对厨房是一样，这里概不赘述。

现代化科技在厨房中使用，计算机、手机、平板电脑等点菜方式已经普及，目前许多宾馆、酒楼都广泛地采用电子设备来操作，既方便又节省人力。这里主要介绍其点菜的过程。

电子设备点菜前提条件是要求菜单必须经过编号处理，使一个号码对应一个菜肴。这样在操作时，服务人员只要输入编号就可以，这种操作免去手写的麻烦，菜肴信息几乎同时传到厨房，厨房传菜部根据接受机打出的菜肴，进行分单。其形式见图 7-3 的单据。此单据表明的是 2000 年 6 月 14 日，荔轩餐厅在 13 点 34 分 58 秒点了一例份编号为 T204 的烧肉。接受机打印出的菜单可以是一个菜肴，也可以是一组菜肴。

3. 点心厨房的生产实施

专营点心的店（粤式点心专用）多使用以下形式的点菜单（图 7-4）。

此点菜单是一张卡片，正反面内容不同。顾客就座于点心店时，咨客会给你一张点菜卡，准确地说还是一张结账卡。服务人员会通过手推车的形式，向顾客推销各种形式的点心，客人看中某道点心就可以随意拿取，拿好点心，服务人员会在其相应价格处盖个章，表示客人取用，一个章说明取了一份，两个章说明取了两份，以此类推。当手推车上的品种减少或没有，服务人员会及时到厨房去取，保证点心品种齐备。客人吃完后，可以粗略地计算用餐价格，然后让服务人员凭此单去收银台结账，非常方便。也是一种中式的自助就餐形式。

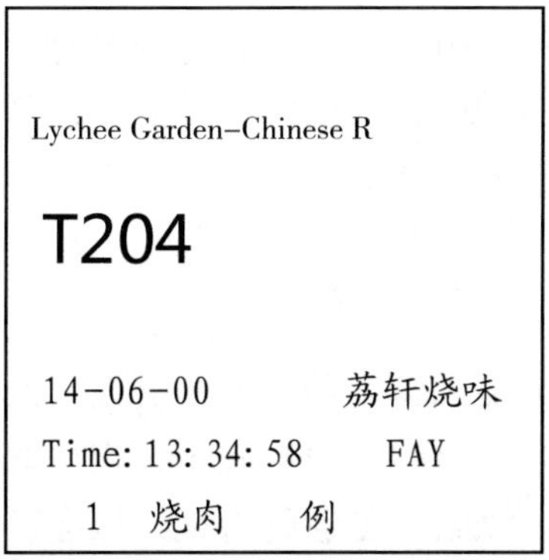

Lychee Garden–Chinese R

T204

14-06-00　　　荔轩烧味

Time: 13: 34: 58　　　FAY

1　烧肉　　例

图 7-3　计算机打出的点菜票据

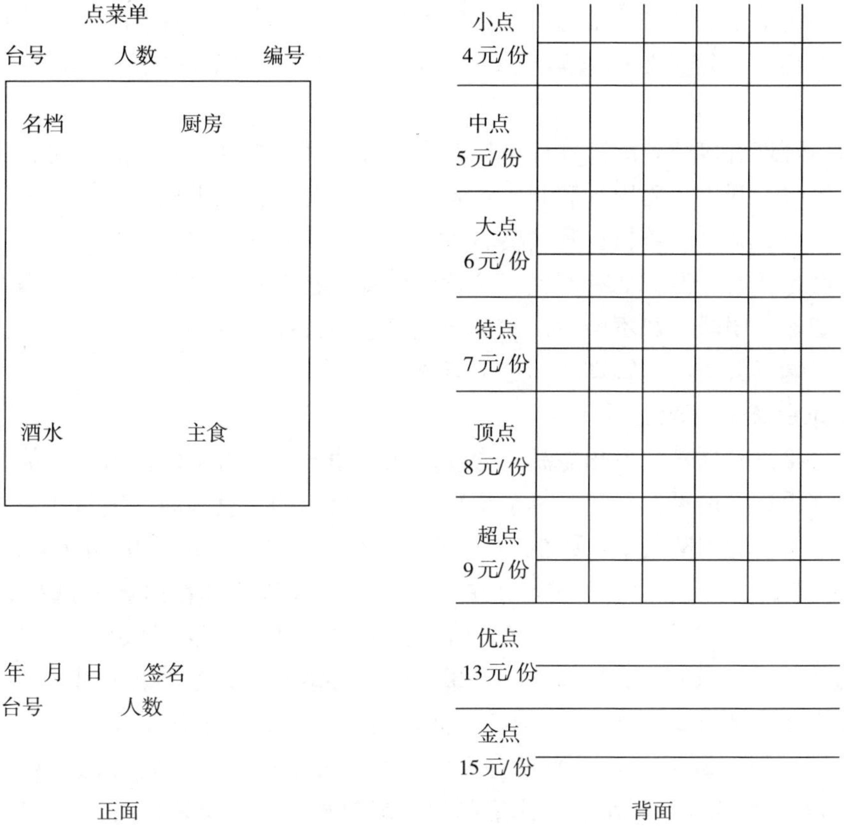

点菜单

台号　　人数　　　编号

名档　　　　厨房

酒水　　　　主食

年 月 日　签名

台号　　　人数

正面

小点 4元/份					
中点 5元/份					
大点 6元/份					
特点 7元/份					
顶点 8元/份					
超点 9元/份					

优点
13元/份

金点
15元/份

背面

图 7-4　点心点菜菜卡

点心厨房的厨师进行生产时，有与热菜不同的出菜程序。大部分点心可以提前制作，还可以进行蒸汽保温，这部分点心能够直接进入餐厅售卖，无须即点即做，耽误顾客的时间。少数特色点心或小吃需要现做，如粤点中的肠粉、淮扬的汤包等。为此，厨房中应该将更多的人力，集中在现点现做的点心上，保证正常的出品速度。

处理这部分单据时，点心厨师一定要看清进单时间、就餐人数及顾客需要的分量。制作时要分清台号，按照顾客要求不要混淆，制作好的点心一定要与点单一同传给走菜人员，防止错上或漏上。

二、团队餐生产

餐饮企业所接团队餐主要来自各种类型的会议（低档次的会议），以及各种形式的旅行团队。团队餐主要目的是填饱肚子，很少饮酒，价位也不高，经营起来相对简单。对于团队餐应该给予足够的重视，因会议和团队多数是外来人口，所以团队餐经营也是一种广告宣传。

1. 接受团队预订单

团队餐接收主要是营销部门发出的团队预订单，有一定数量的人，需要一定数量的客房，一定数量的餐桌，所以必须提前申请预订。团队申请表如表 7–18 所示。

厨房管理者接收到团队预订单，首先要确定团队规格及就餐的时间。多数团队人数较多，开出采购原料和制作菜肴需要一个时间，如果规格较高，还要考虑重新开菜单，并报上审核；其次要看团队有无特殊要求。如果有要及时地注明，防止生产操作时遗漏，如有回民就餐就要注意饮食禁忌。再就是通知厨房做好接待准备工作。团队人数不会少，一旦出现遗忘而没能提供必要的餐饮服务，造成的负面影响巨大，厨房管理者一定不能疏忽大意。

2. 开出菜单或挑选菜单

厨房接到营销部门发出旅游或会议团队的通知后，着手处理团队菜单。团队菜单处理手法有两种。一种是提前根据营销部提出的餐食标准，编写 3～4 组，每组 2～3 套的团队菜单，如 200 元/桌，A 单、B 单、C 单；300 元/桌，A 单、B 单、C 单；400 元/桌，A 单、B 单、C 单。供营销部推荐给客人选择，确认后附单在预订单之后，供厨房生产之用。另外一种是根据客人的要求现编写菜单。多数团队菜单要求不高，只要能满足果腹的需要就可以，为此编写团队菜单时，一定要考虑菜肴不能花哨，不能过多油炸及酸甜口味，这些菜肴不下饭。要多些炒、烧、炖、焖类菜肴。如果有规格档次较高的团队餐，要考虑桌数与承办能力是否相协调，一旦确定，其菜单编写就要按照相应宴席的标准进行，而非通常的大众菜单。

表 7-18　团队申请表

☐ 预订
☐ 更改
☐ 取消

自：营销部

旅行社　海南总商会

联系人　张三

电话　66448888

团队名称　企业家交流会

国籍　中国　　　　　　　　　　预订文件　传真文件

到达日期　26 日 11 月 1995 年　　离开日期　29 日 11 月 1995 年

房间要求	单人间	双人间	司陪间	套房
房间数量		28		
房价		380.0 元 / 人		

总房数　　28　　　　　　　　　　　　总人数　　　　35

用餐要求

日期	NOV.26 95	NOV.27 95	NOV.28 95	NOV.29 95
地点	风味餐厅	风味餐厅	风味餐厅	风味餐厅
早餐		4 桌 300 元 / 桌	4 桌 300 元 / 桌	4 桌 300 元 / 桌
中餐	2 桌 600 元 / 桌			
晚餐	4 桌 600 元 / 桌	咖啡厅 50 元 / 人 自助餐 100 元 / 人	咖啡厅 50 元 / 人 自助火锅 60 元 / 人	

付款指令：

备注：每桌 10 人为标准。　　　　批准人：　　　　　营销总监：

发出人

绘制人：　　　　　　　　　　　　批准人：　　　　　前厅部经理：

3. 生产实施

厨房按照菜单要求提前准备原料，经砧板配置，交给打荷人员。通常团队餐不喝酒，菜肴不需要像宴席一样按菜单顺序上桌，大多在客人到位前 5 分钟将菜肴上齐，厨房准备原料时，应该将烧焖类菜肴提前烧好，并放入保温柜保温或加盖保温。而其他的菜肴在客人到位前 15 分钟开始烹调，由服务人员将各种菜肴依次上桌，并盖好盖，待客人到后再开盖。冬季要注意使用保温设备，防止食物变冷。

团队餐生产中还应该注意饮食禁忌问题，许多客人来自五湖四海，有些人会有饮食禁忌。如有回民，处理方法是：如果人多，食谱中就应该不安排猪肉、猪肉制品、猪油、猪血及猪肉汤等原料；如果人少，可单独安排餐饭，满足客人需求。

三、庆典餐生产

庆典餐主要包括婚宴、生日宴及其他形式的祝贺宴席，如谢师宴、及第宴等。近几年因竞争，庆典餐操办成为餐饮企业首选营销项目，尤其是宾馆、酒店，自身具备优越的硬件条件，更不会轻易地放弃。原因有三，其一是任何一种庆典都是人生中的大事，人们都不可能草草操办，需要"有面子"的消费场所；其二是众多来宾的光临，可以让百姓了解酒店，提高酒店、宾馆的知名度；其三是较之商务酒席宴款，庆典餐多是百姓个人出资行为，酒店资金容易回笼。为此重视庆典餐的生产，加大对庆典餐的包装和促销，是目前餐饮企业新的营销思路，是完成销售额预算的最佳途径。

1. 接受预订

庆典餐都是选择固定的日子，尤其像婚宴多为良辰吉日，那么选定某一天（吉利日子）订餐的人肯定较多，多数客人会提前进行预订。

顾客订餐形式一般为电话预订和订餐处预订两种。这两种预订接受方法差不多。预订人员一定要问清宴席的类型，是婚宴、生日宴还是其他形式的庆典餐；宴席的时间，是否有人已预订；宴席的具体桌数，看有无合适的厅房；餐费的标准，提供几种价位让顾客选择；主要人物是谁，准确的姓名，主要为营销部制作宣传之用。将所询问的各种信息如实地填写在预订单上，最后预订人员一定要提醒顾客选日交取订金，并确认菜单。这类餐食多选择好日子，预订时间跨度较大，有些可能在一年前就进行预订，故饭店要选用宴会预订日记（表 7-19）。

2. 确认菜单

庆典餐菜单，诸如婚宴、生日宴菜单一般提前设计好，其内容应该符合当地人们的风俗习惯。如江苏扬州地区的人讲究婚宴菜肴中要有"三整"，整鸡、整鱼、整鸭；我国香港的婚宴单中一定要有鸡菜、鱼菜，且鸡菜要求是最后一道上；江苏徐州地区婚宴单中一定要有拔丝菜等。客人确认菜单中，还可以提供一些相应的服务项目。

3. 生产实施

庆典餐准备工作并不复杂，如同零点、团队生产一样，按照确定的菜单去配置菜肴。由于庆典餐特殊的性质，生产实施中应该注意以下几个要求。

①原料一定要新鲜。由于是喜庆的宴席，不新鲜原料会带来更多的投诉。

②每个菜肴数量要有保证。参加庆典餐的人多是普通老百姓，人们比较讲究实惠。

表 7-19 宴会预订日记

日期/星期	时间	地点	主办单位	重要客人	人数	标准	酒水	工作餐	特殊要求	变更情况	联系人
月 日 星期 一											
月 日 星期 二											
月 日 星期 三											
月 日 星期 四											
月 日 星期 五											
月 日 星期 六											
月 日 星期 日											

③菜肴需要装饰和点缀。庆典宴席需要必要的气氛烘托，有时根据技术实力还可以安排主桌的雕刻欣赏（有奶油雕、食品雕、冰雕）等。

④菜肴原则上要现做，不能现做而提前做好的菜肴，一定要注意保温。一般提前做的菜肴多为烧、焖、炖类。

⑤上菜的速度要控制好。各地对上菜速度的要求不一样，如扬州地区人们更

习惯上菜速度越快越好；而我国的香港和澳门等地原则上是吃完一道上一道。在安排菜肴准备与烹调时机上就有所不同，厨房管理者一定要清楚这点。上菜速度与菜品加工方法有关，厨房管理者需要将厨房内的蒸箱、烤箱、炸炉等充分利用，不能将菜品加工集中在爆、炒类猛火灶口，否则会影响出菜速度。庆典餐菜单制作时，需要注意厨房加热设备的充分利用。

四、商务餐生产

餐饮企业通过零点餐做人气，通过团队餐、庆典餐做销售，商务餐就是餐饮企业做的档次。商务餐无论在服务、菜肴价位、菜肴质量上都是高出其他餐食形式一等，各种形式的商务餐为餐饮企业打造品牌形象作出很大贡献。

1. 接受预订单

商务餐顾名思义是商务活动中进行交际而举行的宴筵活动。讲究规格、程序，决不能随意和草率。故顾客大多会提前向用餐企业进行预订，希望能有好的用餐环境、高质量服务和精品菜肴。而餐饮服务部门会根据预订的要求，更加充分地准备，以取得宴会的成功。高级商务会议餐宴席预订单一般比较讲究，预订单格式如表7-20所示。

普通商务餐预订相对比较简单，询问客人订餐的时间、需要的厅房、选择的餐标、就餐的人数等要素，然后填写在预订表上。这种预订表根据各饭店的情况有所不同，见厅房预订表7-21。

2. 编写菜单

接到预订部预订后，就需要编写菜单。目前编写菜单任务可以由厨房或餐厅来做。传统做法都是厨师下菜单，厨师了解当天的菜肴，知道如何对菜肴进行合理搭配，清楚每日的创新菜及各种急推菜肴，唯一的缺点是厨师不了解顾客的喜好，确认菜单后，修改的过程比较麻烦。在南方许多餐饮企业编写菜单的工作改由楼面做，这是一种流行做法。因为楼面服务人员对客人比较了解，知道熟客的喜好、口味，针对性很强，由楼面下单，客人确认时修改比较方便，后厨可以减轻很多压力，将所有心思放在生产上，因此与客人打交道的事情全部交给楼面。

无论是传统做法或流行做法，编写菜单方式一样。首先要从预订部了解客人订餐的餐标和就餐人数，了解这两个要素很重要。目前订餐标的方法有两种，一种是定价格，不管人数，如800元/桌，10～12人；另一种是定每人的价格，如80元/人，6～7人。第二种对人数要求较严，多人和少人都会对餐标有很大影响。其次是根据不同餐标进行菜单的编写工作，使用统一格式。餐标安排上一定要注意档次的体现，如800元/桌和80元/人是同一个档次级，尽管可能80元/人，5人和400元/人，10人的价格总数是一样的，但80元/人，5人享受菜肴档次与400元/人，10人是完全不一样。原则上80元/人，5人菜肴要少而精，质量要高。再次是对菜肴分量一定要标注清楚，如要分位、分客的应写清，为打荷厨师、传菜部人员提供配套服务做准备。最后要将编写好的菜单需订餐客人确认，等客人确认后才能组织生产。

表 7-20　×× 大酒店宴会预订单

编号　　　　　日期 21/02/04

主办单位：×× 大酒店	宴会日期：2004 年 2 月 29 日
联系人：×× 总经理	时　间：会议 10：00-12：00
	午餐 12：00-14：00
单位地址：_____	预计人数：　26 人
联系电话：_____	保证人数：　26 人
宴会形式：_____	价　目：会议咖啡、茶及曲奇 32.00 元 / 位
	午餐：1000.00 元 / 席
宴会地点：风味餐厅	付款方式：签单

菜单：淮扬六小碟	①营销经理：请于 2 月 28 日前做好以下告示牌
龙井虾仁　鱼圆汤	一个放在酒店大堂入口
油爆鳝筒　扬州蒸饺	一个放在南楼电梯入口
松仁鸭方　黄桥烧饼	一个放在会议室门口
无锡排骨　翡翠烧卖	座位人名由总经理提供
松鼠戏果　水果拼盘	②管家部请安排当天十二楼的卫生
清炒时蔬	③楼面负责会议室位置的摆放及服务，28 日前做好
	④西饼屋准备新鲜精美的曲奇饼
摆设：长方中空型，主台放鲜花一盆，	⑤风味餐厅安排午餐菜肴出品及服务
会议台上摆放座位牌咖啡杯及文件夹	⑥工程部请于早上 9：30 把南楼客梯调至 12 楼会所
内放笔记本及铅笔	即可

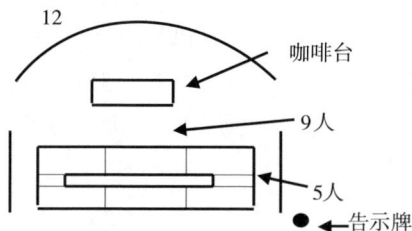

注意：与会客人是市内各酒店总经理，请安排贵宾服务。

致送：总经理　　　　宴会经理　　　　销售部经理　　　　工程部经理　　　　管家部经理

菜单格式有竖写法和横写法两种（图 7-5）。竖写式菜单格式一式三联，第一联（白色）给厨房，第二联（红色）给厅房，第三联（蓝色）给传菜部。收银有预订的固定餐标，不需要菜单。

表 7-21 厅房预订表

地点	时间	标准	人数	单位	备注	服务员
包 1						
包 2						
包 3						
包 4						
……						

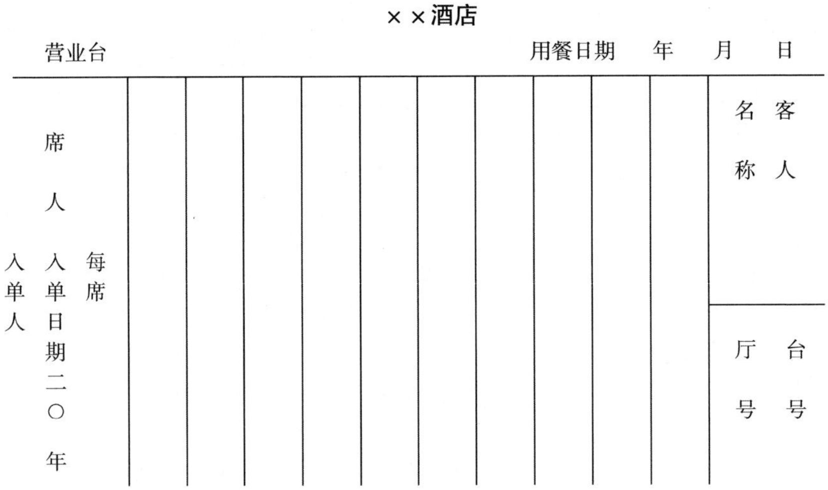

××酒店

营业台　　　　　　　　　　　　　　　用餐日期　年　月　日

客名　客名称　人

席人

入单人　每席　入单日期　二〇　年

厅号　台号

图 7-5　竖写式菜单格式

横写式菜单格式比较简单，只要标明酒席的餐标、参加人数和单位就可以。一般商务餐根据档次的高低，还需要在餐桌上摆放制作精良的菜单卡，形式可以有多种多样，可设计成扇形、书形、手卷形、台历形，也可以使用竹、绢、玻璃、瓷器等材质，总之一个目的就是营造良好的进餐氛围。

3. 生产实施

商务餐生产要做好充分的准备。首先在客人到来之前半小时，应该将冷菜摆放在餐桌上。客人一到应该将冷菜的主盘端上桌，如果是看盘，待热菜到之前撤下。客人享用冷菜时，厨房应等候传菜部的通知。接到走菜信息，打荷厨师才开始递菜，递菜一定要按照菜单顺序进行。事实上，没有哪家厨房每天只接待一桌，各种类型的商务宴席都是交错进行，走菜也是交错的，需要打荷厨师具有非常好的记忆和经验，合理安排每桌宴席的上菜速度。传菜部人员也需配合打荷厨师，及时催叫未上或等待很久的菜肴，保证宴席上菜的节奏。保证宴席良好的节奏，需要打荷厨师提前做好以下准备。

（1）备好餐具

提前将厅房使用的各种餐具摆放在固定位置。

（2）备好花草

将雕好或牙签插好的各种花和点缀草摆放在固定位置，最好用淀粉面团将花和草固定在一起，点缀时就会比较方便。

（3）备好粉浆

将宴席中需要提前拍粉、挂糊的原料进行处理，防止生意忙时没有充足的时间。粉浆配置也要依照配方进行调制，先将各种粉按配方数量称好，然后混合在一起，使用时只需调入清水即可。

（4）摆好菜肴

要将各个厅房的菜肴分类摆放，最好一个厅房的菜放到一起，这样拿取时比较方便，同时还可以查点漏上、缺上的菜肴。

（5）查点菜单

一是尽可能地记住菜肴，二是查点砧板送过来的菜肴，看有无漏配的菜肴。

打荷厨师要做的工作还很多，遇到不同情况需要不同的处理方法。打荷岗位就像"交通警察"，指挥厨房有序进行出菜，厨房管理者要注重这个岗位，在商务餐生产中给予更多的监督与协调。

五、年夜餐生产

随着经济发展，人民生活水平的提高，过年到饭店用餐的家庭越来越多，饭店预订年夜餐成为一种时尚。年夜餐尽管不能成为餐饮经营的主体，因为每年只有一次，每一次状态火爆，使餐饮企业经营者又不能割舍。近几年的年夜餐越来越普及，餐饮经营者逐渐开始认识到这个新兴的餐饮形式，并更加重视。有的城市餐饮企业将年夜餐包装外卖或登门操作，取得很好的经济效益。很多企业已经不仅是看到年夜餐的一夜效应，而是将其作为长远发展的对象。

年夜餐从内容、实质上看，还是普通宴席或商务餐，与其他餐饮形式别无二致。从生产上看，年夜饭生产有着独特的地方，不同于商务餐的零零散散，用餐时间跨度大，有充分调剂菜肴的时间；也不同于婚宴、团队餐，婚宴、团队餐可以同时起菜。年夜餐是客人在一个相对集中的时间段用餐的活动，用餐量很大，一般的餐饮企业是爆满，更多的是超负荷，每桌客人来的时间间隔较短，使厨房调整菜肴的时间几乎没有，给厨房生产带来相当大的困难。

基于上述因素，年夜餐特殊的餐饮形式就应该有特殊的生产方式，保证餐饮经营正常进行。开始正常生产之前，前期辅助工作一定要到位。

（1）菜单制定要掌握一定的原则

①由于生产量较大，菜单中菜肴的安排要有可操作性，复杂程度根据餐饮店设备条件来定。如冬天天冷，有保温柜才可以安排炸类菜肴。炸类菜可提前做好放入保温柜中，现来现炸绝对不可以。

②年夜餐菜单以套菜形式出现，套餐分为几个价位。考虑到年夜餐的复杂性，提供套餐的种类不要过多。

③菜单安排的菜肴制作不要集中在一个岗位上，要将制作分流。如上杂、烧烤、点心都可以分担部分菜肴的制作。

④不同价位的菜肴可以有交叉，保证不同类型菜肴的量过多。

⑤菜单多安排烧、焖类菜肴，考虑使用有保温器具的菜肴，如锅仔、巴西明炉等器具。

（2）确定菜单后的生产实施

①与餐厅一起将所有预订的年夜餐，绘制成座位示意图，分别划分区域、编号，以便走菜时菜肴能上对地方。

②将客人预订的菜单进行归类，统计出各标准的餐桌数。

③将菜单中制作的菜肴进行分类，归类分摊给相应的岗位烹调。

④将人员进行重新分工，每人各负责一个菜肴，并告知菜肴的数量、价位和台号。如上杂负责蒸、煲仔类菜肴，点心负责鱼类菜肴，炉灶主要负责炒菜，烧烤主要负责烤类菜肴。

⑤增加打荷人员和传菜部人员，分别划分工作区域。必要时安排好通讯工具。如对讲机、喇叭、耳麦等。

⑥重新布置厨房布菜的位置，保证上菜的通畅和快速。

⑦厨房的管理者一定要注意协调工作，一旦走菜，各部门要一起行动。

年夜餐生产已经与传统厨房生产有了区别，最重要也是最简单的操作手法，就是面对大批量短时间涌入的顾客，人员分工要更加具体，更加仔细，并且落实到每个菜肴上。

第四节　厨房人员生产运作程序

厨房人员是生产主体，为此，了解厨房人员的工作程序十分必要。分工不同，生产内容不同，各岗位都有适合自己岗位的运作程序，可以规范或纠正员工工作中的各种操作行为，使厨房生产向餐饮企业既定目标发展。下面分别介绍各岗位人员的工作运作程序。

一、厨房管理人员运作程序

厨房管理者在厨房生产运作过程中，主要充当的是决策、监督、控制、指导的角色。面对厨房每日各种生产任务能够统筹安排，做好生产计划；对员工不规范操作能予以指导和纠正；对于一些突发事件能很好地处理、解决。下面运作程序是厨房管理者每天所应该做的最基本工作。

1. 总厨师长工作运作程序

8：30 签到，查看当月客情情况，制订菜单。了解前月营运销售情况，根据预订、销售季节等恰当地制定当日出售品种。查看各点的工作人员到岗与签到情况，布置有关工作。

8：40 开部门晨会。

9：10 开例会，传达总经理工作指令，把各点情况综合分析，更好地加强厨房生产。

10：00 到各点检查工作情况，卫生状况，包括出勤、在岗、工作状态、仪表仪容等，签当月各种单子（领发货等），分派各点厨师长的工作任务。

10：10 查看初加工状况。包括原料的出料率，原料的加工质量（鱼鳞、鸡毛、肉切的形状等），当月所进原料质量及卫生情况。

10：20 查看案板与炉灶工作情况。案板送与炉灶原料质量情况；查看冰箱卫生，原料新鲜度；原料备货是否充足；原料换水与否（水发原料）；炉灶卫生、加工半成品是否符合要求；餐前准备工作。

10：30 查看冷菜点心工作情况。包括原料备货与品种、数量；能否及时供应；卫生情况；餐前准备工作。

10：50 查看西厨工作情况。包括工作人员状态如何；品种准备情况；能否及时供应、是否符合要求；卫生情况。

11：00 准备开餐。各点巡视、查看营运情况，处理各点需协调之事，保证正常运转。

14：00-16：00 制订工作计划，综合各点销售情况。

16：00 与 10：00 同。

16：10 与 10：10 同。

16：20 与 10：20 同。

16：30 与 10：30 同。

16：40 与 10：50 同。

17：00 准备开餐。

20：30 开餐结束，检查收尾工作。包括总结当月营运销售情况，制订次月工作计划，检查存余食品存放，检查电、水、气关闭情况，对各点厨师长进行考核。

2.厨师长工作运作程序

8：00 检查员工出勤情况和签到情况，查看交班日记，布置有关工作。

9：00 巡视厨房各点的工作情况（员工的定岗、定位、出勤），了解中午客情，分派各点领班工作。检查初加工间的工作状况，检查切配间的工作状况。

10：00 根据例会要求布置中厨房工作，根据客情预报，检查原料的数量、质量、切配搭配情况。掌握售缺情况并及时通知餐厅。

11：00 巡回员工的工作情况，确保菜肴数量、质量、保证色、香、味、形，符合规格标准。开餐高峰时，合理调配人手并对重要宾客或特殊要求的菜肴亲自操作，以保证及时出菜，及时处理客人对菜肴的投诉。

14：00 检查厨房区域的卫生及收尾工作。了解晚餐的客情，布置有关工作。了解明日客情，及时通知各点，填写申购单及领用单。

16：00 与 10：00 同。

18：00 与 11：30 同。

21：00 收尾工作。检查剩余食品的存放，查看各点的清洁工作，检查门、窗、橱柜、冰箱、冰库的关闭情况，检查煤气阀和鼓风机的关闭情况，对各点领班进行考核。

二、各岗位工作人员运作程序

厨房各点工作人员在厨房生产中，主要完成的是些具体工作。下面工作程序是员工每天必须要做的工作。

（一）加工间运作程序

加工间早班工作人员，每日早上必须将各岗位所订原料（含当日必需的小料、葱姜蒜）核查并通知各岗位领取所需原料加工完成后，分送各点。中午开餐前，加工间工作人员有义务协助各岗位完成走餐工作。开餐结束，加工间工作人员将本岗位卫生打扫干净，并备足晚餐原料，办理交接班手续。晚班人员到岗后，仔细检查原料、存量、需要增订和补订的原料及时增补齐备，根据各岗位原料订单加工完成、备好、分送各点（下午 17：00 之前，将各点明日订货单收齐由领班交购），并及早将各点的葱、姜、蒜备齐，晚上开餐时加工间工作人员协助各岗位正常走餐，走餐完毕工作人员把岗位卫生打扫干净（包括下水道、地面墙壁、水台、工作柜、冰箱等）。

（二）砧板运作程序

砧板工作人员每天早上，准时到岗，到岗后把冰箱整理干净，将昨天所剩原料（换水的换水），填补齐备，将售缺原料及时增订（下订单给加工间，由加工间领班转交采供部），将中午餐前所必须制成半成品的原料及早交给炉头，由炉头加工成半成品，再转较给砧板人员，放入货架排放整齐，将中午开餐前所必需的原料加工齐备（包括葱、姜、蒜）送与炉灶。中午开餐前，砧板领班将当日菜单与前台服务员对照，开餐时做到配菜合理，规范、尽量满足客人要求，使客人有宾至如归的感觉。遇到需要现杀活宰的原料要及时通知加工间人员，使鲜活原料尽早宰杀处理好，便于出菜快捷。开餐结束，将主配料收拾回冰箱，将案板水台、砧板、收拾干净，查看冰箱，将售完的原料及早加补订单，使各种原料在下午开餐前能够及早补齐。砧板下午上班前检查冰箱，将冰箱内缺无的原料及早（或来不及补订的原料）在开餐前对菜单时通知前台主管或领班。晚上开餐时与炉灶厨师合作，将菜肴以最快的速度、最好的质量完成送至客人桌上，尽量满足客人的一切要求，贯彻客人就是上帝的宗旨。晚餐开完后，将各种主配料及半成品放入冰箱，将案板水台及工作柜，货架打扫干净。

（三）炉灶运作程序

炉灶工作人员每天早上到岗前，将炉灶卫生打扫干净，将调味品填补齐备，将案板送来需要在炉上加工的原料进行加工，并且要保证成品质量与卫生。开餐前做好餐前准备工作。开餐时做好与打荷、案板师傅的配合，将案板配好菜肴及时上火加工，及早将菜肴送至前台(有些客人特殊要求制作的菜肴也要尽量满足)。上菜时根据客人的需要，按正常上菜程序走菜。开餐结束将炉火熄灭，将调味品盆刷洗干净并加盖，工作台面收拾干净。

（四）点心间运作程序

早班人员到岗后，先检查冰箱，对昨天售完的原料下订单补齐，打扫岗位卫生，将必需的原料准备好，并保证质和量，备齐各种原料的情况下，将宴会所需点心也要加工出来。开餐时将各点所需的点心尽快做好，并由服务员送至客人食用，所做的每道点心都能使客人满意。开餐结束将各种半成品或原料放入保鲜冰箱和速冻冰箱。下班前做好岗位卫生，并与上晚班的人员办理交接。晚班人员上班前检查冰箱内的原料售出情况，如果有缺售的原料，将晚餐所必需的点心加工出来，并在 17：00 之前，下明天的备货单给加工间。晚上开餐时配合零点和宴会进行走餐及尽全力使客人满意。晚餐结束将明天早上要做的点心，馅心准备妥当，将案板卫生打扫干净，并填写交接班日记。

（五）冷菜间运作程序

冷菜间早班工作人员，到岗后先到加工间领取当日所订好的原料，将所必需的冷菜加工出来，有些需要特殊加工的原料必须领班以上人员完成，原料加工过程一定牢记生熟分开，避免交叉污染。原料加工好，可以下入冰箱，也可以放在货架上用干净的纱布盖上以免污染。开餐前，将备好的成品及时发放到餐厅并准备好接零点的工作，协助服务员走好餐。走餐完毕做好岗上卫生，将晚上所缺的原料填补齐备。开餐前将没有的冷菜下单给前台服务员（开餐前一定要与服务员对接菜单）。晚餐前将所需的冷盘交与服务员，并做好接零点的准备。开餐时尽量将菜肴制作令客人满意。开餐结束，将岗位卫生打扫干净（17：00之前将明天所缺原料订单交加工间），写好交接班日记。

✔ 本章小结

餐饮业不同于食品制造业，首先，餐饮产品口味复杂，不同年龄、不同生理阶段的人对餐饮产品口味要求不一样，甚至同一个菜肴或同一种原料，不同地区生产加工，都可能出现不同口味要求；其次，餐饮产品具有即时性，餐饮生产、销售和消费几乎在同一个时间段发生。

餐厅供应的菜品没有货架期，需根据客人现场要求的品种和数量进行生产。餐饮产品生产具有自己独特的操作流程。餐饮生产既具有标准化生产工艺，专线作业，稳定的产品质量等特点，又要保留餐饮业自身特有的个性特点。

厨房生产最终目的是通过生产管理有效调节，生产出让顾客满意、高质量产品。厨房管理者要了解厨房生产中加工、配份及烹调程序，掌握各种形式餐食生产，学会安排和协调，并能够采用先进手段对重点生产过程进行控制，保证厨房生产有条不紊地进行。

✔ 思考与练习

1. 如何做好加工阶段的菜肴质量管理？

2. 什么是配份？配份阶段原料的质量怎样控制？

3. 试述烹调阶段的数量管理。

4. 重点控制的内容有哪些？如何查找上菜速度慢的原因？

5. 试谈零点餐的生产过程。

6. 简述年夜餐实施的步骤。

7. 将所给出的菜肴按顺序填入下列单据中（菜肴：水果拼、香煎鳕鱼、翡翠玉米羹、水晶虾仁、风味烤鸭）。

××酒店

营业台								用餐日期	年　月　日
席人人单台 人入入单日号 人单日二 台号期○ 　　期年	扬州炒饭							冷 菜	名客 称人 厅 号

第八章　厨房标准化管理

本章内容： 厨房标准化概念

厨房标准制订

厨房标准完善

厨房标准执行

厨房标准内容

教学时间： 4 课时

教学思路： 由具体食品工业标准化产品导入，讲解厨房标准化的含义和内容，以及在厨房生产中如何做到标准化，并进行标准化管理

教学要求： 1. 了解厨房标准化定义和标准化管理理念

2. 掌握厨房标准制订原理、内容和执行关键

3. 熟知厨房运行过程中各项标准的执行

课前准备： 阅读和收集标准化的相关知识，初步了解标准化的含义

第一节　厨房标准化概念

标准是餐饮企业中的标杆，为餐饮企业创造一个又一个好的成绩。有了标准，餐饮企业才能在市场中与其他企业抗衡，成为行业中的领军者；有了标准，餐饮企业才能规范化管理；有了标准，餐饮企业才能传承发展、基业长青。标准化是餐饮企业处在当今互联网、物联网时代下，所必须具备的条件之一。

一、厨房标准化定义及作用

厨房生产的每一道工作流程，都分为若干环节，每个环节采取的工作方法、需要的时间、何种结果，这就是标准。操作、监督、核验等环节都需要标准，管理就是把控好各个环节，确保流程畅通无阻，管理就是定标准、走流程。

所谓标准化，就为在厨房管理、生产范围内获得最佳的秩序，对实际或潜在的问题制订出共同的、可重复使用的规则的活动，包括建立和实施厨房标准体系、制订厨房标准和贯彻实施各级标准的过程。标准化是制度化的最高形式，运用到菜肴生产、管理、开发、设计等各个方面，是一种十分有效的工作方法。特别是在竞争激烈的市场中，标准化的管理方式是厨房在市场竞争中获得优势的标志，决定着餐饮企业在市场中的地位与存在价值。

建立标准就是在提高厨房的复制力，复制厨房一个又一个良好的成果，让厨房建立优良秩序需要三个台阶。

第一个台阶：制订良好的厨房标准，能够确切地反映市场需求，生产出令顾客满意的产品，确保产品获得市场欢迎和较高的满意度，解决市场的战略问题。

第二个台阶：建立以产品标准为核心的标准体系，即确保产品质量的稳定，并提高生产率，让餐饮企业能够在市场站稳脚跟，避免出现刚刚占领市场就因质量不稳定被淘汰的情况。

第三个台阶：将标准化向纵深推进，运用多种标准化形式来支持产品开发，让厨房具有适应市场变化的能力，不仅能够占领市场，还能在市场中站得更稳，并扩大市场。

厨房标准化需要符合市场需要，才能体现出厨房标准化的作用与价值。三个台阶都需要遵循市场经济规律，需要从自身实际情况出发，通过创新开辟属于自身的新道路。

厨房要想赢得市场竞争，唯一的途径是创新，建立标准化竞争优势，需要各个部门协作配合、互相支持，发挥整体系统功能，走好三个台阶。

标准是巩固厨房的支柱，要想让厨房有效稳定地运转，就需要坚实的支柱作为架构，让厨房管理事务有据可依，才能让厨房管理运转得更加平稳。因此，管理者不要一味地探索花样翻新的管理方法，其实，更需要具体的管理标准，只有定好标准，才能让管理更加简单、更加有效。

二、厨房标准管理

厨房标准管理，让管理者在繁重的琐事中得到解脱，有更多的时间考虑高层次的问题，而不是整天为各种问题而烦恼。如一个家庭主妇若想煮出一碗既不太硬也不太烂的面条，是件非常难的事情。即使是经验非常丰富的主妇，也不见得每次煮的面条都能恰到好处。一碗面条若要符合标准，需要具备以下几个条件：①煮好的面条，不太硬、不太烂，刚好可口；②要于适当的时间煮好，以配合用餐的时间；③要在经济原则下煮好，不宜浪费材料与燃料费用。

当然可靠许多次经验煮出最恰到好处的面条。但是，如果每次煮都要尝试多次，不但无法配合用餐时间，也浪费材料、燃料。所以，必须"一次就煮好"，方法如下。

（1）确定基准

事先决定所煮面条熟烂的程度和汤料配方。

（2）决定方法

研究煮好恰到好处面条的各种方法，选择其中最经济、最方便、最好吃的煮法。

（3）制订各项标准

把最好方法的要领记录下来，以防忘记。煮之前放多少水、煮多久、何时放进面条等步骤及有关条件，尽可能地以数量表示出来。

（4）按标准实施，可得标准化成果

根据记下来的要领，切实地去做。

把煮面条的方法具体记录下来，以后只要照着去做，就是生手也能煮出恰到好处的面条。把方法数量化地表示出来，再遵循方法去操作，达到最佳成效，就是标准化。生手能煮出恰到好处的面条，就是标准化的功效。

也许认为标准定得好，厨房不一定就管理得好，毕竟管理厨房不像煮面条，但是实践证明，谁掌握了标准，谁就掌握了话语权。厨房只有推行标准化，才能实现管理的科学化。厨房做好标准化注意以下几点。

1. 提高对"标准"重要性的认识

在企业界有"三流企业卖产品，二流企业卖品牌，一流企业卖标准"的说法，在经济全球化的大趋势下，标准已演化为参与国内、国际市场竞争必不可少的"利器"，但是大多数企业缺乏对标准化的全面认识，对推广标准化往往心存疑虑。在餐饮企业中，有远见的管理者利用大数据制订原料标准，如番茄，什么地方产的品种，适合做什么样的产品。

2. 为标准化做好实质性工作

标准化工作是一项系统工程，要取得好的成效，认识是前提，队伍是关键，建立健全标准化机构是基础。这里所讲的这个"实"字是指既要做到机构"实"，又要做到内容"实"。做到机构"实"，应成立标准化工作小组，任命管理者代表，设立标准化专（兼）职机构标准化办公室，行政总厨为主，配备专（兼）职标准化人员，努力做好统筹规划、组织协调、指导监督、考核检查等工作，使标准化工作在组织机构上形成一个完整的工作体系。做到内容"实"，是厨房建立技术管理、工作标准体系、标准明细表和依据标准明细表所编制的技术、管理。工作标准的内容，既要符合企厨房生产经营管理的实际，以及规定的各项标准，又要有适宜性和可操作性。

3. 为标准化做好宣传工作

在标准化工作中，构建标准体系不是用来看的，而是实际工作中执行的。再好的标准要想让员工做到，首先要让员工知道，做好宣传教育培训工作尤为重要。要采取举办标准化基础知识学习培训班和标准化知识讨论会等形式，突出抓好员工素质的提高工作。通过学习培训，改进产品过程和服务的适用性。

4. 为标准化做好检查工作

建立标准体系是否发挥作用，关键在执行。标准体系只有在不断运行中方可完善，在完善后更有效地服务于生产经营管理。为保证建立的标准体系持续、有效地运行，应根据实际情况制定标准化工作监督检查考核机制，查明不合格的原因，采取措施纠正，防止不合格现象再次发生。持续改进应按照 PDCA 循环管理模式进行，包括日常持续改进和评价，确认评审后持续改进。检查结果与工资挂钩，确保路类标准得到有效执行。

管理者不必事无巨细，让标准做工作。制订标准，可以让不同的人得到同样结果，快速复制厨房最需要的人，打造出一支高效的团队，管理上有的放矢，其结果水到渠成。没有不会工作的人，只有不完善的工作标准，标准能培养人、训练人、打造人，打造出厨房最需要的员工。

三、厨房员工标准管理

纵观全球 500 强企业，只要是拥有 30 年以上历史的，都会注重企业中的两种管理模式，一是人性化管理，二是标准化管理。但是，现在太多企业不是将标准制订得过于严格，就是没有将标准当一回事。正是这些原因让企业吃了亏，让很多有才华的员工没有发挥出自己的才干。因此，用标准去管理，才能让员工更好地为企业创造价值。

所谓标准，就是行业、产业或者产品质量必须要达到的水平，也是议价的最大砝码，美国学者约翰·遂拉德就曾提出："标准就是用口头或者书面的形式，或者任何图解的方法，或者模型、样品、其他物理方法所确定下来的一种规范，从而用在一段时间内限定、规定或者详细说明一种计量单位，或者一个准则、一个物体、一个过程、一种方法、一项实际工作、一种职能的某些特点。"

对于一个企业来说，若是没有科学、严格的标准化工作，就达不到高质量、低消耗的经营效果，更不能获得最佳经济效益。很多国外大型企业之所以一切工作都围绕着提高产品质量和利润、降低劳动和物质消耗而进行，是因为他们将标准当作企业的"宪法"和"生命"来看待，企业中的所有活动都会进入标准化的轨道中，无论什么事情都按照标准进行。

很多厨房的管理者不将标准当回事，认为自己是老大，自己就可以管理下面的员工，员工就应该听自己的，可是这样的管理不叫管理。在厨房中，一定要建立标准，进行标准化管理，这样才能让厨房中的所有人都能够按照标准做事，正所谓"人管人不如法管人"，这个"法"就是厨房中的标准。

有标准，就有"规距"，才能让员工知道怎么做（什么该做，什么不该做），而在管理的时候，才会让员工对于自己受到的奖励或者处罚没有怨言。因此，为厨房定标准，不仅仅是为了厨房走上正轨，更是在为厨房定"规距"，利于人员管理。

四、厨房业务标准管理

制订严格的质量、操作标准等是厨房实现可持续发展的必要手段。在对作业系统调查分析的基础上，以科学技术，实践经验为依据，以安全、高质量为目标，规范员工行为，将现行作业中每一个环节、每一个程序、每一个动作都分解，提出严格的标准化要求，才能让员工有统一行动，生产出标准、合格的产品。具体要做到以下几点。

1. 为产品质量制订可量化的标准

厨房要想让客户认可其产品，一定要保证产品的质量，毋庸置疑。保证质量需要从细处要求，制订出严格的标准。麦当劳标准细则的目录就长达 600 页，其中详细规定了 2000 多条制作标准。实例可参考表 8-1。

表 8-1　麦当劳标准细则（节选）

品类	标准	备注
面包	厚度必须为 17 毫米，里面的气泡保持在 0.5 毫米，这个时候的口味最佳	面包不圆、切口不齐不能要
牛肉	必须由 83% 的肩肉和 17% 的上等五花肉精制而成，脂肪含量不得超过 19%，并且机器切的牛肉饼一律为直径 9.85 厘米，厚 6.65 厘米，重量 47.32 克	无

这是麦当劳面包大小、可乐口感都一样的原因。在标准出现之前，许多人都认为让面包厚度一样、大小样简直是不可能的事，但麦当劳却让标准改变了这一切。

2. 让生产流程按标准进行作业

对产品质量要有统一标准规定外，操作也要按照固定程序和步骤，达到不是机器人胜似机器人的效果。麦当劳的操作是根据计时器实行标准化作业。

①把肉饼放在煎炉上，打开计时器。

② 20 秒后，当计时器发出第一次鸣叫时，操作员要立即用压肉锤压肉，让肉汁能够均匀渗透，使肉色更加亮泽。

③当计时器发出第二次鸣叫时，操作员要迅速把肉饼翻一个面。

④当计时器发出第三次鸣叫时，操作员要立即将肉饼起锅。

起锅方式也是标准化。操作员必须使用规定的锅铲，每次只能铲出两片肉饼，放在事先调制好的面包上，然后把保存于保温箱的面包盖在上面。

这些规定在麦当劳世界各地连锁店中，都被要求严格执行，并且每年都会进行两次严格的检查。

在产品质量、生产流程的标准化以外，麦当劳在连锁店的选址工作、店面设计实行标准化，以便人们能够迅速加以识别，服务流程实行标准化以实现快速服务，甚至将人才管理与营销操作也纳入标准化流程。

要想厨房不乱，一定要按照标准流程操作，这样提供的产品才能实现不同人员操作却能保持一致的效果。而且，按照标准操作，厨房管理也更为方便。

厨房要想做强，就要摒弃传统式经验、经验型管理，学习标准化管理。尤其是连锁企业标准化是最本质的特征。国际知名连锁企业成功的重要秘诀都是标准化。标准化不仅可以规范企业的经营秩序，还可以使连锁企业的店铺快速"复制"，提高企业的核心竞争力。

第二节　厨房标准制订

管理最忌讳的凭经验、靠感觉，需要利用标准化才能使管理更加专业，正所谓管理就是定标准，也正是因为标准的重要性，在制订时需要全面考虑，才能适用于具体情况，管理时有标准可依。

一、事先制订标准

标准要事先制订，而不能事后制订，标准化管理是企业界一直强调的一个管理模式，但大多数厨房在成立时忘记标准的制定，直到出现问题后才追悔莫及，虽然事后有所弥补，错误已经出现，带来不小的损失。要让厨房避免错误，更加健康、稳健地发展，需提前制订标准。制订标准应该具备以下几下要素。

1. 统一化

标准应该统一化，从理论上说，对某一种业务或者作业，最适合的方法只有一个，而标准化就是要发掘最适合的方法并统一化。但是实际业务或者作业周围，有很多阻碍统一化发展的制度、习惯等。这就需要投入很多的时间、人力与物力，以达到统一。

2. 单纯化

标准要透明，有针对性，可实施性较高。如果让标准化发挥效益，最有效的是让标准单纯化。在达到目的时，标准越单纯化越能获得好的品质、低的成本和高的效率。所谓单纯化，就是利用数据或者图形等一目了然的方式规定的标准。一般情况是应用经营工学手法，如 VE、IE、OR、QC 等来达成标准的单纯化。

3. 信息处理的简单化

随着社会与技术的系统规模化、信息化，信息处理的管理变化越来越重要。要进行系统的协调，对每个系统的内容逐个进行检讨、调整，会非常复杂，容易发生错误。因此，要对系统与系统连接点的式样、信息处理的方法等制订标准，实现信息处理的简单化。

标准不仅需要统一化、单纯化、信息处理的简单化，还需要具备安全化与合法化，这几个要素都具备了，才是适合厨房发展的标准，才能让厨房在标准化中运行正常，到达最佳状态。

二、标准与细节

标准可以成为工作的轨道，复制一个又一个完美的结果，并能贯彻到厨房的每一个角落，即使是一个小的细节标准也会对其做出合理的规范。正因如此，厨房才应该重视标准，在制订标准时更应该严格处理，标准才能带来好的结果。

俗话"细节制胜"，不少工作曾经由于没有注意到某个细节而出现一些错误。标准是为避免错误的出现，让每个员工在工作时都能够找到一个依据，知道自己的前进方向与目标，这样标准化管理才能起到实际的作用。

是否应作为标准化的对象，也需要经过考量，依次应考虑反复次数很高者，能系列化者，需要量多者，同样的手续、方法、步骤，有多数人重复在做者，不良、抱怨、缺点等发生次数较高者。只要厨房内事物符合以上任何一项，都需要作为标准化的对象，具体可参考表 8-2。

细节除了事与物外，环境、人为等因素也要考虑。

表 8-2　标准化对象

标准化对象	物	种类	样本制品	特性规定、方法规定、设计书、标准书、指示书、标准品
		功能		
		价格		
		类别	主、配、调料	
		特性		
		料形		
		造型	原料材料、设备、记录	
		等级		
		状态		
	附随于物的方法	方法	加工法	
		步骤	流程途径法	
		手续	检查法	
		处置	制造法	
	事	状况	组织分权	管理规定、作业基准要领
		权限		
		责任	职责权限	
		时间		
	附随于事的方法	方法	委员会	
		手续	会议	
		步骤	管理	

1. 找到问题，定好标准

当厨房出现问题时，管理者最好亲自去调查，针对问题分析深层原因，制订一套标准化体系，进而解决问题。在制订标准时，要考虑一些问题，如标准规订什么，怎样才能做到，还需要预测到可能发生的情况，以及没有按标准规定按时完成任务，会受到什么样的处罚，只有这样的标准才能解决问题。

2. 根据厨房情况制订标准

要建立一个适合厨房的标准，管理者除了针对具体问题做调查外，还要结合厨房的外部环境做研究，不能把厨房标准和外部环境割裂开。厨房不是孤立的，人员也不是孤立的，随时受到外部环境的影响。所以，结合外部环境来制订标准很有必要。管理者还需要针对厨房目前状况进行分析，对不同的管理目标，制订不同的管理标准。

3. 标准是规范

标准不能泛泛而谈，而要有具体的实施方案。例如，管理者规定员工每个月出一道菜肴，并制订标准。只有明确规定，才能让员工更加清楚具体要怎么做。

任何事物都可以当作标准化的对象，但也要衡量标准化投入所得到的效益，是否比没有做标准化时效益高。如果不是，那制订标准就没有必要。因此，必须先衡量效益，做标准化才更有意义。

三、标准的适度化

标准化的目的是以最佳的生产经营秩序进行发展，获得最佳的经济效益。要达到这一目的，需要将标准落到实处，即标准简洁、抓住问题的重点，让员工在执行时清楚地知道自己的责任。标准是有程度的，即对其对象应规定到何种程度，如果规定到细部，就不会有不明确的解释，只要遵守标准，就不会出现传达错误的情况。在制订标准时，工数有很多，不必规定也会被遵守的标准也被规定了，很可能引起人们对标准的不关心。

最好的标准是标准的数量少，内容简洁，管理标准的工数不多。要达到目的，重要原则像树木一样，"根源"的基本部分要切实标准化，"干、枝、叶"的程序要详细，其重要程度、使用频度、紧急程度、制订工数等就小。

实现标准化，还需要遵循以下原则。

1. 将业务变成重复性的定型业务

业务可以分为日常性、重复性的定型业务，以及单发性的非定型业务。对单发性的非定型业务进行分析，会发现其中含有很多重复性的定型业务。工作中，应该尽可能地将业务都变成重复性的定型业务。如成品、原材料或半成品原料，都是通过业务做法的一定化实现品质一定化。将业务重复化、定型化后，可以透过标准品化（物）、标准方法化（技术、方法）、标准手续化（管理、步骤、手续），实现业务的规定化、规格化和标准化。

2. 预先管制，实现标准单纯化

一个物品或事物如果放置不管，依照自然倾向，就会逐渐变得多样化、复杂化、无序化，需要通过管理或者削减让其变得少数化、单纯化、秩序化。但如果一开始对这些事物加以管制，就可以避免后期补救。厨房也是如此，想要让成品、原材料或半成品为单纯的构造，就要缩减其种类，使得处理方法简单，工数、时间、管理对象的种类减少，实现管理简略化。即效率化的源泉是让事物少数化及单纯化，需要通过共用化、共同性、互换性、阶段化、系列化等来实现。减少种类，可以让每一种类的量增大，实现多量化，不仅可以整合生产化，还可以成为明确化、分业化、熟练化、专业化的基础。在执行标准时就更加清楚明白，让一切变得十分简单。

"海底捞"起家于四川简阳一家火锅店，闻名于员工良好的服务，也是业内标准化做得很平衡的一家企业。"海底捞"为保证客户体验，制订了一整套的流程，从顾客等待时的免费擦皮鞋、美甲、上网服务，到顾客入座后为顾客送上围裙、手机套等，再到就餐期间，服务员不时递上热毛巾，添加茶水，对戴眼镜的客户送上眼镜布等。

3. 标准要与时俱进、灵活处理

管理者往往在推出一套新的标准之后就置之不理，没有后续，以为新标准能够一成不变地被使用下去。而且管理者内心都有一种"标准既然制订了，就要实施"的心态，所以往往不主动调查标准实施的具体情况，也不做"后续"服务，针对问题及时修改。在一段时间内，整体的大标准可能不需要时常改动，但一些跟随潮流的小细节却需要时刻做出细微的改动。

厨房管理者在制订标准的时候，一定要充分灵活应对，切不可将标准推行之后便置之不理，需做好"后续"准备。尤其是要时刻关注大局势变化造成的影响，针对环境和时间的变化，让标准灵活地成为与时俱进的规范方式。

四、标准制订的严谨化

制订标准就好比学生考试一样，要严谨认真，才能让标准得到更多人的认可。但要想得到高分，对于学生来说，就需要平时认真复习，并找到拿分技巧，而对于管理者而言，需要进行日常的考察与研究，做出的标准才能更加符合员工的"口味"。

平时经常听到管理者抱怨员工没有很好地执行标准，虽然与员工本身有关，但标准本身也可能存在问题。如标准在制定的时候，没有做客观调查、充分讨论和征求员工的意见，导致标准存在不周到的地方，难以服众。因而会影响标准执行的效果。如果标准在制定中注意这些问题，严格按照流程制定，在制订标准的时候争取大家的支持和认同，那么制订出来后，就容易得到贯彻和实施，从而对餐饮企业的发展产生积极的作用。

1. 标准要科学、实事求是

标准应讲科学，尊重客观规律，在厘清流程，摸清情况的基础上制订，切不可主观臆断、凭经验想当然地制订，更不能盲目照搬。很多时候，标准得不到落实，并不完全是执行问题，而是标准本身有缺陷，不符合实际情况，内容过于空泛或过于严格都难以执行到位。至于临时为了应付上级检查的规章和标准，只能算造假，更谈不上科学性。

2. 标准要抓大放小，切忌眉毛胡子一把抓

什么都想抓，却什么都抓不好，平均用力，容易忽视重点和关键，是在制订标准时常犯的错误，想把所有问题都管好，制订的标准也面面俱到，反而容易忽略重点。正确的做法应抓大放小，针对关键性问题制定标准，这样才有利于标准的执行。

3. 考虑标准的可行性以及执行难度

标准是否具有可行性关乎标准能否解决实际问题，执行难度关系到能否落实到位。如果标准规定太严格，执行的难度太大，效果就会大打折扣。这种标准虽然对解决实际问题有效，但无法落实到位，还是不具有可行性。

标准就是让一切业务变得规范化，业务变得规范，前提是熟悉业务，否则，仅凭自己的想象与片面的理解，所制订的标准是很难令人满意的。因此，标准的制订要谨慎，具有可行性，便于执行。

五、标准的目标导向

标准化的目的是获得最佳效益。很多管理者发现，实行标准化后效益并没有任何提升，是因为所制订标准没有目的性。目标是发展的动力，标准是为了目标而产生，如果没有目标，所制订的标准就达不到最佳的实际效果。在制订标准时一定要从目标出发，在执行时，员工才会更有动力，复制一个又一个好的工作结果。

1. 协调原理让标准产生实际效果

标准要在整体功能上达到最佳，产生实际效果，必须通过有效的方式协调好系统内外相关因素之间的关系。协调关系所必须具备的条件，是确定在建立标准时要保持协调一致。其目的是让标准系统的整体功能达到并产生实际效果，所需要协调的对象是系统内部相关因素的关系，以及系统与外部相关因素的关系。相关因素之间需要建立相互一致关系（外形大小）、相互适应关系（供需交换条件）、相互平衡关系（技术经济招标平衡，有关各方利益矛盾的平衡）。有效协调的方法主要有：有关各方面的协商一致，多因素的综合效果最优化，以及多因素矛盾的综合平衡等。按照特定的目标，在一定的限制条件下，对标准系统的构成因素及其关系进行选择、设计或调整，使之达到最理想的效果，这样的标准化原理称为最优化原理。

2. 分析后的标准才是与实际工作匹配的标准

标准的分析不是一蹴而就的。需要反复地推敲及讨论，直到标准运作通顺了，才能做最后传达。要梳理标准，首先将厨房标准进行分化，由标准的负责人根据现有运作标准及厨房统一标准格式，形成标准初稿，同时对标准执行过程中需要注意的表单、制度、标准及作业指导书等进行整理汇总。只有精心梳理的标准，才能成为与实际工作匹配的标准。

3. 落实标准，才能起到相应的作用

当标准制订好后，一定要彻底落实，标准在试运行过程中，负责人需密切关注其运行情况，针对其中存在的问题及进行调整并记录，只有标准最终在运行过程中都能被员工正确执行后，才可以正式发布并要求员工执行。执行过程中，标准负责人仍需定期对标准的管理效果进行评价，确保标准真正适合厨房，使标准得到彻底落实。

目标就好比火车的站点，而厨房走在标准化的轨道上，每到一站不仅是一次突破，更能够在站点进行能源补充，为到达下一站做好充足的准备。如果没有目标，永无止境地走下去，只会让人产生恐慌，看不到未来。因此，在制订标准的同时传达目标，才能调动员工的积极性，员工都按标准执行，让厨房稳健地发展。

六、标准的准确表达

标准要通俗易懂，避免抽象。标准制订的流程中，管理者一定要注意，其目的是将一些不太明确的事情经过清晰判断，制订一个适合员工共同发展的准则。制订标准时要按照一定的要求。管理一个厨房，不仅要制订出合理的标准，还应该让标准更加突出重点。只有层次分明的标准，才能让员工的工作更有针对性，才能整体上提高厨房的效率。

现在有很多问题在于没有对物流管理进行严格的标准化掌控，制订的标准未突出重点，层次混乱。究其原因，经过详细分析，总结出的相应对策如下。

1. 明确制订标准的目标

如今，都提倡企业要实行标准化管理，国家标准、行业标准、地方标准和企业内部标准，已经形成一个比较完善的标准协同。然而，仍有问题困扰着管理者，如标准的设定。很多管理者，尤其是年轻的管理者比较盲目，没有针对性，在制订各项标准时忽略"目标引导"这一因素，甚至只把一些表面现象作为最终目标。如将请假、安排日常勤务方面的标准看得很重，而忽视真正影响工作业绩的因素，就容易出现本末倒置的情况。

因此要提醒管理者：设定工作标准、管理标准需要目标的引导，要结合约束的对象、工作环境、状态和内容，明确制订此标准是针对何种群体、什么样的工作，最终要达到怎样的目的等。如此才能使标准更切合实际，执行起来更有效果。

2. 标准条款要明确、精简

管理者在制定标准过程中一个突出的问题，标准不够明确，某些含糊不清的条款还容易引发员工的误解。在数量和质量方面都要明确要求，若不明确，业绩好的本应该被奖励反而得不到任何认可，业绩差的反而有奖励，久而久之，员工的积极性会受到打击。

标准要精简，不能过于啰唆。有的标准过于烦琐，本应简单几句话就能明白

的问题，却设置了多条规定，使问题复杂化。如规范员工工作期间的秩序，严禁吃零食、打闹、梳妆打扮等。这些问题只需要一条就能说明问题，有的单位却要分条处理，画蛇添足，像这样的规定："严禁工作时间吃零食，但可以吃没有声响的东西，如面包、牛奶等。"这句话不仅烦琐，还有歧义，员工难以判断。

如果一个规定全文都是如上述条款，就会显得很没水平，尽管标准条目很多，但层次混乱，让人难以解读。

制订标准时，管理者首先要明确，标准是让大家执行的，一定要简明扼要、通俗易懂、层次分明。只有这样，员工才会一眼就能明白标准的要求，如何实施，才能让标准更加有效地执行。

管理标准的明确具体与否，直接体现出管理者的水平。只有标准内容设定得明确又具体，才能不让人产生误解。标准是对员工形成规范作用，只有明确、具体，员工才能按此去做。基于此，员工不能完成工作任务或者违反了标准，就要承担相应的处罚，进行清晰有效的处罚也是管理者应该明确的重要一点。

七、标准的合理性

所制订标准要显示原因和结果。要想适应现代的市场竞争，不仅需要产品质量达到高技术标准的要求，还需要通过管理标准和工作标准，对生产过程进行有效控制，确保产品的可信度，增强产品的市场竞争力。

一个科学合理的标准餐饮企业的生存和发展起着重要作用；而不合理、违背规律的标准则会造成管理混乱，直接影响餐饮企业的发展。制订标准一定要科学严谨，做出详尽解释，为什么要制订这样的标准，如何执行，以及达到什么样的效果等，才有利于员工更好地执行。

1. 清楚标准因何而来

管理者想让员工严格遵守标准，最好是把自己当成一个普通的员工，放下架子，少些"自我"，保持平常心，重视制度的约束力，才能体现标准的公平性、公正性和严肃性。否则，会严重影响管理者在员工心目中的威信和影响力，从而削弱团队凝聚力和战斗力。

2. 严格执行标准，进行人性化管理，管理者以身作则

严格不等于失去人性化，不少餐饮企业谈到加强管理时，认为是用严格的规章制度来约束和控制员工，不利于长期持续发展。在标准上，有的充分暴露自我强权心理，丝毫体现不出对员工的重视。员工会对管理者产生恐怕心理，甚至在工作时都很被动。

只有靠人性化的管理，才能感动员工，留住人才，保证企业正常运营和发展。为此，管理者需要努力创造"家的文化"，通过发放员工生日卡、开展骨干座谈会等多种人性化手段，让每个员工真正感受到家的温暖。此外，还可以为每位员

工制订职业发展规划，定期组织培训，不断提高员工的工作能力，让他们看到自己在不断成长，看到未来发展的希望。

现在厨房制订的标准漏洞多，需要管理者不断地去完善。在拟定标准时首先要有原规则。原规则就好比国家的宪法一样，是最根本、最基础的规则，设立时，需要遵从人人都是利他者，才能达到利益最大化。将利益最大化，才能让餐饮企业成员看到希望，而这也是让他们按照标准办事的一个解释。

八、标准的可行性

标准制作不仅需要明白、准确，更需要具有可执行性，必须是现实的、可操作的。如果标准不具备可操作性，那么标准最终只是一团废纸。

1. 找到发展中的细节问题，从问题着手

不少管理在促使员工执行标准时，本身就有很不恰当的地方。如布置不合理、引导不精确、出了问题无法及时找到症结所在、粗心大意、不注重细节等，就会在执行上出现不必要的漏洞。

有些管理者制订标准，通常都是粗枝大叶制订出来的大条框，自然也没有人会用心执行。时间久了，员工也就会用一种应付的态度去做，产生一系列问题。所以，管理者要用心去观察工作中遇到的问题，包括那些小事情的细节之处。餐饮业内流行的一句话："你用心地去了解顾客，才能知道顾客喜欢什么，想要什么，那么你才能明白怎样做到事无巨细。"

2. 走到基层，了解实情

许多管理者之所以在贯彻标准时不能从小处抓起，重要的原因是管理者不是来自基层，也没有在基层工作过，缺乏基层工作经验，导致无法看到基层工作中的细节之处，更不能将标准从小处着眼。作为管理者，要对厨房及各个部门的各个具体的事项进行详细考察和了解，明白最基本的信息。细节标准也才能有据可循，是高效执行力的重要前提。

3. 听取群众意见，制订高效可行的标准

要标准切实可行，就需要让员工接受，怎样的标准能够让员工接受？那就是他们认可并参与标准的制订。因此，制订标准时，不要只想着利用标准去约束员工，也需要让员工参与进来，才更利于员工执行。

进入标准化的轨道中，依靠员工的执行，前提是必须得到员工的认可，提高标准的可行性，因此，在制订标准时，必须与员工"通气"，让他们也参与其中。

九、标准的可执行性

标准应协商通过，大家一致认可。管理者有这样的疑惑：标准制订好，传达下去，但总得不到落实。出现问题，主要是所制订的标准没有得到全体员工的认可，不能最大限度地反映员工的利益和意志，这是因为每制订一个制度或一个条例，基本是几个高管碰头一商量，不做任何调查，忽略全体员工的意见。任何标准，员工才是真正的执行者、检验者，过不了这关，就是一个失败的制度。

标准是由领导者策划、管理者制定、全体员工遵守和执行的行动规范和准则，一个完善标准首先必须结合广大员工的智慧，听取广大员工的意见。员工执行力强弱，首先表现在对制度的认同程度，认同程度越高，忠诚度越高。制订标准，做决策仅靠几个高层而忽略员工的意见和建议是不可行的。员工不了解标准，就无法很好地执行，当员工不知道为什么要这样制订标准，制订这样标准有什么作用时，会认为这些标准是上层强压，产生不满心理，容易钻空子。

同时，如果管理者在没有通知员工的情况下直接下达标准，员工会感到上层领导不尊重自己，自己的想法没有机会提出来，自然很难认同下达的标准。即使员工了解制订标准的目的，也不会认为是最好的提议，从心理上就会排斥执行标准，还可能为此挑战所制定的标准。

员工对管理者不满，不愿意执行标准，与管理者唱反调，导致标准无效，根源在员工不了解标准、不理解标准、不认同标准（图 8-1）。

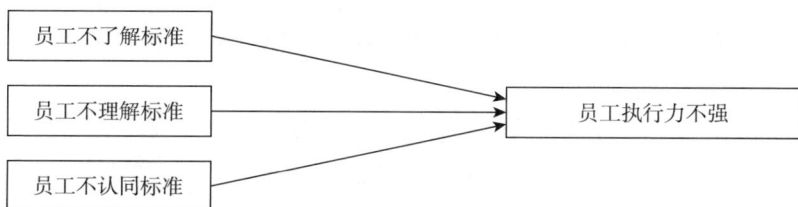

图 8-1　员工执行力不强的原因

要解决这样的问题，必须提高员工的参与意识，并促使员工以实际行动做出有效结果。餐饮企业领导者、管理者应从下面三个方面入手。

1. 强化员工参与意识

员工参与标准的制订，是提高员工对标准理解的过程。在议论、探讨、争执的过程中，员工可以加深对标准的认识和了解。即使最初有人持反对意见，也会在讨论中逐渐接受别人的意见，进而明白制订这项标准的必要性。当标准推行后，员工就很容易落实到位。

员工参与制订标准固然好，可以集思广益，得到更合理的标准。但是，管理者认为，员工本身没有积极参与的意识，需要管理者善于引导，为员工参与管理创造有利条件，建立一些有利于员工参标准管理的措施，如设立建议箱、定期交流会谈等，深化员工积极参与的意识。通过这些方法，让大家一起交流和思考，才能集思广益，制订出员工满意的标准。

2. 在基层员工展开有效宣传

任何一个新制度的实施都需要循序渐进的过程，离不开主导者的宣传。如果在新标准宣传上做到位，员工对新制度、新标准有所了解。若不到位，员工就很难了解这些标准的意图，甚至连具体内容都不清楚，就谈不上执行。因此，管理者必须做好对新制度、新标准的宣传工作，包括制订前、制订中、制订后都要有相应的宣传举措，以便员工在各个阶段对新制度充分了解。宣传的形式多样，可以依靠传统的媒介，如报纸、广播、墙体广告、电视等，也可以借助内部会议、演讲，播放企业宣传片、短视频、企业形象片，举办大型活动和展演等。

3. 制度要人性化，充分尊重员工

很多高层管理者欲加快发展步伐，在竞争中占据主动，在标准的制订上过于严厉和苛刻。尤其是对员工利益的损害，有的甚至是违规或违法的。比如员工迟到3次就要罚款100元，一次完不成工作任务也要罚款。如此，员工的内心有了极大压力，从内在也产生了一系列疲倦感，充分体现出管理上的不人性化。管理不是奴隶主管理奴隶，更重要的是体现对被管理者的尊重。即管理者的主要任务应该是调动员工的自我责任感和主人翁意识，只有当员工懂得自己管理自己时，管理者的管理工作才富有成效。管理者应通过安全责任划分，让员工明确自己的责任范围，知道应该做什么、怎么做、做到什么程度，把执行标准当成一种高度自觉的行为。

制订标准是为了更好地发展，而标准落实则需要员工的配合。如果标准执行得不到员工的配合，标准也没有意义。所以制订标准时，一定要听取员工的意见，标准得到认可，才能更好地被执行。

十、标准的稳定性

制订一个合理的标准，不仅可以使企业快速走上标准化道路，还能让员工愿意接受标准，执行标准。但这个标准总不确定，在不同人口中说出不同标准，员工就会找不到工作目标，工作时找不到基准，只能按自己的方式进行，往往适得其反，员工也会产生不满。标准相对稳定就是要严谨，切忌朝令夕改，毫无章法。管理首先应该制订严格的标准，以拉面为例，拉面的制作过程中，应加入多少水、多少面及其他配料等比例，有明确规定。作为管理者发现制度存在的问题，要想尽一切办法去完善，而不是全盘否定，改头换面，这是不符合管理的规律，对员工也是一种极大的伤害。

十一、案例："真功夫"的标准化

"真功夫"餐饮连锁机构是从广东东莞起步的中餐连锁店。经过多年的发展，已成为全国性中餐连锁店。

1. 以"蒸"为主，实现正餐操作标准化

"真功夫"以经营蒸饭、蒸汤、甜品等蒸制食品为主。中餐菜系多种多样，煎、炒、烹、炸手法多，但个体差异太大，一个师傅就决定了一家餐馆的味，所以标准化复制难度很大。在众多的中餐烹饪方法中，蒸属于稳定性较高的一类，蒸汽不因师傅的手法不同而改变性质，所以相对于其他烹调方式，蒸的方法更容易实现标准化操作。这是"真功夫"在餐饮管理实践中的一个重要因素。

1995年，公司开始完善从前线到后台各个操作流程的标准。首先遇到的难题是：传统的蒸饭与炖盅，只能用传统的高温炉、大锅和蒸笼。使用这些陈旧的厨具，一方面后台的员工高温难耐，另一方面拿取产品十分不便，需要不断上搬下卸。另外，燃气灶火忽大忽小，很难控制火候，对菜品质的稳定性有一定的影响。

为了解决这个问题，公司与华南理工大学合作，一起研发更专业、更实用的蒸饭设备。借鉴烘烤的工艺，开发出抽展式的蒸锅设备，既便于分层取用，时间也可以用微电脑控制，保证同一炖品蒸制时的同温、同压、同时，因而几乎是绝对的同一口味。从此，"真功夫"的餐厅里不再需要厨师，不需要菜刀，服务员只要将一盅盅饭菜半成品放进蒸汽柜里，设定好时间和温度，时间一到拿出即可，实现"千份快餐同一口味"。

2. 实践"泰罗制"，形成标准化作业体系

泰罗制（泰勒制）是美国工程师弗雷德里克·泰罗（Frederick Winslow Taylor，1856—1915）创造的一套测定时间和研究动作的工作方法。其基本内容和原则是：科学分析人在劳动中的机械动作，研究出最经济而且生产效率最高的所谓"标准操作方法"，严格地挑选和训练工人，按照劳动特点提出对工人的要求，定出生产规程及劳动定额；实行差别工资制，不同标准使用不同工资率，达到标准者奖，未达到标准者罚，实行职能式管理，建立职能工长制，按科学管理原理指挥生产，实行"倒补原则"，将权力尽可能分散到下层管理人员，管理人员和工人分工合作。

在"真功夫"餐饮机构开创之初，公司尝试做了很多种蒸品，虽然一直在向标准化努力，但中式点心种类繁多，标准化不容易。开一家店相对容易，开第二家店，品质就难以控制。

为了实现连锁复制，公司开始记录自己开店的每道工序，从如何烹饪到如何扫地，每个动作都要求做到标准化。需要不断完善每个细节。如果把一位顾客从进门到离开的过程分解考察，就会发现很多方面的服务可以完善。为此，公司制作了客户服务分解流程图，对每个环节都制订出了最优服务标准和流程。

在"真功夫"的配料车间，展现泰罗描述的工作场景：工人穿着清洁的制服，切肉、配菜、包包子。每个人只做一个工序，动作协调规范。员工每个动作都经过培训，如切肉的刀举多高，切下的肉块有多大，包子上有多少条褶，都有明确

的规定。"切肉"动作的标准化也是反复实验、测试的结果，通过组织劳动比赛，发现"劳动能手"，组织专家观察劳动能手的操作流程并予以记录、细化、分析、优化，最后变成量化的书面流程和标准。

后台的标准化保证了前台服务的便捷。"真功夫"承诺顾客80秒上菜。这个简单的承诺却包含了背后无数道工序的安排。公司进行了流程分析、逆向推算，包括前台服务需要怎样做、备料烹制怎样供应得上、后台原料如何来整理。

公司编制员工培训手册。随着店面的不断扩张，手册也从几页变成几十页，一直到厚厚的几大本。手册中每条指示都是最佳经验的总结，而手册本身是员工培训和考核的蓝本。

3.连续提高——科学管理的核心

"真功夫"营运手册中各种规范有几千条，每一条都要求员工反复练习，形成规范和习惯。营运手册强调"规范不应该停留在纸面，应该在实践中不断积累和改进"的理念。后来，营运手册多次改版修订，每次修订都代表管理规范水平的提高和服务内容的扩展。

连续提高可以说是科学管理的核心，"泰罗制"的发展就是从规范到提高的螺旋式提升的过程。餐饮行业包含非常多的工作细节，持续性的改进实际是基础性的提高。

公司配有专人研究客户反馈，还聘请第三方核查公司，不定期检查服务情况，发现问题，及时改进。有一段时间，公司发现蒸排骨的销量不理想，但找不到问题的根源。经查看客人用餐后的餐碟，发现里面有很多碎骨，进一步调查生猪排骨的配料情况，发现员工切骨的方法不科学，骨头的切口处有很多碎骨屑。经研究，配料部门拿出了新的切割方法，碎骨不见了。之后的销量调查显示，蒸排骨的受欢迎程度显著提高。

第三节　厨房标准完善

完善标准，就是足以应对厨房中大大小小的事务，让厨房中所有的事务都能在标准中找到规范。制定标准的目的是厨房运转更加规范，但标准不是一成不变的，而应适应时代或者市场的变化，跟得上餐饮企业发展的步伐。

一、厨房标准的高效性

标准作为管理的一种规范，需要做到简单而高效。很多管理者就因为没有将标准简单化，让标准无法融进工作中。因此，在制订标准时一定要注意。

净雅食品股份有限公司董事长张永舵认为，餐饮行业是管理难度最大、管理成本最高的行业，科学管理，特别是中餐标准化管理是无法逾越的障碍。经过几年的咨询和经验总结得出科学管理的五点：标准化管理、流程管理、体系化管理、量化管理和基于事实真相的管理，并解释了所谓基于事实真相的管理与基于事实管理不同。事实上，有时是人们逃避责任的借口，而如何定标准、如何做流程、如何将标准量化，都基于事实真相进行管理，要从态度、人心的角度进行管理。要完成这些，就需要管理的信息化，有一套成体系的工具和方法是让标准落实最好的方法。

标准化是提升管理水平的重要手段，是追求效率、减少差错的重要举措。标准化有四大目的：技术储备，提高效率，防止再犯，教育训练。标准化的作用是把成员所积累的技术、经验以制度的方式来加以规范，而不会因为人员流动，整个技术、经验跟着流失。达到个人知道多少，组织就知道多少，也就是将个人经验（财富）转化为企业的财富；更因为有了标准化，每一项工作即使换了不同的人来操作，也不会在效率和品质上出现太大的差异。

好的标准从以下几个方面来认识。

1. 有明确的评价、判断标准

标准，顾名思义，是衡量工作进程、工作质量、员工工作状态的基准和原则。最明显的一个特点是有明确的评价、判断标准。所制定的标准能否达到预期效果，取决于在发生意外情况时，是否有明确的评判和衡量标准，并能否采取适时的措施及时去修正。这非常重要，也是规章制度存在的必要性。如当标准制定时，应该让使用该标准的部门进行评价。

2. 充分体现员工的意愿

好的标准要能体现员工的意愿，使员工自觉自动地去遵守、执行。有些管理者常常会制定一系列规章制度，目的是让员工更加努力工作。但是，当标准下达后，很多员工心怀不满，即有员工提出意见和建议，管理者也没有对标准进行相应的调整。于是，很多员工开始埋怨，一点工作的心思都没有。

完善薪酬制度和晋升制度，体现出公平和效率的原则，使员工在工作上有成就感，存在个人发展的可能性。合理的职业生涯设计，能最大限度地体现对员工价值的承认和尊重。

3. 对未来要有一定的预测性

随着经济形势的发展，管理正面临着多样化、复杂化的环境，在具体业务过程中难免出现意外事件，使现有的规章制度无法应对。一项好的制度必须有如下特点，即尽可能地适应所有状况，即使不能，也能在短时间内做出调整，有一定的预测性。为了让所制定的标准适应性更强，需要制定者提前了解内部发展形势，市场变化规律，对可能会发生的突发事件做到心中有数。一旦出现突发事件，也能给出应对措施，不会造成严重的后果。

要制订一个符合事实真相的标准，管理者要深入基层实际了解，发现真正的问题，并利用标准帮助员工解决问题。这样的标准才具有实际意义，执行起来更加有效率。

二、厨房标准程序的精简

现代管理大都完善自己的标准化、规范化建设，内部管理逐渐走上科学化、程式化。但是，有时急于求成，标准化程序繁杂、环节过多、成本过高等，会使企业误入歧途，影响管理的有效性，制约企业发展速度。

竞争主要集中在人力资源配置上，而配置的优化需要组织结构来实现。在工作环境中人才并不差，但受制于复杂的科层制结构与标准，人才优势无法发挥。因此，有必要撤销那些无用程序，减少成本浪费，让人才发挥优势，不再被束缚。

1. 优化机构

机构臃肿是造成成本上升、资源浪费的主要原因。随着餐饮企业的发展，机构势必要增加，人手也会增加，增加到一定程度而又不加控制时，人与人之间的沟通就变得困难，导致工作效率降低、决策失误等问题。

优化职位职能，消除内部部门壁垒，消除职务空白地带，消除人浮于事、扯皮推诿、职责不清、执行力不力的痼疾，达到运行有序、效率提高的目的。实行流程化管理，每个流程的每道工序必须交代清楚，每个员工都必须明确自己所负责的这道工序具体要做什么事情，什么事情该自己做，什么事情由别人做。然后，大家相互间保持协作，这样就很容易保证一个流程的完美运行。

2. 权力下放，提高效率

日本"东芝"开创权力分工执行的管理模式，具体内容是：制度、政策的决定权在高层手中，执行大量下放给下设的各个部门。高层管理者不被小事羁绊，空出大量时间去做更有意义的事情。

当各部门达到一定规模时，就以某种方式把它拆开，分为比较小的、更容易管理的新分部。如此，不但方便管理，而且能激发起责任感，提高效率。因为组织规模小，而占主导地位的核心业务又只有一项，管理者更容易真正了解它并负起责任。

3. 简化环节，减少"空中"消耗

流程繁杂、设置不合理造成工作人员重复性工作，资源在"空中"消耗。流程过多还容易误操作，带来更大的损失。因此管理者要注重精简流程的作用，在管理上，往往舍弃一个可有可无的流程，就能带来不小的改变。如果再辅以实用的技术，管理效益倍增。

管理是以精细化管理为前提而实施的简化管理。做好精细化管理，才能合理、有效地使管理简化。而且在简化决策过程中，不过分依赖理性分析，而是充分发挥决策者在占有大量材料和情报的基础上，在计算机等高技术手段辅助下的直觉判断，即回归自然的决策判断。

标准是用来复制一个又一个好的结果，如果标准过于复杂，所得到的结果就需要经历更多烦琐的步骤，会引起员工的不满，导致效率低下。因此，为了提高效率，简化标准十分必要。

三、标准与流程

衡量管理者的贡献，并不是做了多少事，而是做了什么事。那些细枝末节，本该由下属做事情他也做了，这样的事做得再多，也不能体现管理者的价值。管理者像舵手，需要登高望远，把握大方向。这也是所制订的各项标准得以实施的保证，从这个角度，管理者认清自己责任也是所需的。管理者需要做到以下三点。

1. 从烦琐的工作中解放出来

身为管理者，多操点心、多干点事，是事业心和责任感强的表现。但凡事都有个度，如果管理者事必躬亲、不善于发挥下属的作用，也会产生相反的结果。管理者在管理的时候，容易陷入烦琐的事务中，相当于与员工抢活干，事无巨细，也会让员工感觉受到压迫。作为管理者，真正应该做的是做好自己的核心工作。不要参与其他部门的事情，甚至本部门的事情该放手的也要放手，该授权的也要授权。

2. 明确员工职责，将标准执行到底

盲目扩大规模、增设部门，以粗放式的管理方式来提高经济效益。在初期，这种方式确实能起到积极的作用，经济效益好，就会再度增设、扩建机构，增加人员。随着发展，容易出现一个问题：各部门之间职责不明，相互扯皮，机构和人员反而成为发展的包袱，阻碍发展。

部门之间不能只有形式主义，不做实事，出现忙闲不均现象。管理者要明确各个部门，甚至每个人的职责，确定岗位的过程中，从解决员工最关心的问题入手，理顺工作关系，对各岗位职责明确界定，解决职责不清、推诿扯皮等问题。

3. 合理分工，每个人只需做好自己的事

管理者只有合理地为员工分工，才能让标准井然有序地执行。很多管理者往往在出事之后就埋怨员工的执行力不到位，没有反思员工之所以不到位，很可能是因为管理者自己没有对员工做到合理的分工和安排，导致整体的执行力下降。

标准的目的就是让员工在工作时有据可依，因此，在制订标准时要树立程序标准，确保执行畅通，标准才能产生真正的作用。

四、厨房标准的前瞻性

标准是稳健前行的轨道，随着市场经济的变化，标准也应该随之变化，才能跟得上发展的要求。

其实很多餐饮企业都具有潜力，前景广阔，但在谋求更上一层楼的过程中，都暴露出员工工作的随意性强、推诿扯皮、缺乏上进心等严重问题。主要原因是初创期的员工职业化程度低。所谓职业化，是一种工作状态的标准化、规范化和制度化，是现代餐饮企业发展的核心竞争力。也许会想用裁员的换人的方式来解决问题，但是，这些人大部分是一同创业打拼过来的人，碍着兄弟感情，难以开口。从这种"义气化"到"标准化"的转变是发展中都需要经历的过程。

1. 从认"人"转到认"标准"

创业元老最大的优点是对创始人的高度认可和对企业的赤胆忠心，能拥有这样的员工是企业最大的财富。不可否认，在企业的初创期，获得员工的认同感和忠诚度是很重要的，但是，当企业度过初创期进入上升期时，元老级员工的自由散漫会成为企业上升的极大隐患。原因是他们只会认同创始人而不认同企业制度，在工作中不愿遵循管理流程，只是凭借兄弟感情和义气工作，给发展带来极大的阻碍。要解决此问题，最关键的是为老员工重新建立"标准化"的情感寄托，将元老级员工对创始人的感情依托转变为对企业文化的认同。这一情感转变过程中，一定要弱化创始人的角色，强调企业的核心价值观的重要性，遇到困难时不再以创始人个人意图为解决问题的方向，而是以企业标准为指导思想去处理问题。通过这样的工作方式，久而久之，标准必将深入每位员工的内心，并对员工的行为有所规范和指导。

2. 建立"阳光"沟通渠道

许多企业元老级员工最喜欢做的事情莫过于"打小报告"，常常以拥有和创始人的私下沟通特权为荣，不服从管理者，凌驾于制度和流程之上。如此下去必然会在企业中形成"打小报告"的风气，导致命令不能得到有效执行，管理混乱。以上行为必须禁止，这一环节创始人要尽量避免与员工私下沟通，建立清晰透明的沟通流程，依据企业明文规定的原则进行信息的传递与交流，让制度发挥应有的作用，指导和规范企业正常的运营。

3. 引进"鲶鱼"，激励员工

当餐饮企业文化的引领和管理制度的约束对某些员工失效时，可以尝试逐步空降职业化的管理团队，利用"鲶鱼效应"提升员工的积极性和主动性，带动和刺激整个组织的其他人员，在企业内部形成一个人人向上的良好竞争氛围。在企业内部开展培训、规范化管理方式、制订绩效考核指标，通过一段时间的考核（考核周期 8 个月以上），无论新老员工都要本着"能者上、平者让、庸者下"的原则进行末位淘汰。只有这样才能体现企业公平、激发员工活力，同时，让逾越制度的老员工有所收敛，产生紧迫感和压力感，从而认真遵守企业制度，不再倚老卖老。这一阶段，创始人要适当放权给空降的"鲇鱼"，保证考核的公平。在企业这艘大船上，只有将不合格的水手放到岸边，船上的其他员工才会为企业的未来搏击风浪，企业才能乘风破浪。

每一个刚刚走过初创期的企业，都应该以所有员工的利益为重、以企业的发展为重、以承担责任为重，放下"义气化"走向"标准化"。这样的企业才有"标"可循，更好地向前发展。

五、厨房标准的调整

标准化管理，是在树立品牌的过程中，从品牌认知度发展到品牌喜好度，进而赢得消费者长期忠诚度的保障。顾客导向，是整个战略规划的出发点，也是多元化行为模式的指引。依据顾客建议，为餐饮企业发展、品牌影响力的建立、市场开拓三方面服务，具体如下。

1. 顾客需求决定餐饮企业前景

餐饮企业要有危机意识，如果没有根据顾客需求及时改变管理标准，就会走向衰落。顾客导向是战略出发点和多元化模式的指引。依靠顾客导向，很多餐饮企业在过去的 20 年中，逐渐发展壮大，成为市场上一支非常活跃的重要力量。

2. 顾客验证品牌影响力

品牌影响力与顾客忠诚度密不可分，一个品牌有知名度、美誉度，才能赢得消费者的信任，是消费者对那些名牌产品情有独钟的主要原因，而标准化管理正是树立品牌的重要保证，实行标准化管理，不仅是寻求自身发展的要求，也是市场的要求。只有标准化和统一化，才能建立品牌影响力和知名度，取得顾客的信任。

3. 顾客需求决定市场需求

当靠着标准化的管理，完成市场的初步的建设之后，下一个目标一定是向纵深发展。越深入市场，对市场需求的要求越高，即必须有大量的市场需求才能满足纵深的市场。

决定市场需求的往往是顾客需求，只有顾客需求，才能进一步产生市场需求。因此要想扩展市场份额，首先必须调查市场需求的大小。开拓市场，最主要的是对消费者需求进行调查和评估，再加上与生俱来的市场敏感度和长期实战操作，就应开始调整战略措施，加大针对市场的研发与创新投入，早日向市场的纵深发展，成为行业的领军人物。

虽然标准不能朝令夕改，但标准也不是一成不变，不仅需要跟时代走，还需要迎合顾客的感受。只有执行这样的标准，其结果才能是顾客接受的结果，才能获得更多人的认可，在行业中赢得一片天地。

六、厨房标准的时效性

规章制度、条例条文等这些标准，都是根据当时的客观事实而制定，如企业发展状况、市场状况、顾客需求以及竞争对手等这些客观事实发生改变时，标准也要随之改变。否则，就无法适应实际需求，也无法起到相应的约束和衡量作用，甚至会适得其反。

作为管理者，在制订一个政策、策略时必须做到因地制宜、因人而异，根据当时的实际情况做出相应的调整。现实总是不断变化，新问题和新事物层出不穷，作为管理者，一定要善于从事实出发，与时俱进，随着外部环境的改变而改变自己的思维模式。然而，人们往往习惯于从同一个角度去思考问题，用一种模式去解决不断变化的问题。管理厨房也是如此，尤其是在标准的制订上，不同时期的人，其心态和想法自然会不一样。再加上社会外部环境的客观变化，厨房管理必然也处于变化之中，这就要求根据形式变化与时俱进地做出标准上的更新。

1. 标准要与时代发展紧密相连

规章和标准本身具有很大时效性，而管理者只考虑怎样去约束员工，却忽视了时间的变化会让某些标准变得毫无意义。

建立标准的时候要具有一定的时间观念，同时，还要符合时代的发展和环境的改变。而那些千古不变的标准不可能适应发展的要求，因此，让标准符合时代潮流发展、切合实际需求是管理者应该重视的一项重要工作。

2. 管理者的思想要与时俱进

大多数管理者在设定管理标准的时候，往往十分局限，不能用长远的眼光看待发展。如管理者往往以自我为中心，不去考察其他餐饮企业的管理方法，也不深入了解员工的工作情况，甚至不关注国家对企业管理推出的一些新政策，更不关注时代发展给企业带来的影响，因此造就了落后的标准。

管理标准的制定流程中，管理者必须先解放个人思想。有时候，管理者嘴上说要改革标准、推进管理，往往只是表面功夫，实际的思想还是一成不变。因此，身为管理者，必须让自己先在思想上与时俱进。这就需要管理者多观察和留意同行的发展变化，多了解最新的经济发展和大环境的改变，先从思想上与时俱进，再从行动上与时俱进。

制订管理标准都是为了让员工遵守，但若是基于一种形式而不去改变，那么也不会发展和进步。因此针对内部一些管理的欠缺之处，一定要进行改善。管理者必须向先进企业学习，做到与时俱进，从根本上改变标准。

七、厨房的精益生产

1.精益生产实施步骤

（1）选择要改进的关键流程

精益生产方式不是一蹴而就，是强调持续的改进。应该先选择关键流程，力争把它建成一条样板线。

（2）画出价值流程图

价值流程图是一种用来描述物流和信息流的方法。绘制完目前状态的价值流程图后，可以描绘出一个精益远景图。

（3）全员参与改进

精益远景图必须付诸实施，否则规划得再巧妙的图表也只是废纸一张。实施计划中包括什么（what）、什么时候（when）和谁（who）来负责，并且在实施过程中设立评审节点。全体员工都参与到全员生产流程的方法主要有以下几种：消除质量检测环节和返工现象，消除原料不必要的移动，消灭库存，合理安排生产计划，减少生产准备时间，消除空闲时间，提高劳动利用率。

（4）营造餐饮企业文化

虽然厨房现场发生显著改进，能引发随后一系列企业文化的变革，但是如果想当然地认为由于厨房平面布置和生产操作方式上的改进，就能自动建立和推进积极的文化改变，这显然不现实。文化的变革要比生产现场的改进难度更大，两者都是必须完成且相辅相成的。许多项目的实施经验证明，项目成功的关键是管理者要身体力行，把生产方式的改善和企业文化的演变结合起来。

传统餐饮企业向精益化生产方向转变，不是单纯地采用相应的"看板"工具及先进的生产管理技术就可以完成，而必须使全体员工的理念发生改变。精益化生产之所以产生于日本，而不是诞生在美国，这也正因为两国的企业文化有着相当大的不同。

（5）推广到整个部门

精益生产利用各种技术来消除浪费，着眼于整个生产流程，而不只是个别或几个工序。所以，样板线的成功要推广到整个部门，使操作工序缩短，推动式生产系统被以顾客为导向的拉动式生产系统所替代。

总而言之，精益生产是一个永无止境的精益求精的目标，致力于改进生产流程和流程中的每一道工序，尽最大可能消除价值链中一切不能增加价值的活动，提高劳动利用率，消灭浪费，按照顾客要求生产，同时也最大限度地降低库存。

由传统生产向精益生产的转变不可能一蹴而就，需要付出一定的代价，有时候还可能出现意想不到的问题。只要坚定不移地走精益之路一定会带来好处。

2.精益生产的特点

（1）拉动式准时化生产

以最终顾客的需求为生产起点。强调物流平衡，追求零库存，要求上一道工序加工完的原料立即可以进入下一道工序。

组织生产线依靠一种称为看板的形式。即由看板传递，由下向上推需求的信息（看板的形式不限，关键在于能够传递信息）。

生产中的节拍可由人干预、控制，但重在保证生产中的平衡（每一道工序都要保证对后续工序供应的准时化）。

采用拉动式生产，生产中的计划与调度实质上是由各个生产单元自己完成，在形式上不采用集中计划，但操作过程中生产单元之间协调极为必要。

（2）全面质量管理

强调质量是生产出来的而非检验出来的，由生产中的质量管理来保证最终质量。生产过程中对质量的检验与控制在每一道工序都进行。重在培养每位员工的质量意识，在每一道序进行时注意质量的检测与控制，保证及时发现质量问题。如果在生产过程中发现质量问题，根据情况，可以立即停止生产，直到问题解决，从而保证不出现对不合格品的无效加工。对于出现的质量问题，一般是组织相关的技术与生产人员作为一个小组，一起协作，尽快解决。

（3）团队工作法

每位员工在工作中不仅是执行上级的命令，更重要的是积极地参与，起到决策与辅助决策的作用。组织团队的原则并不完全按行政组织来划分，而主要根据业务的关系来划分。团队成员强调一专多能，要求比较熟悉团队内其他工作人员的工作，保证工作的协调顺利进行。团队人员工作业绩的评定受团队内部评价的影响（这与日本独特的人事制度关系较大）。团队工作的基本氛围是信任，以一种长期的监督控制为主，而避免对每一步工作的稽核，提高工作效率。团队的组织是变动的，针对不同的事务，建立不同的团队，同一个人可能属于不同的团队。

第四节　厨房标准执行

走向标准化道路，唯一途径就是执行。好的标准最后成为摆设，是在于没有被彻底执行。提高对标准的执行力，不仅是为了贯彻执行和走向标准化道路，更是为了提升效益。

一、厨房标准落实

标准的生命力在于执行。制订标准是为了服务于经营活动，不能执行，标准就形同虚设，没有丝毫的意义。

相信在现实生活里，有很多人没有定性，想干一件事时，又想起另外一件事，如此下去，常常很难把一件重要的事完成，这个致命伤就是缺乏"执行力"。如果不能对种种问题事先做统筹安排，不能确立明确的目标和实现目标的先后顺序，没有良好的流程设计，只能手忙脚乱地头痛医头、脚痛医脚。作为战略决策者，缺乏执行力，团队必然没有竞争力；同时，作为执行者，没有为完成一个任务必须坚定不移的决心，三心二意，最终将一事无成。

1. 沟通是执行的前提

工作过程中，需要有一条阳光沟通渠道。沟通中，各级员工可以充分理解战略目标，满怀对美好愿景的展望，充满实现愿景的激情，各项工作的落实就有速度和质量保证。通过沟通，群策群力，集思广益，可以在执行中分清战略的条条框框，使执行更顺畅。好的沟通是成功的一半，反之，执行力不佳也是沟通惹的祸，沟通不通畅的结果是各层级之间没有共同的目标，都在为不执行、不落实找借口，却不为成功找方法。

2. 管理者要起到带头作用

实现战略目标，取决于高层管理者的态度与力度，高层管理者的时间在哪里，重点就在哪里，因此，员工的执行力等于管理者的领导力。另外，中层管理者既是执行者，又是领导者，他们的作用发挥得好，是高层联系基层的一座桥梁；发挥得不好，是横在高层与基层之间的一堵墙。要选有责任、有德行、有创新、重落实的人，用人要以德为先，适者为才，用对人就会事半功倍。

3. 建立科学的管理机制，创造执行力

建立科学严格的管理机制，是战略执行力的保障。随着企业规模的不断扩大，只有在管理模式和管理机制上下功夫，确立严格的制度保障，才能建立一个顺畅的内部沟通渠道，才能形成规范、有章可循的"以制度管理人"的方式，才能增加内部管理的公平性，明确管理者的责、权、利，提高管理效率和执行力。

执行力是要部门和个人相配合完成，不是只靠个人执行就叫有效执行，部门也要有行之有效的操作流程。二者结合才能执行力强。关键点又回到团队配合，就像新的木桶理论，现在看木板不能只看长短，如果所有木板都长，板与板之间的拼扣至关重要，否则也会装不满水。

二、厨房标准的执行力

任何一个管理者都不希望企业是昙花一现，都希望可持续地向上发展，成为长青企业。只有拥有标准，企业才会像磐石一样稳固。一个企业仅有人才、技术、设备还不够，更需要一个执行标准。

1. 餐饮企业需要标准

对于一个餐饮企业来说，要经久不衰，不仅需要技术的支持、人才的供给，更需要标准的约束。社会强调依法治国，企业也应该如此，用标准、规章、流程等标准化的形式来进行管理。

制订标准时，一定要设定具体的处置标准，员工表现好，按照规定给予奖励；员工表现糟糕，造成损失，按照规定给予处罚。这样的标准才能彰显公平，才能鞭策后进鼓舞先进，才能起到管理员工、凝聚人心的作用。管理标准是发展的基础，好的标准可以充分利用资源，不做无谓的消耗，让各种资源形成强大而有效的合力，促进餐饮企业发展。

2. 用标准促进餐饮企业发展

标准是企业发展的内在动力，成为一流企业，就必须注重标准发展。作为管理者已经具备很强的魄力与过人的智慧，也不独裁专制，需要通过标准维持发展。因为每一个都不会像创始人那样，有着果断的决策力，标准的出现会成为永远的"创始人"，成为众人的标杆。

科学的标准才会引导餐饮企业不断攀升，若是标准不严谨，全是泛泛而谈，没有具体的规范，就等于没有标准。

三、标准意识的强化

树立每个人"标准化作业"的意识。标准化作业是企业的制度、标准和纪律在岗位上的具体规范，要求自己明确岗位责任，确立自己的位置，知道什么可以做，什么不可以做。站在企业的角度，能够让员工更好地了解并接受企业制订的各种标准，管理者肯定会将标准化作业意识当首要工作来抓，通过建立一系列台账，使每项工作落实到实处，使用台账这一得力工具能及时解决管理中存在的诸多问题。

标准作业突出表现在管人方面。要把标准化作业作为一种职业信仰、职业责任、职业荣誉、职业操守来奉行，而且对于一个好的管理者来说，制订好的标准只等于成功的1/3，另外2/3靠的是执行标准。所以，唯有将标准落在实处，才真正利于餐饮企业的发展。

1. 强化标准意识，将标准融入工作中

实施标准化作业，首先必须强化员工的标准意识，使每个员工潜意识里认可和接受这些规章制度。管理厨房也是一样，没有严格的标准和让员工遵守标准的严肃环境，不可能有好的效果。

现实中，作为管理者，要走入员工的工作中，从他们身上找到标准不能执行的原因。但很多管理者意识不到这一点，始终不能为员工营造出一种遵守标准的严肃环境，标准得不到执行，成为"纸老虎"。所以，要想标准彻底被执行，一定要注意强化员工的标准意识，让他们重视标准。

2. 抓标准，更要抓员工的执行意愿

很多时候，标准无法实行下去，与执行者有关，执行意愿不够，执行力不强，效果也会很差。

管理者在制订制度、设立标准的时候，要注重情理结合，不但要合法，而且要合理，符合员工的心理期许，只有这样，才能真正促使员工自觉遵守标准。情理结合，也有利于形成一种执行标准的严肃环境。

3. 执行标准，执行者要身体力行

古语云："善为人者能自为，善治人者能自治。"管理者要在激烈的竞争中取得发展和成效，首先要自律。管理者必须在制订标准之后，身体力行，以身作则，让员工从内心看到标准的严格程度，形成一种严肃的执行压迫感，充分调动工作的积极性，自然会形成一种遵守标准的严肃环境。

让员工遵守标准，需要一种严肃的环境，自觉遵守标准。管理者可以利用报告或者开会的形式，对员工进行正反面的教育，让员工真正形成内心对标准的重视，从心理上形成积极遵守标准的意识，培养遵守标准的自觉性，形成一个团结一致、有凝聚力的整体，以能够在竞争中立于不败之地。

四、厨房标准公平性

标准不仅是针对普通员工，而是针对餐饮企业所有成员，包括管理者。只有这样才能人人平等，没有任何人可以在标准面前享有特权。管理的根本在于公平与效率，想要达到这个目标，必须有各种"标准"做保证。如果没有标准，管理者在处理问题的时候就会缺乏制约，很难保证公平和公正。

1. "标准"是权威，谁都不能触犯

餐饮企业所制订的各种标准，就是执行标准，既然制订出来就应坚定不移地去执行。作为管理者首先要以身作则，树立权威。企业高层和管理者就是企业的"定海神针"，是企业旗帜的挥动者，其一言一行都会在企业内部产生重要影响。管理者以身作则，员工就会纷纷效仿，主动遵守，反之，如果管理者破坏制度，员工也无心去遵守。

2. 职位有高低之分，标准没有上下之分

很多管理者理所当然地认为，与员工是上下级关系，就应当有高低之分，并将这种思想体现在决策、标准的制定上。如管理层享受迟到、早退的特权、享受不同的考核制度等。这种严重的等级倾向性，体现了企业管理的不规范性和随意性。

　　一个厨房自然需要管理者和员工在等级上的分别，但是在管理上，管理者不能搞标准的特权。管理者应该明白：标准是你定，就应该以身作则，遵守标准。如果认为自己可以无视标准，那么很难使员工信服，也就会失去威信。

　　厨房是一个团队，而团队必须树立共同的价值观，具有共同价值观，基业才可长青。规章制度塑造了这种共同价值观，所以企业高层必须正视这个问题。

　　餐饮企业发展必须通过正规化的运作来实现内部的标准化管理，无论是谁都应该遵守标准。

五、防微杜渐

　　执行力代表一个企业的效率，同时，高效的执行力也能带领企业早日走进标准化的轨道中。但是现实中，标准执行一段时间后，又恢复到以前的模样或不能透彻地执行到底，主要原因是"破窗效应"的原理，是一个人或几个人的松懈，导致以前一切的美好都被摧毁。

　　"破窗效应"与标准能不能彻底执行有着很大的关系。俗语说：小洞不补，大洞吃苦。为了防止这一现象出现，管理者要提前做好防范。

　　1.注重细节管理

　　《道德经》曰："天下难事，必作于易；天下大事，必作于细。"每位管理者应把重视细节的精神转化成日常工作的实际行动，从自己做起，从现在做起，牢固树立重视细节的观念。细节管理的核心是从管理者自身开始的充分认知和养成日常的习惯，追求细节的过程不会一蹴而就。

　　细节点一定要非常明确，虽然是点，也是标准，是方向。管理者自身思维要清晰，于点面结合中，快速理解并找到每个人可以执行的点，执行要有结果。

　　细节复盘，激励员工，发现员工状态最好的时候，把优点发挥到极致，是管理者的价值体现之一。在员工情绪低迷的时候，言传身教，多加鼓励。身边的每个人都渴望成功，希望超越，鼓励多一点，指责少一点甚至不出现。言语指责刺激不出压力，同理心的背后是管理者的胸怀、包容、共情和担当。

　　2.建立合理的处罚标准

　　很多餐饮企业对员工要求十分苛刻，尤其是一些中小企业、民营企业，制度本身就不规范，老板一个人说了算，即使很小的错误也要严惩。丝毫没有站在员工的位置上思考，"重罚"会导致员工的不稳定。犯错就应惩罚，但一定要有度。作为管理者，应该把这个"度"具体化、标准化，根据不同事件、不同程度采取不同的措施。对于一切处罚制度，都应该有明文规定，让员工看到做哪些事情会受到处罚，在做事时就会避免，就算受到处罚，也不能推卸责任或者找借口。因此，处罚标准一定要合理，同时也要公布于众，才能起到警戒的作用。

3.激励与奖励并存

为增强员工对工作的积极性，企业都会设定一些奖励制度，如员工提出建设性的建议后会得到表扬和奖励。但是，既然制定奖励制度，就应该说到做到，否则会打击员工的积极性。物质奖励不一定多，也是对员工的回报，让员工知道自己所做的一切是值得的。因此，激励员工是一种方法，还要奖励员工，激励与奖励并存，才能让员工更好地工作，更加彻底的执行标准。

六、权责分明

将责任落实到每个人。工作中出现相互扯皮、相互推卸责任的现象，这不是因为管理制度的缺乏，而是责任心的缺乏。对于这种现象，很多管理者不知道如何是好。要想避免这个问题的出现，就需要为任务标上标签，谁的任务谁负责。

"千斤重担众人挑，人人头上有结果"，清晰界定每个人的职责，保证责任不被模糊掉，以实现想要的结果。很多管理者认为员工会按照自己希望去做，其实是一种错觉，员工只会做管理者检查的事情。因此，管理者要在相信员工能力的基础上，考虑到员工完不成任务的对策，不能把职业发展和企业利润寄托在员工的承诺上。

1.建立一对一的责任制

要做好工作、实现结果，首先要锁定责任，建立一对一责任制。表现在工作中，就是每项任务都不用"我们""你们"和"他们"来限定，而是用"我""你"和"他"等明确的字。因为加上"们"字，责任就会被模糊掉。很多管理者有一种错觉，认为重要的事情要交给多人去做，负责事情的人越多就越不会出现问题，但会让每个个体都认为"大家的事就等于别人的事，别人的事就相当于不关自己的事"，结果造成效率低下。因此，必须建立一对一的责任制，把责任落实到每个人的头上，保证责任百分之百地传递给员工。

2.惩罚只是一种手段

上级交代下级做事时，经常出现无法让上级满意的结果，这时惩罚也于事无补。下级对上级的承诺，大多数情况下只是一种美好的愿望。一旦事情没有成功，上级即使扣除员工的工资，资源、时间成本、机会成本也已经付出，这个员工给企业带来的损失甚至远远不止这些。所以对管理者来说，惩罚员工不是最终的目的，只是约束的一种手段。真正的目的是促使下属工作有结果，不给企业带来损失。

3.及时激励

及时激励就是组织对员工的行为或阶段性成果做出实时肯定或否定回应，完成行为塑造。当员工做完一件事情后，管理者应该给员工的成果进行评价，上级所给的评价不同，整个组织的执行力以及结果都会完全不同。上级的评价将决定整个组织的效益和绩效。及时激励就是一个很有效的评价系统，如果员工在工作中总是遭遇挫折，最后的结果就是离开；如果员工在工作中能够达到目的，管理者总是不断进行正面促进，会带来良好的结果循环。

很多管理者之所以看不到结果，是因为陷入一个管理陷阱，那就是过多地承担责任，事无巨细，总是亲自过问，导致所有承担责任的主体发生了转移。因此，作为管理者，一定要懂得放手，让员工自己去承担责任，加上惩罚、激励手段，就能看到结果。

七、严格执行

执行标准要严格，不能打折扣。在标准的作用下，让一切行为都有了规范，而想要将这种规范落实，就需要员工严格遵守，严格执行。

管理厨房也是这样，关键就是把执行落到实处。执行力，就个人而言，是把想干的事情干成的能力；对于厨房而言，就是把战略计划一步步落实到位。

1. 重视执行力，一切按标准办事

不少餐饮企业破产或倒闭后，总喜欢将问题归咎于决策失误。殊不知，很多时候，决策、战略或管理并没有错，错在知而不行。经过集思广益做出的决策或者战略，如果没有付诸实践，在执行过程中，任何犹豫或摇摆，都会产生严重的不良后果，甚至会导致全局的失败。

很多管理者习惯性地关注员工的执行力，认为员工个体执行力低，造成企业的执行力低，并没有思考自己的执行力问题。殊不知，很多时候是因为自己没有严肃地执行，没有严格地抓执行，才会逐渐导致企业整体执行力低下。因而，管理者应该早日意识到这个问题，狠抓执行，才能更好地让标准得到落实。

2. 维护标准的严肃性

相信每个餐饮企业所制订的标准都是相当严谨的，也正是因为标准的行为，所以需要员工在执行时更加严格。

如果标准已有明文规定，那就应按照标准办事，绝不姑息纵容违反标准的行为。这样才能维护标准的严肃性，才能维护领导的威信，才能保证企业的正常发展。

3. 注重执行能力的培养

餐饮企业领导者是战略执行的重要主体，领导者在重视自身执行力的同时，还必须重视培养员工的执行力。如何培养员工的执行力，是企业总体执行力提升的关键。如有的企业这样规定：每位表现优异的员工，都要带领一名新员工，对他们进行一对一的培训指导。如此更能使整个团队具有强大的执行力，保证制度的落实和总体战略的实施。

标准化的餐饮企业可以复制好的结果，没有好的结果，是没有严格地按照标准执行，如果每一个环节都打了折扣，其结果可想而知。因此，标准一定要严格执行，才能真正起到作用。

八、注重细节

从细节抓起，保证执行到位。执行力就是战斗力，要想获得战斗力就必须具有优秀的执行力，而优秀的执行力来自点点滴滴的细节。做好每个细节，积少成多，大事也能做成；相反，细节做不到位，个人就无法进步，企业就不可能有发展。企业管理标准要想彻底得到执行，就必须从细微之处抓起，狠抓各个细节，以保证每条标准都能执行到位，发挥其作用。

1. 大事由细节组成

正所谓，厄运就隐藏在小事情上，管理者一定要把握住管理中的小处，将标准贯彻到小处，追求细节，从根本去掉隐患，才能产生高效的执行力，使企业更好地发展。

2. 小细节反映大事件，小细节成就大事件

餐饮企业管理者之所以没有将标准从小处着眼，并不是因为管理者没有制定相应的标准，而是制订之后没有严格地要求员工去执行。这种严重忽视细节的标准注定该企业将无法往更远处发展。

在细节上有标准规范，就要对其进行严格要求。同时，要加大对违反者的处罚力度，这样小细节的标准才能被高效执行。

现实中，很多管理者认为大战略正确之后，就可以不必纠缠这些细节。这类企业在发展到中等规模之后就往往反向发展。因此，管理者应该注意到这一点，越是在成长的时期，越需要认真细致。

第五节　厨房标准内容

质量是企业的生命，是企业的形象和声誉，高质量管理是企业超值的无形资产。细节性的"无差错"管理使企业不断被完善。厨房质量管理，实质是对厨房全方位的有效控制，即对厨房生产原料、生产工作流程、产品质量和各类规章制度的控制；就是对生产质量标准、产品成本要求和制作规范在生产流程中的落实情况加以检查督导，随时消除一切生产性误差，从而保证产品一贯的质量标准和优质形象，保证达到预期的生产成本标准，消除一切生产性浪费，保证员工都按照标准制作规范操作，形成最佳的生产秩序和流程。控制的措施包括制定控制标

准，并用一定的方法控制生产过程。

任何工作，没有标准，就没有规矩，也就难成方圆。没有统一的生产流程控制标准，就很难对加工、切配及烹调等生产流程中可能出现的问题实行调控。这主要表现为：第一，没有标准，就会使厨房员工无章可循，只能各行其是，因厨师的经验和技术的差异，以及厨房分工合作的生产方式等因素，菜肴质量会失去稳定性；第二，没有标准，将大大限制餐饮企业管理人员对成本和质量的了解程度，也就无法进行有效控制和管理。

厨房标准形式有标准菜谱、标量菜谱和生产标准等。

标准菜谱是以菜谱的形式，列出用料配方、制定操作程序、明确装盘形式和盛器规格，指明菜肴的质量标准，标明该菜肴的成本、成本率和售价。标准菜谱一般为内部使用。

标量菜谱（即菜单）就是在菜谱的菜名下面，分别列出每个菜肴的主料、配料和调料及口味特点。标量菜谱供顾客使用，让客人感受餐饮企业对菜品质量的负责态度，也起到监督作用，同时，引起厨师对烹制菜肴质量的高度重视。

生产标准是指生产流程中的产品制作标准，包括原料标准、加工标准、配菜标准和烹调标准。原料标准在生产环节中，主要是对原料标准的复核，是对采购部门工作的监督和补救；加工标准主要是规定用料、成形规格、质量标准；配菜标准主要是对具体菜肴配制规定用料品种和数量；烹调标准主要是对菜品规定配料比例、调味比例、制作规程、盛器规格和装盘形式等。

厨房生产质量控制就是在制订的标准基础上，实行标准菜谱、标量菜谱、生产操作标准控制，以及生产质量考核制度，并纳入员工工作考评和奖惩制度体系。

一、菜谱标准化

厨房以标准菜谱指导菜品生产，保证菜品质量，实现标准化管理。标准菜谱内容主要有：菜谱类别、烹饪加工份数、菜品名称、净料成本、成本率、售价、生产规程、关键工艺、器皿、装盘形式、成品要求、成品彩色照片等，以及主料、辅料、调料名称和数量。标准菜谱需要制作3份以上，以需定量。

所有新增菜肴和新品菜都必须安排试做并组织品尝、评价，经过改革，填写正式标准菜谱，经财务部核算成本、售价，餐饮部经理、财务总监和餐饮总监（或副总经理）签字批准后投产。

标准菜谱是企业资产，是企业机密，由总办档案管理员统一管理，厨房员工按手续领用。

标准菜谱工作流程图表设计如表8-3所示。此工作流程图表是一份国际标准，很多企业都在运用，明确规定重复的工作内容。图 8-2 为松鼠鳜鱼的制作流程。

表 8-3　工作流程图表说明

符号	正式名称	说明
开始/结束	终止点 端点	一个圆角框用于每个流程计划的开始和结束。开始部分的文字作为标题，结尾的文字作为可能进行的下一步处理的过渡
→	流程线	使用线连接每个部分。为了使方向清晰，允许使用箭头。线只能从下边框指向上边框，或从左至右，不能歪斜
操作内容	运行	带有文字的长方表框是单个处理步骤（重要：文字只能包含处理步骤）。当过程非常相似时，允许多个步骤结合在一起，如"使用盐和胡椒（各 2 克）调味"
操作说明	说明	带有文字的直角虚线框。操作需要进行解释时使用
工具	工具	带有文字的正方形框。在操作过程中所需要的工具或盛放器皿
问题？	判断	在菱形中，可以使用流程分支，如在产品变化时（重要：问题必须包含有关决定的提问）。在相应的引导线旁边需要有文字
○	分支	在圆形中表示操作过程中的子流程。例如：扬州炒饭，煮饭的过程作为子流程处理
原料记录	输入	在平行四边形中记录流程中所需要的原料信息

标量菜谱的标准化请参照第五章厨房菜单设计。

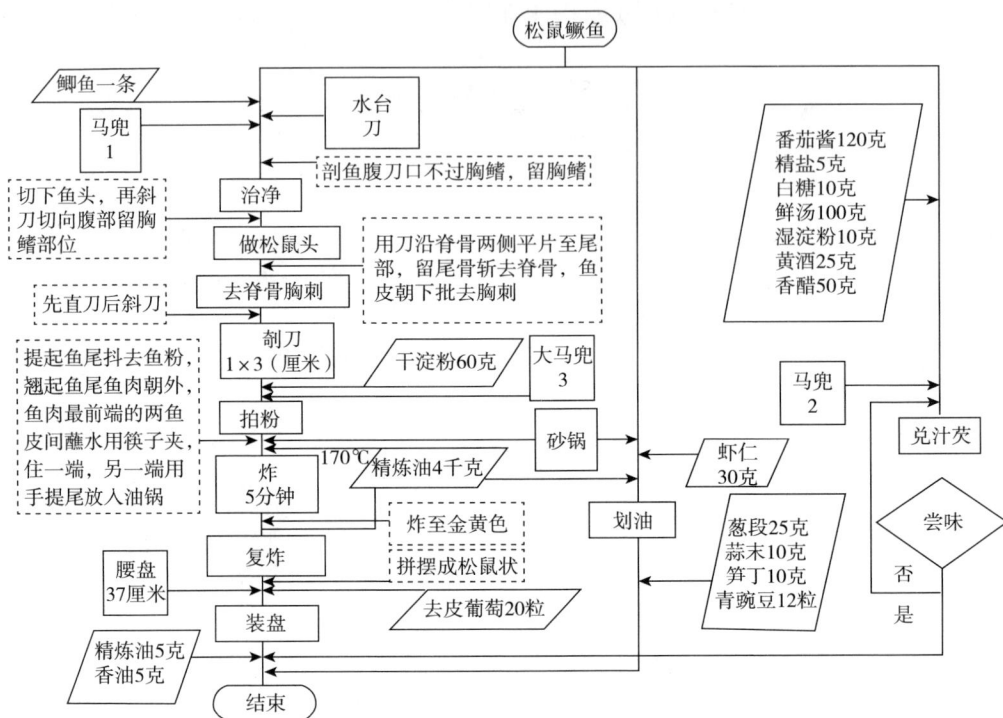

图 8-2　松鼠鳜鱼制作流程

二、生产标准化

1. 综合标准

①建立质量管理标准、菜谱标准等标准化管理制度。

②菜谱由专人设计，集众家之长（要经常向其他酒店学习、交流、取经），每道菜品都要进行认真分析，尽量让每道菜品都能适合顾客口味，被顾客称赞。

③任何菜谱设计后，厨师长要会同有关人员对每道菜进行工艺确定，并对包括价格、投料标准、口味、颜色、装盘、容器等提出质量标准。

④菜谱最长一季度调整一次，菜品更换率在 30% 以上。宴会菜谱按标准人数和消费金额分类设计打印，在餐前（中餐 11:30、晚餐 17:00、夜宵上班后 15 分钟内）做好准备。

⑤所有菜谱都要按照标准菜谱模式建立档案，厨师长主持撰写，交总办统一归档整理，厨房使用时借阅。

⑥任何新品菜肴都要建立在对市场深入调研的基础上，经试做后，按规定程序报批后方可推出更换，新品菜肴的审批权限在餐饮总监（或副总经理）。

⑦厨房每道工序均要求按岗位责任量化出工作标准，由厨师长或其他考评人

按检查考核，结合每人当日工作状况填写"厨房生产质量评价表（日）"，对工作质量进行评审。

⑧所有厨师上岗前，必须经过实际操作考核，由餐饮总监、餐饮部经理、厨师长、人事主管共同考核。

⑨厨师长及有关人员每周至少一次随采购考察市场，及时发现挖掘新、奇、特原料货源，不断更新菜品。

⑩厨房生产要严格按岗位分工，职责明确，责任到人，严禁擅自越岗操作，如学员严禁灶炒菜，蒸制菜品调口要由专职厨师负责等。

⑪设置菜品质检员（可由厨师长兼任），负责菜品质量检验把关工作。

⑫每餐缺少菜品不准超过4种，否则要申报，填写缺菜记录，并追究责任。

⑬厨房人员严格执行《中华人民共和国食品安全法》的规定，若出现食物中毒现象，由责任人和厨师长共同负责，并承担因此造成的经济损失。

⑭餐厅派专人每天每餐到桌征求顾客意见，零点、宴会各5桌，并填写"宾客评议菜品反馈表"，一式两份，报餐饮总监（副总经理）一份，并由其签署意见后及时反馈给厨师长。

⑮厨师长及厨师要经常到前厅了解客人对菜品质量的反映，坚持每周有3次看台，每次不少于3桌，且做好看台记录，填写"菜品质量评议表（厨房）"一式两份，每周报餐饮总监（副总经理）一份。

⑯餐厅经理、厨师长在每天例会上要讲评前一天餐饮部反馈意见和看台情况。

⑰厨师长在每周例会上向餐饮总监（副总经理）述职时，汇报⑭和⑮项的调查结果。

⑱设立退菜榜和表扬榜，鼓励员工钻研业务，出新菜品，厨房设"新菜品研发小组"，每周有活动，每月一次研发新菜品评选活动，凡多次受到顾客好评菜品及优秀新菜品，可给予一次性奖励，并上榜表扬。凡因人为质量责任造成的退菜都要上榜公布，按菜品售价的30%赔偿，由厨师长（质检员）开具公处罚单、餐饮总监（副总经理）签字后交财务执行。

⑲餐饮企业每月举行"质量标兵"评选活动，召开颁奖大会，发奖，带花，并展示标兵照片。

⑳餐饮企业每季举行一次技术比武，餐饮企业成立餐饮总监（副总经理）、厨师长、人事主管等组成的考核委员会，由人事主管牵头，考评结果作为员工晋级依据。

2.原料领用、保管标准

①严把原料进货质量关，厨师长每天要在进货一览表上签署原料质量检验

意见。

②每周例会上，采购负责人、厨师长、餐饮部经理要就原料问题向餐饮总监（副总经理）述职，对出现的问题及时处理解决。

③厨房原料储备量要合理，防止变质，从进货到使用原则上不得超过三天，发生存货变质，由当事人承担赔偿责任，并将有关情况如实申报，严禁私自处理。

④厨房各冰箱管理责任制要落实到人，专人负责（兼职），挂牌上岗。食品要分类存放，全部原料要注明进货日期。

⑤冰箱每周至少要彻底清洗一次。

⑥保持环境、用具和个人卫生。

3. 活养标准

（1）开机前的准备工作

①检查水族箱是否渗漏、水族箱内水位是否平衡、滤水槽内水位是否在制冷管上10cm（钛包不用）、潜水泵是否潜在水中。潜水泵在工作时不应露出水面，以免长期无水（无法冷却）造成潜水泵烧坏或漏电。检查各种过滤材料是否填好，最下层是珊瑚沙，珊瑚沙上层是滤棉，滤棉一定要压紧。

②检查电源接点是否牢固、接线头是否遗漏在水中，以免漏电伤人。接通电源后，等待制冷机自动开启，制冷机每次停下后必须等待3分钟方可开启（3分钟保护，有的压缩机带自动3分钟保护），压缩机工作一周后，检查继电器，压紧电线头。

（2）日常水族箱管理

①每天检查水位是否平衡、潜水泵是否潜在水中，检查滤棉脏污情况，并每天清洗最上面一层，清洗后四边一定要压紧。

②检查制冷机开机后运转是否正常，检查电源箱漏电保护器是否有效，将漏电保护开关合上，看潜水泵是否上水，如潜水泵工作正常且不露出水面，制冷管也不露出水面，上下水平衡，则打开充氧，检查充氧泵气泡是否正常。当水温高于所需要的水温时，可调整温控器使制冷机开启。如果已达到需要水温而制冷机仍然工作，可将温控器向左旋转（电子温控器按使用说明调整），使制冷机关闭，温度调好后，不需要经常调整。

③经常检查制冷钢管是否锈蚀，发现锈蚀应立即更换，避免损坏压缩机（如用钛管则不必）。

④如发现漏电保护器断开，一定要检查是否有漏电的地方，不排除漏电因素不得开机。

⑤充氧机沙头应该经常检查更换，如发现气泡不正常，需及时更换，充氧机安装必须高于水面，以免停电水倒流，造成短路烧坏充氧机。

⑥经常检查滤箱内珊瑚沙，发现脏污及时清洗，清洗最长间隔不得超过半年。

⑦新水族箱内因硝化细菌需用20天才能生成，所以在这期间不要换水，待硝化细菌生成后，水就会变清。

⑧死鱼死虾等及时捞出，以免滋生细菌，污染水质。

⑨水族箱内不能养殖过多的鱼虾等。

⑩冷暖两用机，必须先开循环水，检查循环水是否正常，正常后才能加温或制冷。如循环水出问题，就会造成冷凝器烧坏或冻裂。

4. 原料粗加工标准

①粗加工要制定岗位质量管理职责，明确分工和工作标准，厨师长要不定期进行检查，落实好管理责任。

②按提货单提出当日厨房所的原料食品，注意产地、品种、数量和质量等应符合需要。

③检查、鉴别原料是否符合质量标准，并有权拒收不合标准的原料。

④按涨发程序进行原料涨发，洗净泥沙，去掉杂物和内脏，检查各道工序的涨发率。

⑤做好综合利用工作，减少消耗，加工好的原料要及时投入使用，暂不用的及时放入冷库储存。

⑥蔬菜类原料要去净杂菜、枯叶、泥沙、杂物，按照不同要求去皮、筋、籽，并清洗干净。

⑦水产畜禽类原料宰杀时要放血、净水、去鳞和内脏，冲洗干净。

⑧需要拆卸的肉类原料，按照各档取料标准和需要，分别采用拆卸、削剔等方法取料。

⑨保证原料的营养成分，尽可能先洗后切，减少存放时间，及时送往厨房各需处。

⑩保证工作环境清洁卫生。

5. 划菜标准

①划菜员分拣前厅下达的点菜单，每天餐前检查桌号夹子，避免放错位。

②根据冷菜、热菜、面点分开的原则，向厨房各处传达加工信息。

③划菜员配好桌号（厅名）夹子，分送冷菜、热菜和面点。出菜时，划菜员在对应菜单核对无误后做好记录，交付传菜生上菜。

④掌握上菜顺序、程序及节奏，保证先点先出、催菜优先原则。

⑤监督菜肴质量，不合格菜肴有权退回厨房。

⑥及时向厨师长反馈前厅提供的宾客意见。

⑦监督、整理菜肴外形和装盘效果。

⑧准确清晰地将菜点名称、桌号或宴会厅名称报给传菜生，并解答传菜生不

明事项。

⑨准确出菜，不漏菜、错菜和重复上菜。

⑩保持环境、用具和个人卫生。

6. 切配标准

①切配主管接划菜员传来点菜单夹子后，分配给切配厨师，并组织、指导、监督员工按操作规范操作。

②检查原料质量，不允许使用变质和粗加工不合标准的原料。

③按客人点菜顺序和进包房先后顺序、催菜情况及时处理。

④按标准菜谱规格标准切配，使原料投量、品种标准化。

⑤注意检查点菜单上所注客人吃素或清真等特殊要求，并做出相应处理。

⑥原料细加工要符合整齐、规范、均匀、利落的要求。

⑦密切配合烹调方法，精细加工，保证刀工处理符合标准。

⑧合理下刀，减少下脚料，避免浪费。

⑨合理搭配，物尽其用，提高原料综合利用价值。

⑩把半成品归放整齐，摆放在规定的位置上。

⑪核查凭单，杜绝重复、遗漏、错配等失误。

⑫保持环境、用具和个人卫生。

7. 烹调制作标准

①管理质量要从炒锅厨师操作规范、制作数量、出菜速度、成菜温度等方面加强控制。

②按"标准菜谱"规格标准，明确烹调方法，使产品制作标准化。所有菜品的切配、预制、烹调过程一定要严格按工艺要求和操作规程操作（如必须使用高汤的菜品不得用自来水代替等）。

③调动厨师主观能动性，发挥手工操作的高超技艺。

④服从厨师长的指挥、管理，接受有关菜谱的培训，熟练掌握厨师长分派的各式菜的制作。

⑤杜绝使用变质、加工和配菜不合要求的原料。

⑥注意配菜传来客人的特殊要求，如忌口等，使菜品符合客人要求。

⑦接催菜牌后，在打荷的安排下，及时、快速烹制出菜。

⑧严格操作规范、制止任何违规做法和影响菜肴质量的做法，严格控制每次烹调的生产量，做到少量多次，"单菜单炒"，严禁一锅同时烹制多道"单菜"。

⑨坚持尝汤制度，菜出锅都要尝味，做到自我把关。

⑩厨师长每餐都要坚持抽查菜肴质量，确保每道菜品色、香、味、形俱佳，对不合格菜品一律退回厨房，并做好退菜记录，追查落实责任。

⑪消除剩菜现象。

⑫保持环境、用具和个人卫生。

8. 打荷标准

①拒绝使用变质、加工和配菜不合要求的原料。

②了解本灶应出菜品的标准工艺要求，熟悉菜品的基本烹饪方法。

③协助热菜及切配组领取当日厨房所需要的食品原料。

④与配菜和热菜厨师做好配合，掌握菜肴的上浆、酿、汆及炸制的初步调味，使热菜厨师能够随时烹制食品。

⑤掌握各种零点及宴会菜肴的装盘要求和装饰技巧。

⑥检查每日宴会和零点的配菜原料的品种、数量。检查提前装饰的菜盘，并将宴会所用的餐具全部准备妥当。如与宴会要求不符，及时通如切配厨师调整。

⑦检查每日餐厅供应菜肴所需餐具的规格和数量，并按要求将餐具分类摆放整齐。

⑧负责准备好天每日所需的汁、酱、汤等，并添加烹饪调味品。

⑨灵活掌握菜肴的出菜顺序，以先到先制、先食先做和催菜优先为原则，按催菜牌后要及时、灵活地分派给热菜厨师进行烹调。

⑩与划菜、传菜生做好配合，以便能够正确地将菜肴传向正确的地点。

⑪每道菜品装盘时都要检查有无异物等。

⑫开餐中，负责下篮筐管理。开餐结束后，负责收拾全部炉头所用汁、酱等，将脏餐具、配菜盘和下篮筐等送洗，协助热菜厨师关闭本区域内全部的水、电、气、油等开关。

⑬保持环境，用具和个人卫生。

9. 冷菜间制作标准

①料理操作前，冷菜厨师应洗手消毒，更换工作服，严格执行消毒规定。

②做到专人、专室、专门工具容器、专门消毒、专门冷藏。饮具、餐具应在操作前彻底消毒。

③原材料从采购到进货要严格把关，确保冷菜原料质量，不合卫生标准的不用，做到不制作、不出售变质和不洁的食品。

④准备好各种调味料。

⑤根据不同品种的冷菜分类进行严格选料，做好粗加工，将原材料加工成所要求的形状。

⑥根据不同的冷菜食品，选好配料和调味料。

⑦按照冷菜食品不同的烹制方法，加工制作各种冷菜食品。

⑧根据客人点菜单，切配各种拼盘和雕刻制作冷菜食品，各种拼盘的造型应事先设计好，然后利用刀工技术配合拼盘造型。

⑨肉类冷荤食品烹制后，应冷却到 5 ～ 8℃时，再进行刀工处理，蔬菜类按规定的时间进行腌、泡、浸、拌等制作后，再进行刀工处理，装盘上桌。

⑩在操作中接触生面、生肉、生菜等生食品后，切制冷荤熟肉、凉菜前必须再次消毒，使用卫生间后必须再次洗手消毒。冷荤专用刀用后要洗净、消毒。

⑪冷荤制作、保管和冷藏都要严格做到生熟食品原料分开，生熟工具容器、刀、砧板、盆、秤、冰箱等，严禁混用，避免交叉污染。

⑫冷荤专用砧板、案板、抹布每日用后要洗净，次日用前消毒，砧板、案板定期用碱水消毒。

⑬盛装冷荤、熟肉、凉菜的盆、容器需在每次使用前刷净消毒。

⑭存入冷荤熟肉、凉菜的冰箱及房门把手需用消毒小毛巾套上，每日更换数次。

⑮生吃食品蔬菜、水果必须洗净、消毒后，方可放入冷荤间冰箱。

⑯加工制作工作结束后，应将所有的饮具和用具进行清洗消毒，放到指定的地方备用。剩余的冷荤食品放入冰柜中，注意生熟食器分开存放。

⑰冷荤间内应设紫外线消毒灯、空调设备、洗手池等消毒设备。

⑱保持冰箱内整洁，并定期进行洗刷、消毒。

⑲非工作人员不得进入厨房操作间。

⑳不得将个人物品带入厨房操作间。

㉑严格执行酒店个人卫生的规定。

10. 餐厅销售标准

①前台服务生（传菜生）有权对菜品质量进行监督，有权拒绝传、上不合格菜品，把"五不端"（量不足不端、质不符不端、盛器不洁不端、热菜不热凉菜不凉不端、原料变质不端）方法落到实处，服务生、传菜生每拒端一个不合格菜品给予物质和荣誉奖励。

②所有顾客退菜由划菜处做好统计，厨师长安排填写"菜肴质量评议表"，找出原因、分清责任，如属质量问题，上退菜榜并作扣分处理。

③顾客催菜，值台服务生及时将催菜牌送出，其催菜程序或催菜牌传递程序为：服务生→传菜生→厨师长（或当日负责人）→切配主管→打荷→炒锅或其他工序。出菜时催菜牌随菜走，直到上桌。

三、厨房考核标准

1. 考核标准

（1）技能标准

①掌握和熟悉所管辖岗位的技术要求，对该岗位标准在执行时做出判断和

指导。

②能够熟练规范操作所负责岗位的出品质量要求和速度效率要求。

③考核所出菜品至少有一个能够获得"试销售品种"的评议结论。评审项目有：色、香、味、形、器、意、趣、成本、市场潜力；基本功、操作习惯等。

（2）理论标准

①能够掌握并通过美学基础知识、专业理论知识、营养学理论基础知识、食品卫生知识、消防安全管理知识、成本核算知识等方面的口头提问和书面试题。

②能独立做工作计划和报告。

（3）业务能力标准

①做工作的扎实度，是否能将所学应用到实际工作当中去。

②遵守规章制度和劳动纪律。

③在团队中的协作力。

④对本职工作的热情创新力和完成工作任务的效率。

⑤日常的行为规范和作风。

⑥带人能力。

2.考核办法

（1）口头面试

（2）理论试题

（3）实操演练

（4）试用观察

考核表和评分标准表见表8-4、表8-5。

①人才培养。厨房管理者都有一个共同的心理，即自己培养的员工都不愿意把其调往其他部门（除非是那些不好管理的员工），需要不断做协调工作才行，给厨房管理者宏观调控造成了压力。为解决这一被动问题，使被动变为主动的最有效办法，就是让员工积极自愿，通过奖励的方式培养人才。对厨房人才的需求，大部分需要通过内部培养来满足。

②成本率指标。厨房成本率在整个餐饮行业都维持在规定的水平内。太高没有利润，太低则导致暴利。厨房成本率要想升高很容易，但控制在规定范围内是比较难的事，因此在管理成本时，通常使用"控制"两个字。控制的目的不是让成本率下降，成本率不上升就等于成功。这样，如果厨房成本率降低，奖励分值自然就要高，反之，扣分也多。数据收集比较简单，只需年底由财务部提供各部门每月毛利率进行比较即可。

表 8-4   厨房员工考核表

评分标准 考核内容			标准分值				得分	备注
			7.6～10	5.1～7.5	2.6～5.0	1～2.5		
技能标准		技能知识						
	技能操作	基本功						
		操作习惯						
		成本意识						
	产品	色						
		香						
		味						
		型						
		口感						
		器						
		意						
		趣						
		搭配						
理论标准		面试得分						
		技术理论						
		计划 / 报告						
业务能力标准		工作扎实性						
		遵章守纪						
		协作力						
		创新力						
		工作热情						
		工作效率						
		带人培训力						
必过题		厨师必知						
评语								
努力方向				被考核人				
培训方向				晋 / 降级审核				

表 8-5 考核评分标准表

人才培养	考核依据	参照各部门人才输出情况登记记录（必须上报厨政才有效）
	评分办法	每培养 1 名领导，奖励 5 分；每输出 1 名员工奖励 2 分
成本率指标	考核依据	参照财务部门提供的实际成本率
	评分办法	控制在范围奖励 10 分，每升高一个点扣 10 分（按月计算）
出品稳定	考核依据	出品抽查达标分数线
	评分办法	每超出 1 分奖励 2 分，反之，扣 1 分（按季度抽查为准）
5S 执行	考核依据	参照《5S 管理检查相关规定及奖罚条例》中的相关内容及厨务进行的每季度 5S 检查成绩记录
	评分办法	每个镜头扣 1 分
安全、卫生、违纪	考核依据	参照厨政和总部拟发的通报、处罚及安全、卫生事故的发生次数
	评分办法	每个扣 5 分，全年无安全事故和较大违纪的发生，奖励 10 分
各项考试	考核依据	参考厨房制订的《厨房考核制度及奖罚条例》中各种考试达标分数线，以及厨房进行的各种考试成绩
	评分办法	每超出 1 分，奖励 1 分；反之，扣 1 分
新菜品设计	考核依据	参照新菜品被厨房采纳推广的次数（必须经本店厨师长申请上报经批准才有效）
	评分办法	每道菜奖励 10 分
其他考核内容		日常工作被厨房例会上给予表扬的，每次奖励 5 分

③出品稳定。每季度厨房都要组织进行出品抽查，抽查可分随机抽查和定向抽查。90 分为及格分数线，季度检查是比较全面和公平公正的。因此成绩也具有权威性。适合评定考核厨房日常出品管理工作。数据统计简单，统计全年 4 个季度的检查分数即可。

④ 5S 执行。5S 管理是厨政管理的有效手段，应持之以恒，厨房须重视这项工作，每季度会组织一次检查。主要以拍照取证的方式进行，因此成绩更具有权威性。执行 5S 不合格的地方将扣 1 分。

⑤安全、卫生、违纪。安全、卫生和违纪考核标准通过行政下发的通报进行评分比较有说服力。需要进行通报的基本上都是较大的责任事件，将此纳入考核内容也是必要的。

⑥各项考试。为了对厨房开展各项培训考试工作的重视，将此项工作纳入考核体系。管理者或员工就会重视考试成绩。不会缺考、不参加培训。厨房制定员工达标分数线是 85 分，管理者是 90 分。

⑦新菜品设计。有的餐饮企业设有专门的技术研发部，但厨房每年仍然会推行全员新菜品设计活动，能够调动员工技术创新的积极性，营造员工共同学习的工作氛围。前提是新菜品必须经厨房管理者确认并推广才有效。

⑧其他考核内容。只要在厨房例会上受到表扬的员工，每次奖励 5 分。厨房不定期组织各部门沟通会议，会议上对员工具体工作事项提出的表扬，将给予 5 分的奖励，以会议纪要的记录为准。

⑨年底总结。年底厨房将会根据以上几方面的奖罚分统计来对各厨房员工进行综合评定考核，并进行排名。奖罚分每分折合 50 元，另外，排名连锁第一的奖励 1000 元，排名最后的罚款 500 元。

从上表可以看出，厨师长的管理督导是从 8 个要素进行综合考核评定。这 8 个要素基本涵盖了厨师长日常管理的各个方面，比较系统全面。从激励方式上，采取奖多罚少的原则。目的是想激励先进，鞭策落后；以强带弱，最终共同进步。操作可行不复杂，在厨政日常工作中做好相应的记录即可。年底通过汇总即可评定厨师长的日常管理水准及员工的业绩。

四、行政总厨检查标准

表 8-6 列出了行政总厨检查标准。

表 8-6　行政总厨检查标准

项目	检查内容	检查标准
日常工作	每周例会	主持例会、事先规划会议内容、结安排工作，传达上级会议精神，加入培训内容
菜品控制	落实工作	检查各岗位工作安排的落实，对完成情况做好记录
	信息交流	从厨师长处了解厨师工作情况，自餐厅经理处了解销售情况及客人意见，将推出的新菜品传达给销售部和前台
	验货	每周三检查进货质量、分量，要求价、质、量相符
	餐前准备	（1）巡规工作落实情况，监督各岗位按工作程序操作 （2）开餐前对备料、切配、半成品制作、预制菜等进行检查，达不到要求的重新加工，记录检查结果 （3）检查标准菜单设计是否严格执行
	菜品质量	（1）督促厨师长的现场指挥，保证质量 （2）每餐抽查 7～10 个菜，记录色、香、味、形等指标，拟定正反案例，并分析 （3）对客人提出的特殊要求尽量满足 （4）严格处理退菜事件

384

续表

项目	检查内容	检查标准
	供应计划	根据日、周、月营业额提出采购计划，了解特殊、高档原料的供应情况
	配送协调	（1）及时与配送沟通，提出意见和要求
		（2）每日海鲜交接，记录死亡海鲜的处理安排
	市场价格	每周一次市场调查，了解市场行情
	调料控制	（1）对长期使用的调料用量计算准确，防止积压或短缺
		（2）重点调料按量开出领料单，保证厨房调料橱内有 5～10 天的备用量，专人管理，二级调料库管理到人
		（3）通过菜单的调整或其他方法解决原料、调料积压现象
菜单设计		（1）每月设计三套不同标准的菜单，并严格执行
		（2）按设计菜单的标准核算成本、毛利、口味合理搭配
		（3）了解重点接待任务，专门设计菜单
		（4）建立重点菜单的详细资料卡，资料存档备查
促销（美食节）	计划安排	接受酒店关于促销工作的安排，任务分解到各部门岗位
	组织落实	提交原料采购单和所需餐具
	活动实施	（1）培训服务员，讲解菜品的特点、风味及用料等
		（2）现场指挥，把好质量关，解决销售中出现的非常情况
		（3）了解客人的意见，及时改进，确保活动顺利进行
考核		（1）公正对待下属出勤、业务、工作、管理等方面的记录
		（2）与厨师长、主管多沟通，掌握各部门的情况
		（3）每天检查，在考核表上做好记录
		（4）正确运用激励和处罚方法，提高员工工作积极性
记录	记录内容	（1）厨师长在交接工作时，将应完成的工作、特别工作和特别注意事项写在交接表内，由双方签字
		（2）交接时要认真负责，字迹清晰、端正、无遗漏
考核		总厨每天检查工作交接，填写质检表签字

五、行政总厨对各个部门的检查标准

1. 班前会标准（表 8-7）

表 8-7　班前会标准

项目	检查内容	检查标准	分数	备注
工作程序	考勤	准时点名，划考勤表，标明休班、请假、旷工	5	
	人员	主管厨师长主持，班组全体人员参加，没有无故缺席	5	
	队列	站立规范、队列整齐、工装整洁、纪律严明、精神饱满	5	
	要求	（1）平常内容提要写在"班前会质量检查表"内	5	
		（2）对昨日工作做出总结和处理意见，要具体、客观、有正反案例	5	
		（3）安排当日工作明确、细致、到位，做出具体要求	5	
		（4）传达上级文件、部门例会精神及时、准确	5	
		（5）培训按时、有准备，示范基本功正确	5	
		（6）检查厨师仪容仪表	5	
考核		总厨、分管人员每天检查 1 次，质检部抽查 2 次，填写质检表	5/次	

2. 培训标准（表 8-8）

表 8-8　培训标准

项目	检查内容	检查标准	分数	备注
工作程序	时间	规定每周四 15:00～16:00 为业务培训时间	5	
	培训者	餐饮总监（或分管厨房的副总或总助）、总厨、厨师长、主管	5	
	受训者	在岗厨师和新入店厨师	5/人	
	培训计划	每月制订培训计划，交质检部	5	

续表

项目	检查内容	检查标准	分数	备注
工作程序	培训内容	（1）事先将本周内容填写在"培训质量检查表"内	5	
		（2）分管领导负责组织培训教材，编写教案，以适合统一培训的内容为主。包括宴会设计、菜品理论、常出现的问题、创新研究、实际操作以及素质培训等	5	
		（3）针对不同岗位、不同层次对象的培训，设定具体培训内容，以厨师长在岗培训为主，包括厨师基本功预制菜、品牌菜统一制作、创新菜、浓缩汤、高汤的熬制、冷菜拼摆、雕刻、面点基本功	5	
	培训实施	（1）每周一次的统一业务培训由餐饮总监（或副总经理）负责实施	5	
		（2）根据不同岗位技术要求进行的培训，由各自厨师长在工作岗位上分别实施。总厨每次检查，分管、质检部每周2次	5	
考核		填写质检表	5/次	

3. 验货标准（表8-9）

表8-9　验货标准

项目	检查内容	检查标准	分数	备注
验货程序	时间	按规定时间验货	5	
	采购单	品种、规格、数量、质量要求填写清楚，无漏货	10	
	要求	（1）厨师长每天参加验货，如遇休班，指定替代厨师	5	
		（2）根据采购单的品种、数量进行验货	5	
		（3）记录品种不对、数量不符、短斤缺两、质量达不到使用标准、需换货和退货的原料	10	
		（4）及时通知配货中心调货、换货、退货	5	
		（5）每天填写验货质量检查表	5	
		（6）有问题当天填写	5	
考核		总厨、分管每天检查3次，质检部抽查2次，填写质检表	5/次	

4. 展台标准（表 8-10）

表 8-10　展台标准

项目	检查内容	检查标准	分数	备注
工作程序	卫生	（1）地面清洁，无水迹、污迹、杂物	10	展厅负责
		（2）展台里外清洁，无灰尘、污迹，菜盘无遗漏	10	
	要求	（1）每天上午 11：00 前、下午 17：30 前把规定品种、数量的菜品摆放到展台上	5	展台摆放品种、数量提前报质检部
		（2）凡在展台上摆放的菜品做到盘饰规格化、质量标准化	5	
		（3）标签与实物相符，标签上要有菜品名称、主配料（投料量误差在 10% 以内）、售价、口味特色等	2/ 个	
		（4）每道菜品建立制作工艺卡片	5	
		（5）开餐时间菜品断档率不超过 3%	5	
		（6）随时保持展台卫生，菜品的品种、数量符合要求	5	
考核		总厨每天抽查 3 次，分管、质检部抽查 2 次，填写质检表	5/ 次	

5. 热菜标准（表 8-11）

表 8-11　热菜标准

项目	检查内容	检查标准	分数	备注
工作程序	餐前准备	（1）上班后清理卫生、检查厨具、用具，备好餐具、标签等	5	
		（2）领用备齐各种配料，粗加工领用原料，保证案板备料、调料质量符合要求、数量充足	5	
		（3）配菜组按操作程序，做到切配迅速、加工精细、杜绝浪费	5	
		（4）冰冻原料按化冰周期预先化冰，保证使用时间、质量	5	
		（5）备齐各种类型的菜盘，要求清洁卫生，做好餐前准备	5	

项目	检查内容	检查标准	分数	备注
工作程序	餐中工作	（1）宴会按标准单出菜，实惠度、实用性、成本率合理	10	
		（2）宴会上菜顺序：先凉后热、先大件后小件、先菜后饭	5	
		（3）零点上菜速度：10分钟内上第一道热菜，30分钟内上完菜	5	
		（4）出菜火候适当、口味纯正，色、香、味、装盘符合标准	5	
		（5）每道菜有出菜标签（或划单、夹子）	5	
		（6）蒸箱有专人管理，蒸菜专人制作，并有蒸制标识	5	
		（7）划菜员记录接单时间，第一道菜上菜时间和上菜完毕时间，并在菜单上签字	5	
		（8）划菜员按先来后到顺序调度上菜速度，及时催菜	5	
		（9）划菜员负责提供随时上桌的小料，提供客人要的葱、蒜、醋等小料和调料	5	
		（10）处理客人退菜及时、圆满，将退菜令牌优先处理	20	
		（11）厨师长检查10道菜品，填写质量检查表	2/个	
	餐后检查	（1）厨师长和厨师巡台，记录有关内容，报总厨	5/台	
		（2）打扫厨房卫生，物品摆放整齐，达到卫生标准	5	
		（3）划菜员下班前统计退菜、营业额和点菜数及每组的营业额和成本、报厨师长	5	
		（4）关闭水、电、煤气，无浪费现象	5	
	换班	值班厨师工作交换，值班厨师及时制作前厅所点菜品	5	
考核		总厨每天到各厨房检查1次，分管2次，每天总厨抽查15个菜，分管10个菜，质检部抽查，填写质检表	5/次	

6. 预制菜标准（表 8-12）

表 8-12　预制菜标准

项目	检查内容	检查标准	分数	备注
工作程序	预制卡片	所有预制菜设置工艺卡片，名称、主配料、制作工艺、口味等内容齐全	5	制作品种、数量提前报质检部
	要求	（1）按工艺卡片标准制作，下料准确、盘饰统一	5	
		（2）预制菜专人专做，根据规定品种、数量制作，上午 11:30 前、下午 17:30 前完成制作	5	
		（3）厨师长每天检查所有预制菜品，包括浓缩汤、清汤、奶汤，以记录炉灶主管检查为主	5	
		（4）预制菜品的质量包括色、味、形、实惠度俱佳	5	
		（5）开餐前制作好，准备足量，及时供应	5	
考核		总厨每天检查所有预制菜的质量，分管抽查 50%，质检抽查 3 次，填写质检表	5/次	

7. 菜单标准（表 8-13）

表 8-13　菜单标准

项目	检查内容	检查标准	分数	备注
工作程序	要求	（1）每半月一次，总厨、厨师长与骨干厨师讨论确定标准菜单，餐饮总监（或分管副总经理）签字后执行	10	变更菜单前一天报质检部 1 份
		（2）厨房准备 800～2000 元标准的宴会菜单	10	
		（3）准备人数少（4 人左右）的菜单的标准，报质检部	10	
		（4）按标准菜单出菜，标准菜单中菜品的调换率不高于 30%	10	
考核		总厨、分管每天抽查 2 桌，质检部抽查 1 桌，填写质检表	5/次	

8. 凉菜标准（表 8-14）

表 8-14　凉菜标准

项目	检查内容	检查标准	分数	备注
工作程序	餐前准备	（1）上班后清理卫生，检查厨具、用具，备好餐具，贴签等	2	冷菜展台的品种、数量报质检部1份
		（2）粗加工领取加工原料、备齐调（小）料	2	
		（3）验货收货，把好质量关	5	
		（4）凉菜保证刀工，加工精细，质量符合要求，装盘美观	5	
		（5）开餐前准备各种工具、用具、盛具，认真清洗、消毒	5	
		（6）上午11:30前、下午17:30前完成冷菜车、冷菜台、宴会的制作，放于规定位置，按规定标准准备，数量充足	5	
		（7）已预定的宴会，客人到前上齐凉菜	5	
		（8）提前制作盘头装饰、雕刻和花色冷拼，选料正确，刀工细致，色泽协调，造型美观	5	
	餐中工作	（1）按照菜单的规格标准进行切配制作，保证每道菜的色、形、味俱佳	10	
		（2）原料加工注意节约原料，物尽其用，随手关闭水阀、煤气阀，杜绝浪费	5	
		（3）零点接菜单后及时制作，成品菜5分钟内上齐，点菜10分钟上齐	5	
		（4）冷菜、水果装盘合理造型，分量恰当，精心选择器皿，提高质量与档次	5	
		（5）按顺序出菜，满足客人的特殊要求	5	
		（6）保证晚来和加菜客人的需要	5	
		（7）处理客人退菜及时，圆满	10	
	餐后检查	（1）剩余菜品及时处理	5	
		（2）打扫厨房卫生，物品摆放整齐，达到卫生标准	5	
		（3）统计退菜、营业额和点菜率	5	
		（4）关闭水、电、煤气，无浪费现象	5	
		（5）关闭煤气灶前阀、检查煤气管路，清除隐患	5	
考核		总厨每天检查2次。抽查10个菜，分管抽查10个，质检部抽查，填写质检表	5	

391

9. 面点标准（表 8-15）

表 8-15　面点标准

项目	检查内容	检查标准	分数	备注
工作程序	餐前准备	（1）上班后清理卫生、检查厨具、用具，备好餐具	2	面点展台的品种、数量报质检部1份
		（2）领用原料、调料、粗加工领取已加工原料，备齐调（小）料	2	
		（3）验收货物把好质量关	5	
		（4）清理冰柜、食品柜中的原料、半成品	5	
		（5）制馅的荤素原料无泥沙、无杂物，达到质量标准	5	
		（6）按照操作规程、工艺标准预制各式面点（包括工艺面点），形、色、味、质符合标准、装盘美观	10	
		（7）开餐前完成展台、宴会、面点的制作、摆放，数量充足	5	
		（8）备齐各种工具、用具、小吃碗、盘等，认真清洗、消毒	5	
		（9）开餐前完成宴会面点的准备	5	
	餐中工作	（1）根据客人需要，保质保量完成各类面点的制作工作	5	
		（2）宴会面点穿插在热菜中，要根据热菜上菜速度及时到位	5	
		（3）面点装盘合理，设计造型、装饰、提高档次	5	
		（4）按质量要求调制各种味、汁、卤汁，符合面点质量标准	10	
		（5）上饭速度快，接单后5分钟内完成出品（特殊除外）	5	
		（6）保证晚来客人的需要，及时供应，避免脱销	5	
		（7）处理客人退菜及时、圆满	5	
		（8）厨师长检查所有面点的质量，填写菜品质量检查表	5	
		（9）随时保持区域卫生，洗净所用盛器、用具及灶具	5	
	餐后检查	（1）剩余菜品或半成品放入冰箱、专用柜中，妥善保存	5	
		（2）打扫厨房卫生、物品摆放整齐，达到卫生标准	5	
		（3）统计退菜、营业额和点菜率	5	
		（4）关闭水、电、煤气，无浪费现象	5	
考核		总厨每天检查1次，抽查5个面点、水饺馅类，分管抽查5个，填写质检表	5/次	

10. 巡台标准（表 8-16）

表 8-16　巡台标准

项目	检查内容	检查标准	罚分	备注
工作程序	人员	主要厨师、厨师长、总厨、餐饮总监（或副总经理）	5	
	程序	（1）每天巡台数量不低于 10 个，将检查结果填写在巡台质检表内	5	
		（2）了解就餐标准，客人来源、人数	5	
		（3）将台面反映的问题，如客人剩菜的情况，菜单质量做好记录	5	
		（4）询问值台服务人员客人对本桌的评价、满意率和客人提出的意见	5	
		（5）将存在的问题记录在巡台检查表内，并提出改进意见，同时在包房质检表或客情记录上签字	5	
考核		总厨、分管每天至少巡台 2 个，质检每天抽查 2 次，填写质检表	5/次	

11. 粗加工标准（表 8-17）

表 8-17　粗加工标准

项目	检查内容	检查标准	分数	备注
工作程序		（1）墙面、台面、水池干净、整洁、无杂物，垃圾桶整理及时，工作时间保持环境卫生	5	
		（2）各种盘具、盛器、台秤要保持干净、卫生	5	
	采购单	收集各厨房的蔬菜采购单，汇总报配值班员，无差错	5	
	验收	对各种蔬菜的数量、质量、品种、规格等进行验收，品种不对和数量不合格的退货，填写验货检查表	5	
	加工要求	（1）对各种蔬菜按不同要求进行摘、洗、粗加工，要求上午 11:20 前加工完毕	5	
		（2）择菜要按厨房使用需要，去掉老叶、挑净杂质，避免浪费	5	
		（3）洗菜要根据水池大小适量投放，应轻轻翻动，边洗边检查，做到洗净、无泥沙、无昆虫、无杂物、无农药残留	5/次	
		（4）加后菜过秤分好，装入干净容器	5	

项目	检查内容	检查标准	分数	备注
工作程序	加工要求	（5）备用蔬菜分类码好，整齐条理，经常翻查，防止腐烂变质	5	
		（6）按蔬菜购进的先后顺序，先进先用，保证蔬菜的新鲜度和利用率	5	
		（7）粗加工间要随时保持清洁、整齐	5	
		（8）根据厨房采购单数量，及时与厨房进行交接，填写原料交接表	5	
考核		总厨每天检查 2 次，分管、质检每天 1 次，填写质检表	5/ 次	

12. 洗碗间标准（表 8-18）

表 8-18　洗碗间标准

项目	检查内容	检查标准	分数	备注
工作程序	餐具	（1）各种餐具、盛器内外干净，光亮，无水	5	
		（2）锅仔、异形餐具等用具清洁干净，放置整齐	5	
	餐前	（1）及时组织卫生清洁工作，保证洗碗间卫生合格	5	
		（2）领用、补充餐具、洗涤剂、消毒剂等	5	
		（3）随时检查各类餐具的质量，已损坏的，不符合规定和质基标准的及时调换	5	
		（4）每天生上午 11:00 前、下午 17:00 将洗好的餐具控干水，分类摆放整齐	5	
	餐中	（1）及时洗涮撤到洗刷池的各类餐具、用具，轻拿、轻放，随到随洗	5	
		（2）分类有序地存放各类洗净的餐具	5	
		（3）根据各厨房需用情况分发餐具	5	
		（4）兼职其他工作。如到厨房收取杂物盒、下篮筐马兜、垃圾等	5	
		（5）随时保持洗碗间的卫生，地面无水	5	
	餐后	（1）完成所有餐具的洗刷工作，清理卫生	5	
		（2）检查餐具回收、清洁情况，发现缺少、破损等查明原因，做好记录，及时汇报厨师长申购补充，并做出处理	5	
		（3）检查水、电、节约能源	5	
	值班	每天晚上安排 1 人值班至最后 1 桌客人走，将当天前厅撤下的餐具洗净放好，不允许留有未洗刷的餐具	5	
考核		总厨每天检查 2 次，分管，质检每天 1 次，填写质检表	5/ 次	

13. 划菜标准（表 18-19）

表 8-19　划菜标准

项目	检查内容	检查标准	分数	备注
卫生		（1）分管的卫生区域干净、整洁，达到卫生标准	2	
		（2）划菜桌干净、无杂物，菜牌清洁卫生	2	
工作程序	餐前准备	（1）菜牌、便签、抹布、牙签料盒、划菜工具等准备到位	5	
		（2）准备好酒精、小料等上菜物品	5	
	餐中工作	（1）按照菜单先后顺序进行划菜，调度有序，无差错	10	考虑设计催菜牌代表总经理权力
		（2）已传出的菜在菜单上标记出	5	
		（3）上菜前把关，注意餐具卫生、盘饰、数量、冷热度，遇到外观不合格的菜以及与菜单不符的及时报告厨师长	10	
		（4）及时协调客人要求，依据前厅反馈的上菜速度上菜	5	
		（5）及时处理客人要求（如要醋、姜、蒜、酱、咸菜等）	5	
		（6）负责催菜程序，正确使用催菜牌	5	
		（7）走完的菜单及时检查是否上菜齐全，在菜单上签字	5	
		（8）退菜优先处理，让客人的满意，事后填写退菜统计表报厨师长	5	
	餐后检查	（1）与海鲜养殖员对账，统计海鲜销售量	5	
		（2）统计当日的营业额，填写营业额统计表	5	
		（3）统计点菜数，填写点菜率统计表，统计各组日营业额及成本	5	
		（4）统计当日退菜，填写退菜统计表，无遗漏，将退菜原因按照 ABC 等级分类填写，并注明责任人	5	
考核		总厨、分管每天 2 次，填写质检表	5/次	

14. 海鲜岛（海鲜交接，表 8-20）

表 8-20　海鲜岛（海鲜交接）

项目	检查内容	检查标准	分数	备注
工作程序	正常交接	（1）配送按酒店要求和商定的海鲜品种、数量要求进货	5	
		（2）正常销售的海鲜由服务员写菜单，海鲜岛和厨房各留一联，每天下班前对单子，确定销售额	5	
		（3）冰鲜货尽量少进，当天销完，当天没销售完的海鲜，在每晚 20:40 交接给厨房或海鲜岛负责存放，销售	5	
		（4）交接时，当日的活海鲜、冰鲜货及原料计数，不能计数的估计斤两，填写海鲜交接表	5	
	死亡处理	（1）即将死亡的活海鲜，当天销售，减少损失	10	
		（2）刚死亡的马上挑出，送厨房交给砧板主管分给小组，小组不得拒绝，应及时使用，避免浪费或不新鲜	10	
	冰鲜处理	（1）当天没有销售出去的冰鲜货，厨房负责处理，加工成零点或宴会菜肴销售	5	
		（2）厨房可根据销售情况（如星期天），书面通知配送变更冰鲜数量	5	
		（3）将每日交接情况写在海鲜交接表内，由总厨监督	5	
考核		总厨或厨师长负责监督交接，每周分管 2 次，质检每天 1 次，填写质检表	5/ 次	

15. 工作交接检查标准（表 8-21）

表 8-21　工作交接检查标准

项目	检查内容	检查标准	分数	备注
工作程序	人员	厨师长与值班厨师	5	
	交接时间	（1）厨房在中午 13:30 进行午餐交接	5	
		（2）晚上 20:30 进行晚餐交接	5	
	交接手续	（1）厨师长与值班人员交接，晚餐包括与夜宵厨师交接	5	
		（2）交接内容包括物品、出菜情况、设备、卫生、安全等	5	
	记录内容	（1）厨师长在交接工作时，将应完成的工作和特别注意事项写在交接表内，由双方签字	5	
		（2）交接时要认真负责，字迹清晰、端正、无遗漏	5	
考核		总厨每天检查工作交接，填写质检表并签字	5/ 次	

16.厨房值班标准（表8-22）

表8-22　厨房值班标准

项目	检查内容	检查标准	分数	备注
工作程序	值班规定	（1）值班人员中每次需有2名灶上厨师值班	5	
		（2）值班期间按上岗规定着装，不能空岗	10	
	主要工作	（1）满足顾客的需要，对晚来的客人及时提供炒菜服务	10	
		（2）负责清理厨房卫生，检查安全、水电、设备情况	5	
		（3）按厨师长安排进行预制和下餐准备工作	10	
		（4）将值班时所遇到的情况、工作处理的问题填写在值班记录表上	5	
		（5）厨师长抽查值班记录，有问题进行及时处理	5	
		（6）值班记录认真，反映问题真实，无隐瞒或遗漏	5	
考核		总厨每天检查2次，分管，质检至少检查1次，填写设备管理检查表	5/次	

17.设备管理标准（表8-23）

表8-23　设备管理标准

项目	检查内容	检查标准	分数	备注
工作程序	要求	（1）厨具摆放整齐，厨刀按规定放置	5	
		（2）冰箱、冰柜、微波炉、烤具、烤箱、制冰机等重要设备和易损设备设卡管理，专人负责	5	
		（3）按使用规范使用设备，责任人定期检查，做好记录	5	
		（4）需保养、维修的设备要及时填写维修单或保养单	5	
		（5）设备破损，鉴定原因，处罚到人，当天通知总务、后勤及时报修，不耽误正常工作	5	
		（6）设备责任人休班时，厨师长安排好接替人员，做好记录	5	
		（7）对各种设备定标准和检查周期（小修订保），使用得当，保持清洁卫生	5	
		（8）地漏盖、地沟板无丢失，上下水通畅	5	
		（9）照明无破损	5	
		（10）设备分到小组，负责使用、保养	5	
考核		厨师长每天检查2次，分管、质检至少检查1次，填写设备管理检查表	5/次	

✔ 本章小结

标准化理念在企业生产中最为常见，企业经过一整套标准化的工艺流程，生产满足客户需求的产品，之后此方法被应用到各行各业。饭店行业的标准化根据部门不同而差异化，厨政管理标准化最早是在西方国家的饭店体现出来的。

以前中餐菜品制作的随意性和人员管理不规范，使菜品质量不够统一，不能每次达到同样的标准。改革开放后，深圳作为特区，最早接触国外标准化管理理念，并将这种标准化运用到厨政管理中，对厨房生产操作、人员管理等各个环节运用标准化的方法进行管理，从而实现厨房高效地运行，菜品质量的统一。

✔ 思考与练习

1. 厨房标准化的定义和作用是什么？

2. 如何用标准化的理念去管理厨房员工？

3. 厨房标准的制订需要考虑哪些因素？

4. 厨房精益生产的特点是什么？

5. 在厨房标准的执行中，需要注意哪些要点？请加以阐述。

6. 论述厨房生产中的标准化管理。

7. 案例题。

挪威人喜欢吃沙丁鱼，但沙丁鱼非常娇贵，极不适应离开大海后的环境。当渔民们把刚铺捞上来的沙丁鱼放入鱼槽运回码头后，绝大部分沙丁鱼会在中途因窒息而死亡，而活着的沙丁鱼卖价比死鱼高出若干倍。但有一条渔船总能让大部分沙丁鱼活着回到渔港，船长严格保守着秘密，直到船长去世，谜底才揭开。原来是船长在装满沙丁鱼的鱼槽里放进了一条以鱼为主要食物的鲇鱼，沙丁鱼见了鲇鱼十分紧张，左冲右突，四处躲避，加速游动，这样沙丁鱼缺氧的问题就迎刃而解。这样一来，一条条沙丁鱼都活蹦乱跳地回到了渔港。

试分析这段话对厨政管理带来的意义。

第九章　厨房卫生与安全管理

本章内容： 厨房卫生管理

厨房安全管理

教学时间： 2课时

教学思路： 以学生收集安全、卫生案例导入，讲解厨房卫生概念、具体卫生管理

和厨房安全细节管控

教学要求： 1. 了解厨房卫生与安全管理基本内容

2. 掌握厨房卫生控制手段

3. 熟知厨房安全必要性及必备的灾害预防措施

课前准备： 收集厨房生产中安全和卫生管理案例

1995 年 10 月 30 日国家颁布《中华人民共和国食品卫生法》，后经修订成为我国关于食品卫生方面专门法规。现行的《中华人民共和国食品安全法》于 2018 年 12 月 29 日修订。修订后的法规成为规范厨房生产、保障食品卫生状况的有力武器，厨房中每一个员工都应该积极遵守，以维护餐饮企业形象和保护消费者人身健康。

第一节　厨房卫生管理

厨房卫生管理是从采购开始，经过生产过程到销售为止的全面管理，主要包括环境卫生、厨房设备和器具卫生、原料卫生、生产卫生、个人卫生等几方面，厨房管理者都应该在这几方面加强管理。

一、厨房卫生概念

卫生是人类健康和保健养生的准则。一般情况下，卫生理解为洁净；人们所说的不卫生，大多表示不干净。厨房食品卫生包含更多，即①导致食物腐败的原因；②避免腐败的措施。

（一）厨房卫生与微生物

微生物是食物腐败的主要原因。因为它们实在太小了，以至于无法用内眼识别，然而有些时候可以观察到菌落，因为微生物具有强大的繁殖能力，所以数量非常庞大。例如，可以识别出其影响的米饭上的霉菌；又如，不洁净的香肠、散发异味的肉、发酵的汤汁。

微生物无处不在，地面上和废水中更为丰富。病菌（微生物中最具代表性，引起疾病）同样可以通过空气传播。与食物的接触中，在营养丰富、温暖潮湿的部位，微生物不断繁殖。例如：接触各种各样物品的双手；数个人使用过的公用抹布和使用数日的抹布；没有及时更换的工作服；使用后没有彻底清洗并晾干的清洁工具，如洗碗布、海绵布、清洁刷、钢丝球。

（二）厨房卫生与食物中毒和污染

食用腐败食物都会导致恶心、头痛、呕吐和腹泻，会因摄入有毒食物或被污染的食物而引起中毒。

1. 摄入有毒食物

食物中毒是摄入含有毒素（有毒物质）的食物产生中毒现象。例如，被肉毒杆菌毒素污染的菜肴，食用数小时之后，症状就会显现出来。最常出食物中毒是误食硝酸盐。

植物中含有毒素引起食物中毒。例如：生大豆含有毒的胰蛋白酶抑制物、豆角中所含的皂素和血球凝集素、发芽土豆含有的龙葵素、新鲜黄花菜中的花蕊含有秋水仙碱、苦杏仁（北杏仁）含苦杏仁甙和毒蕈等引起的中毒。

动物毒素引起食物中毒。例如，水产类引起的组胺、河豚的毒素等引起的中毒。

2. 摄入被污染的食物

食物污染是摄入被致病微生物污染食物后产生的现象。疾病出现时，身体抵抗"入侵者"的战斗（防御反应）。在摄取食物后，经过相当长的一段时间才会出现感染（潜伏期）。由食物引发的病例中，约有 75% 是沙门菌引起的。10% 是化脓菌引起，排在第二位（图 9-1）。因为它们不会产生令人感到不适的气味或者味道，所以人们闻不到、也尝不出来这两种致病菌，因此，它们是非常危险的。根据疾病的发作和寻找发病原因，主要是人为因素的较多（图 9-2）。

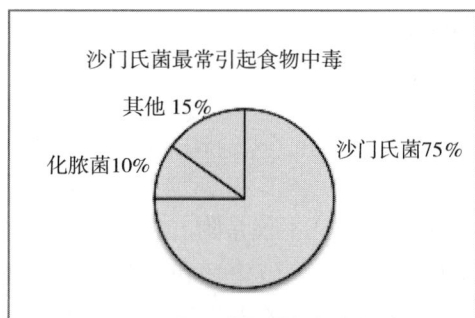

図 9-1　沙门氏菌引起食物中毒

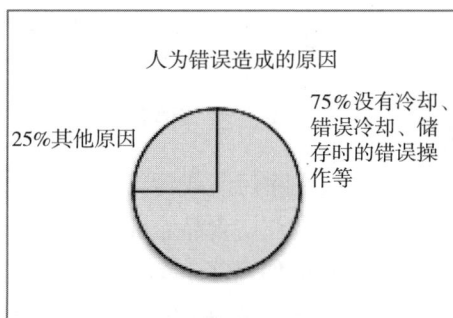

図 9-2　人为错误的主要原因

避免由食物引起疾病，要重视以下情况，以保护顾客的健康。第一，避免食物接触致病菌。必须了解致病菌污染食物的方式。第二，避免致病菌的繁殖——冷却食物。在适宜的条件下，微生物繁殖速度，在图中展示（图 9-3）。菜肴要么保持高温，要么迅速冷却。需要时，再次进行加热。

（三）厨房卫生与防治害虫

将破坏食物的动物称为害虫。现代化的建筑方式使害虫比以前更难筑巢。尽管如此，害虫还是能够很容易地找到庇护所。因为害虫非常容易受到惊吓，只能早晨工作开始前，通过辨认出现的"痕迹"进行识别。持续防治害虫，可以避免损失和顾客的投诉。

食物害虫可以通过以下痕迹进行追踪：①咬食造成虫害，如皮蠹虫、粉螨；②污染，如在污泥粪便、死亡动物的残尸上；③微生物的转移，如通过苍蝇。

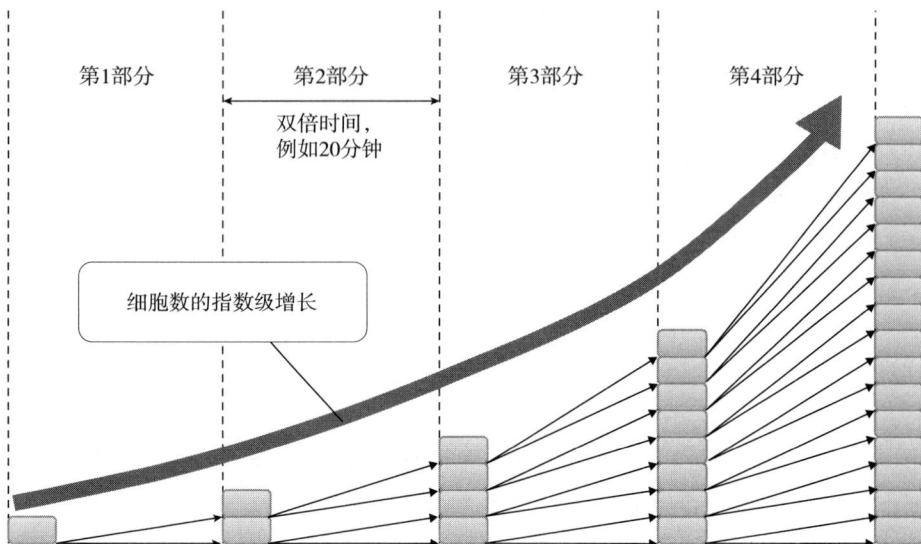

图 9-3　微生物的繁殖

（四）厨房卫生与清洁、消毒

清洁是去除污渍或污染。

污渍是指一切食品企业不希望出现在表面的物质，不仅是附着在土豆上的泥土，还有其他如盘子和餐具中的残留物。污渍可能成为微生物和寄生虫的繁殖场所，并且颇具威胁性。因此，在清洁时应进行必要的消毒，这是符合卫生要求的重要步骤。

洁净是指最大限度地去除物品上的污垢、污染以及微生物。

干净是指物品表面没有肉眼可以识别的污垢。

1.厨房中的清洁

以冲洗为例说明清洁的过程。

在清洁/冲洗时，有多个方面的因素参与（图 9-4）。根据污垢的类型，合理使用这些因素，并使其与过程相互匹配。

（1）水

在厨房中，必须使用饮用水进行清洁。水有几个作用：①溶解污垢，如糖、盐、凝固的蛋白；②泡胀污垢；如残留的面团、面食、煎肉、鸡蛋制作的菜肴等；③铲除污垢，部分已经松动的污垢处于浮动状态，可以直接被冲掉（图 9-5）。

温热水能够促进清洁的效果。原因有如下两个：①更易溶解油脂，使其可以被轻松地冲掉；②更快溶解和泡胀。

适宜的冲洗温度为 60℃ 左右，过热的水会使污垢"粘牢"，并可能导致烫伤。

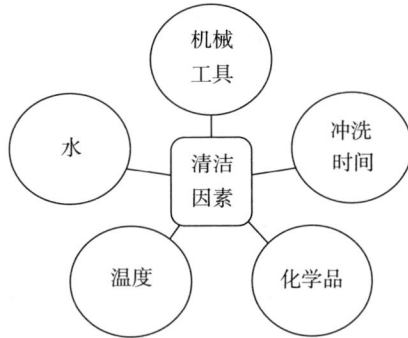

图 9-4 清洁因素

（2）清洁剂

水分子之间紧密地连接在一起，产生表面张力，从水滴中可以很好地看出来（图 9-6）。通过添加清洁剂，水的表面张力会消失，并能更好地浸润。这样，水会在污垢下方轻轻推动，这样也可以溶解油脂。然后，去污性能好的微粒会围绕在油脂周围，乳化油脂并保持悬浮状态，这样就不会再粘牢而是被移走（图 9-7）。

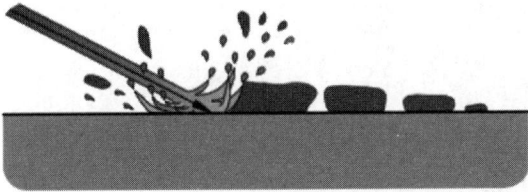

图 9-5 水压去除污垢

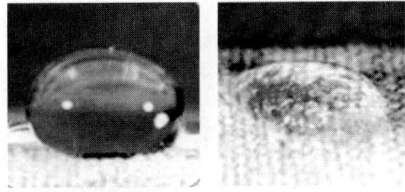

图 9-6 水滴的表面张力

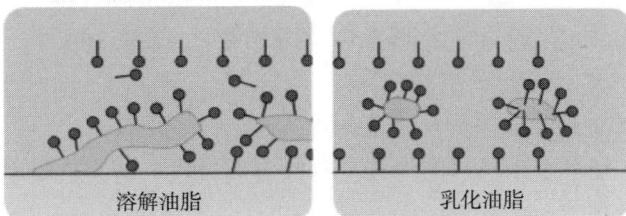

溶解油脂　　　　　乳化油脂

图 9-7 油脂的溶解和乳化

（3）工具的作用

在清洁时，除了水，热量和清洁剂还需要机械力量的辅助，有以下几种。

①水压。例如：家用和商用洗碗机。水通过泵获得"力量"，喷嘴压力作用相对集中的面积，就可以将污垢冲净。②洗碗布或海绵布。经常手洗时需要使用。③清洁刷和钢丝球。只能在坚硬的物品上使用，用于清洁顽固的污垢。例如：顽固的残留物。坚硬物体会侵入较软物体，因此需要注意，在使用工具和去污粉时，避免对清洁表面造成损伤。钢丝球切勿用来清洁瓷器餐具和表面光洁的不锈钢餐具、用具。

厨房清洁时，使用工具比使用化学剂更好。利用高温比使用腐蚀性药剂更好。

2. 厨房消毒

感染意味着传染，致病菌转移，并导致感染。通过消毒可以避免感染，食物和物品就不会再受到感染。消毒剂能够杀死微生物。消毒剂不能穿透污垢发挥作用，所以应当先清洁后消毒。消毒剂的作用取决于以下几方面。①溶液的浓度：浓度越高，越有效。②使用温度：温度越高，越有效。③作用时间：作用时间越长，越有效；作用时间越长，药剂的浓度可以低些。

根据适用范围，将其划分为两种。①大范围消毒剂：有广泛的适用范围，如用于所有出现营养物质的厨房。②专用消毒剂：如用于手部（图9-8）。

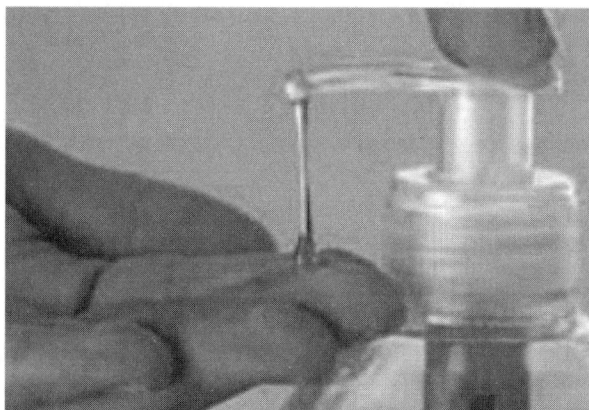

图9-8　双手消毒

此外，还要注意劳动保护和环境保护。

劳动保护：基本上未稀释的消毒剂都具有腐蚀性。请小心接触和使用！另外，消毒剂必须在专用容器中保存。

环境保护：清洁剂和消毒剂会污染环境。因此应做到以下三点：①尽量少用化学品；②用量正确，过高的含量不一定达到最好的效果；③使用时温度量高些，作用时间长些。

3. 彻底清洁的流程（图9-9）

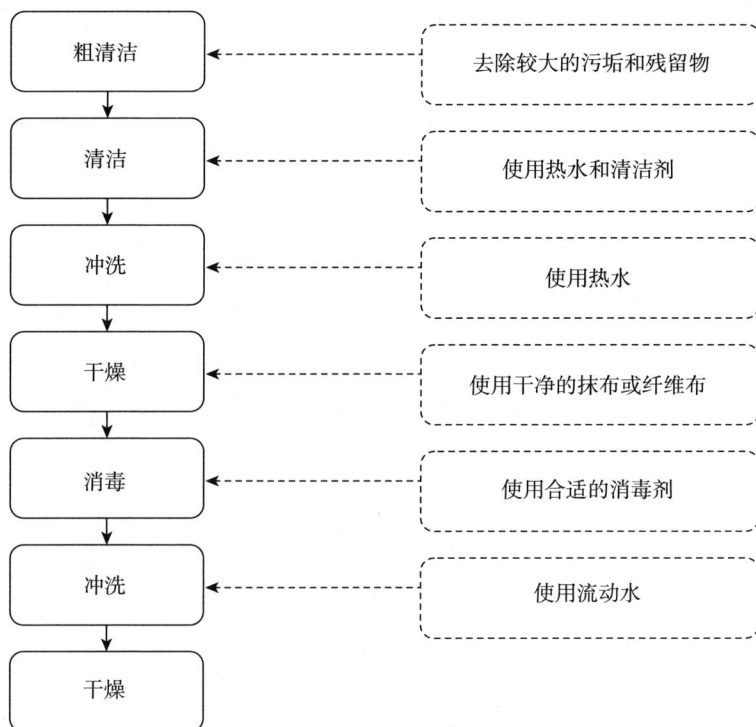

粗清洁	←	去除较大的污垢和残留物
清洁	←	使用热水和清洁剂
冲洗	←	使用热水
干燥	←	使用干净的抹布或纤维布
消毒	←	使用合适的消毒剂
冲洗	←	使用流动水
干燥		

图 9-9　清洁流程

4. 专业名词释义（表9-1）

表 9-1　专业名词解释

名词	解释
抗菌	对细菌起抑制作用
杀菌	致细菌死亡
消毒	使病原体无害
潜伏期	在感染和首次出现病症之间的时间
感染	通过侵入身体的病原体传染
病菌	导致患病的微生物
表面活性剂	一种可以去除水表面张力的材料
杀虫/杀菌等以"杀"字开头的词	导致死亡
循环	重复利用

二、厨房卫生检控措施

根据相关卫生要求对厨房卫生进行控制，使厨房生产品质得到提高，提高生产效益。

1. HACCP 理念

HACCP 是一个产品安全的理念（表 9-2），是 Hazard Analysis and Critical Control Point 的缩写，中文翻译成"危害分析的临界控制点"。由食品危害分析和关键控制点两部分组成的一个系统的管理控制方式。对于厨房管理来说，借助这一流程系统可以在工作中针对生产菜肴产品的危险情况进行控制。HACCP 包括了从采购、验收、储藏、准备、烹调、冷却、重新加热、食品展示、运送（划单走菜、客房送餐）到清洁的整个厨房生产运作过程的危害控制。这控制预防体系，通过对厨房生产运作的每步进行监视和控制，降低了厨房危害发生的概率。

表 9-2　HACCP 的解释

HAPPC	
H = Hazard	危险、风险
A = Analysis	分析
C = Critical	评判
C = Control	检查控制
P = Point	点
含义	
风险分析和评判检查控制点	

2. 七项 HACCP 原则（表 9-3）

表 9-3　七项 HACCP 原则

名称	内容
（1）进行危险分析	必须分析每个产品完整的生产过程，避免可能出现的危险环节。每个生产步骤中都可能对顾客产生危险，这些步骤进行标记（如流程计划中）
（2）评判检控点"Critical Control Points（CCP）"	借助步骤 1 中发现的危险环节，确定生产流程中的检查和控制点。这样，可以为排除或减小威胁进行干预

续表

名称	内容
（3）确定极限值和控制属性	为每个检查和控制点确定详细的属性（如温度、pH）以及相应适用的极限值，允许值就变得清楚
（4）确定控制措施	使用不同的方法确定步骤3中的测量值（如中心温度的测量或pH）
（5）确定更正措施	不符合评估检控点数值确定后，采取一定的措施，重新评估数值，变更为有效新值
（6）HACCP理念的检查	必须检查所有员工是否掌握步骤1～5的正确检控方法。HACCP全部理念必须一直处于最新状态。当生产过程中有所变化时，需保证随时调整匹配新的变化
（7）HACCP理念的记录	只有连续的记录才能保证可靠的HACCP理念 必须记录运行过程中，所有员工在每个点上都要按规定进行记录应当适合厨房的规模 为能够长期检控，记录必须长期保存

3. HACCP 实施

许多和食物相关的疾病都是由人类的不当行为导致的（表9-4）：错误加热、人之间的传染、卫生问题、生产缺陷、不当存放等。这些问题都可以避免。

表9-4　引发食物中毒的不当行为及比例

病例原因	比例（%）
包装和运输问题	2.5
原材料问题	4.9
错误加热	6.2
人之间的传染	19.7
卫生问题	19.7
生产缺陷	23.5
存放不当或存放时间过长	23.5

以炒鸡蛋为例，带有HACCP自检控的生产过程（图9-10）。

厨房清洁和卫生的措施，需要做出书面计划（图9-11）。其优点是：清楚明确所规定的工作；出现人员更换时，也能保证工作延续性；食品检查工作时可以作为证明。

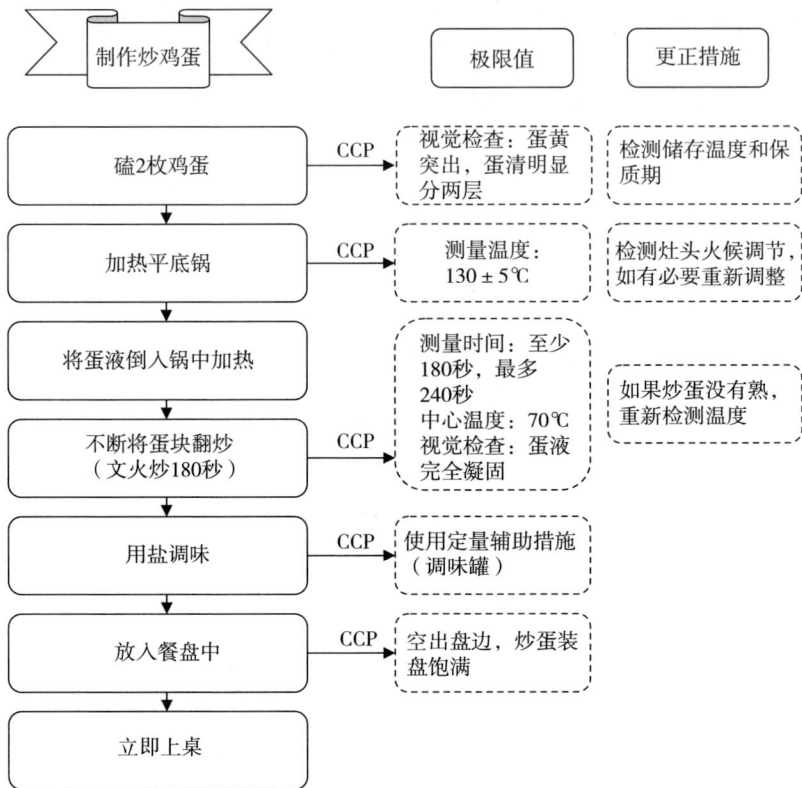

图 9-10　炒鸡蛋 HACCP 检控过程

尤其要将检控点设计的责任转换人手时，清洁卫生的书面计划就更重要。

HACCP 理念用于卫生措施的预防性应用。包含的范围有：环境卫生、生产卫生和个人卫生。

三、环境卫生管理

厨房环境包括厨房生产场所、下水、照明、洗手设备、更衣室、卫生间及垃圾处理设施等，具体卫生质量主要体现在以下几方面。

1. 墙壁、天花板及地面

厨房墙壁、天花板应该采用光滑、不吸油水的材料建成，地面应该采用耐久、平整的材料铺成，要经得起反复冲刷，且不受厨房高温影响而开裂，一般是防滑无釉地砖。一旦墙壁、天花板、地面出现问题应该及时维修，并保持良好的状态，以免藏污纳垢，出现蟑螂、老鼠等。理想的保持卫生方法是：墙壁每天冲刷 1.8 米以下高度，每月擦拭 1.8 米以上高度；地面每天收工前要进行清洗、冲刷。

生产流程

可能的检控点

原料货品购进

①包装是否正常、无损、无污
②是否保持规定的温度
③是否注意保质期
④冷却货物和冷冻货物立即放进仓库

储存

①原材料和经过烹调的食物分开存放
②遵循储存温度
③Fifo = 先入先出。新供应货物放在架子的后方，保证货物不会积存

菜肴烹饪加工

冷菜

热菜、点心

①将半成品料（如肉馅）和净料（如土豆、蔬菜、家禽）等不同类型食物分开
②在产品变换时，清洁双手、工具和台面

直接分发

储备生产

快速冷却

保持要求的温度

立即上桌

保温

快速冷却

供餐

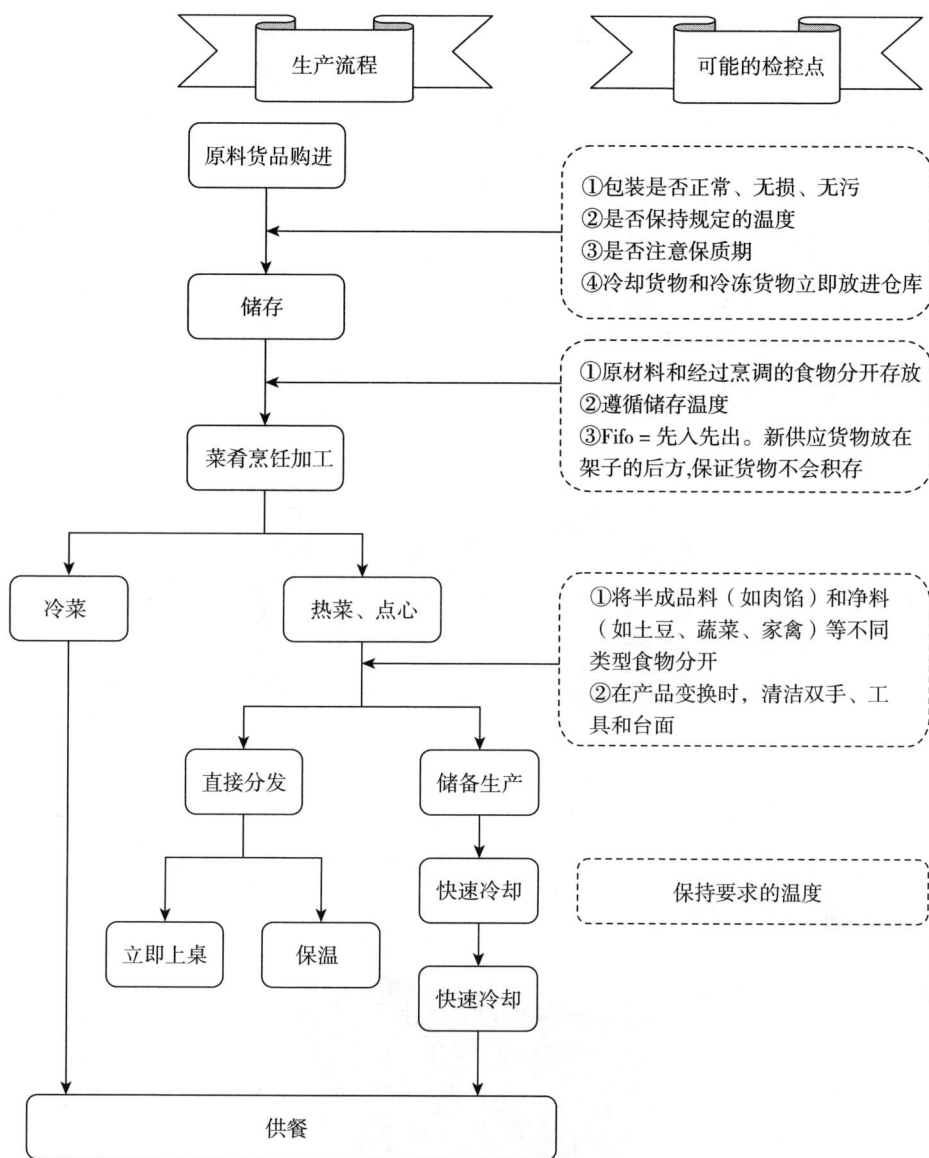

图 9-11　洁净卫生计划书

2. 下水道及水管装置

凡有污水排出以及由水龙头冲洗地面的场所，均需有单独下水道和窨井，保持通畅，避免阻塞。下水道形式通常有两种，一种是明沟式下水道，有不锈钢盖板，进行卫生清洗时，最好将盖板掀开，将下水道进行冲刷，保证厨房无异味；另一种是暗沟式下水道，有排水口，一般情况下用水冲刷后，最好擦干，保持地面干爽。无论下水道是何种形式，有条件的厨房最好都在通往下水道排水管口安装垃圾粉

碎机，保证下水道通畅，防止堵塞污水溢漫，污染食品和炊具。

饮用水管与非饮用水管应有明显标记，防止饮用水管与污水管道交叉安装。通常水管壁要定期地进行清理，防止过多油垢沉积，尤其是炉灶上使用的水管。

废水的保护，应有利于环保，有以下几种保护方式。

（1）油脂分离器（隔油池）

厨房下水流到室外，首先进入地下隔油池，将油脂从水中分离出（称为地沟油）。在排水系统中，油脂会粘在冷凉的管道壁（特别是冬季），引发阻塞，下水不通的现象（图9-12）。

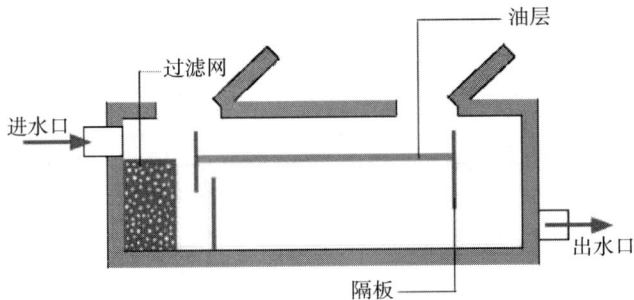

图9-12 油脂分离器示意图

因中餐厨房炉灶的下水中油脂较多，在炉灶的下水道安置小型油脂分离器，收集分离的油脂（图9-13）。

图9-13 室内用小型油脂分离器

（2）淀粉分离器

将土豆削皮机中的淀粉分离，淀粉微粒会沉淀在管道底部影响流出废水。

（3）正确定量使用洗涤剂和消毒剂

化学品对清洁和卫生是必要的辅助手段，但对环境有较大的影响，在使用时，尽量按正确的使用量和方法，降低对环境的污染。

3. 通风和照明

厨房排烟罩、排气扇需要定期清理，尤其是排烟罩，油垢沉积一是带来火灾隐患，二是多余油污会聚集下滴，污染到食物和炊具。排气扇定期检查、有效地保证其正常工作，避免排汽不善造成油烟、水汽沉积污染食品。

照明设备完善是保证正常卫生清洁工作的一个前提条件，昏暗灯光只能使卫生清洁工作更加困难。另外灯具要配有防护罩，防止爆裂造成玻璃碎片飞溅，污染食品或伤及他人。

4. 洗手设备

厨房工作人员的双手是传播病菌的主要媒介，厨房中设置多个洗手池，是比较好的做法，如更衣室内、卫生间内、厨房各个岗位。一是保证员工在任何时候都保持双手干净，二是便于清洁卫生。

5. 更衣室和卫生间

员工便服常会从外界带入病菌，因此不能穿着上班，也不能随意挂在厨房的任何一个角落，餐饮企业设立员工更衣室，就是要使员工有一个干净、清洁的面貌和卫生状况，投入生产工作中，一般更衣室有专门的柜子存放衣物，有淋浴间保证员工上下班时的清洁。

餐饮企业设立卫生间也是给员工提供一个清洁自己的环境，卫生间设备齐全，保证员工如厕后不将病菌带入厨房，甚至污染食品。

6. 垃圾处理设施

厨房每天都会产生垃圾，处理不当容易造成卫生条件下降。更容易招引苍蝇、蟑螂和老鼠等，是污染食品、设备和餐具的危险因素。为此，每天的垃圾要及时清理，避免不良气味污染空气和食品。垃圾桶使用可用推式带盖的塑料桶，里面要放置大型的垃圾塑料袋，这种袋子比较结实，不易破漏和滴洒污物。垃圾及时清出厨房，可以摆放在专门的垃圾站里，大型的餐饮企业可以设置垃圾冷藏室，配备垃圾压缩机或使用垃圾粉碎机，以及专用垃圾货用电梯。

垃圾会增加环境负担，对垃圾进行分类，回收循环利用，降低对环境的负担。垃圾分类方法如图 9-14 所示。

7. 杜绝病媒昆虫和动物

除上述卫生质量要保证外，采用消杀措施，防止病媒昆虫和动物（如老鼠）等侵入，也是保证卫生质量的一个方面。无论哪种措施，都应该以保证食品安全为前提，不要将杀灭病媒、昆虫和动物的药水或诱饵污染到食物和餐具，更不要对员工产生伤害。有条件的餐饮企业应该在厨房设计时，考虑堵住这些病媒昆虫和动物进入厨房的渠道，如封闭窗户、堵住各种缝隙、采用自动门、下水道铺设防鼠网等。

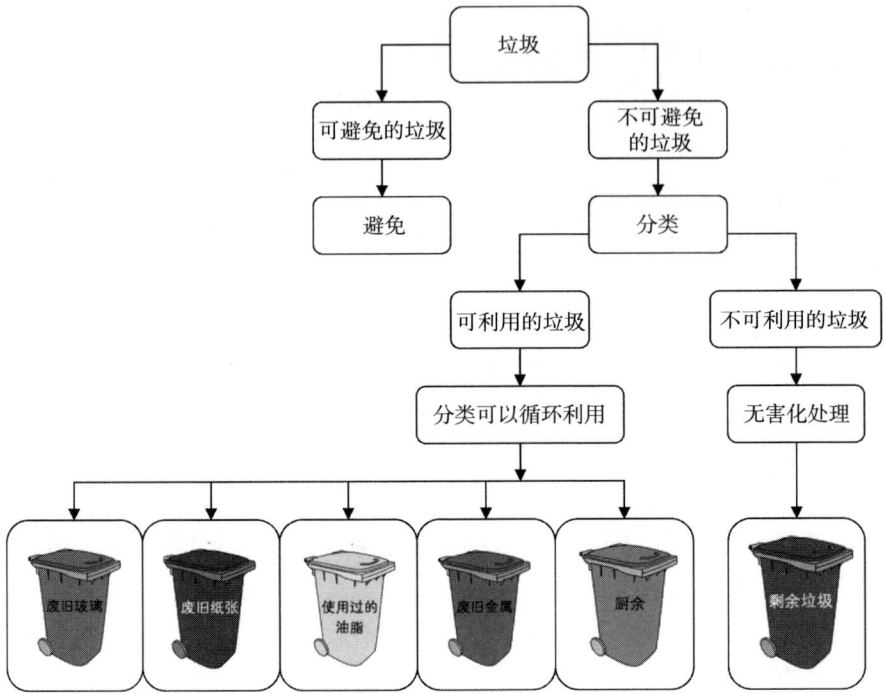

图 9-14　垃圾分类方法

四、厨房设备、工具和餐具的卫生管理

厨房设备、工具及餐具卫生状况不佳，容易导致食物中毒事件的发生，如砧板处理不当会产生霉变，餐具用脏抹布擦会污染菜肴。厨房设备、工具及餐具卫生往往容易被管理者忽略，员工更多注意力放在原材料上，所以有时出现问题时会不知所措。厨房设备、工具及餐具的卫生应该从以下几类去考虑。

1. 加工设备及加工工具、用具

这类设备包括刀具、砧板、案板、切菜机、绞肉机、切片机，各种盛装的盘、盆、筐等，直接接触生的原料，受微生物污染的机会增加，如果加工后不及时消毒和清洗就可能会给下次加工带来危害。如木制砧板的霉变、铁制刀具的生锈、机械设备未清洁干净的杂物，都可能对加工原料产生污染，导致原料卫生指标下降，甚至产生致病风险。使用过的任何加工设备、工具、用具应该及时地进行清洗、处理，保证下次使用不构成对原料的污染。

2. 烹调设备及相关工具

对于烤箱、电炸炉之类烹调设备，长时间使用会产生不良气味，需要将污垢、油垢及时地清理掉，否则会污染食品。

对于明火炉灶，应及时地清理炉嘴，长时间不清理的炉嘴容易生成油垢，一是影响燃料的充分燃烧，易产生黑烟，造成厨房气味不佳和黑色粉尘的数量；二是使工作效率大大降低。

对于锅具而言，应该每天进行洗刷，尤其是锅底。锅底的黑色粉末极易使炉灶操作人员的工作岗位显得污秽不堪，甚至把干净的抹布变成黑布，如果继续用于擦抹餐盘会造成食品的污染。另外，炉灶上使用的各种工具、用具也要经常清洗，以保证光洁明亮，如调味罐、灶台、调味车、手勺、漏勺、笊篱等。

3. 冷藏设备

原料放置在冷藏设备中，只是短暂的保藏，不是万无一失的保险箱。由于低温只能抑制细菌的生长、繁殖，不能杀灭细菌，所以不要过分依赖冷藏设备。冷藏设备卫生状况差，会使细菌繁殖生长的机会增加，温度较低也会产生不良气味，原料之间相互窜味，相互污染。除正常处理冷藏设备中的原料外，保持冷藏设备内外环境卫生也是维护原料高质量的一个重要因素。

冷藏设备原则上每周至少要清理一次，其目的是除霜、除冰，保持冷藏设备的制冷效果，保持冷藏设备中良好的气味。清理时，一种做法就是关掉冷藏设备的电源，待其自然化冻除霜；另一种就是使用水来冲刷除霜，然后擦干设备。重新打开电源，待设备制冷。千万不能使用硬物去敲打、撬扳设备，防止损坏设备。另外每天都应该对冷藏设备中的原料进行整理，保证冷气循环通畅，同时将设备内的污物清理干净，对设备常触摸的地方进行擦拭，使之保持清洁、干净，降低污染原料、食品的概率。

4. 餐具、储藏设备及其他

餐具是盛装食品、菜肴的器皿，卫生状况的好坏直接关系到食品、菜肴的卫生质量。任何一家餐饮企业都会设立专门清洗餐具的部门，注意并不是每个餐具清理部门都能保证餐具洗涤后的卫生质量，所以加强清洗设备现代化和人员操作规范是保证餐具卫生质量的前提条件。还应该注意易清洗、消毒的餐具，并不能保证菜肴出品时还能有良好的卫生状况，是因为不合理的保管和操作人员不正确的处理手法，都会导致餐具被再次污染。如裸露储藏、脏抹布擦盘等。厨房管理人员在每个环节上防范餐具被污染。

五、原料卫生管理

厨房生产原料的卫生状况是厨房最应该关注的要素之一。原料的卫生状况如何，除了应该鉴别原料是否具备正常的感官鉴定的标准外，更主要的是要鉴别原料是否被污染过。通常要鉴别的污染属于生物性污染和化学性污染。

厨房工作人员还有必要了解食品标识内容，掌握相关知识。

1. 生物性污染

原料在采购、运输、加工、烹制、销售过程中，要经历很多环节，不可避免地会遭受病菌、寄生虫和霉菌的侵害。要预防和杜绝原料的生物性污染，应该采取下列的措施。

①采购原料要尽可能选择新鲜的，降低被各种致病因素侵害的可能性，如死掉的鳝鱼很容易造成食物中毒。

②在原料运输过程中，要作好防尘、冷藏和冷冻措施，尤其是需要长途运输的原料一定要进行必要的冷藏或冷冻处理。

③严格执行餐饮生产人员个人卫生制度，确保员工的整体健康。有传染病、皮肤病的员工应调离餐饮行业。

④保持厨房良好的环境卫生，保持各种设备、器具、工具及餐具的卫生。

⑤严格规定正确储存食品原料的方法，避免食品原料遭受虫害、变质的危险。

⑥培训员工掌握鉴别污染原料的专业知识及相关法律法规，及时发现及时处理，杜绝食品原料直接上桌危害顾客健康的行为。

2. 化学性污染

目前原料化学性污染主要来自原材料种植、饲养过程中所遭受的各种农药、化肥及化工制品的侵害，为此必须作好以下的防范工作。

①对水果蔬菜要加强各种清洗操作，努力洗掉残留在水果蔬菜上的各种农药和化肥。有时可以使用具有表面活性作用的食品洗涤剂清洗，然后再用清水漂洗干净。

②有些水果、蔬菜可以去皮操作，降低受到化学污染的概率。

③选用符合国家规定卫生标准的食品包装材料及盛装器具，不允许采用有毒或有气味的食品包装材料和盛装器具。

④将硝酸钠和亚硝酸钠进行严格的控制，可不用尽量不使用。如一定要使用，应保证用量符合国家标准，食品中添加量分别是硝酸钠不超过 0.5 克 / 千克，亚硝酸钠不超过 0.15 克 / 千克的范围内。

⑤坚决弃用被污水污染过的水产原料及注水原料。凡是在食用时有柴油、煤油味的食物一定要弃用，这可能是被污水严重污染的原料。

3. 食品标识（标签）

厨房的原料分为两大类，一是直拨原料，二是仓领原料。前一类原料直接进入厨房，后一类原料进入仓库。仓领原料大部分是商品性原料。商品性原料都有标识。

食品标识是指在食品包装容器上或附于食品包装容器上的一切附签、吊牌、文字、图形、符号等说明物。标识的基本功能为：食品名称、配料表、净含量及固形物含量、厂名、批号、日期标志和保质期等。它是对食品质量特性、安全特性、食用、饮用说明的描述（图 9-15）。

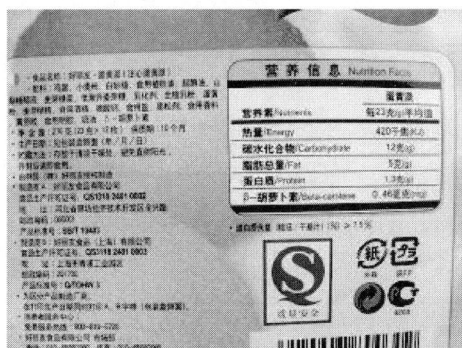

图 9-15　食品标识

有的人可能会对特定材料产生过敏反应。对这类人而言，从配料表得到识别，是一种辅助措施，帮助人们了解产品中是否存在会对其身体产生不利影响的食材，然后避免选购这类产品。

（1）配料

配料是指所有制作食物中的使用材料。如新鲜面包使用面粉、粗粒谷物、水、盐和酵母。配料按照用量递减的顺序进行说明，占比例最大部分在最前面，用量最少的在最后面。当一种配料出现在产品名称中，如粗粒黑麦面包、草莓酸奶，或者是主要成分时，如香草黄油，必须在配料表中说明这种配料的百分比。将这一特点称为用量标识或 QUID 准则（配料用量说明准则）。

（2）添加剂

如果包装和储存现切割面包，可能会出现轻微的霉菌，存放时间不会太长。因此会使用少量防腐剂。防腐剂是添加剂。

食品添加剂是所添加配料中的一个特殊种类。其定义是：食品添加剂是有意识地一般以少量添加于食品，以改善食品的外观、风味、组织结构或贮存性质的非营养物质。

其作用主要有三种。①特殊的性质：如酸奶中加入明胶，这样就不会产生乳清。②实现特定的性质或作用：如胡萝卜素，以便让布丁或奶油霜有美丽的颜色。③防腐剂：延长保质期。

每种添加剂有一个编号，当标签上没有添加剂的具体名称时，必须标明编号（表 9-5）。例如，含有防腐剂山梨酸或含有防腐剂（E 200）。

（3）保质期

食物只能在有限的时间内保存。因此，生产商必须告知后续加工人员、经销商和终端消费者，在适宜的条件下，产品可以至少保存至什么时候。这个时间点被称为保质期（表 9-6）。

表 9-5 食品添加剂按照用途分类

分类名称	作用	示例	使用示例
乳化剂	将水和油脂混合在一起	单酸甘油酯和甘油二酯	制汤
抗氧化剂	阻碍食物和空气中氧气的结合，延缓腐败	抗坏血酸(维生素C)、生育酚（维生素E）、乳酸	果酱、沙拉酱、植物油
色素	赋予烹制菜肴诱人的颜色	核黄素、胡萝卜素	奶油霜类制品、布丁、香利口酒
化学防腐剂	妨碍微生物的活动并避免腐败	苯甲酸、山梨酸、聚羟基丁酸酯（PHB 酯）	精致食品产品，如：肉类沙拉酱或鲱鱼沙拉，吐司面包

表 9-6 保质期的规定标识

保质期	规定的标识
少于 3 个月 ——→	保质期（月和日）
最长达 18 个月 ——→	保质期（年和月）
长于 18 个月 ——→	保质期（年）

如果已经到了标签上说明的时间，这并不意味着食物已经腐败，人们可以继续食用。尽管如此，必须仔细、谨慎地检查是否出现问题。

食用时限式保质期是针对易腐败食物的，如肉馅。标识可写为：最好在2022.10.12 前食（饮）用。如果食物超过食用时限规定的日期，则不应再食用。

（4）食品质量标志

①食品质量安全标志

QS 是英文"质量安全"（quality safety）的字头缩写，是工业产品生产许可证标志的组成部分，也是取得工业产品生产许可证的企业，在其生产的产品外观上标示的一种质量安全外在表现形式。QS 标识从 2010 年 6 月 1 日起已陆续换成新样式。原先 QS 标志下方的"质量安全"字样已变为"生产许可"。更换的企业食品生产许可证标志以"企业食品生产许可"的拼音缩写"QS"表示，并标注"生产许可"中文字样（图 9-16）。

②无公害农产品标志

无公害农产品能够把有毒有害物质控制在一定范围内，主要强调其安全性，是最基本最起码的市场准入标准，普通食品都应达到这一要求。无公害农产品标志图案由麦穗、对勾和"无公害农产品"字样组成。麦穗代表农产品，对勾表示合格，金色寓意成熟和丰收，绿色象征环保和安全（图9-17）。

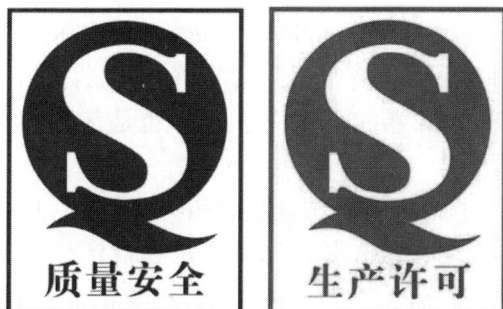

图9-16 食品质量安全标志

图9-17 无公害农产品标志

③绿色食品标志

与环境保护有关的事物，国际上通常都冠以"绿色"字样，目的是突出这类食物与良好的生态环境有关，涉及食品的事物定名为"绿色食品"。绿色食品的级别比"无公害农产品"高（图9-18）。

④有机食品标志

有机食品包括粮食、蔬菜、水果、奶制品、水产品、禽畜产品、调料等。这类食品在生产加工过程中不得使用人工合成的化肥、农药和添加剂。对生产环境和品质控制的要求非常严格，是更高标准的安全食品。在我国产量还非常少（图9-19）。

图9-18 绿色食品标志

图9-19 有机食品标志

德国对有机食品的界定是：一件产品必须有95%以上的成分来自有机农业，才可以授予有机标志。需要做到以下几点：没有使用辐照用于防腐；没有使用基因技术改变生物体用于生产（如转基因种子）；没有使用人工植物保护剂农药；

没有使用矿物质肥料；没有使用味道增强剂、色素和乳化剂；按照类别合理养殖动物。

⑤国外食品质量认证标志

A. 欧洲食品标准（IFS，International Food Supplier Standard）。国际食品供应商标准（图9-20），是德国和法国食品零售商组织为食品供应商制订的质量体系审核标准，由德国贸易机构联会于2001年向全球发行。IFS 也是获得国际食品零售商联合会认可的质量体系标准之一。

B. 美国食品、药品认证（FDA）。FDA 是美国食品和药物管理局（Food and Drug Administration）的简称（图9-21），FDA 是美国政府在健康与人类服务部（DHHS）和公共卫生部（PHS）中设立的执行机构之一。FDA 的职责是确保美国本国生产或进口的食品、化妆品、药物、生物制剂、医疗设备和放射产品的安全。就食品来说，FDA 认证主要监控食品的新鲜度、安全性、食品添加剂、有害成分等。

图9-20　欧洲食品标准认证（IFS）标志　　　图9-21　美国食品和药品认证（FDA）标志

C. 英国食品安全认证（BRC）。1998年，英国零售商协会应行业需要，制订了 BRC 食品技术标准，已经成为国际公认的食品规范。同时 BRC 认证还推出四类全球食品标准，包括食品、消费品、食品包装和非转基因食品身份。所以在英国销售的食品都拥有 BRC 认证标志（图9-22）。

D. 其他有机食品标志

下图为其他一些有机食品的标志（图9-23）。

E. 有机农业最高认证——德米特（Demeter）。德米特是有机农业的最高标准体系（图9-24）。德米特源于1924年在德国成立、历史最悠久的有机农业团体——生物动态经营方式研究组织，德米特认证规定比欧盟等其他品管法规更严格甚至严苛，因此获得了"有机农业的最高标准""比 Organic 更上一层楼的认证""有机中的有机"等美誉。根据德米特国际网站发布的最新认证信息，2018 年中国获德米特认证的机构有如下几家：凤凰公社、华昱巴马德米特农场、山西禹光有机种植示范园和南京秦邦吉品有机农场。

图 9-22　英国食品安全认证（BRC）标志

　　德国　　　　　　　欧盟　　　　　　　日本　　　　　　　美国　　　　　　　法国

图 9-23　其他有机食品标志

图 9-24　德米特（Demeter）标志

F. 最安全认证（HACCP）。HACCP 是 20 世纪 60 年代由皮尔斯伯公司联合美国国家航空航天局（NASA）和美国一家军方实验室（Natick 地区）共同制定的，体系建立的初衷是为太空作业的宇航员提供食品安全方面的保障（图 9-25）。HACCP 体系被认为是控制食品安全和风味品质的最好最有效的管理体系。通过对生产环节中一些关键生产环节的控制，使可能发生的食品卫生安全危害得以消除或者减少到可以接受的水平。美国、英国、澳大利亚和加拿大等国家，都非常认同这个认证标准。HACCP 认证比 QS 质量认证更为严格，带有 HACCP 认证的食品在生产时存在被污染的可能性极小。

图 9-25　最安全认证（HACCP）标志

六、生产卫生管理

生产阶段是厨房卫生工作重点和难点。由于生产环节多，程序复杂，原料在转变成产品的过程中，会受不同因素的影响，控制不好就容易形成对成品品质的劣变。

1. 加工生产卫生管理

厨房加工从原料领用开始。对于鲜活原料验货后，立即送至厨房加工，加工后立即进行冷藏处理，长时间摆放会改变原料的品质，尤其夏季更应该注意。"香六月、臭七月"就是讲对原料适时处理的俗语，即六月的原料从内部开始坏起，尽管外面还闻不出臭味，一旦原料出现异味而未被发现，其实最危险，最容易造成食物中毒事件的发生。对于冰鲜原料领取出库后，要采用科学、安全的解冻方法进行处理，待解冻后要迅速地进行加工，加工后适时地保藏，保证原料卫生质量的稳定。对于罐装原料，在开启时要注意方式和方法，避免金属、玻璃屑掉入原料中。对于蛋、贝壳类原料，要先洗净外壳再进行处理，不要使表面污物污染内容物。同时加工时也要防止壳屑进入原料中。对于易腐败的食品加工，要尽量缩短加工时间，大批量加工原料应逐步分批从冷库中取出，以免食品在加工中变质。

对菜肴配置时注意使用清洁的盛器，最好将盛装生原料的器具与盛装熟原料的器具分开，不要混装。配菜时一定要用不锈钢的马兜，绝不能使用餐具盛放配菜，杜绝生熟不分，防止发生交叉污染。有时考虑到空气中细菌对原料的污染，防止原料表面风干，放置时间较长时需要加封保鲜膜。

2. 冷菜生产卫生管理

冷菜生产的卫生管理非常重要。首先，在厨房布局、设备配置和用具安排上都要考虑与生原料分开。冷菜加工成熟全部在加工区域完成（生食原料清理干净）再入冷菜切配间。其次，切配食物的刀具要专用，切不可既切生食，又切熟食。各种用具砧板、抹布也要专用，切忌生熟交叉使用，而且这些用具要定期进行消毒。如砧板可以使用酒精烧制，杀死表面的细菌，也可将消毒液浸湿厨房用纸，覆盖在砧板表面，次日再用清水漂洗。抹布需要用消毒液进行煮制消毒处理，再用清水漂洗晾干。再次操作的手法要尽可能简单，不要将熟食在手中摆来摆去、摸来摸去，将被污染的概率降到最低。操作时使用一次性口罩和手套。再就是刚加热成熟的冷菜，不能立即放入冰箱中，必须降至室温，封装后入冰箱。否则会使冷菜变质（图 9-26）。

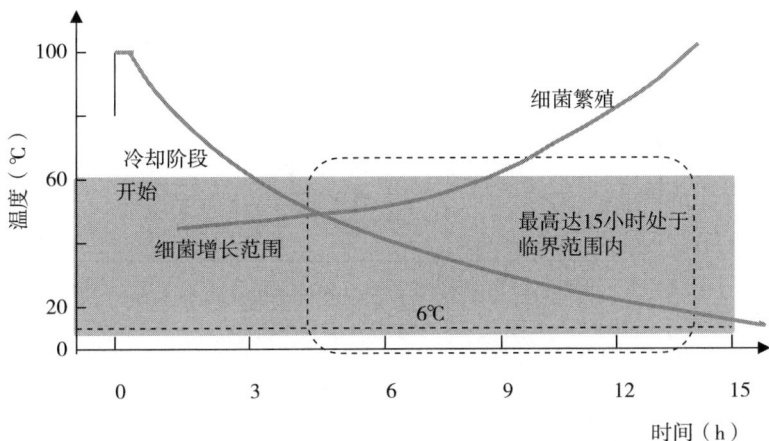

图 9-26　盛有 25 升酱汁锅置于冷藏室冷却的温度变化

　　加快冷却速度的方法：倒入平坦浅口的器具中，可以更快散热；锅具不要放置在防烫垫上，这样可以储存热量；将盛器具放置在冷水池中（可加些冰块），频繁搅动内容物；使用浸泡冷却器。

　　最后，装盘工作不可过早，装盘后不能立即上桌的应使用保鲜膜封存，并进行冷藏。生产中剩余的产品应及时收集，并尽早用掉。

　　3. 烹调生产卫生管理

　　烹调生产一定要考虑加热时间和温度。由于原料是热的不良导体，加热时更多地应该考虑食品内部的温度，是否达到杀死细菌的最低温度。为此通过合理地控制加热的时间与温度，来保证菜肴成熟后的风味质量和卫生质量。成熟后的菜肴一定要盛装在干净餐盘中，切忌使用工作抹布擦拭，造成菜肴不必要的二次污染。

　　对预烹制的备料，保证其不变质是厨房生产的一个难点。处理不当，预熟制原料也容易产生变质。尤其在春夏、盛夏、夏秋之交的季节里，高温会给富含蛋白质的原料带来更多变质的可能性。烧开烧熟的原料忌用不干净器物去搅拌或翻动，操作人员若忽略这点，就会给细菌带来更多的机会，加之有油的保护，原料温度不能迅速下降，成熟原料内部容易达到细菌最理想的繁殖温度。鉴于此，防止预熟原料腐败方法有两种，一是将原料烧开后，迅速进行降温，让原料内部温度迅速脱离细菌繁殖的温度区域。此种方法也称为时间分隔和热分隔，即对原料进行预处理，而不是最终烹调（图 9-27）。冷菜加工处理也有这一过程，其原理同样适用。二是加盖烧开原料后，关火，不要再开盖，使锅内空气细菌被杀死，同时外界空气中的细菌不能进入锅中。

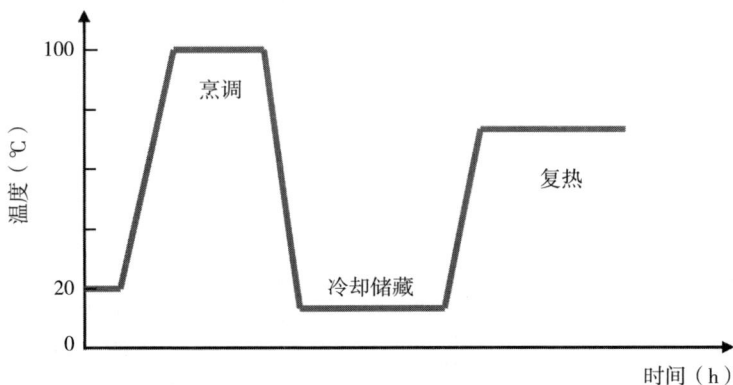

图 9-27　时间分隔和热分隔

七、个人卫生管理

生产中有各种因素影响厨房卫生的状况，其中比较重要的一个因素就是员工个人卫生状况。因为人是产品的创造者，不可避免地在生产中跟各种原料、设备接触，员工个人卫生状况差，必然直接或间接地影响产品的卫生质量，进而影响到用餐的顾客。建立良好的个人卫生习惯，监督员工卫生状况是厨房产品卫生得以保障的前提条件。

（一）卫生管理

厨房人员卫生意识可以通过以下三方面来培养。

1. 个人卫生管理

厨房工作人员应该养成良好的个人清洁卫生习惯，在工作时应穿戴清洁的工作衣帽，防止头发或杂物混入菜点之中。接触食物的手要经常清洁，指甲要常剪，有些工作接触熟食，需要戴手套操作。严禁佩带戒指、涂抹指甲油及各种饰物进行工作。一旦工作人员手部有创伤、脓肿时，严禁从事接触食品的工作。小伤口应使用创可贴包扎，并戴上一次性手套。

双手是非常危险的微生物载运体。因此，工作人员必须特别注意双手卫生，务必使用流动的热水和肥皂清洁双手。洗过的手不能再触碰皂液器，以避免细菌的传播。

厨师在下列情况下，要用消毒肥皂彻底洗净双手以及下手臂：①开始工作前（加工处理食品前）、工歇后（抽烟、吃饭喝水等）或去过卫生间后；②咳嗽、打喷嚏或与身体某部位接触后（包括头发、脸、衣服或围裙等）；③处理过生食品（如肉、鱼、家禽、蔬菜等）后；④做过清洁工作或丢弃垃圾后；⑤处理可能影响食品安全的化学品后；⑥用手接触过任何可能被污染的物品后，如未经消毒的器材、工作台的表面或抹布、电话、钱、门把手等；⑦戴手套工作之前。

七步洗手程序如图9-28所示。用肥皂在手上擦洗，或滴上洗手液，揉匀15～20秒。彻底有效洗手，需要在流水下冲洗40～60秒，用一次性纸巾或电吹风将手擦（吹）干。

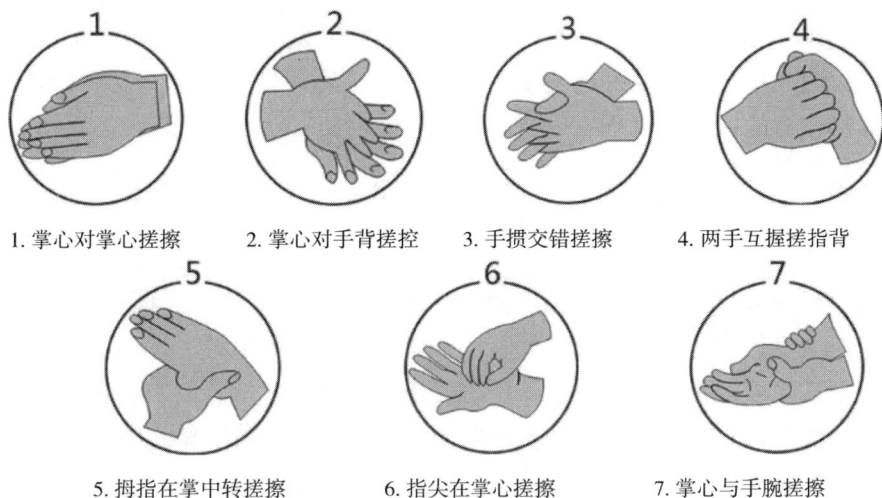

1. 掌心对掌心搓擦　　2. 掌心对手背搓控　　3. 手掬交错搓擦　　4. 两手互握搓指背

5. 拇指在掌中转搓擦　　6. 指尖在掌心搓擦　　7. 掌心与手腕搓擦

图9-28　七步法洗手程序

2. 工作卫生管理

厨房禁止员工吸烟，吸烟既易使环境被污染，也易造成食物被烟灰、烟蒂污染。与熟食接触的员工应该佩戴口罩，防止唾液污染食品。品尝菜肴的员工，不要用手抓食，应该使用清洁的调羹、手勺，舀放在专用的碗中进行操作。现场操作的工作人员，应使用干净的手套进行操作，可以预防对食物的污染。餐具摔落在地上，若没破碎应清洗干净后再使用，如果破碎要及时清理，防止碎片混入其他原料、菜肴之中。员工在操作中，不要挖鼻子、掏耳朵、搔头发、对着食物咳嗽、打喷嚏等，保持良好的工作习惯。

厨房各区域随手使用的卫生清洁工具——抹布（手布与工装由洗衣房洗涤），由于生产工艺不同，因此每一区域的抹布，各有特点。如加工间的抹布血水多、泥土多、油腻多，热菜间的抹布油泥多、锅黑多、菜汤多，面点间的抹布面糊多、饭粒多、油渍多，冷菜间的抹布食物碎屑多。无论哪一区域的抹布，都必须每天集中清洗，清洗的程序如下：①在垃圾桶上方抖净抹布内的杂物，放在清洁剂水中清洗；②专用煮抹布水桶上火，放入消毒剂和漂白剂洗涤，将抹布放进锅中煮开 10 分钟；③将抹布放进清水盆中反复清洗干净；④将抹布拧干水分，晾挂在通风处。

抹布使用时变湿，并被食物残渣污染。在室温下，为微生物提供了理想的增殖环境。问题特别大的是多人共用的公用抹布，除了为细菌提供增殖的机会外，也会造成人与人之间的细菌传播。因此，成熟菜肴处理时，应尽量使用一次性厨房用纸。

3. 卫生教育

对于新员工而言，卫生教育可以让他们对餐饮企业的生产性质有所了解，知道出现卫生状况不佳的原因，掌握预防食物中毒的方法。对在职员工来说，卫生教育可以时刻提醒员工要绷紧卫生生产这根弦，及时发现问题，及时补救，有效预防食物中毒的发生。管理者进行卫生教育可以使自己也保持高度的警惕，防止员工进行各种违规的操作。

（二）健康管理

厨房从业人员健康状况是保证食品卫生状况的前提，即使有再好的卫生习惯，而没有健康身体也是不行的。为此餐饮企业在厨房人员招聘之时，强调身体健康是第一要素。应该在员工取得了防疫机构检查合格的许可后，才允许其从事餐饮工作。对患有出疹、脓疮、外伤、结核病、肝炎等可能造成食品污染的有疾病的人员，则一定要将其排除在餐饮队伍之外。

厨房管理人员及企业人事部门的工作人员应该对餐饮从业人员的健康资格进行审查，对不合格的一律不能录用，同时要督促健康合格人员定期到防疫机构去进行健康检查。每年检查一次。

第二节　厨房安全管理

厨房员工每天都要跟诸如火、加工器械、蒸汽等容易造成事故或伤害的因素打交道，不具备防范意识和遵守安全操作规范，会发生事故，事故一旦发生，很容易给餐饮企业造成财产和人员的伤害，危害程度不可估价。厨房管理者在生产经营时，加强和规范安全意识，保证厨房员工安全，避免企业蒙受损失。

一、预防火灾

火灾是厨房最易遇到且伤害最大的灾难之一。诱发火灾因素很多，如未熄灭的烟头、电线短路漏电、燃气外泄、烹调操作不当、机械工作过度产热、故意纵火等。尽管火灾是易发灾难，但了解起火的原因，是可以预防事故的发生的。

1. 消防安全

火在厨房产生要具备三个条件：火源、氧气和可燃物质。当三个条件都具备，且共同发挥作用时，便会发生火灾（图9-29）。灭火必须至少排除其中一个条件。作为灭火剂，水只适用于木材、硬纸板和纸张引起的火灾，不适用油脂类、汽油引起的火灾，水只能让液态物质扩散，导致火势扩大。厨房一般配置灭火毯（图9-30）、干粉灭火器（图9-31）和悬挂式自动干粉灭火装置（图9-32）。水能降低燃烧温度，灭火器可以隔绝氧气。

灭火毯由纤维关隔热耐火材料耐火纤维制成，具有一般纤维的特性，如柔软、有弹性、有一定的抗拉强度。其原理是覆盖火源，以达到灭火的目的。

手提式干粉灭火器主要用以扑救固体材料火（A类）、可燃液体火（B类）、可燃气体火（C类）及一般电器类火灾。灭火器因其操作灵活，应用范围广泛，被应用在社会的各个角落，其操作方法是先拔下保险销，拉出喷管，然后对准火焰根部左右扫射，适用于扑救初期火灾。

氧气　可燃物质　燃点

图9-29　起火的因素

（1）灭火毯的使用方法

①灭火毯需固定或放置于较显眼且易快速拿取的墙壁上或抽屉内。

②发生火灾时，快速取出灭火毯，并双手握住两根黑色拉带。

③把灭火毯迅速抖开，作盾牌状。

④将灭火毯覆盖在着火物体上，直至火焰完全熄灭。

⑤待着火物体熄灭冷却后，方可移开灭火毯。

⑥逃生时灭火毯可以披在身上阻隔高温，保护皮肤不被高温灼伤。

⑦如果人身上着火，将灭火毯抖开完全包裹于全身，并采取积极灭火措施，直至火焰完全熄灭。

⑧灭火毯需放置干燥处，防潮防晒，不宜洗涤。

⑨每半年必须检查一次灭火毯，若发现有破损或污染，请立即更换。

⑩有效期5年。

图 9-30　灭火毯

图 9-31　干粉灭火器

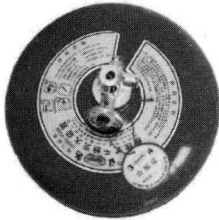

图 9-32　悬挂式自动干粉灭火装置

（2）干粉灭火器的使用方法（图 9-33）

①使用手提式干粉灭火器时，应手提灭火器的提把，迅速赶到着火处。

②在距离起火点 5 米左右处，放下灭火器。在室外使用时，应占据上风方向。

③使用前，先把灭火器上下颠倒几次，使筒内干粉松动。

④如使用的是内装式或贮压式干粉灭火器，应先拔下保险销，一只手握住喷嘴，另一只手用力压下压把，干粉便会从喷嘴喷射出来。

⑤如使用的是外置式干粉灭火器，则一只手握住喷嘴，另一只手提起提环，握住提柄，干粉便会从喷嘴喷射出来。灭火过程中，灭火器应始终保持直立状态，不得横卧或颠倒使用，否则不能喷粉。

⑥用干粉灭火器扑救流散液体火灾时，应从火焰侧面。对准火焰根部喷射，并由近而远，左右扫射，快速推进，直至把火焰全部扑灭。灭火时，不能让喷嘴直接对准液面喷射，防止干粉气流的冲击力使油液飞溅，使火势扩大，导致灭火困难。

⑦用干粉灭火器扑救容器内可燃液体火灾时，亦应从火焰侧面对准火焰根部，左右扫射。当火焰被赶出容器时，应迅速向前，将余火全部扑灭。灭火时应注意不要把喷嘴直接对准液面喷射，以防干粉气流的冲击力使油液飞溅，引起火势扩大，造成灭火困难。

⑧用干粉灭火器扑救固体物质火灾时，应使灭火器嘴对准燃烧最猛烈处，左右扫射，并应尽量使干粉灭火剂均匀地喷洒在燃烧物的表面，直至把火全部

扑灭。

⑨使用干粉灭火器应注意灭火过程中应始终保持直立状态，不得横卧或颠倒使用，否则不能喷粉；同时注意干粉灭火器灭火后防止复燃，因为干粉灭火器的冷却作用甚微，在着火点存在着炽热物的条件下，灭火后易产生复燃。

⑩使用手提式干粉灭火器扑救固体可燃物火灾时，应对准燃烧最猛烈处喷射，并上下、左右扫射。如条件许可，使用者可提着灭火器沿着燃烧物的四周边走边喷，使干粉灭火剂均匀地喷射在燃烧物的表面，直至将火焰全部扑灭。

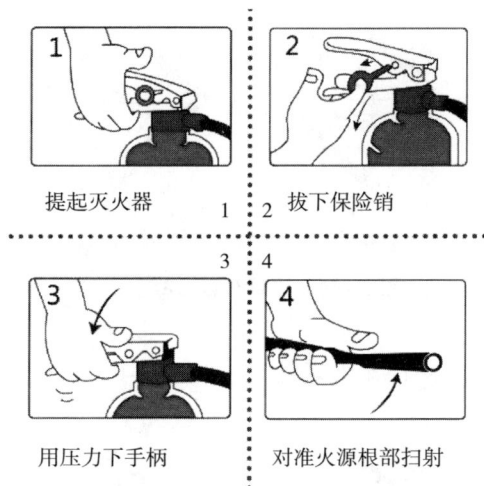

图 9-33　干粉灭火器使用方法示意图

（3）干粉灭火器检查事项

①灭火器应定期检查压力表，当压力表指针低于绿线区时，应立即充压维修，一般灭火器瓶压有效期限在 1.5 ～ 2 年，要定期充压或更换。

②灭火器应放在清洁干燥的地方，严禁暴晒和靠近火源；应妥善保管，严禁拆动。

③根据 GA95-2015《灭火器维修与报废规程》，灭火器在每次使用后，必须送到已取得维修许可证的维修单位检查，更换已损件，重新充装灭火剂和驱动气体。

④灭火器不论已经使用过还是未经使用，距出厂的日期已达规定期限时，必须送维修单位进行水压试验检查。

悬挂式自动干粉灭火装置应用在厨房的炉灶上方。当环境温度变高时，自动敏发灭火功能。适用范围与上述干粉灭火器一致。

干粉灭火器作为常规消防器材，存放在通风、干燥的位置，避免干粉灭火器被阳光直晒、被大雨淋、潮湿、易腐蚀等环境里。

灭火器的采购需要专业人员提供建议，选用的灭火器类型需适合可能严重的火灾类型。

（4）安全标识

安全标识以图画形式提供信息。使用这些图示，应不需要其他说明就能"说明内容"，如交通标识一样，形式和颜色就已经表达出信息的类型。

①警告标识（图9-34）

A. 注意：较轻的分级

| 注意 | 注意 | 注意 | 注意 |
| 威胁水体 | 含压力气体 | 助燃物 |

图9-34　注意级警告标识图形

B. 危险：严重的分级（图9-35）

| 危险 | 危险 | 危险 | 危险 |
| 腐蚀皮肤 | 慢性中毒 | 易燃物 | 爆炸物 |

图9-35　危险级警告标识图形

标识的内容在符号下方。

②禁止标志（图9-36）

严禁用水救火　　严禁烟火　　严禁吸烟　　非饮用水

图9-36　禁止标志图形

③指示标志（图 9-37）

图形为规定特定行为的安全标志。

佩戴听力保护装置　　佩戴护目镜　　使用防护手套　　穿着防护鞋

图 9-37　指示标志图形

④急救和求援标志（图 9-38）

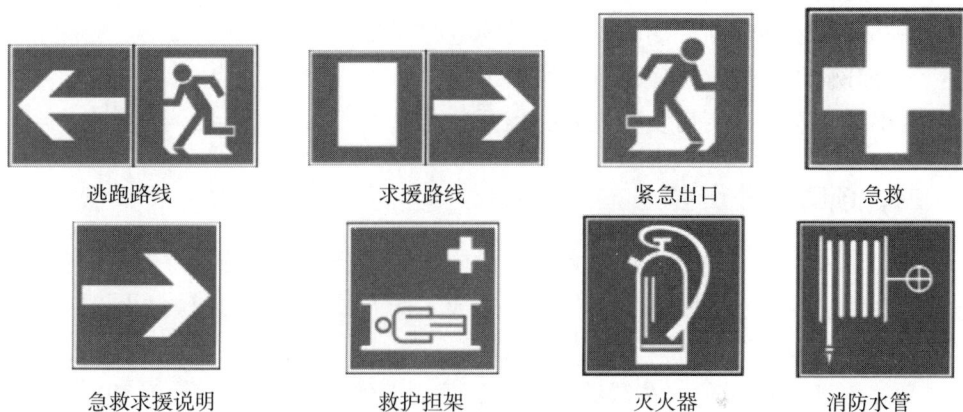

逃跑路线　　　　求援路线　　　紧急出口　　　急救

急救求援说明　　　救护担架　　　灭火器　　　消防水管

图 9-38　急救和求援标志图形

2. 火灾预防

火灾产生有诱因，杜绝火灾诱因就有效地预防火灾。具体做法如下。

①厨房内每个员工必须遵守安全操作规程，并严格执行。

②厨房各种电动设备的安装和使用，必须符合防火安全要求，严禁员工野蛮操作。厨房电路一定要分照明和动力电路，千万不能混用。线路布局要合理，尤其炉灶线路走向不能靠近灶眼。另外设立漏电保护器，防止短路引起火灾和对员工的意外伤害。

③厨房内煤气管道及各种灶具附近不要堆放易燃物品。使用煤气要随时检查煤气阀门或管道有无漏气，设置煤气报警器，发现问题及时通知专业维修人员，杜绝不闻不问的马虎行为。

④烹调操作时，锅内的介质（水、油）不要装得太满，温度不要过高，严防

温度过高或油溢、水溢而引起的燃烧或熄灭火的事件，这都易诱发各种伤害。

⑤炉灶、烟罩要定期清理，防止油垢过多引起火灾。一般饭店炉灶会有管事部人员每天下班后清洁，烟罩通常每季度要由专业人员清理。

⑥任何使用火源的工作人员，不得擅自离开炉灶岗位，防止无人看守，烧干锅而引发火灾。

⑦搞卫生时防止违章操作将水浇撒在电器设备上，预防漏电、短路事故发生。卫生工作结束后，厨房要设专人负责检查各种电器、电源开关，并关好各种电源和燃气阀门。

3. 火灾疏散

一旦火灾发生，除了实施灭火外，员工疏散工作也是必要的。可以按照下列规程操作。

①厨房负责人一定要检查每一个灶眼，确保每个燃烧器都处于关闭状态。

②必须关闭和切断一切电器、用具的电源开关。

③打开消防通道，迅速疏散厨房员工。

④确认无事后，厨房负责人才能离开。

二、预防意外伤害

厨房意外伤害是由员工疏忽大意或设施布局不合理造成的。意外伤害会影响到餐饮企业的声誉，也会伤害到员工，造成工作人员非正常的减员，同时关系到厨房生产能否顺利进行。

意外统计数据显示，在餐饮企业中厨房是最危险的区域（图9-39）。发生意外的重点环节（图9-40），路上发生意外排在首位，其中大部分是在走、跑和爬楼时产生伤害，不仅在厨房，餐厅也是如此。在厨房中，使用接触刀具和设备时会被割伤，也是排在首位的意外伤害，其次是使用机器时产生的意外。还有错误的抬、举、背、提重物会导致受伤，以及烧伤、烫伤和电击伤。必须了解各种安全事故发生的原因和预防方法，才能加强管理。

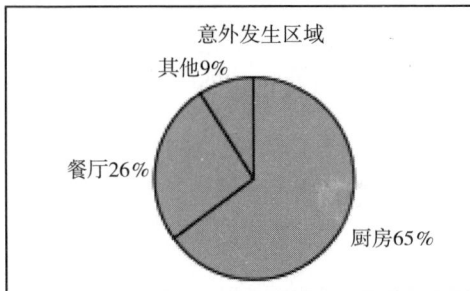

图9-39　意外发生区域比例图　　　图9-40　意外发生重点比例图

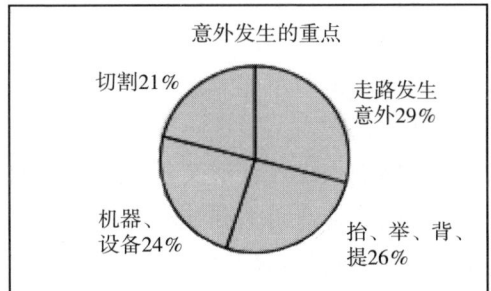

1. 摔伤

摔伤原因往往是地面不平、地面有坡度、地面上有汤汁和食物、障碍物的磕绊等，使人滑倒、磕碰而产生伤害。要防止此类伤害发生，生产操作时应注意以下几点。

①保持地面平整，需要铺垫的进行铺垫。如有台阶，应在台阶处用醒目的标志标示出来，以防不留神被绊倒。

②有坡度地面和员工出入口，应铺垫防滑软垫。

③操作中出现水渍、油渍、汤渍及食物，及时清理，最好用墩布擦干，千万不要再用水冲洗。如在操作繁忙时，应急方法是在地面上撒些盐，可以有效地防止人员滑倒。

④工作区域各个通道及出入口处，不要摆放各种物品，及时清理障碍物，以免发生不必要的碰撞。

⑤运送各种货物推车不要堆放过多货物，以免挡到视线，撞伤他人。

⑥员工在厨房爬高时，要借助专用梯架，切不可选用不安全的纸箱、货箱等不可靠的物品来充当垫衬物。

⑦有拐角的箱柜，尤其是正好在头顶的位置，应该将拐角进行垫衬，防止员工头部与其发生碰撞。

⑧切忌在厨房中奔跑，出入口处更应该放慢速度，以防与进来的人相撞。

⑨厨房应该有足够照明，避免光线昏暗引发事故。厨房配备应急照明灯具，厨房突然停电，可以做应急照明使用，防止在黑暗中造成伤害。

⑩在易滑倒处，张贴警示物和标记。

2. 烫伤

烫伤在厨房操作中常发生。操作人员粗心大意，会碰触到高温蒸汽、滚烫的炉灶、沸腾的水、滚热的油、不冒热气的汤等。防止烫伤，生产操作时应注意以下几点。

①无论烧水或加热油，水或油都不要加太满，防止移动时热水或热油溢撒。

②烹调时，各种器具不要靠近炉灶，防止器具发烫，操作者误拿造成烫伤现象，如漏勺柄、油罐边缘离炉口近产生高温等。

③使用蒸汽柜、烤箱时，要先将门打开，待饱和气体或热空气散掉，再用抹布或防烫手套去拿取菜肴，切不可空手直接去取。打开有盖的热食时，先放热气，再进行下一步操作。

④油炸操作时，将原料水分沥干，防止水分四溅，造成伤害。一般操作者会漏勺作为遮挡物，挡住四溅的油分。操作者需正确方法下料，原料从锅边下滑，或接近油面下料，而不要扔原料，溅起油花烫到自己。

⑤厨房任何操作人员在工作时，要保证正常穿戴，不要赤膊、光脚穿鞋，防

止危害发生会加重伤情。

⑥经常检查蒸汽管道和阀门，防止蒸汽泄漏伤人事故。

⑦点燃气体灶时，要先排净多余的气体后，再打开总阀，点燃气体。

3. 割伤

餐饮企业中，约有12%的意外与刀具和切割工具相关，厨房工作中，每三起意外中就有一起与刀具相关。切割肉类时，刀具脱手是厨房中最常见的意外。割伤主要是不正确使用刀具、碰到尖锐器物等受到伤害。防止割伤，生产操作时应注意以下几点。

①锋利刀具要统一保管。不使用的刀具要套上刀套，或放入刀箱中，切不可随便乱丢，尤其是丢在暗处，极易造成伤害。

②使用机械刀具或一般刀具进行切割工作时，精力要集中，切不可说笑、打闹。

③使用刀具应该锋利，不锋利刀具反而容易造成伤害。

④清洗刀具时要带上抹布，切不可将刀具与其他原料放在一起清洗。清洁刀口时，使用抹布去擦拭。

⑤开过盖的罐头，要带手布去取出里面的原料，切不可用手直接去扳，以免造成划伤，或用开罐器打开罐头。玻璃器皿开盖后，一定要小心瓶口，不要随意乱摸，缺口很容易划伤手指。另外，破碎的玻璃器皿，尽量不要用手去处理，以免划伤。

⑥各种金属盛器的边缘一定要卷边，有卷边不好的，需用手布去端取，切不可空手去端，以免割伤。

⑦使用机械设备时，应仔细阅读说明书，按规程去操作。切不可直接用手去触摸，防止出现大伤害，如绞肉机填塞肉时，使用专用塑料棒，而不是用手。

⑧厨房所有机械设备都应该配备防护装置或其他安全设施。

4. 电击伤

当电流流经人体时，只要电压超过50伏就可能致死。厨房中规定设备和插座必须带有保护触点。因为电压出现故障时，地线会引走电流，而不流经人体，所以绝缘故障对外不起作用，如图9-41为地线的作用。

没有地线的延长电缆不存在防护作用。随意改变设备上地线或改变防护插座非常危险。一个小疏忽，地线就能置人于危险中。

在厨房中自己维修损坏线路特别危险，因为潮湿的环境中电流可以穿过绝缘体，并因此导致意外。

保险丝是防护设备。当超过特定的负荷或短路时，电路会中断。短路，即没有电阻的电流从一极流向另外一极，如延长电缆上绝缘层损坏。

电击伤原因主要是电器设备老化、电线有破损处或电线接点处理不当等造成。用湿手去触摸电器会造成电击。防止电击伤，生产操作时应注意以下几点。

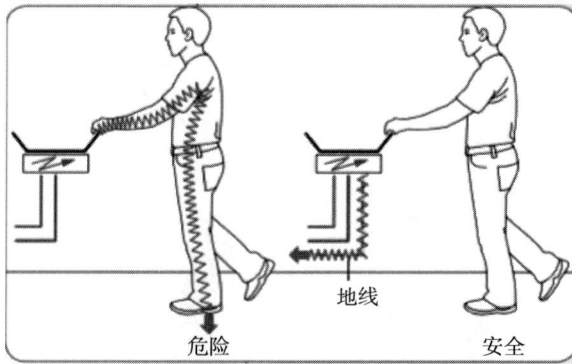

图 9-41　地线的作用

①所有电器设备都应该有接地线。

②所有电器安装调试，需由专业电工来操作。

③各种电器设备员工只需进行简单开关操作，不要触摸电机及无关部分。

④定期检查电源插座、开关、插头、电线，有破损，应立即报修。

⑤使用电器前，保持手部干燥，不要用湿手去操作电器设备。

⑥只有当电流流动时，电力才会起作用。在实施救援措施前，要切断电路（如扳动安全开关，救援者需绝缘；又如将硬纸箱垫在地上，站在上面）。

⑦在"电击"后就医，因为电压会影响心脏工作。

⑧容易发生触电的地方，应有警示标志。

电器工具的指示标志和检测标志如图 9-42 所示。

滴水保护　　雨水保护　　喷溅水保护　　喷射水保护

设备的高压零件　　工作接地连接位置

防护级别Ⅰ—带有地线的防护措施　　防护级别Ⅱ—防护绝缘

图 9-42　电器工具的指示标志和检测标志

5. 重物的抬、举、背、提

抬、举、背、提不仅费力，还对脊柱产生负担。脊椎由不可替换的精致造型椎骨构成，共同形成一个摆动的 S 形。每节椎骨之间有椎间盘，这种纤维状软骨组织使脊柱可以活动。长期错误抬、举、背、提的人，易产生椎间盘的损伤，导致身体直立时产生疼痛，或者产生坐骨神经痛，甚至瘫痪。

在抬、举、背、提时，身体同时负重，这样可以避免在脊柱上产生压力。因此，如果可能，应尽量将重量分配到两个手臂上（图9-43）。

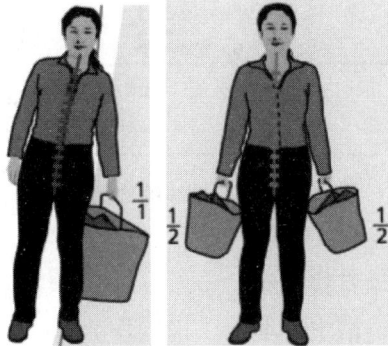

图9-43　错误与正确的提拿重物方式

重物应蹲下拿住。负重可以较少且均匀地分布在脊椎上。"工作"由腿部肌肉完成（图9-44）。

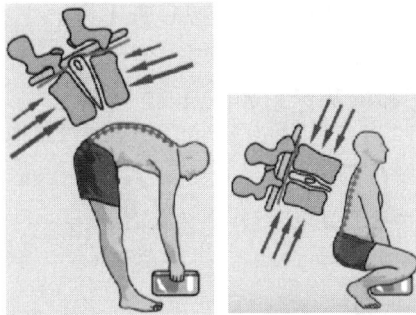

图9-44　错误和正确的提起重物方式

预防各种不安全因素，厨房有必要进行训导，如对待操作"不图快，不省事"；对待工作要三心"留心、小心和用心"，及时提醒员工注意，以防不测。

三、急救

急救的任务是避免伤口恶化或避免意外继续造成伤害。

让伤口自愈是错误的，认为看医生是多余也是错误的。较小伤口不一定必须立即处理，在受伤后6小时之内去看医生就可以。不恰当地处理非常小的伤口，可能导致淋巴管感染,也称为败血症,或导致破伤风,或"不受控制"地长出赘生物。

（1）割伤和刺伤

接触刀具时,特别是新手,经常造成割伤和刺伤。看上去无害的平坦割伤,可能会掩盖深陷的伤口（图9-45）。

①表皮　②皮下脂肪组织　③带有静脉的肌肉

图9-45　切割伤口

处理伤口时要注意:一是不能冲洗伤口;二是不能使用杀菌液和杀菌粉。

可以首先使用医用胶布覆盖出血少的较小割伤（图9-46）。使用橡胶手指或一次性手套不影响菜肴。

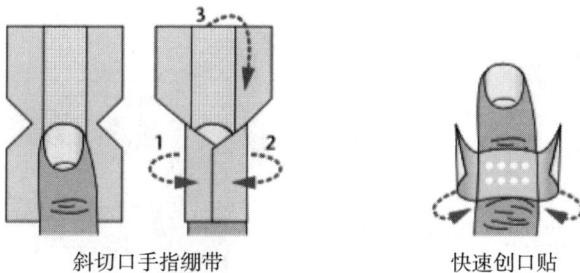

斜切口手指绷带　　　　快速创口贴

图9-46　医用胶布

使用无菌绷带覆盖较大的伤口,将受伤的肢体举高,会减少出血。当失血严重时,应使用压迫绷带(图9-47)。操作方法:在一块无菌绷带上放置一个止血垫,并拉紧。只允许在紧急情况中进行扎结,伤者需立即送医。

伤口应在紧急处理后6小时内尽快由医生进行处理。

（2）晕厥和失去意识

晕厥是短暂的（1～2分钟）"自己不能掌控",失去意识则持续的时间更长。这种状态下人很无助,可能因呼吸道位置发生改变而产生窒息危险。发生的原因可能是:缺少氧气（糟糕的空气）,较强的热力影响,电流以及滥用酒精和药物（毒品）使人处于失意状态。还有突如其来的激动情绪和强烈的痛苦也会使人失去意识。

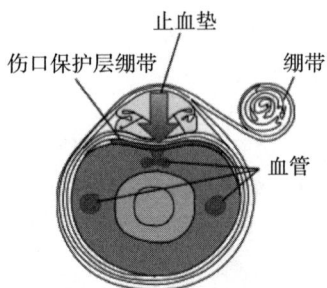

图 9-47　压迫绷带

辨别是否失去意识，看其人能是否够应答。

对晕厥和失去意识的人处理方法：①侧躺（图 9-48）；②松开紧身的衣服；③尽可能应供应新鲜空气（打开窗户）；④送医。

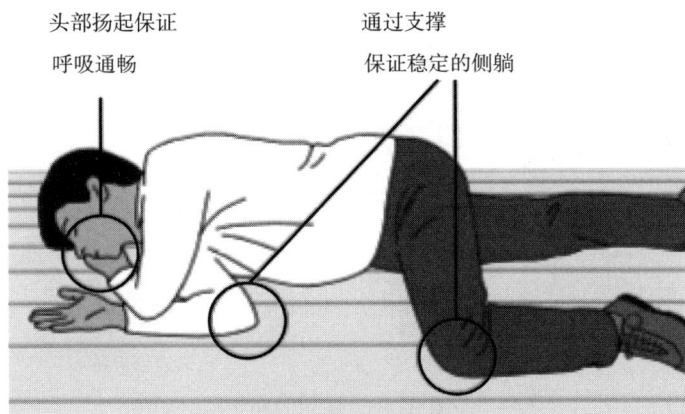

图 9-48　稳定的侧躺姿势

（3）烧伤和烫伤

厨房中烧伤和烫伤十分普遍，且非常疼痛。

每次烧伤或烫伤都是对皮肤的一次伤害。根据伤重情况，划分为：①一级烧伤，皮肤变红；②二级烧伤，产生水泡（图 9-49）；③三级烧伤，皮肤及其下方组织炭化或烫熟。遇到烧伤或烫伤时，可采取如下措施。

A.在烧伤时，将手臂和腿等受伤部位浸入冷水中，直至停止疼痛，持续约15 分钟。不能使用冰水，因为会对伤口造成进一步的伤害。

①表皮　②皮下脂肪组织　③带有静脉的肌肉

图9-49　烫伤水泡

在烫伤时，如被烹调时滚烫液体或蒸汽烫到，应将衣服剪开并小心地移开。绝对不能从身体上撕扯，这样会毁坏起到保护作用的皮肤。

B. 只有在轻微烧伤时（一级烧伤：皮肤轻微发红），允许使用油脂或镇痛药膏。烫伤的水泡不能捅破！

C. 在三级烧伤时，如被煎炸用油烫伤，皮肤会被损坏。因此，这一位置需要使用无菌绷带进行处理。

D. 在烧伤面积较大时（如衣物被火引燃）应盖住伤口。一口一口地饮用不含酒精的液体，这样，肾脏不会受到有毒物质的伤害。不要将粘在皮肤表面的衣物撕下来。呼叫救护车，立即送往医院，不要自行前往医院。

（4）鼻血

高血压、过度劳累、激动都可能成为流鼻血的原因，同时外在影响也可以导致流鼻血。

流鼻血时，应微微向前低头，并在颈部放置冷敷包（图9-50）。

如果流血不止，应咨询医生。

（5）眼中有异物

上眼睑下的异物（图9-51）：将上眼睑拉到下眼睑上方，并向上推。下眼睑上的睫毛可以固定异物。

图9-50　流鼻血时应保持的正确姿势

下眼睑内的异物：让眼中有异物的人向上看，向下拉下眼睑。使用手帕从鼻子靠近并擦除。

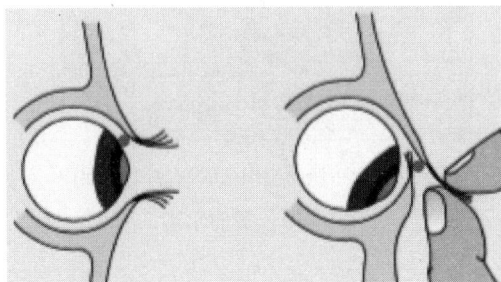

图 9-51　上眼睑下眼中异物

（6）电流导致的意外

在电力引发的意外中，应首先切断电路。

在厨房中，人们使用 220 ～ 380V 的电压工作。触摸电线时的"电击强度"取决于地板的导电性。

对电击事件的处理方法：①确认开关已关闭或拔掉插头，或旋松保险丝；②如果不能切断电路，使用不导电、干燥物品将伤者从电路中救出来；③同时注意底板绝缘，如硬纸箱、干手布（图 9-52）；④让伤者平躺。如果伤者失去意识，则应立即对其进行心肺复苏术。当伤者重新恢复意识时，给他喝一些水。

即使没有发现危害，也务必将受到电流影响的伤者送至医院。

通过身体的电流也可能会导致心脏功能失常。

另外，厨房还应该配备相关药物，以备紧急状况之用，如创可贴、烫伤膏、诺氟沙星等常备药。

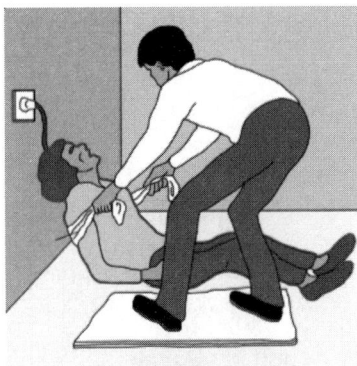

图 9-52　电力引发意外时的救助

✔ 本章小结

厨房管理只注重产品质量生产,忽视厨房卫生与安全管理,是片面管理。卫生安全是厨房生产需要遵守的主要准则。从环境、设备、原料、生产乃至个人都要保持良好的厨房卫生状况,保证餐饮产品不受污染。

厨房卫生管理从采购开始,经过生产过程到销售为止的全面管理。厨房管理者应该从整个流程加强卫生管理。目前比较流行的方法就是实施HACCP系统控制,通常在实施过程中要遵循餐饮业营运的食品安全规则,对其中的关键点进行控制与管理,为顾客提供的安全可靠的食品。

厨房员工每天都要跟能源、机械打交道,不具备防范意识和不遵守安全操作规范,容易造成事故或伤害,事故一旦发生很容易导致餐饮企业财产损失和人员伤害。为此,厨房管理者在生产经营中,时刻要加强和规范安全意识,掌握日常急救基本常识,保证厨房员工安全,避免企业蒙受损失。

✔ 思考与练习

1.沙门氏菌一般存在于哪些食物中?污染途径是什么?

2.列举两种由动植物毒素引起的食物中毒。

3.什么是HACCP管理体系?

4.厨房生产过程中,厨师在哪些情况下,须用消毒肥皂彻底洗净双手以及下手臂?

5.请说出意外跌倒的主要原因。

6.根据哪条原则,在火灾中应使用灭火器救火?为什么人们必须使用灭火器"从下方灭火"?

7.请解释压迫绷带如何发挥作用。

8.失去意识和晕厥之间有何区别?如何采取相应的急救措施?

9.将炸制用的热油洒到了脚上,可采取怎样的措施?

10.如果你的同事"附着在电流上",你想要帮助他并想先切断保险丝上的电流,但是保险盒是锁上的,这时应采取怎样的措施?

11.看下面一则故事。

一个人向他的妻子及朋友吼叫道:"我们刚吃完看起来、闻起来、尝起来都不错的豪华晚餐,为什么我的喉咙紧绷、脸和耳朵发红、呼吸低沉?我怎么这么渴?""我也是。"每个人都低沉地呼吸着,当他们走向转角的杂货店买罐装汽水时,又说:"那地方——再也不去了!"

相同性质的抱怨在那地方迅速传开。地区调查员就在附近"吃的地方"展开调查。他站在角落观察那些为烹调食物而忙碌的厨房工作人员，注意到厨师不断地用他的长柄勺在菜肴中加入位于调味品桌下面大锅子里的东西。

猜猜这些人吃到了什么东西？如何预防这类物质的污染？

12.下面一则案例讲的是食物中发现订书针，如果你是个厨师长，你来判断一下它从哪里来？如何杜绝这种现象的发生？对当事人你将如何处理？

某饭店有单位宴客，在酒席进行中一客人在鱼翅盅里赫然发现了一枚订书针，客人的涵养较高，他只是用汤匙挑了一下，就再没吃，也没动声色。服务人员站立在旁边，已经看到，惊出一身冷汗，在上下一道菜，撤换鱼翅盅前忙问道："不再用了？"客人仅用筷子指了一下。服务员机敏地说了声"对不起"。到厨房一看，一枚订书针赫然在那里。为什么会有订书针呢？

13.下面一种情况，作为厨师长的你面对危机该如何处理？

某社会饭店的厨房烟罩已经很久没有清理了，厨师长小汤几次在例会上建议请专业人员清理烟罩，饭店的老板考虑到费用问题，迟迟不肯做出答复。一次，厨房炉灶厨师油炸菜肴时，嫌火大，将锅端离炉口，可能锅有些滑，没拿稳，锅有些晃，少许油泼出到炉膛中，于是火苗一下就窜起，由于烟罩油垢厚积，加之排风设施开着，火借风式一下就烧起来了，厨师们见状赶紧慌乱地离开……

第四部分　厨房生产进行时的控制方法

第十章　厨房成本控制

本章内容： 成本控制的作用

　　　　　　成本控制的基本内容

　　　　　　生产成本控制

教学时间： 4 课时

教学思路： 以单独菜肴成本为例，讲解厨房生产中为什么要进行成本控制及如何进行成本控制

教学要求： 1. 了解厨房成本控制的基本内容

　　　　　　2. 掌握厨房成本控制的手段

　　　　　　3. 熟知厨房成本控制的基本计算方法

课前准备： 了解厨房生产中有哪些成本因素

餐饮经营最终目的是赚取合理的利润。每日利润是由每日营业收入减去每日成本支出而实现的。如果加大促销手段，可以实现更多营业收入，也就能实现更多利润。如果控制每日成本支出，使其支出更加合理、得当，将会使利润空间变得更大。餐饮企业收入来源主要是厨房产品和饮料，厨房产品容易产生成本波动。将厨房每日生产的餐饮产品成本进行合理控制，是一项必不可少的工作。

第一节　成本控制的作用

成本控制是餐饮管理的核心。显而易见，成本控制的好坏，对餐饮企业经营的成败具有至关重要的作用。主要表现在以下几方面。

一、实现利润的前提

科学的成本控制可以提高厨房管理水平。有时将同类型餐饮企业进行比较，营业额高不一定利润高；相反，营业额低不一定利润低。这完全依赖其管理水平，及各个餐饮企业的成本控制能力。为了实现企业的盈利，每个餐饮企业必须了解自己的盈亏平衡点。

所谓盈亏平衡点，有时又称保本点、损益平衡点、盈亏临界点等，是餐饮经济活动中的一个重要内容，是反映餐饮企业处于不盈不亏状况的销售量和销售额，正好是企业所得等于所费或者是销售收入等于经营成本。

当利润为零时，企业收支平衡。这时的营业额即为盈亏平衡点。其公式如下：

盈亏点营业额 =（固定成本 – 营业外净收入）/（毛利率 – 变动成本率 – 税率）

营业净收入 = 营业外收入 – 营业外支出

用一个实例计算来说明。

某酒店固定成本为每月 14800 元，平均毛利率为 30%，变动成本率为 7%，税率为 3%，营业外支出为每月 1200 元。按公式可计算出该酒店的盈亏营业额。即：

盈亏点营业额 =（固定成本 – 营业外净收入）/

（毛利率 – 变动成本率 – 税率）

= [14800 –（–1200 ）] /（30%–7%–3%）

= 80000 元 / 月

当该酒店月实现营业额大于 80000 元时，企业盈利；当月实际营业额等于

80000 元时，企业处于盈亏平衡状态；当月实际营业额低于 80000 元时，企业就会出现亏损。

如果盈亏平衡点用图来表示，如图 10-1 所示。从图中可以清晰地看到总成本与总收入相交的点 O 即为盈亏平衡点。由于有固定成本的原因，总成本线和总收入线的起点是不一样的，只要保持两线的斜率不同，就会产生交点，即盈亏平衡点。理论上总成本与总收入可以平行不产生交点，但实际经营过程中，几乎没有哪个餐饮企业会一直亏损下去。事实上，餐饮企业会降低成本而增加收入，即降低总成本线的斜率，而增加总收入的斜率，这样盈利区会变得很大。实际经营过程中，总收入和总成本线绝对不是直线，大多数是曲线状态，图 10-1 所示是一种理想状态。通常总收入会有波动。如果总收入线波动开始下降，而成本线却没有得到很好的控制，继续让其增长的话，就会形成如图 10-2 所示的情况。

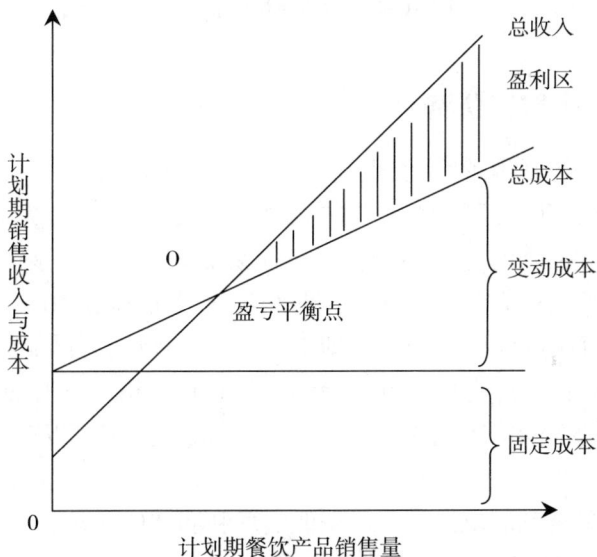

图 10-1　盈亏平衡分析图 A

从图 10-2 中可以看出总成本线和总收入线都发生了弯曲。由于总收入曲线下降后，总成本线没有很好的控制，继续上升，就造成了只有 $O_1 \rightarrow O_2$ 之间的盈利区，而过了 O_2 点又亏损的现象。实际生产经营中，在收入下降时，不能控制成本下降的话，就会出现无盈利的亏损现象。

各餐饮企业有着不同的经营特点，中、小型餐饮企业其收入的来源主要是菜肴售卖和饮料售卖。因此对厨房生产产品成本的控制至关重要，决定企业的盈亏和利润的实现。

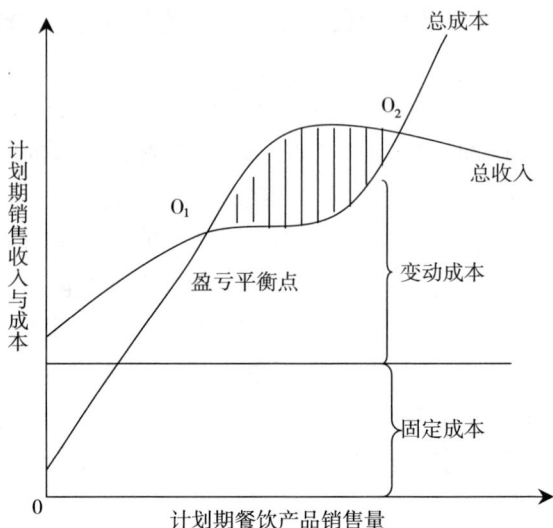

图 10-2　盈亏平衡分析图 B

二、在竞争中取得优势

餐饮企业成本控制得越好,实现利润越多,在与同行业竞争中就能取得优势。试想每月完成 100 万,而利润只有 10 万的餐饮企业与每月完成 100 万,利润有 15 万的餐饮企业谁更有优势,答案显而易见。看下面一则案例。假如某酒店月营业额 49 万,利润为 4.8 万元,即利润占营业额近 10%,如果通过有效手段使成本降低额占营业额的 5%,即 2.45 万元,则利润增加到了 7.25 万元,增加 33.8%,按利润占营业收入 10% 计算,营业收入相当于增加到了 72.5 万元,即相当于增加营业额 48%。也就是说,有效的成本控制可以产生事半功倍的效果。

餐饮企业如果有利润就能生存。企业实现利润增值通常有扩大营业收入和降低成本两种方式。目前餐饮业的竞争非常激烈,想扩大营业收入的可能性比较小,更多是通过有效的成本控制,降低成本,实现更高的赢利。

现代众多集团化、规模化的餐饮企业,就是利用成本控制的优势,实行低成本运作,将企业一步步做大。一般这类企业的菜肴价格都不高,价格是依照客人的心理价位进行标定。低价格就要通过成本控制手段来获得利润。首先,企业会利用定价话语权优势选择大批量低价格的原料,这很符合市场的采购规律。其次,会利用各种控制手段,在加工、生产中节约原料,利用各种看似不能使用的原料,将其开发形成新的菜肴,增加利润点。最后,通过改变餐盘的大小和盛装形式,在分量不感觉少的前提下,节约主配料,降低原料成本。

总之,无论餐饮企业采用什么样的方法,只要能有效控制成本,都能实现经济效益，只有实现经济效益才能使餐饮企业在与竞争对手的竞争中立于不败之地。

三、餐饮企业经营成功的关键

相当多的餐饮企业经营者都会主观地认为，只要有高的营业额就能赚取利润，忽视了成本对利润的影响，加上本身就对成本控制一无所知，设定一些不合理的菜价来确保盈利。殊不知，高出了顾客心理价位的菜价，客人是不会接受的。

成本控制是餐饮企业经营管理的重要组成部分，成本控制的好坏，直接关系到餐饮企业的生存和发展，决定着餐饮企业经营的成败。因此，了解掌握成本控制，尤其是厨房的成本控制，是厨房经营管理者的一项重要工作。

第二节　成本控制的基本内容

成本其实是凝结在产品中的物化劳动价值和活劳动消耗中自身劳动价值的货币表现。从理论上讲，物化劳动价值包括食品原料价值和生产过程中厨房、设备、用具、水电燃料消耗等的价值。这些物化劳动价值有的以直接消耗形式加入成本，有的以渐进消耗方式加入成本，成为餐饮成本的基本组成部分。活劳动消耗中为自身劳动价值主要指为维持厨房劳动力的生产和再生产所需要的价值，可以以劳动工资和奖金福利的形式加入成本，成为餐饮成本的必要组成部分。

一、控制成本的要素

餐饮成本由餐饮原材料成本、劳动力成本、经营费用和税金构成。劳动力成本、经营费用（折旧费用、还本付息费用）和税金在一定时期和经营条件下相对固定，不会随产品的销量变化而变化，又称固定成本。而餐饮原材料成本、水电费用、燃料消耗费用等是随产品的销量变化而变化，故称可变成本。事实上，成本控制中控制可变成本远比控制固定成本的难度要大，理想的控制是使可变成本保持在一定范围内波动。

（一）原材料成本

原材料成本是餐饮生产经营活动中厨房生产产品成本和餐厅售卖饮料成本的总和。原材料成本占餐饮成本中比例最高，占餐饮收入比重最大。管理者更多的是要加强对原材料成本的控制，尤其是加强容易产生波动的厨房产品的成本控制，以保证餐饮企业的经济效益。餐饮经营实际运作中，管理者控制厨房产品成本需要摆脱一个误区，就是控制成本上下范围的无限制性。原则上餐饮企业不会无限增加成本，更多情况下餐饮企业会下压成本，尽管利润越低越容易吸引消费者，但一不留神就会造成亏损。所以将成本控制在一个理想范围内是很好的举措，这个范围一定要以餐饮企业经营目标为依据，切不可超越餐饮企业经营能力的范围。

原材料成本由价格和数量两个因素决定，厨房生产中对原料价格和菜肴分量进行控制，保证原材料成本处在一个稳定的范围内。

1. 控制原料价格

原料价格来自两方面，一方面是原料采购价格，另一方面是原料加工的净料价格。

原料采购价格决定餐饮企业的原材料成本，决定餐饮企业经营的竞争能力。如集团化、规模化餐饮企业通过批量低价的采购方式赢得经营上的主动权，保证低价位下的利润。控制原材料采购价格是让原材料价格在一定时期内保持相对稳定，一旦价格出现波动，通过调整进货数量和协议价格来控制餐饮总成本的相对稳定。前面章节中已经对控制采购价格进行过阐述，故不赘述。

原料的净料价格，取决于厨房员工的加工技术。原料净料率越高，原料净料成本就越低。如 20 元 / 千克的鱼，净料率保持在 60%，净料成本为 33.40 元 / 千克；而净料率保持在 50%，其净料成本就为 40.00 元 / 千克。另外，原料节约程度以及边角原料的利用率也是调节净料成本价格的一个方法。干货原料的成本也是如此，涨发率越高其成本就越低。

原料价格控制重点是对加工后原料净料价格的控制，菜肴售价一定的前提下，能更多地节约原料、利用原料就可以保证更低成本，获得更多利润。同时将多余的利润转让给顾客，使菜肴价格更具吸引力，在与同行的竞争中保持优势。

2. 控制菜肴分量

控制菜肴分量需要从两方面入手，一是控制单一菜肴分量，二是控制宴席菜肴分量。

单一菜肴都是由主料、配料和调料组成。控制单一菜肴分量需要确定两个因素，一是确定主料、配料、调料的比例关系。此比例关系根据餐饮企业经营目标确定，高档餐饮企业会保持主料多，配料少的比例关系；低档餐饮企业会保持配料多，主料少的比例关系。有些数量可约定俗成，如鱼翅分客，一般会控制在 100 ~ 150 克 / 份，超过会失去其物以稀为贵的本色。二是确定餐盘大小，餐盘规格不同对应相应菜肴的数量。一般情况下同类菜肴，低档餐饮企业提供的分量会高于高档餐饮企业。实际生产中菜肴分量还是要根据餐饮企业的具体要求来定。

控制宴席菜肴首先保持菜肴种类之间合理的配比。按照国内餐饮习惯，不适合让冷菜成本在宴席中占据过大的比例，通常是按照冷菜成本占 15%，热菜占 70%，点心 10%，其他占 5% 的大致比例进行配置。其次，保持菜肴品种的数量。

如国内大多星级酒店对 10～12 人参加的宴席，会将热菜数量控制在 8 菜 1 汤；社会餐饮企业宴席菜肴热菜数量通常超过 8 个，有时达到十几个。因此，一定要根据各个餐饮店成本率和经营档次，确定宴席菜肴数量。

（二）标准成本率

为方便控制厨房产品成本，餐饮企业会制订标准成本率。这是指餐饮企业为获得预期的营业收入以支付营业费用，并获得一定赢利，必须达到的食品成本率。可以通过分析上期营业记录或通过对下期营业预算得到。

如某餐饮企业一个月的损益表如表 10-1 所示。

表 10-1　某餐饮企业损益表

单位：元

项目	金额	百分率（%）
营业收入	350000	100
食品成本	168000	48
毛利	182000	52
劳动力成本	63000	18
其他营业费用	66500	19
税前利润	52500	15

根据表 10-1 所示，某餐饮企业食品成本率是 48%，税前利润为 15%，如果管理者满足当前的营业结果，且能在下期营业中继续保持 18% 的劳动成本率和 19% 的其他营业费用率，就将 48% 作为下期的标准成本率。如果管理者不满足于 15% 的税前利润率，则可以对下期营业进行预算，在不改变或保持其他成本费用率的情况下，提出新的标准成本率。如果企业管理者计划将本企业下期的税前利润从 15% 提高到 18%，工资费用及其他费用保持原来水平，标准成本率则可以用下述方法计算。

即，标准毛利率 = 劳动力成本率 + 其他营业费用率 + 税前利润率
　　　　　　　=18%+19%+18%=55%

如表 10-2 所示。

上述预算显示，要提高税前利润率到 18%，则成本率一定要达到 55% 才能实现预期目标。通常餐饮企业会根据企业投资规模和要达到的预期目的，采用估算方法预测成本率，经过一定试业后，通过上述方法进行调整，以达到理想的经营目标。

表 10-2　某餐饮企业标准成本率

项目	百分率（%）
税前利润率	18
其他营业费用率	19
劳动力成本率	18
毛利率	55
标准食品成本率	45
营业收入率	100

　　成本率会因企业经营不同而不一样，社会餐饮企业原料成本率高于星级酒店原料成本率，食品原料成本率高于饮料原料成本率，普通餐原料成本率高于宴会原料成本率，国内饭店餐饮原料成本率高于国外同行原料的成本率。据测算，我国星级酒店餐饮企业成本率多在 40% ～ 45%，普通餐饮企业成本率多在55% ～ 65%。

　　餐饮企业确定的食品成本率，是厨房成本控制的标准，称为标准成本率。每月食品成本控制以其为基准。每月食品成本率控制在标准成本率的 1% 上下范围内，属于正常；超过或低于标准成本率就属于成本控制不佳，应该找原因。这个 1%尽管看起来不起眼，但根据餐饮企业营业额数量反映出的成本，让管理者不可忽视。如食品收入为 100 万 / 月元营业额的餐饮企业，标准成本率为 40%，高出 1个百分点意味着成本多出 1 万元，低于 1 个百分点意味着成本少了 1 万元。餐饮企业经营过程中，成本率高和低都是成本控制不佳的表现，千万不要错误理解成本控制得越低越好，较低的成本率会使餐饮企业偏离经营对象，造成目标客户的流失。以标准成本率作为企业成本控制的核心非常重要。如果说营业额是餐饮企业每月经营状况的晴雨表，那么餐饮企业每月食品成本率的高低就是厨房成本控制的晴雨表。

（三）劳动力成本

　　劳动力成本是指在餐饮生产经营活动中耗费活劳动的货币表现形式，包括工资、福利费、劳保、服装费和员工用餐费等。劳动力成本率仅次于食品成本率，在餐饮成本中占有重要的位置，目前国内餐饮业中劳动力成本占营业额的 20%左右。在厨房成本控制中，尽管劳动力成本不直接由厨房管理者控制，有专门的职能部门控制，但厨房管理者有监督权和建议权，如通过对员工工作的观察，对比员工工资与其胜任工作的能力是否相符，是否劳有所值，给相关职能部门提供建议，更好地调整劳动力成本，使之趋于合理。

劳动力成本除技术、能力因素外，还与劳动标准时间和动作分析有关。标准时间研究是 19 世纪末美国管理学家泰勒首创的一种生产控制方法。研究标准时间的目的在于定量分析与比较两种以作业方法的先进性；及时发现企业加工费用过高及生产水平下降的原因；及时调整企业生产中的薄弱环节；制定新产品和新工艺标准时间定额，并预定设计成本；确定产品生产计划及估算劳动成本；制定标准工时定额，确定生产水平。

标准时间研究是厨房工作研究的重要组成部分，与动作研究不可分割，动作研究为标准时间研究提供了前提，而标准时间研究明确了厨房生产力发展的方向。

1. 确定标准时间

标准时间是指在一定的操作条件下，通过一定的操作方法，一名达到一定熟练程度的厨师，按标准速度，并且在保证具有必要富余时间的条件下，完成操作所需要的时间，是劳动者为完成一定生产工作任务所必需的各种劳动时间的总和，又称为定额时间。

根据工时消耗分类的原理，标准时间包括作业时间、布置工作时间、休息与生理需要时间，以及准备与结束时间。

（1）作业时间

作业时间是指厨师直接对食品原料进行加工，用于完成各个工序操作所消耗的时间，是标准时间的基本组成部分。

作业时间的基本特征是随每一被加工对象重复出现。在以机器设备作业为主的工序操作中，如使用切片机、绞肉机、粉碎机、搅拌机、和面机、烤箱等设备进行生产时，作业时间由基本时间和辅助时间两部分构成。而以手工作业为主的工序，如厨师对鱼的开生制花刀、上灶逐个烹制菜肴、冷菜间制作花色拼盘等，就不再区分。

①基本时间。基本时间是加工人员直接完成基本工艺加工，使劳动对象发生物理或化学变化所消耗的时间，如厨师加工、切配原料，烹调菜肴的时间等。

基本时间的特征是使加工对象的尺寸大小、形状、位置、状态、外表或内在性质发生变化所消耗的时间，随每一个被加工对象的变更而重复出现。基本时间按操作者与机器设备的结合程度，可细分为以下几种类型。

第一，机动基本时间。在加工人员的看管下，由机器设备自动完成工艺加工任务所消耗的时间。如搅拌机的自动搅拌时间、和面机的自动运转时间等。在机动时间内工人可实行交叉作业或多机台看管。机器设备自动化程度越高，机动时间越长，实行交叉作业或多机台看管的可能性就越大。

第二，机手并动基本时间。加工人员直接操纵机器设备完成工艺加工任务所消耗的时间，如面点师手动操作轧面机、切片机，手动操作走刀时间等。

第三，手动基本时间。加工人员依靠手工或借助简单工具完成工艺加工任务所消耗的时间，如鸡、鸭、鱼的开生、蔬菜的切配、菜肴的烹制、点心的成形时间等。

第四，装置基本时间。在加工人员看管下，加工对象在某种装置容器中，由设备将某种"能"（如电能、热能、水能）作用在加工对象上，使其发生某种变化所消耗的时间，如面点制品的烤制、蒸制时间，菜肴的卤制、酱制时间等。

②辅助时间。辅助时间是为保证基本工艺过程的实现而进行各种辅助性操作所消耗的时间。

辅助时间的基本特征是随每一工件重复出现。如原料加工时刀具的转换，机械加工工序中装卸工件、进退刀、转换刀架、开关机器等时间。按其与基本时间的相互关系，可分为交叉辅助时间和不交叉辅助时间。交叉辅助时间是不停止基本操作、不中断基本时间，同时进行辅助操作所消耗的时间。不交叉辅助时间是在中止基本操作的情况下，从事各种辅助操作所消耗的时间。前者不计入单件工序定额。辅助时间多数靠手动操作实现，在个别情况下也有机动或机手并动时间。

（2）布置工作时间

布置工作时间是指工作班内工人用于照管工作场所，使之保持正常的工作状态和良好作业环境所消耗的时间，是定额时间的组成部分。

布置工作场所时间消耗的基本特征是随工作班次重复出现，常以占作业时间的百分比表示，并分摊到单件工序工时定额中。按其性质可分为以下两种类型。

①组织性布置工作场所时间。为实现正常的文明生产，采取日常性组织措施而消耗的时间。特点是出现在每个工作班的开始和结束之时，如上班后领取原料、接受任务、设备清洁保养、整理清扫作业面，下班前填写生产记录、统计报表，办理接交班手续等所需的时间。

②技术性布置工作场所时间。为使生产技术装备、作业环境处于正常状态采取的技术性措施所消耗的时间。特点是发生在加工过程中，如加工过程中调整工具、更换设备、磨刀、清理废料、整理半成品等。

（3）休息与生理需要时间

休息与生理需要时间是指工人在工作时间内用于恢复体力和满足生理正常需要所消耗的时间。是定额时间的组成部分。

这部分时间包括班中为消除疲劳而规定的休息时间，以及为满足加工人员生理上的自然需求的时间，如正常的休息、喝水、吸烟、擦汗、上厕所等。该项时间的长短取决于劳动强度、作业性质、工作条件等多种因素，其基本特征是随工作班次重复出现，厨房生产控制中该时间以占作业时间的百分比表示，并分摊到单件工序的工时定额中。

（4）准备与结束时间

准备与结束时间是指加工人员为完成一批产品或一项独立生产任务，事前进行准备和事后结束工作所消耗的时间，是定额时间的组成部分。

准备与结束时间的主要特征是随生产产品的批次重复出现，即每加工一批产品或完成一项独立的工作任务才出现一次，如炒菜一锅出两份以上时的调料、烧锅、刷锅过程，包子一次蒸制多屉时水锅注水、上屉、下屉过程。此部分时间一般按工序确定，根据生产批量大小以绝对数单独列出，或者平均分摊到该批菜点的各单件工序工时定额中，包括接受生产任务、熟悉工艺技术资料、考虑加工方法的时间，为本批菜点调整机器设备、准备与安放工具模具时间、点收原料与交检时间，设备复位送回工具模具、填写生产记录时间、清扫工作现场时间等。上述各项都是为一批产品或完成一项任务所消耗的时间。

厨房生产掌握了标准时间后，可以减少厨师工作中出现的体力浪费、人员浪费和工作质量不稳定等现象。

确定厨师工作的标准时间，要对厨师完成每一项操作程序的动作进行分析，保留操作中必须的有效动作，去除多余的无效动作，经过培训后再确定标准时间。

2. 厨师动作分析

厨房的每道工序都是由厨师的若干动作组合而成的，工序是否合理，往往取决于动作的安排是否合理。厨房对厨师动作进行的分析在厨房管理中被称为"厨师动作分析"。动作分析是在泰勒首创时间研究之后，逐步发展起来的一种时间研究方法，具体包括秒表测时法、工时抽样法和预定动作标准时间法三种。

厨师动作分析是对厨房某项工序进行系统研究时，借助各种现代化科学管理的工具，先分析该工序的总程序，然后再分析各个子程序，一直延伸到更细小的工作单元，将不必要的动作程序去掉，从而找出厨师最佳的工作程序和方法。在此基础上用时间的尺度进行衡量、比较，说明新动作程序和新操作方法的经济价值，同时根据需要确定该工作程序的标准时间，这类活动被称为动作分析。

动作分析的主要根据是动作经济原则，其目的在于减少厨师操作疲劳，增加有用的工作量，充分利用人的能量。动作经济原则是由美国吉尔布雷思夫妇首先总结出的"人的动作法则"发展而来，这些法则由巴里斯进行了重新安排和扩充，并在其早期论文中称为"动作节约原则"。这一原则是劳动者在劳动过程中应遵守的动作行为规范。

3. 动作经济原则的主要内容

（1）利用动作能原则

尽量使双手同时开始工作，同时结束工作；使双手同时间相反方向运动，或做对称的运动；动作应有一定的节奏。用力而且简单的动作，应用脚或腿代替手来完成。

（2）节约动作量原则

排除不必要的动作，动作要素越少越好；尽可能用小的动作去完成工作，材料和工具尽量放到伸手就能拿到的地方。按照基本动作程序确定适当的放置地点（前项程序完毕应放置下一程序所用的东西）；工作台应适合操作者工作时的要求，其高度、宽度、样式要能使操作者感觉舒适，保持良好姿势。把两个以上的工具结合为一个，从而达到减少工作量的目的；如要长时间保持对象物，则应利用保持器具。

（3）改进动作方法的原则

确定动作顺序，以便使动作有节奏地按照比较平滑的曲线运动，保证操作点的适当高度。利用惯性、重力、自然力等，尽量多利用动力设备。

（四）经营费用

这里主要是水电费用、燃料消耗费用。厨房生产中一定要进行合理控制，经营费用属于毛利部分，厨房管理者更多地控制原材料成本。但作为餐饮企业的一员，企业能否创造更多利润与厨房经营费用控制休戚相关。餐饮生产经营中，要建立相关制度，对厨房水电、燃料进行严格控制，杜绝浪费。下面分别介绍厨房中水电费用、燃料费用的控制。

1. 水的控制

①因操作清洁和卫生需要，在各部门安装水龙头时要有所不同，炉灶使用专门的开合式水龙头，砧板使用易开式水龙头，洗手池使用按压式或感应式水龙头。

②员工需养成随时拧紧水龙头的习惯，即使需要水冲的原料，也要将冲水量和冲水时间控制到最佳的程度，不要任其流淌。

③洗涤原料要讲究方法。如对有泥沙的叶类蔬菜要蓄水浸泡，切不可简单地冲洗，既浪费水，洗涤效果也不好。

④每日要检查水管是否有漏水、水龙头关不紧的现象。如有问题及时报工程部或请专业人士维修。

2. 电的控制

①厨房照明开关控制两组照明线路，非营业时间可以只开一组，控制非营业时用电数量。另外根据工作时间决定开灯时间，保证电能没有无谓损耗。

②根据经营量决定开鼓风和排气设备的时间。

③各种电力加工设备使用后要及时关闭，避免无效工作，浪费能源。

④定期检查空调、冰箱设备的冷凝器、蒸发器，定期请专业人士清理污垢，保证空调设备正常运行，减少耗电量。

3. 燃料的控制

①根据原料性质选择加热方式，控制火力大小以及用火时间，能一起加热的不分开处理，以节约能源。

②根据经营量决定开炉数量。

③无加热任务应及时关火，避免燃料浪费。

二、影响成本控制的因素

厨房管理者除了通过控制原材料价格和数量，保证每月预期的食品成本率外。还需要对厨房生产各环节进行控制，厨房人员生产、设备运行和原料利用率等三方面因素会对成本控制产生影响，左右着食品成本率的高低。

（一）人员的生产水平

目前餐饮企业厨房生产更多依赖的是手工操作，手工操作的生产水平会有高低起伏，生产水平不同会对产品成本产生一定的影响。首先是加工水平的高低，会造成同一原料不同的净料率，使成本产生波动；其次是配份原料会产生数量的不一致，使成本产生波动；再次是烹调时调味不当或将菜肴加工失饪（或生或老），造成客人退菜，使成本产生波动。

为了确保成本的稳定，厨房管理者首先应该招聘有一定技术水平的厨师，形成一支有生产能力的专业技术队伍。然后进行必要的生产控制。第一，广泛地采用基本必需的设备来替代手工操作，如使用粉碎机制作蓉泥菜肴，有效地提高效率和节约原材料；第二，使用称量器具来提高菜肴数量的准确性，如大批量生产时使用台秤，在配菜时可以有效地控制原料的数量，减少人为操作的随意性和经验性；第三，进行专项分工来提高单项菜肴的技术水平，如将某一特色菜交给某一个厨师专门操作，保证菜肴口味和质感的相对稳定，减少顾客退菜率，间接地保证成本的稳定。

当然，厨房如果全部使用高水平、高技术的人员，既不现实，也不会有效，因为高水平的人员意味着高工资。尽管他们有可能保证产品质量，保证成本的相对稳定，但在原材料成本稳定的同时，却提高了劳动力成本。另外，高水平人员之间会由于技术的问题产生相互之间的妒忌、互不服气，给厨房管理带来很大的麻烦。为此，选拔技术骨干，建立一支有技术骨干的厨师队伍，并对普通员工进行一定的培训，提高他们的技术水平，这才是管理之本，成本控制之路。

（二）原料的利用率

没有综合利用、过度浪费原料是厨房成本控制中最容易产生的问题，也是最大的问题。控制原料价格和数量的同时，有效降低厨房浪费的程度是成本控制成败的关键。

造成厨房原料利用率的原因很多，总结下来主要有这几种情况。

1. 厨房人员工作的责任心不足，造成材料的损失

厨房人员的责任心不足是造成原料浪费的一个因素。如员工工作漫不经心，拖三拉四，干活有始无终，别人锅里的水烧干了，视而不见，不会帮助别人补台；笼里的食物已经蒸过了，却事不关已，不闻不问；原料应该下冰箱，却随意摆放，最终由于气温的原因造成变质、发臭；本来应该将原料保鲜的却将其放在冷冻冰箱，冻坏原料。诸如此类不负责任的人为因素同样会造成成本的巨大损失。

对待此类问题，厨房的管理者依旧应该考虑激励机制是否健全。应该注意培养员工的团队精神，以保证厨房生产有序而实效。

2. 管理力度不强，造成材料的流失

厨房管理力度不强，不能及时发现问题或发现问题管理不到位等都可能造成原材料成本的损失。

（三）设备运行情况

设备运行情况也是影响厨房食品成本的因素之一。厨房生产中，设备老化或超负荷运转，可能会在机械上产生故障，使原材料意外地遭受损失。如去皮机的灵敏性变差，一个土豆经过切削可能只剩半个；烤箱温度不均匀，烤出的食品是"阴阳脸"，不能售卖；冰箱塞得过满，冷空气不流畅，造成原料的腐败、变质等。

第三节　生产成本控制

餐饮成本控制过程中，厨房成本控制是重点，原因有二。一是厨房生产的复杂性。厨房生产即时性、不可预知性，生产产品数量完全根据客源量而波动，对所需原材料选购也随产品数量的波动而波动。加之厨房生产的手工性，缺乏规范标准，使产品成本受人为因素影响而加大波动的可能。二是厨房产品的主导性。任何一家餐饮企业创造经济效益的渠道是售卖餐饮产品，其中厨房生产产品占有主导地位。

厨房成本控制可以根据生产的程序来进行，一般可分为生产前、生产中和生产后三大阶段的控制。

一、生产前成本控制

成本控制在原料进入厨房时开始，厨房管理者不负责采购工作，但控制原料价格确是厨房成本控制应有的责任。

1．采购控制

前面章节中已经知道采购高质量的原料，是保证厨房生产产品高质量的前提。高质量原料有时也意味着高价格，任何一家餐饮企业，因经营目标和追求经济效益的原因，原料采购不会无限制地攀高价格，都会进行比对，多数高价格存在虚假成分，与高质量不相符，控制原料价格是要保证质价相符，控制成本不能频繁波动。具体方法有以下几种。

（1）严格使用原料采购规格书

根据使用原料的要求，厨房制订采购规格书，就是一种标准，此标准为厨房高质量的制作产品提供保证，采购部门一定要严格遵守标准，切不可在采购中弄虚作假，以次充好。作为使用部门的厨房一定要严格把关，杜绝不合要求的原料进入厨房。餐饮企业都有严格规定，原料在未接收之前出问题采购部门负责，进入厨房后出问题则由厨房负责。这样督促采购部门严格遵守采购规格书进行操作十分必要。

（2）严格控制采购数量

对厨房原料数量控制基于两点，一是每日售卖情况，售卖数量与原料采购数量比例不当造成积压，原料风味品质会有影响；二是加大每日成本数额，占用更多资金，使资金流发生"断流"，周转不畅，对正常生产运作不利。所以每日原料采购数量的确定，一定要根据前一日经营售卖及预订实际情况进行预测，在了解库存的前提下，填写每日需要原料的数量。原则上价高、非冰鲜、易死的动物性原料要控制数量。既能有效地控制每日成本数额，又能减少因原料腐败、变质带来的成本增加。

（3）严格审核原料价格

原料价格和数量是构成原料成本的两个重要因素。其中原料采购价格最为重要，是未来原料净料价格和菜肴售卖价格的基准线，这个基准线越低，其他两个价格也越低，犹如水涨船高，水落船低一样。厨房管理者应该严格依照报价标准去审核价格，并对比原料质量，防止偷梁换柱、以假充真的现象，保证质价相符。

国外不少饭店就以质量与价格之比来评估采购效益，即原料质量/价格=采购效益。如每条500～700克鲜鳜鱼（非活），单价为40元/千克，其质量被评为80分，则该鳜鱼的采购效益为80/40=2。经调查，发现相同质量的鳜鱼是35元/千克，其采购效益则为80/35=2.28；相反如果以40元/千克价格购得质量更好的原料，其质量分为95分，则采购效益为95/40=2.38，同样可以得到应有的效益分数。可以看出高质量原料和低价格容易创造高的采购效益分。

（4）严格采购程序

为了杜绝厨房管理人员与供应商的密切接触，厨房采购程序一定要完备。严禁厨房自己叫货、验收、使用。坚决执行企业既定的采购程序，使各个环节相互制约、监督，又相互沟通、联系，保证原料的质量、数量、规格及成本。

2. 验收控制

原料验收就是要检查原料规格、数量、价格是否与订购要求相符合。餐饮企业应该设立专门的验货组，由厨房、成控组、收货部人员统一验货，保证产品质量，努力控制好原料成本。其中厨房验货人员责任重大，无论餐饮企业规模及是否有条件设立收货部，厨房验货人员都能起到决定性作用。为保证每月厨房成本能得到有效控制，厨房验货人员一定要具有相当的验货经验，很强的工作责任心，良好的职业道德。

3. 贮存控制

贮存控制工作大部分是仓库人员完成，没有科学的库管手段和措施，会造成原料质量下降和数量缺失，对厨房成本控制带来一定的影响。要作好贮存工作应该注意以下几点。

①编写防火、防盗、防潮、防虫害的具体措施，减少自然耗损。

②掌握库存原料方法，了解每日使用和消耗动态，合理地控制存量，减少资金占用，加快资金周转。

③建立完备的货物清仓、盘点、清洁卫生制度，做好贮存记录，预防材料流失和错账。

④科学地整理、分类存放各种原料，便于收发和盘点。

4. 发料的控制

发料控制的目的是按厨房需求发放原料，保证符合厨房需求的规格和数量。原料发料数量、规格控制不好会造成厨房成本控制的失败。如对每次高档散装原料发放数量不准确，到使用完后，进货数目与领用账目不符，造成厨房干货调料成本的错误。发料控制时应注意以下几方面。

①领料单是发放、领用原料的凭据。没有领料单不可以发放原料。另外，仓库保管人员要分清食品领料单和物品领料单，因为只有食品领料单上的成本才能归入原材料成本，物品原料单上的成本是归经营费用，千万不能张冠李戴。

②发放原料要严格检查领料单填写是否清楚，主管领导是否签字，数量、金额是否相符，填写内容与形式是否符合餐饮企业管理制度的要求。未经签字批准，切不可擅自发放原料，否则易造成原料流失。

③原料发放应遵循先进先出的原则，切不可积压存货，使原料质量下降，造成不必要的成本浪费。另外，长期未用或快要到保质期原料的情况，仓库保管员应及时通报使用部门，提醒使用部门及时领用，防止原料质量下降，造成原料浪费的现象。

④严格按领料单填写品名、规格、数量、单位发放原料，避免原料流失，控

制成本。

5. 生产量控制

生产量控制是指厨房管理者根据过去产品销售的记录，计划每天的生产量，以保证成本控制相对稳定。

生产量的原始记录必须注意对突发事件信息的记录，如退菜、临时加菜、客人特殊需求等信息。特殊信息是厨房生产预测的非确定性因素。

生产预测的非确定性因素还包括天气情况、节假日以及餐饮企业当日或近期是否有特殊活动，还包括周边环境是否有重要政治活动、大型会展等。

厨房生产中主要浪费之一是菜点生产过量，厨房管理者应对生产量进行预测，通常可以依据下面几点。

①认真分析菜点销售统计表，把握顾客对各种菜点的需求程度（表 10-3）。

表 10-3　销售统计日报表

日期			天气
星期			特殊活动
餐次			填表人
菜点销售量前 10 位统计			
菜肴名称	销售记录	合计	占全部菜销量比例
菜点销售量后 10 位统计			
菜肴名称	销售记录	合计	占全部菜销量比例

注：此表抄送行政总厨、餐厅经理、财务部

摘自《巴国布衣——厨政管理》

根据企业要求，除按经营日所做的销售统计日报表外，还应按星期销售进行统计（表 10-4）、按时段销售进行统计（表 10-5）和按各菜生产数的百分比统计的报表（表 10-6）。

②认真分析客源情况，对客源年龄、性别、职业、文化程度进行细分，形成客史档案，更详细地了解客人的喜好。

③正确分析菜点销售情况，把握正确的经营方向，减少生产中原料不必要的浪费。

表 10-4　按周销售统计报表

星期	周一	周一	周一	周一		周二	周二
日期 菜肴名称	5 销售 / 份	12 销售 / 份	19 销售 / 份	26 销售 / 份	小计	6 销售 / 份	13 销售 / 份
					☐		
					☐		
					☐		
					☐		
☐	☐	☐	☐	☐	☐		
生产总数					☐		
客人数 / 人					☐		
销售额 / 元					☐		
平均消费额 / 元					☐		

表 10-5　按时段销售统计报表

年　月　日　星期：

时段	客人数（人）	销售额（元）	人均消费（元）	备注 （下雨、节日等因素）
10：00-12：00				
12：00-14：00				
14：00-16：00				
16：00-18：00				
18：00-20：00				
20：00-22：00				
总计				

表 10-6　各菜点生产百分比统计报表

菜肴名称	生产份数（份/月）	占生产量的百分比（%）
总额		

④生产预测最短周期以周为宜，保证预测的准确性。

A. 生产总量的预测方法。表 10-7 列出某厨房在九月份各周一的生产总数为依据，经过加权平均后，预测下一周的周一厨房生产量的理论预测值。

表 10-7　预测日厨房生产量

日期	菜点生产总额	各生产数据的权数	加权值	理论预测值
5/9	400	1	400	400 × 1=400
12/9	392	1	392	392 × 1=392
19/9	378	2	756	378 × 2=756
26/9	413	2	826	413 × 2=826
3/10	419	3	1257	419 × 3=1257
合计		9	3631	400+392+756+826+1257
10/10				3631 ÷ 9 ≈ 403.44 ≈ 404

加权平均预测法是在以往的生产数据上加权，越近的数据加权越大，将加权数值相加除以总权数，求出平均值，其计算公式：

$$N = \frac{Q_1W_1 + Q_2W_2 + \cdots + Q_nW_n}{W_1 + W_2 + \cdots + W_n}$$

式中：N＝厨房预测日生产量（注：其值遇到小数时，一律按进位数字准备原料）

Q＝生产数据

W＝权数

再根据实际情况、工作经验，以及生产预测的非确定性因素，得出生产的预测值。计算公式如下：

预测值＝理论预测值＋保险值＋特殊情况增减值

这种预测方法十分简单、实用，适合每日厨房生产量的计算。

B. 各菜点销售份数预测。根据表 10-7 和表 10-6 得出各菜点销售份数。计算公式如下：

各菜点生产的理论预测值＝当天菜肴生产理论预测总数 × 前期各菜点预测百分比

上述预测方法是以企业以前的销售统计数据作依据，具有一定的科学性。

⑤销售量是变化量，受很多因素的影响，切不可固守模式不放，进行错误的预测。

二、生产中成本控制

前面介绍过厨房产品成本控制主要是将产品成本控制在一个合适的范围之内，最终标准是每月餐饮企业成本率是否更接近标准成本率，过高或过低的成本都不符合要求，生产中对加工原料各种标准进行控制十分必要，可从以下几方面入手。

1. 加工标准控制

厨房生产加工主体是烹饪原料，烹饪原料成本由价格和数量构成，生产时原料价格已经成为一个固定数值，只有控制原料数量，才能保证原料成本的相对稳定。对原料加工的恰当，能保证加工后净料数量下降的幅度不大，即净料率高；对原料加热的恰当，保证加热程度到位，使原料不至于损耗过多，即熟料率高，将原料成本控制在一个合理的范围之内。

前面章节已经介绍过净料率，所以这里主要介绍熟料率。熟料率是指烹调后的菜点重量与加工前原料的重量之比。大多数原料成熟前后重量变化不大，熟料率有时忽略不计，但对于叶用蔬菜类、牛、羊肉类、海鲜类原料等，加热后易脱水，其熟料率就显得很重要。大多数厨房管理者容易忽略，在成控过程时对采购原料数量把握不准，就是不了解熟料率所致。如牛肉加热其熟料率为 50%，即 1 千克牛肉加热成熟后只有 0.5 千克，如果每份红烧牛腩需要烧熟的牛肉 0.5 千克，需要净生加工牛肉是 1 千克，而生牛肉毛重要超过 1 千克。正是管理者的疏忽，才会在购买过程中出现原料数量或多或少的现象，造成成本波动。

　　控制原料加工的净料率和加热的熟料率主要有两个方面。一是通过净料率和熟料率可以判定净熟料的数量，还可以反推毛重原料的数量。在控制进货数量，还是加工数量都非常方便、有效。二是通过净料率和熟料率知道加工、加热原料成率的标准，有依据进行生产。

　　原料由于有各自的性质不一样，其净料率和熟料率也不同，企业会根据自身的特点，依照自身的技术力量制订符合本企业的操作标准。原则上标准制订按照规范程序进行，必须以称量的结果为准，切忌随意估计（表10-8）。当然，在预测成本控制的状况时可以按照大致的数据进行估算。

表 10-8　原料净料率、熟料率测试表

品名		测试号		日期	
供应商		单价		总额	
毛重		总净重		净料总价值	
净料品名			净料部位	重量	单价	小计
烹调时间		烹调温度、火力		烹调损失量	
熟料量		熟料率		份额大小	

测试人：

（摘自《巴国布衣——厨政管理》）

2. 配份标准控制

　　配份就是将加工好的原料，包括已上浆的原料，按照主、配、调料的形式进行组合，并严格按照既定的数量标准进行搭配。原料配份数量及内容决定菜肴最终售价和出品名称。每个定价菜肴都有主、配、调料的配份标准，按照标准进行原料数量的搭配才能保证成本的稳定，保证每个菜肴的成本率。

　　首先，配份控制应该建立配份标准规格单，表内原料配份规格是根据餐饮企业具体情况制订，不是所有餐饮企业统一的规格。每个企业菜单中菜肴价格是依据各自的配份计算出，配菜过程中主、配、调料的数量不要轻易更改。其次，使用标准的称量工具及配份盛器。菜肴配制要按照标准规格单的数量进行，对主、配、调料先进行称重，然后分别置放于不同的盛器（码斗）中。码斗是一种粗略的称量工具，为保证配菜厨师配菜的速度，在了解盛器容量的前提下，直接使用盛器确定原料的数量（容积法）。对于大批量原料的配菜必须使用秤来确定数量，保证成本数额的稳定性。最后，所有配制好的原料要分开放置，尽量不要混放。考虑到菜肴份数，因客源变化而波动，为了增添和削减比较方便，原料一定要分主、配、调料分开放置。同时还要置放于指定位置，便于查找和调换。

3. 食谱标准的控制

对标准食谱进行合理的编写及控制，达到对菜肴生产质量及成本的控制。标准食谱是根据餐饮企业经营需要制定，是厨房根据所经营的菜肴而规定投料量和制作标准。各个餐饮企业的食谱标准不同。标准食谱内容应包括菜点名称、制作份数、份额大小，投放原料名称、规格、数量，需要的生产设备，详细的制作程序、时间、温度和方法等。每个企业的标准菜谱格式并不相同，其内容大致相近（表10-9）。食谱不仅控制各种原料投放的数量和规格，还严格控制产品质量。

下面介绍标准食谱的制订要求。

①格式规范，文字通畅。菜谱格式应统一规范，文字叙述就简单易懂，使用行业约定俗成的专业术语，没有普遍使用的地域性术语尽量不用，便于厨师阅读。

②注明该食谱的分量是供多少位食用。

③食谱中使用量具和衡具称量得出准确的数据。

④按使用顺序罗列原料。在烹饪加工中，有些原料需要分几次使用，凡使用两次以上的原料要分别列出，防止加工过程中遗漏。如有些菜肴在腌制时需要盐、料酒、淀粉，在加热过程中还需要再次使用这些调料，此时就应分别列出。

⑤明确生产规格标准。生产规格指厨房生产流程中原料加工、菜点配分和烹调的规格，包括原料的形状、尺寸、各种主料、配料、调料的数量比例和烹调方法。每一种规格应成为每个流程的工作标准。

⑥一切数据、单位要符合行业习惯。如我国香港地区多使用港秤，使用十六两制，与大陆不同。

⑦任何必要的质量说明使用准确的用语。如应注明"一勺生油"的意思是一勺猪油还是一勺色拉油。要杜绝使用"适量""少许"等字眼。另外，要用详细、简明的术语说明产品的颜色、质感、口味、形状，以及烹调确切的温度、火力、时间和其他控制因素。

⑧装盘时应标明出品使用的餐盘类型和大小，如需装饰、点缀，应该单独说明。

表 10-9 标准菜谱

菜肴实名			总成本				
寓意菜名			成本率				
用途			售价			菜肴照片　　　　　餐具照片	
餐具规格			类别				
菜谱号			日期				
产品特点							
原料	名称	数量（克）	预算成本（元）		制作程序		操作关键
			单价	总价			
主料					加工切配：		
辅料							
调料					烹饪加热：		
添加剂							
合计					装盘：		
标准成本							
餐具要求							
装饰要求							
上桌要求							
备注							

⑨在编制标准食谱时可以使用简图表明菜肴的造型。

在标准菜谱中任何影响菜点质量的因素都要明确规定，不应留给厨师自行处理。标准菜谱的制定形式可以变通，但一定要有实际指导意义。因为标准菜谱是一种控制工具，是厨师的工作手册。

三、生产后成本控制

生产后成本控制主要是核查、比较的工作，不同于在生产中对每个菜肴进行控制，其控制过程主要是对食品销售额、生产成本进行比较、分析，并估算出成本率，发生偏差及时纠正，为下一次生产提供可靠的理论依据。

生产前、生产中的成本控制是防止生产结束后产生实际成本率与标准成本的偏差，是否真的发生偏差，就需要生产后对营业报表作出分析，找出发生的偏差及产生的原因。厨房管理者对成本控制有几种方式，一是每日查询法，二是每旬查询法，三是每月查询法。厨房管理者根据自己的精力和能力来决定选用其中之一，并要求财务部门在每天、每旬或每月提供相应的报表来进行核查。厨房管理者日常工作中会采用每日、每旬的报表来核查实际成本，控制成本的波动。而每月底，各餐饮企业由财务部门通过盘点来考核厨房成本控制的情况。

1. 每日（旬）成本控制

进行成本控制之前，须了解每日（旬）食品成本额的计算方法。

每日（旬）食品成本额＝每日（旬）直拨原料采购额＋每日（旬）仓领原料成本额

每日（旬）食品实际成本净额＝每日（旬）食品成本额－每日（旬）留存原料成本额

食品原料实际成本率＝食品原料实际成本净额 ÷ 食品营业额 ×100%

可依据下列的步骤进行。

（1）查收每日（旬）收货单据

厨房每日直拨原料采购额可以通过查收每日收货单得到。按照正常工作程序，厨房管理者每天要对厨房每日收货单签字，对原料价格、数量进行核查，并记录下每日原料采购额。

（2）查收每日（旬）仓领单据

厨房每日仓领原料成本额通过查收每日食品领用汇总单得到，它构成厨房每日食品成本的另一部分（表10-10）。厨房管理者对每日所领用的各种干调原料进行控制，防止申领过多造成当日成本的增加。

（3）查收每日（旬）营业报表

厨房管理者对每日营业报表进行分析，了解每日营业状况，并记录每日食品营业额。

（4）查收每日（旬）内部调拨单

厨房原材料成本调拨不是每日发生，成本控制一定要考虑到这一因素，每一句度或每月盘点中要将其体现出，不然成本数据会不准确。对每日成本控制时，根据需要灵活掌握。

（5）检查每日（旬）剩货情况

表 10-10　食品领用汇总表

部门　　　　　　　　　　　　　　　　　　　　　　　　　　年　　月　　日

品　　名	单　位	单　价	数　　量	金　　额
合　　计				

制表人：

每日所采购的直拨原料和仓领原料全部用掉，全部转化为每日食品营业额，每日实际成本净额就是直拨原料成本额加上仓领原料成本额。实际生产经营中，这种可能微乎其微。所以检查每日剩货留存情况十分必要。从前面的计算公式可以知道，要得到每日实际成本净额，就要将每日留存原料成本从每日食品成本额中减去。

实际成控中，对每日存留成本大多是估算（每日精确计算没有时间，也没有必要），每天成本率只是估算值。尽管是一个估算值，对厨房管理者成本控制也会起到一定作用。

2. 每月成本控制

每月成本控制就是在每个月末对每月直拨成本和仓领成本及每月食品营业额进行分析计算，得出结果。如同每旬成本控制法一样，在月末剩余原料留存需要财务部门严格的盘点，经计算可以得到每月末准确的食品成本率，这种做法既是厨房管理者控制成本的手段，也是财务部门乃至餐饮企业高层考核厨房管理者管理能力、了解经营状况的一种方法。

具体计算方法如下：

月初厨房结存额（上月末实际结存额）

＋本月直拨采购额（本月向厨房直拨原料采购总额）

＋本月仓领原料额（本月厨房向库房领料单汇总额）

＋转入成本额（厨房内部调拨原料转入金额）

－转出成本额（厨房内部调拨原料转出金额）

－本月末厨房结存额（本月末厨房实际盘点结存额）

厨房月成本净额

通过表 10-11 可以知道每月厨房月成本净额的计算方法。

表 10-11　中、西餐厅食品成本月报表

时间：2000 年 7 月 31 日　　　　　　　　　　　　　单位：　元

部门 类别	中厨房	西厨房
食品成本：		
期初结存	35148.39	30322.03
直拨	122022.72	11831.66
仓领	38257.20	20540.78
转入	289.93	834.50
转出	848.24	1024.47
期末结存	21412.73	32720.04
食品成本小计	173457.27	29784.46
食品收入	358538.50	94843.60
食品成本率	48.38%	31.40%
标准成本率	40%	

制表人：　　　　　　　　　　　审核：

厨房月成本净额＝ 35148.39 ＋ 122022.72 ＋ 38257.20 ＋ 289.93 －

848.24 － 21412.73

＝ 173457.27 元

根据分析成本控制的状况。该酒店中餐成本率高出标准成本率 8.38%，这相当于成本费用多出 30045.53 元，说明中餐成本控制中有成本损耗或浪费。据调查，本月中最大一次原料浪费是 25 千克进口鹅掌未保管好，造成原料腐败、变质，迫不得已倒掉造成成本费用增加。反观西餐成本率过低，成本控制也失败，导致营业额过低。由于营业额过低，西餐存货量又过高，时间长容易造成食品风味的下降，所以当务之急是要降低存货量，增加成本，把实惠还给顾客。

✔ 本章小结

控制是管理中极为重要的环节之一。餐饮生产是通过完成一道道工序、流程，实现餐饮产品的操作活动，控制就是衔接这一个个环节的纽带。从整个管理过程来看，控制还体现在通过一系列的协调工作，帮助管理人员检查、核实实际操作结果是否符合预期的生产目标。

餐饮业具有特殊性，因而很难像其他产业一样将产品完全标准化、统一化、规格化，也不具备完善、系统的控制体系。但厨房产品生产制度和财务制度的建立，可以借助科学方法及各种分析手段来控制厨房生产和成本运作，使产品质量误差降到最低，降低资源浪费。

掌握成本控制知识是现代餐饮企业管理者必须具备的基本素质，厨房管理者要能够及时地控制厨房原材料成本，针对出现的问题迅速做出调节和改进，使餐饮企业最终完成预算，获得赢利。

✔ 思考与练习

1. 什么是盈亏平衡点？如何知道餐饮企业的盈亏平衡点？

2. 作为厨房的管理人员，如何根据厨师的技能水平管控劳动力成本？

3. 厨房运营中，生产质量控制影响着饭店的最终盈利水平，连锁餐饮企业菜品总监如何对厨房生产质量进行有效控制？

4. 如何控制原材料成本？

5. 影响成本控制的因素有哪些？

6. 依据自己的行业经验，以单一菜品设计一张标准菜谱。

7. 试分析下面一则案例，找出餐饮总监批评厨师长的原因。

某酒店召开每日早间的例会，会上餐饮总监总结了前一天餐饮经营的情况，然后，要求各部门将每日工作的情况作一个汇报。轮到厨房发言，厨师长小廖将早晨厨房的运作情况进行了汇报，其中还特别提到了厨师在操作中忘记关水管，为了成本的考虑，是他喊操作的厨师把水管关好的事例。这时，餐饮总监打断了他的话，在确定了谁关的水管后很严厉地批评了小廖，大家都觉得很奇怪，小廖做了件好事却遭批评。

8. 生产前成本控制有哪些内容？

9. 试分析"只要营业额高，就不愁没有利润"的观点是否正确，说明理由。

第十一章　厨房人员控制

本章内容： 厨房人员招聘

厨房人员培训

厨房人员激励

厨房绩效考核

教学时间： 2 课时

教学思路： 由餐饮企业厨房人员流动性特点导入，讲解厨房人员招聘程序和要求、人员具体培训方式和考核内容

教学要求： 1. 了解厨房人员招聘、培训的方法

2. 掌握控制厨房人员的手段和绩效考核的方法

3. 熟悉激励和调动厨房人员积极性的方法

课前准备： 了解餐饮企业厨房用工现状

现代厨房会存在两方面的选择，一是如何保持经营态势，二是如何防止人员流失。近些年，由于餐饮企业竞争的需要，"挖人"的现象十分严重，餐饮企业在人员控制上出现漏洞，就会出现人才流失的现象，会带来巨大损失。对厨房人员的合理控制也是企业经营成败的关键。

第一节　厨房人员招聘

为餐饮企业未来的生产做打算，厨房必须挑选好员工。厨房生产技术性较强，是手工性和经验性的工作，人员选择和招聘不能马虎。中小型餐饮企业对厨房员工招聘方式多是依托厨师之间或朋友的关系进行推荐和介绍，缺乏对厨师的深入了解，试用一段时间发现技术或能力不够，又匆匆换人，临阵换将乃餐饮企业之大忌。因此要从长远角度出发，制订相应招聘和规范人员的制度十分必要。

一、厨房人员招聘程序

厨房人员招聘，有的人认为是人事部门负责把关，与厨房无关。这种想法不正确。招聘工作做得好坏决定着员工能否胜任未来的工作。任何餐饮企业不论规模大小，都应该按照一定的程序去招聘人员，以保证厨房生产正常和有序。

（一）招聘准备

餐饮企业厨房人员招聘工作是由人事部门根据厨房生产经营需要来制订招聘计划，选择发布信息的时间、安排面试及菜肴测试时间和确定员工录用报到、入职培训等一系列工作时间表。

餐饮企业人事部门对厨房人员的招聘计划应该根据企业经营情况来制订。如果是新开张的餐饮企业，会根据自己的经营目标进行定位，全方位地选择适合各种岗位的厨房人才。这时的招聘有两种方式，一是招聘厨房管理人，一位符合餐饮企业经营目标的厨师长，然后再依据餐饮企业设定的组织结构进行员工招聘，这种方式比较适合规模大、管理较规范的餐饮企业。二是招聘厨房运作的整套人马，行业上称"包厨"，这种方式适合规模较小、对厨房管理一无所知的餐饮企业。目前这种方式在中小型餐饮企业中比较流行，实际上这种方式有时会对业主不利，尤其是生意火爆以后，双方一旦在利益点上产生信任危机，会出现厨房人员"整体撤离"现象，既损害业主利益，又影响厨师利益，可谓两败俱伤。为此，餐饮业主的诚信和厨房负责人的素质是决定雇佣双方能否合作的关键，为了不造成双方利益的损失，通常的做法是在招聘成功后一定要签订符合法律规范的协议或合同，对彼此都有制约。

如果是一个已开张的餐饮企业，有全额的岗位人手，只是部分岗位需要调整，在招聘时一定要根据岗位需要来制订计划。通常使用的方法有超员招聘、缺员招聘和等员招聘等几种。超员招聘是指在招聘工作中所招聘员工人数超出实际预算人数。其目的是要淘汰一部分不合格的员工；缺员招聘是指在招聘工作中所招聘员工人数不足实际预算招聘的人数。其目的是留有一定空间以选拔人员，培养人员。等员招聘是指在招聘工作中所招聘员工人数等同于实际预算招聘的人数。一般以等员招聘形式招聘厨房主要管理人员，以缺员招聘形式招聘厨房领班级管理人员，以超员招聘形式招聘一般厨师。

（二）招聘信息发布

招聘信息发布可以通过各种形式，如报纸、电子邮件、电视、广播、网站、新媒体等多种渠道招聘广告方式，如果没有资金通过媒体发布信息的企业，也可以通过朋友、亲属、张贴招聘启事等形式发布消息。其招聘内容包括招聘目的、招聘工种、招聘职位、招聘人数、招聘条件、招聘地点及应聘者资料等。

招聘广告的内容发布要翔实，要说明要招聘员工的具体要求，不要简单地表述。如某酒店招聘厨房厨师。这个信息中没有说明厨师的工种、要求、人数等众多的要求，让各种等级、各种类型的厨师都来报名，会给人事部门造成很大的麻烦。只有表述清楚的招聘广告，才能筛选出餐饮企业需要的人员，这对餐饮企业和应聘者来说都有益。

（三）安排面试及菜肴测试

面试是以谈话的形式来观察、了解及决定应聘者资料及资格是否符合招聘的条件的方法。招聘主试者一般是行政总厨（或厨师长），如果是招聘厨师长则需要餐饮总监来面试。主试者在查看应聘者填写的求职表后，对应聘者有个简单的了解，但这还不够，必须经过各种问题的询问，考察应聘者在行为、动机、谈吐及知识水平方面的能力。通常询问的问题包括三方面，一是行为性问题提问，目的是希望了解应聘者，以往曾发生过的真实行为事例；二是理论性问题提问，目的是希望了解应聘者管理、经营、技术等专业基础理论知识；三是引导性问题提问，引导应聘者跟随提问人的思路，目的是希望了解应聘者反应能力和机敏的程度。如你以前有过什么样的成绩，你为什么离开原单位，你在烹饪中最擅长的是哪个方面，你目前会几种菜系菜肴的制作，你为什么选择了本酒店，本酒店有吸引你的地方吗，一旦你几年都没得到升迁你会怎么做，如果你的员工在工作中不服从你的安排你会采取什么方式……

厨房招聘主管、领班级管理人员，仅靠面试了解应聘者远远不够，最能真实地反映应聘者技术水平的还是菜肴测试法，行业中称为试菜。菜肴测试的品种根据餐饮企业的需要进行选择和设定，少则可以是几道菜肴，多则要至少一桌宴席。主持测试人员多是饭店主要负责人，可以是总经理、餐饮总监、人事部经理和厨师长，通过填写测试表格给应聘者一个适当的分数。

（四）准备录用

通过面试和菜肴测试，管理层会对应聘者给出一个大致的评估结果。如表 11-1 所示。

表 11-1　评估记录及结果

员工	评分	其他记录	结果
张三	A	有能力	初步录用
李四	B	有潜力，需要进一步培养	初步录用
王五	C	需要进一步了解	第二次面试
周六	D	行为过分	第二次面试
何七	E	没有好的表现	不录用

A：远超出职位要求　　B：超出职位要求　　C：符合职位要求　　D：未达到职位要求　　E：远不及职位要求

餐饮企业在正式录用员工之前还必须对资料进一步审核。如尽可能调查审核一个员工在前任企业的表现及履历记录，考察资料的真实性。另外，初步录用的应聘者必须在体检合格后才能正式录用。

（五）体检

作为餐饮企业员工身体健康非常重要，必须持有卫生防疫部门颁发的健康证才能上岗。这是餐饮企业招聘中最基本的条件，如果不过关即使过了初试，也不能录用。

（六）签订协议或合同

应聘员工通过体检，餐饮企业就正式录用。出于对双方利益考虑，餐饮企业必须与应聘者签订协议或合同，以保证雇佣双方有着工作合法关系。一旦有利益上的分歧，双方可以通过协议或合同协商解决。

应聘者应该详细了解协议或合同条款，尤其是双方协议内容、服务期限、享受福利，如有异议应该协商解决，最后，认可后再签字，千万不要在不了解合同或协议的情况下随意签字。

二、招聘厨房人员要求

餐饮企业人事部门在对厨房人员招聘过程中，需要对所招聘对象提出一定的要求，使餐饮企业可以得到自己所希望的人员，通常这种要求有两方面，一是职位要求，二是素质要求。

（一）职位要求

餐饮企业人事部门在制订招聘计划时，一定要按照各部门提出的要求去招聘，要对所招聘的岗位进行职位描述。所谓的职位描述就是要将招聘岗位人员的工作性质进行具体和详细限定，一定要表达清楚对招聘对象和空缺职位要求，使每个应聘人员都知道他未来将要从事的岗位及岗位职责，并比较自己的能力是否合适。切忌对职位的描述含混不清（表 11-2）。

表 11-2　职位招聘表

菜系	淮扬菜	工种	厨师长
工作地点	江苏省	年龄要求	35 岁以上
厨师级别	特级厨师	招聘人数	1 人
学历要求	中专	性别要求	男
婚姻要求	不限	薪酬水平	面议
截止时间	2021-9-25	厨龄	10 年以上
职位描述	我们需要的是一个能控制好成本，对厨房管理有丰富经验的厨师长		

（二）素质要求

素质是指某人在完成某类活动中所具备的基本条件。餐饮企业人员素质高低决定该企业在市场竞争中的地位，同时也关系到企业生产管理的效果。厨房人员招聘过程中，一定要强调所招聘员工的素质。

1. 总厨师长素质要求
①基本素质：有强烈的工作责任心及高尚的职业道德。
②自然条件：身体健康，品貌端正，无传染病。年龄 35 岁以上，男性为宜。
③文化程度：大专以上学历，受过专业技术训练、厨房管理以及营养学方面的专业培训。
④外语水平：中级以上英语会话水平。
⑤工作经验：10 年以上厨师长工作经验，有丰富的实际操作经验。
⑥特殊要求：精通厨房各工种的操作，具有国家级高级技术等级证书。

2. 中菜厨师长素质要求

①基本素质：有为烹饪业做贡献的事业心，在工作上认真负责。

②自然条件：身体健康，品貌端正，年龄在 30 岁以上，男性。

③文化程度：厨师烹饪专业毕业，高中以上学历。经过营养配餐的专业技术培训。

④外语水平：要求达到中级英语水平。

⑤工作经验：有 5 年以上厨师长管理经验。

⑥特殊要求：特级厨师证书，掌握各种烹饪技术（冷菜、热菜、面点）。

3. 西菜厨师长素质要求

①基本素质：有强烈的工作责任心，对工作认真负责，有高尚的职业道德。

②自然条件：男性，身体健康，品貌端庄。年龄在 30 岁以上。

③文化程度：受过专业技术训练和厨房管理培训。

④外语水平：中级以上英语水平。

⑤工作经验：3 年以上西餐厨师长工作经验，精通西餐烹饪知识，较为全面掌握西餐制作技法。

⑥特殊要求：在行业中有一定知名度，具有国家级高级技术职称证书。经过营养配餐的专业技术培训（注：在西方国家聘请西餐厨师长为佳）。

第二节　厨房人员培训

培训是提高人员素质最有效的方法。所有成功的企业都十分重视员工的培训，通过培训来提升餐饮企业的经营实力，提高企业的竞争力，还可以培养员工的团队精神。托夫勒在他的《预测和前提》一书中写道："现在需要的是培训，培训，再培训。

经过一系列招聘工作所录用的员工，不代表就已经可以融入整个厨房生产中，严格意义上说，无论技术有多高、经验有多丰富，都需要经过培训才能上岗。厨房人员培训目的包含两个方面：一是提高员工的技能水平，通过培训让员工了解餐饮企业，了解餐饮企业的运作模式，提高个人操作能力、管理能力；二是加强员工之间的协作能力，餐饮企业是一个有机整体，不是靠某一个人的力量就能达到经营的成功，即使水平再高的员工也要融入这个集体，集体成功才是个人的成功。为此加强员工之间的团队协作能力是培训的关键所在。管理人员培训一般在外进行，通过参观、考察其他优秀企业，学习其优点，提高管理能力。技术性培训，一般在本企业内进行，如果去其他企业学习，其学习结果不一定符合本企业内部环境的要求，但可以请其他企业的优秀人才来本企业进行指导和培训。

一、岗前培训

岗前培训主要是对新录用员工未上岗前的教育和训练。

1. 培训目的

使员工了解餐饮企业基本政策和厨房生产基本知识。

2. 培训时机和培训师

培训时机：上岗前。

培训师：人力资源培训部教师。

3. 培训资料

员工手册、规章制度及其他相关资料。

4 培训内容

（1）企业基本政策培训

包括餐饮企业价值观、经营理念、企业视觉识别系统、企业精神、职业道德、文化素质等方面的培训。

（2）厨房运作培训

主要包括厨房组织结构、人员岗位安排、待从事岗位工作内容及职责、工作规章及制度等。

（3）其他方面培训

主要包括工资、福利制度、厨房布局及工作环境等方面。

二、技能培训

技能培训主要是针对开业前厨房全体员工及开业后部分新员工进行训练的工作。

1. 培训目的

让员工熟悉菜肴制作基本烹调方法、步骤和菜肴生产的整个程序，学会菜肴制作技术和各种标准，通过培训达到各岗位协调、有序生产的目的。

2. 培训时机、培训师和途径

培训时机：全体员工上岗前和新员工上岗后。

培训师：厨房行政总厨或厨师长。

培训途径有以下几类。

（1）专业院校

对部分从事厨房管理人员可以考虑送到专业院校进行系统的培训，使他们更广泛地掌握厨房管理技能。

（2）专业培训班

专业培训班多是短期的培训班，主要是针对厨师在工艺技能或管理技能上的培训。不过近几年，由于一些主办方急功近利，将培训当成赚钱的手段，故这种培训多已失去了它的初衷。

（3）本饭店的技术交流

餐饮企业厨房员工之间需要一定的技术交流，经常举办一些内部员工的技术比武，既可以提高员工钻研技术的兴趣，又可以为员工们提供相互学习的机会。这种培训既有效又经济。

（4）到其他饭店进修

将有培养前途的员工送到大型的、有知名度的餐饮企业去进修，以提高员工的管理技能或工艺技能。

（5）举办美食推广活动

通过举办美食推广活动，聘请一些知名餐饮企业的厨师或技艺高超的顶级厨师来店进行技术交流，既可以扩大餐饮企业的影响力，又可以培训本店厨师的厨艺技能。

3. 培训资料

培训资料是指各种原料加工规格配方、菜肴配份配方和烹调汁、酱的比例和配方。

4. 培训方式

一般为不脱产、边做边学的方式，如开业前通过厨师长示范、员工品尝来使员工把握菜肴口味和质感标准。开业后有新菜推出时，还需厨师长制作（尤其是调味汁的配方）员工品尝，保证菜肴口味、质感统一。现在许多饭店厨师长多会将菜肴拍成照片，公示于墙上，以保证菜肴出品统一。

5. 培训内容

培训内容包括各种原料的加工技术（特别是新型原料的加工），本店所提供的菜点制作技术，创新菜点品种制作，新的烹调工艺技术，新派雕刻和盘饰艺术，新型调味料使用和味型开发以及其他相关技能（新型厨房设备的使用、保鲜、保养技术等）。

三、督导培训

督导培训主要是餐饮管理岗位员工进行管理技能的培训，包括对厨房管理人员的培训。

1. 培训目的

通过培训培养一批具有厨房管理能力的主管队伍，保证厨房生产正常运营，配合厨师长工作作出努力。

2. 培训时机和培训师

培训时机：开业前和开业后的一个月左右，开业前的厨房主管和开业后新发展主管。

培训师：酒店副总或培训部经理。

3. 培训资料

督导手册及相关管理资料。

4. 培训方式

一般也是不脱产，时间安排在中午下班后，晚上上班前。

其培训方式包括以下几种。

（1）研讨式

针对一个问题，广泛发表意见，然后由培训主持人总结要点。

（2）现场参观

带领主管级管理人员到工作场所看操作，挑毛病，并找到问题原因及解决方式。

（3）讲座式

这是一种主要方式，由培训主持人根据督导手册进行培训、讲解、传授其中要领。

（4）角色扮演

根据培训内容扮演角色，如扮演顾客为菜单挑毛病等。

（5）方案选择

给一个典型案例，后附若干答案，每一个答案都有不同的后果，让其选择最佳，提高思考能力。

5. 培训内容

督导培训内容主要是利用简洁的语言和图表，了解督导、管理的真正意义和方法，学会一些处理问题的技巧和方法。

督导培训是讲授管理方面的内容和技巧，其所有的内容都应该浅显易懂，一切从实际要求出发，切忌烦冗枯燥的词句，不要让培训人员不知所以然。

四、菜单培训

菜单培训是主要针对服务人员和厨房操作人员进行菜肴知识的培训，厨房人员重点了解菜肴制备的方法，服务人员重点了解菜单的文化内涵及制作的相关知识。

1. 培训目的

通过培训让服务人员更多地了解所经营菜肴各种相关的知识，为顾客提供多方位的饮食服务，尤其是在美食推广和特色宴席服务时更为有效，也为帮助厨房人员更为准确地烹调菜肴打下基础。

2. 培训时机和培训师

培训时机：开业前或各种美食活动前，以及推广特色宴席服务前。如红楼宴，服务人员需要了解红楼宴的背景、典故，以及餐具、原料、口味等多方面的知识，才能更加突出红楼菜的文化底蕴。

培训师：厨房总厨及厨师长，餐饮文化研究者。

3. 培训的资料

相关菜单及美食推广菜单，菜肴文化背景的资料等。

4. 培训方式

讲解与品尝结合的方式。通常可以由厨房厨师长介绍菜肴的特点、风味及所用原料，并挑选出几个特色菜肴给厨房人员和服务人员品尝，了解菜肴的特性，以利于更有效地推广和服务。

5. 培训内容

（1）厨房人员培训

主要强调：菜肴所使用的原料、菜肴加工方法及配份数量、菜肴调味的特殊配方、菜肴装饰方式及所使用的餐具、菜肴所应该达到的风味特点。

（2）服务人员培训

主要强调：菜肴所使用原料的特点、菜肴烹调方法及口味特点、菜肴的文化背景、针对菜肴相关服务。如红楼宴中的"姥姥鸽蛋"，即配给顾客一双银筷子，让顾客体验刘姥姥用银筷子夹鸽蛋的感觉。

第三节　厨房人员激励

关于激励前面已做了介绍，这里再强调一下。员工经过餐饮企业的严格培训，已培训的员工掌握一定的技能后，也并不能高枕无忧，员工能否安心地为餐饮企业效劳，会不会被其他企业挖走或"跳槽"流失到其他餐饮企业，是很现实的问题，值得餐饮企业关注。有人说"服务满 1 年的员工离职，企业等于损失了 2 年的薪水"，一点不为过。除培训费与无形的成本（如带走熟客）外，招募员工的广告费、面试成本和其他成本费也要一并计算在内。如此一来，员工培训后，餐饮企业怎样避免员工大量流失，同时继续吸引其他择业人员选择本企业，并保持本企业员工旺盛的生产能力成为一项重要工作。

这方面的工作主要在人员控制上。这种控制不应强制，而是要让员工自愿。要达到自觉的意愿，就需要餐饮管理者运用一些技巧，将乐趣带入工作中，激励员工，加强团队合作，更好地实现企业目标。

这里所提到的激励就是激发员工动机，要员工产生向着所期望的目标前进的内在动力。通俗地讲，激励就是调动员工的工作积极性。在某种程度上说，员工积极性可以成为企业发展的生命线。苏联学者通过研究发现，一种好的激励方法可以使生产效率提高 1/3。美国学者也认为，如果受到充分的激励，员工能力的发挥程度可以从 20% ～ 30% 提高到 80% ～ 90%。餐饮企业也可以通过激励手段，避免出现员工消极怠工和人员流失的现象。

一、影响员工积极性的因素

随着餐饮业的迅猛发展，餐饮企业之间的竞争力加强，厨师流动率呈明显上升的趋势。保持厨师队伍的相对稳定成为厨房工作的重点。造成厨师队伍不稳定的因素不外乎有两个方面：一是员工们不思进取，消极怠工，工作缺乏激情，犹如一潭死水；二是思想不稳定，认为自身价值难以体现，有跳槽的想法。这两方面的问题都极大地影响到厨房生产。

1. 员工对薪酬的满意度

在第一章中知道马斯洛理论中人的需要总是从低到高。当第一层次的需要得到满足后，就可能产生高一层次的需要，一直发展到最高层的需要。即人的需要首先是物质需要，然后才是精神需要。员工通过劳动获得薪酬以养活自己及家庭，这是最基本的生理需要。员工将对薪酬满意程度和对企业工作贡献多少这两方面的问题联系在一起，它们之间的关系，决定员工是否在餐饮企业具有一定的工作积极性，也决定着员工的去留。

图 11-1 中的 A 表示工资额与贡献成正角，贡献大于报酬，人员会流失。而 B 表示工资额与贡献成水平，贡献等于报酬，人员会安定。C 表示工资额与贡献成负角，贡献小于报酬，人员要调整。

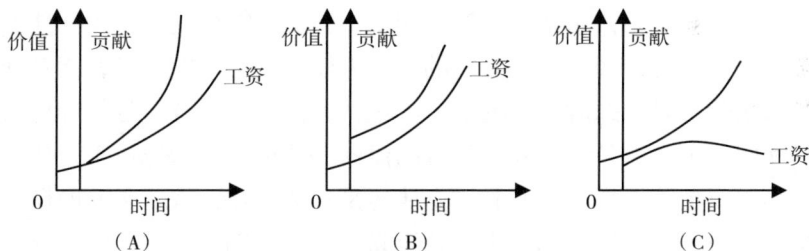

图 11-1　薪酬与工作贡献分析

由此可见，员工对薪酬满意程度是一个变动的过程，从公平理论的角度出发，员工总拿自己的薪酬和自己过去比，和别人去比，也会和自己做的贡献比，即使自己有时是高工资，经过一段时间的工作，也会对自己的薪酬产生不满。对能力强，对企业贡献超出自己薪酬的员工来说，如果有出价高于现有薪酬企业挖他，他可能会"跳槽"；如果没有机会，则可能降低其工作的积极性，甚至可能消极怠工，以保持心理上的"公平"。这时，管理者适度的奖金激励可能会有正向作用。

2. 员工对工作的满意度

员工被迫从事工作，会不情愿，也就谈不上工作的积极性，这时厨房管理者应考虑安抚员工，激发其热情，尽可能让员工喜欢这个工作；实在不能改变，应考虑将其调离工作岗位，以免影响其他员工的生产热情。

对有意愿从事这种工作的员工，也要注意管理的手段，即使喜爱这个工作的员工，在工作中也会出现消极倦怠的现象。

根据心理学家的说法，一般员工进入企业工作时，都会经历三个阶段，即学习阶段、接受阶段和倦怠阶段，也就是所谓的工作生命周期。

学习阶段：这时工作的趣味性最重要。员工关心是何时才能得到上司与同伴的认可。这个阶段也是决定员工去留的关键时期。

接受阶段：这时员工已经熟悉整个餐饮企业，也得到了同事及上司的认可，对工作得心应手，这个阶段是员工比较稳定的阶段。

倦怠阶段：在同一工作环境中从事相同的工作一段时间后，员工会进入倦怠期。新鲜感、趣味性会消失，如果工作中缺乏挑战性，缺少必要的刺激，员工会缺少工作的积极性，对工作的注意力转向对操作环境、福利和报酬上，一旦遇到不愉快，要么消极怠工，要么寻求"跳槽"。

可见，员工对工作的满意程度也是一个动态的过程。学习阶段员工的兴趣占主导，员工很少计较利益上的得失，容易产生积极向上的动机，如果得不到上司和同伴的认可，如新来的打荷厨师开始很容易被炉灶师傅臭骂，对此行当缺少兴趣的员工可能会产生退缩的念头，就谈不上积极性的问题，为此任何一个餐饮企业厨房管理者一定要善待新来的员工。相反，新员工能得到上司和同伴的认可，学习劲头会大大提高，经过一段时间的努力，能学到更多的技术，能够独当一面时也就进入接受阶段，这时员工的上进心很强，他们以学技术赶超师傅为动力，得到上司和同伴更多的赞许。随着岁月的流逝，新员工成为老员工，成为厨房骨干，开始面对新员工，如果此时餐饮企业还是一如既往，缺乏必要的激励，员工的兴趣早已消失，没有学习的动力，就容易进入倦怠期，倦怠很容易导致厨师的消极情绪和"跳槽"思想。

美国曾经有家酒店对主管人才流失现象做了一番调查研究，结果发现，员工离职的主要原因有两点：一是工作时间太长，二是进修磨炼的机会太少。一旦有餐饮企业在这两方面存在问题，员工就会对其工作表示不满，没能力者消极怠工，混日子，而有能力者会寻求到其他餐饮企业工作的机会。实践证明，劳动工作时间过长且很少有休息的社会餐饮企业容易产生员工对工作状况的不满和人才流失的现象。

3. 员工对管理者的满意度

员工对管理者工作作风会很在意，餐饮企业管理者的工作能力较差，工作中管理员工不得法，会导致员工的积极性受到挫伤。

这类管理者往往存在着这样一些问题。

①不会营造工作的气氛。与下属之间缺少沟通和相互的信任，员工工作的再好也视而不见，极大地挫伤有表现欲的员工的积极性。

②不能了解员工工作的心态，以至于不能及时去解决员工所面临的一些困难。如员工因个人或家庭原因，与他人吵架，心情低落，而导致的工作积极性不高等。

③不能适时地解决问题，把责任往员工身上推。这种做法在很多员工看来是管理者无能的表现，容易引起员工对管理者的反感，为以后的工作埋下祸根。

④身为管理者，不能为员工争取晋升机会，同时缺少对员工必要的鼓励。厨房管理者只为自己的前途考虑，而不问员工未来发展，容易使厨房员工队伍呈现一盘散沙，缺少必要的凝聚力和团队精神。

⑤不能公平对人，奖罚不分明。认人唯亲是管理工作的大忌，管理者虽然赢得了少数人，却失去了为企业做出贡献的大多数人，加之奖罚不分明，更易造成大多数员工的不满，生产效率可想而知。

⑥对下属所做的工作极不信任。对任何事情事无巨细，不能很好地利用下属为其工作，很少给下属发挥才能的空间，大大影响了下属的工作积极性。也正应验了："水至清则无鱼，人至察则无徒"这句话。

⑦私吞别人馈赠厨房工作人员的各种物品。

⑧做事独断独行，刚愎自用，对别人的意见充耳不闻。这种管理者一般很少能接纳别人，为此，员工不会为其卖力。

⑨经常无缘无故让厨师加班，还不算加班费。久而久之，员工更多的是选择逃避。

⑩经常对员工发脾气，以粗暴的语言训斥员工。这种管理有时会很见效，但如果积怨过深，管理者不会化解，只能得到员工"一耳朵进一耳朵出"的尴尬局面。

当然管理者可能出现的不良做法还有很多，在此不一一列举。需要提醒厨房管理者的是，缺乏对下属深刻的了解、缺少对员工的关心和爱护、缺少凝聚员工的团队意识和精神会更多地招致员工们对其强烈的反感，甚至产生对工作的逆反心理，就很难保证员工有较高的生产积极性。即使管理者使用再多的激励手段，都会徒劳无功，因为管理者的管理作风，带给员工是更多的失望。

4. 员工对实现自我价值的满意度

从马斯洛的需要理论知道，员工的最基本物质需要能够满足后，需要就会上升到精神层次，更多关注个人发展和升迁机会。如果能得到满足，员工会最大限度地发挥自己的潜能，以实现社会价值。马斯洛对自我实现需要的解释是："即使以上所有需要都得到满足，我们往往（如果不是经常的话）仍会产生新的不满，除非本人正在干着合适的工作……自我实现的需要，就是促使他的潜能得以实现的向往。这种向往可以说成是希望自己越来越成为所期望的人物，完成与自己能力相称的一切事情。"由此，餐饮企业如果能给员工创造更多实现自我价值的舞台，更加激发员工的工作热情，有时很小的激励就能达到很好效果。

二、激励方式

激励方式是管理者在调动下属员工工作积极性的过程中所采用的具体方法。前面已经提到，不同的人有着不同层次的需求，所以，对不同的人应该采用不同的激励方式。实际工作中一定要灵活运用。常用的激励方式有以下几种。

1. 强化激励

强化激励就是通过对某种行为给予肯定或否定的评介，并结合一定的强化物，以鼓励某种行为重复出现或使某种行为得到消退。通常奖金、提升、培训、表彰等奖励形式都是正面强化，刺激员工将优良的行为发扬光大；相反，批评、降级等处罚就是通过负面强化使员工的不良行为得以消退或遏制，从而实现对员工行为的控制和改造。

通常情况下，强化激励所使用的强化物多会使用金钱，因为它是员工生存的第一需要，有时金钱激励的作用巨大。但是盲目地推崇金钱至上的激励方式，有时也未必会起到好的作用。如厨房工作中，当员工第一次因表现突出而获得50元奖金后，所产生的激励效果很明显，但如果连续拿几次同等量的奖金后，其效果就没有第一次那么明显。再如员工第一个月得到奖金为300元，而下个月没有出现未完成营业额等特殊情况，员工还期望得到300元奖金。结果员工只拿到280元，就会满腹牢骚，甚至产生后退现象。相反，如果发250元现金，再发30元实物及给予员工适度的表彰，其效果要远好于发280元。所以强化激励应该把精神激励和物质激励相结合，效果会更好。

对工作不负责任、职业道德差、影响全体员工工作积极性的员工就必须进行处罚。处罚方法应该采用"递进式"的方式。餐饮企业各种处罚，只是出于对员工警示、教育的目的，用以消除消极因素，鼓励、激发积极的因素，同时考虑到餐饮企业对每个员工的各种投资，故通常采用"递进式"。递进的处罚意味着当员工违背餐饮企业章程时，采取周密的步骤来进行处罚，递进惩处，力度不断加大。当然，处罚需要在公正的前提下进行，不要错罚一个好人，保持处罚尺度的准确，否则容易挫伤其他员工的工作积极性。如某厨房管理出现漏洞，除了处罚当事人外，厨房管理者也应得到应有的处罚，以保证处罚的公正性。

2. 情感激励

情感激励就是通过对下属的关怀，建立良好的感情纽带，从而激发员工的工作积极性。管理者与下属的关系不应该对立，通过情感激励使双方获益。管理者对下属关心和体贴，在下属遇到困难时为其排忧解难，给予他及时的帮助，员工会以积极的工作态度报答他的上司，使管理者的工作非常好开展。

情感激励也可以表现为员工们与管理者之间保持家庭式的亲情友谊，共享快乐方面。每个餐饮企业都不是单打独斗，需要依靠集体的力量来创造业绩，餐饮企业需要员工与管理者共担责任的同时，也应该让员工有机会共享快乐，以保持管理者与员工家庭式的亲情关系。作为餐饮企业管理者，应该对每一个员工的生日、工作周年纪念日、调动、升迁等重要信息了如指掌，可以借助这些机会搞些小的庆祝活动，在比较宽松的气氛中，管理者可以趁机说些赞美的话，加深同事之间及同事与管理者之间的感情。如有的酒店这样安排：每位员工招聘登记时，人事部都会详细地将每位员工的生日记录在案，每一个月都有各个部门和岗位员工收到酒店发出的生日贺卡，并要求当月的员工在 30 日这一天早晨到酒店门口集中，酒店会带这个月过生日的员工去郊游，开生日派对。员工都会为这种惊喜所感动，为此，这个酒店在经营中也取得了很好的经济效益。

情感激励中，意外祝贺会给员工带来更大的惊喜，员工感觉到餐饮企业有家的氛围，那么工作积极性自然就不用多说。事实上，情感是无形的，不受时间、空间的限制，恰当地与有形物质相结合，其产生的效应会持久。维系情感的纽带一旦建立，员工便会把完成管理者交代的任务作为情感补偿，有时甚至不会计较工资报酬。作为厨房管理者一定要运用好感情激励的手段，改变居高临下的工作作风，更贴近员工的生活，与员工建立更亲近的关系。

3. 目标激励

企业会设立经营的目标，通过设立明确的目标使员工了解努力的方向，自觉地表现出企业所期望的行为。目标激励就是以企业经营目标为基准，将企业目标层层分解，使每个员工明确与企业总体目标相联系的分目标，这样可以对员工的行为有良好的导向和激励作用。

设定激励目标时，管理者既要考虑员工的切身利益，又要考虑企业的利益；要注意目标的先进性和合理性，既不是可望而不可即的，也不是轻而易举就能达到的。如每月厨房营业额预算为 60 万，如果超出预算，厨房就可以有超出部分10% 的提成奖励，相反，如果未完成就会有 10% 的扣罚。这样一来，厨房的管理者和全体员工会更加努力地潜心研究，创新菜肴，尽可能地提高每月的实际营业额，争取拿到奖励而不是被扣罚工资。这种目标激励方式使人人都关心厨房生产，人人都为集体利益及个人利益去努力奋斗。

管理者在推出目标激励的时候，一定要经过深思熟虑，一旦推出要保持守信的原则，员工超额完成任务，千万不能光许诺不兑现，否则容易引起员工的反感，失去领导的诚信度，会降低员工的劳动积极性，使企业利益和个人利益都受到损害。

4. 竞争激励

美国前总统尼克松曾说过："无论什么组织，最糟糕的事莫过于提供过多的安全感，那里的人会变得效率越来越低，观念越来越旧，需要使用积极刺激来保持其斗志。"这种刺激就是要产生竞争，就是要打破固有的安全感，提高生产效率。

竞争给员工制造压力，在不甘落后的心理作用下，员工会加倍努力来提高自己的级别，形成人人争先的局面。如厨房在某一时段，推出炉灶厨师挂牌炒菜的措施，让厨师自己安排拿手菜肴，让顾客挑选和评议，谁的菜肴受顾客欢迎，谁的菜销量多，谁就可能收益多，这种做法会调动炉灶厨师的积极性。能力强、有创新意识的厨师就可能多收益；而能力一般，但不服输的厨师，就可能奋起直追；没有上进心的厨师就可能面临淘汰。

持厨房员工的竞争就如同在沙丁鱼中的放入鲇鱼一样，使员工工作活力大增。可采用的竞争方式很多。如保持厨房人员一定的流动性，通过竞争使能者上庸者下；如果厨房整体水平不高，可以考虑聘请高手来调整人员增加竞争机制，提高厨房整体的水平；可以通过技术比武，来激发员工上进心，保持厨房生产活力；可以设立岗位基本分制度，高岗位的高基分及高收入，让员工无时无刻地向高岗位努力。如某厨房为了使员工更好地、更有效地工作，采用了岗位设立基本分来建立有竞争的等级制，用以考核、激励厨师（图 11-2）。

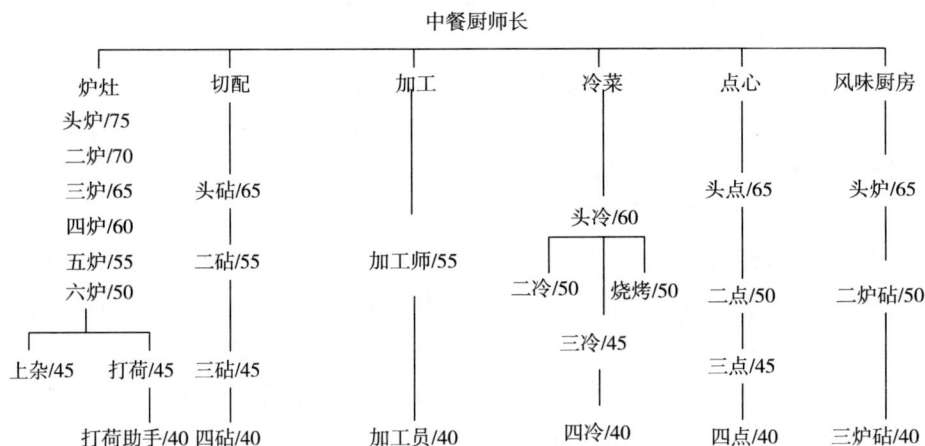

图 11-2　厨房岗位基本分图

值得餐饮管理者注意的是，竞争激励在使用时要尽可能保持员工之间的相互协调，避免在一些非原则问题上斤斤计较，造成不应有的矛盾，同时还要注意对后进员工给予更多的鼓励和帮助，切不可落井下石，使这种竞争有序、合理。

5.信任激励

信任激励就是要给员工提供必要的工作条件和相应的工作指导，为员工扫除前进道路上的障碍，使员工能够保持积极的工作热情，放开手脚大胆工作。信任其实是对一个人价值的肯定，也是管理者对被管理者的一种奖赏。

俗话说："士为知己者死"。员工是最希望得到上司认可，有时一句不经意的话可能会挫伤一批人，相反几句简单的赞赏会感动一批人。实际工作中，厨师长千万不要用打骂作风影响员工，要不吝啬赞赏之词，这样会增加员工的信心。

信任激励包括提高员工工作的自信，只有员工更加自信，工作效率才会更高，才愿意留在自己的岗位上。一般员工的工作自信来自于两个方面，一个是客人给的，另一个是管理者给的。试想一个炉灶厨师老被客人退菜，即使再有把握的厨师，也会失去自信，这时厨房管理者再给他施压，也说菜不好，可能这个炉灶厨师会失去信心，一蹶不振。厨房管理者给他减压，认为可能另有原因，如菜肴不合客人口味、菜肴安排不合理，而将部分责任承担下来，可能这个炉灶厨师会更加积极，甚至他自会找到失败的原因，努力改变。

厨房管理者要建立一个使员工自信的工作氛围。如定期评出厨房优秀员工，将优秀员工照片放在醒目位置，激发员工的自豪感；也可以将各种对员工评价、表彰结果放在餐厅给客人看；有内部报纸、报刊的可以发表表彰通知等。

综上所述，激励没有固定模式，可以交叉使用。作为一个厨房管理者应该掌握每一种激励的作用，学会合理利用，才能激发员工的工作热情，调动其积极性，挖掘内在潜能。

第四节　厨房绩效考核

绩效考核是在一定期间内科学、动态地衡量员工工作状况和效果的考核方式，通过制订有效、客观的考核标准，对员工进行评定，以进一步激发员工的积极性和创造性，提高员工的工作效率和基本素质。

绩效考核可以使各级管理者明确了解下级的工作状况，通过对下级在考核期内的工作业绩、态度以及能力的评估，充分了解公司员工的工作绩效，并在此基础上设立相应的薪酬调整、人事变动等激励手段。

绩效考核（performance examine）是一项系统工程。绩效考核的定义为：企业在既定的战略目标下，运用特定的标准和指标，对员工以往工作行为及取得的工作业绩进行评估，并运用评估结果对员工将来的工作行为和工作业绩产生正面引导的过程和方法。

一、绩效考核要求

1. 绩效考核的原则

公开原则：考核过程公开化、制度化。

客观性原则：用事实标准说话，切忌带入个人主观因素或武断猜想。

反馈原则：在考核结束后，考核结果必须反馈给被考核人，同时听取被考核人对考核结果的意见，对考核结果存在的问题作出合理解释或及时修正。

时限性原则：绩效考核反映考核期内被考核人的综合状况，不溯及本考核期之前的行为，不能以考核期内被考核人部分表现代替其整体业绩。

2. 绩效考核的作用

绩效考核可以了解员工对组织的业绩贡献，为员工的薪酬决策提供依据，为员工的晋升、降职、调职和离职提供依据，了解员工和部门对培训工作的需要，以及为人力资源部规划提供基础信息。

3. 绩效考核的周期

绩效考核包括月度绩效考核、季度绩效考核和年度绩效考核。

二、绩效考核的内容

对厨房员工绩效考核的内容主要是以岗位的工作业绩为基础来确定，要与企业文化和管理理念相一致；其次是提高考核效率，降低考核成本，选择岗位的主要工作内容进行考核，明确工作的关键点。

考核分为工作业绩、工作能力、工作态度三大部分，不同岗位的员工，其考核权重也不同，应根据各岗位的要求来确定其权重所占比例的大小。

1. 工作业绩

任务绩效：与具体岗位的工作内容或任务紧密相连，是对员工本职工作完成情况的体现，主要考核其任务绩效指标的完成情况。

管理绩效：主要是针对管理类人员，考核其对部门或下属人员管理的情况。

周边绩效：与组织特征相关联的，是对相关部门服务结果的体现。

2. 工作能力

工作能力分为专业技术能力与综合能力，如菜肴出品、新菜的开发、菜品质量等。

3. 工作态度

工作态度主要考核员工对待工作的态度和工作作风，其考核指标可以从工作主动性、工作责任感、工作纪律性、协作性、考勤状况五个方面设定具体的考核标准。如厨房师傅的工作热情的考核，特别是明档厨师。

4. 附加分值

附加分值主要是针对员工日常工作表现的奖惩记录而设立的。

三、绩效考核流程

1. 绩效考核流程要求

①详细的岗位职责描述及对职工工资的合理培训。

②尽量将工作量化。

③人员岗位的合理安排。

④考核内容的分类。

⑤企业文化的建立，如何让人成为"财"而非人"材"是考核前须要考虑的重要问题。

⑥明确工作目标。

⑦明确工作职责。

⑧从工作态度（主动性、合作、团队、敬业等）、工作成果、工作效率等方面进行评价。

⑨给每项内容细化出一些具体的档次，每个档次对应一个分数，每个档次要进行文字的描述以统一标准（如优秀这个档次一定是该员工在相同的同类员工中表现明显突出，并且需要用具体事例来证明）。

⑩给员工申诉的机会。

2. 绩效考核操作流程（图 11-3）

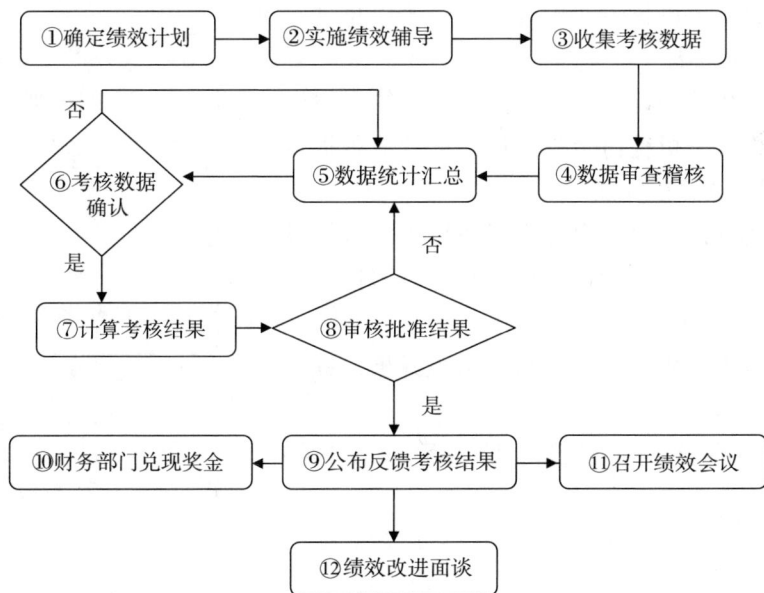

图 11-3 绩效考核流程（1）

①确定绩效计划。由各部门制定，分管领导核准。每月 26 日前完成。

②实施绩效辅导。由部门上级实施对下级实施考核，并就目标达成实施辅导。当月实施完成。

③收集考核数据。由相关部门分别采集提供考核数据。次月5日前完成。

④数据审查稽核。由数据平台（营运中心负责）对考核数据进行稽核。次月8日前完成。

⑤数据统计汇总。由绩效专员（人力资源中心）负责统计汇总后，将数据提供给考核部门。次月9日前完成。

⑥考核数据确认。考核部门对被考核人实施考核、确认和审核，签字确认无误后返回人力资源中心；若有异议向绩效专员反馈，由人力资源中心组织制造部门和数据部门核查验证。次月12日前完成。

⑦计算考核结果。绩效专员依据经确认的数据统计编制考核结果与奖金兑现表，经人力中心审核后上报总裁。次月13日前完成。

⑧审核批准结果。总裁最后批准考核结果。次月16日前完成。

⑨公布反馈考核结果。最终考核结果由人力资源中心向考核部门公布反馈。次月17日前完成。

⑩财务部门兑现奖金。由人力资源中心将考核结果与奖金表审核传递给财务部门予以兑现。次月30日前完成。

⑪召开绩效会议。由各部门（或系统）组织召开月度绩效分析检讨会议，提出绩效改善提供方针。次月20日前完成。

⑫绩效改进面谈。由各部门考核人负责与被考核人进行绩效沟通面谈，给出具体改善措施。次月25日前完成。

绩效考核流程一般是从基层组织开始，逐层进行（图11-4）。

大中型餐饮企业月度考核流程如表11-5所示。

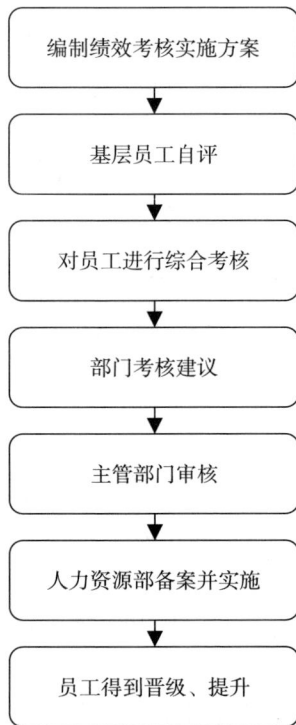

图 11-4　绩效考核流程（2）

```
┌─────────────────────────────┐
│      期末启动下月月度考核       │
└─────────────────────────────┘
              ↓
┌───────────────────────────────────────────────┐
│ 直接上级和下级讨论月度工作计划、考核指标和权重，制订当月考核表 │
└───────────────────────────────────────────────┘
              ↓
┌───────────────────────────────────────────────┐
│ 考核过程中上级和下级视情况调整考核指标，并报人力资源部备案      │
└───────────────────────────────────────────────┘
              ↓
┌─────────────────────────────┐
│        各考核主体逐级考核       │
└─────────────────────────────┘
              ↓
┌─────────────────────────────┐
│      各部门将考核结果报人力资源部 │
└─────────────────────────────┘
              ↓
┌───────────────────────────────────────────────┐
│ 人力资源部对各部门考核结果进行审核，报批                │
└───────────────────────────────────────────────┘
              ↓
┌───────────────────────────────────────────────┐
│ 人力资源部将考核结果反馈给各部门，各相关负责人根据考核结果与员工进行沟 │
│ 通，并帮助员工制订改进计划                          │
└───────────────────────────────────────────────┘
              ↓
         ◇ 员工是否 ◇ ──── 否 ────→ ┌──────┐
         ◇  接受   ◇                 │考核申│
              │                       │诉流程│
              是                      └──────┘
              ↓
┌─────────────────────────────┐
│         月度考核结束           │
└─────────────────────────────┘
```

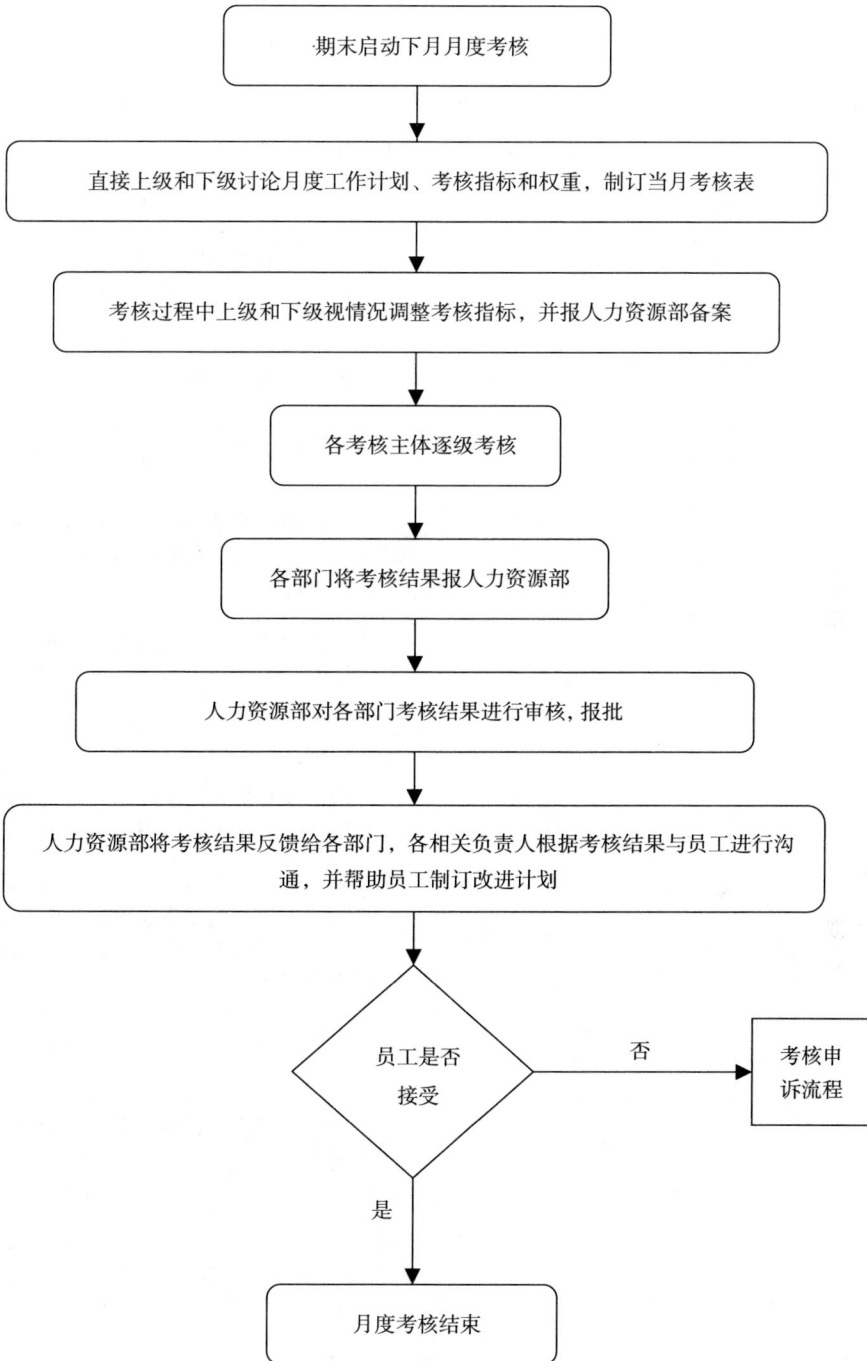

图 11-5　月度绩效考核流程

489

3. 厨房员工考核表

如表 11-3 所示。

表 11-3　厨房员工考核表

考核内容		记分	得分	评分标准
工作能力 60 分	理论知识	10		对厨师从事具体岗位应具备的理论知识进行考核，得分占 10%
	实践能力	15～25		根据从事的具体岗位，对工作能力进行考核，得分占 25%
	菜肴开发	10～15		菜点开发指标，一般完成 5～10 分，完成较好 10～15 分，得分占 15%
	客人投诉	10		根据菜肴退回率和客人投诉率扣分，没有投诉和质量问题得 10 分，得分占 10%
综合表现 40 分	出勤率	15		全勤记 15 分，出勤率为 96% 以上记 14 分，低于 90% 每低 1% 扣 1 分，得分占 15%
	劳动态度	8～10		工作积极主动，服从分配，有较强的责任心得 8～10 分，工作表现较好，能服从分配，得 1～7 分，得分占 10%
	遵守店规店纪	10		能遵守一切规章制度得 10 分，能较好遵守得 1～9 分，受处分不得分，得分占 10%
	单项先进	5		评为内部先进记 1～5 分，得分占 5%
加分		5～10		各级社会、行业获奖，给企业争得荣誉
考核得分				
考核等级		□ A 95 以上　□ B 94～85 分　□ C 84～70 分　□ D 69～50 分 □ E 50 分以下		
评定初步建议		签名：	评定最终建议	签名：

四、其他绩效考核方法

1. 数字化绩效考核方法

数字化奖罚制度即以表格和数字作为奖惩依据的一种考核方法。数字化考核方法：在炉灶、凉菜、切配、点心、燕鲍翅厨房外侧的墙壁上张贴"厨师价值表"，表中内容包括厨师的照片、姓名、厨号、奖区、罚区，奖区贴红旗，罚区贴黑旗，厨师凭红旗面数接受奖励，凭黑旗面数缴纳罚款。列明各岗位实施细则，实现量化考核。

2. 细化分组绩效考核方法

传统的厨房人员结构为"行政总厨、部门主管、部门成员"三个层次，而"细化分组"则是将部门内划分得更细致，将人员结构划分为"行政总厨、部门主管、小组长、组员"四个层次。单位越小，管理越容易，责任落实越具体。如以前酒店把营业指标下达给各部门，搞得部门主管压力很大，而基层员工却很悠闲、懒散、状态游离。现在，营业指标被层层下达给各小组，每人头上都扛有指标，"逼"着所有员工直接为酒店承担部分责任，让员工有压力，让主管适当"解脱"。

首先分组，每个小组控制在 4 人以内。制订各小组考核细则。内容有敬畏客户、持续创新、勇于负责和团队协作等四个方面的细则，并附以相应的分值。营业指标定为底线指标、计划指标、超额指标和终极指标四级。指标逐级递增，达到相应的指标给予相应的奖罚。

3. 上下级双向绩效考核方法

大部分餐饮企业执行"单向考核"，即上级测评下级的技能水平，这种制度的缺点是上级缺乏监督。而双向考核的诞生却弥补了这一不足，上下级互相监督测评，更加公平、公正。"上下互评"制，"上评下"即领导评价员工，直接当面进行；"下评上"指员工评价领导，匿名进行。通过"下评上"能发现很多中层领导的问题，确实比让更高层领导监督中层管理人员更有效。

该测评每月底进行一次，晚例会时把测评表发给员工，测评表的设计简洁明了，只有肯定、否定两项，根据各人的真实想法打"√""×"即可。员工匿名填好后，第二天晨例会时上交，从基层员工中选几个代表负责统计结果。

对领导测评表从工作态度、心态价值观和职业道德三方面内容定出细则。

4. 百分百绩效考核方法

这是在"5S 法"和"6T 管理"的基础上，结合餐饮企业日常管理中遇到的实际问题，从员工的仪容仪表、岗位形象、岗位职责三个方面制订具体的细则，并附以相应的分值。

5. 表格日常绩效考核法

两张表格包括餐前和收档后两次检查的所有内容，规范每日开餐前和收档后的检查，表格具体、实用、有效，特别适用于大规模或连锁经营的餐厅。

表格内容是开餐前和收档后厨房内各部门的所要做的细则。厨师长在进行这两次检查时，要严格按照表格上所列举的项目一一核对，并如实标注。符合要求的项目，在后面的小方格内打"√"；不符合要求则在这一项后面打"×"，并责令相关负责人当即按要求做好。这些表格每5天统计一次，每出现一个小叉号就要对相关责任人处以一定金额的罚款。餐前和收档后的检查都在做，但大部分都是检查人随便瞄两眼，走过场，有这两张表格，才将这两项检查真正做到一丝不苟。

厨房绩效考核的方法有很多种，需要结合本餐饮企业的实际情况，采取最佳的绩效考核方法。

✔ 本章小结

管理就是合理地利用资源去完成企业目标的过程。其中物质资源比较固定，是静态的，容易控制，而人力资源则不稳定，是动态的，不容易控制。为餐饮企业未来的生产做打算，一定要为厨房招聘好的员工。

培训是提高人员素质的最有效方法。所有成功的企业都十分重视员工的培训，通过培训来提升餐饮企业经营实力，提高企业竞争力，还可以培养员工的团队精神。

对厨房员工进行评价，最行之有效的方法就是绩效考核，所有员工一视同仁，不偏不倚，按照科学的流程和方法进行绩效考核，优胜劣汰，激发员工的积极性。

厨房管理者一定要掌握合理的人员控制手段，强调在以人为本的原则下，运用亲情化、人性化经营理念，对员工进行适当激励，以此来留住员工，培养员工，最终造就一个积极向上的团队，为企业发展做出贡献。

✔ 思考与练习

1. 人员招聘的方式有哪几种？请分别说明。
2. 简述招聘厨房人员的工作程序。
3. 看下面一则案例，谈谈你对管理者满意度的看法。

小耿是个积极上进的小伙子，几年来一直在炉灶上苦练，使他从原来的四炉升到了三炉。一次，他烹炒一道"鱼香茄子"的菜肴，由于拿不准口味，他请教厨师长，厨师长如此这般地告诉了他，还亲自操作示范。没承想这道菜是一个老主顾点的，经他品尝突然觉得口味不对，酸味太重，于是投诉到餐饮部经理处，并要求退菜。餐饮部经理询问厨师长，厨师长自知理亏，又碍于面子，于是推说是小耿做的。最终按店规，小耿赔了菜钱，尽管罚的钱不多，但小耿满腹的委屈，他对厨师长的印象开始改变了。

4.如何调动员工的积极性，谈谈你的看法。

5.看下面一则案例，如果你是厨房负责人你会怎样做？会采用何种激励手段？

某厨房员工小董，平时工作无精打采，敷衍了事，有时厨师长或领班批评他几句，他便一触即发，与领导顶撞，甚至故意与领班作对，虽经教育仍不见效。一次，小董因交通事故小腿骨折，住进了医院……

6.作为行政总厨 ，如何对厨房人员进行绩效考核？

第五部分　厨房产品推广

第十二章　美食节推广

本章内容： 美食节选择

美食节计划方案

美食节组织与实施

教学时间： 2 课时

教学思路： 以美食节菜单导入，深入讲解美食节选择依据和计划、内容以及实施方式

教学要求： 1. 了解美食节推广形式

2. 掌握美食节策划和运作

3. 熟悉并知设计美食节菜单

课前准备： 收集美食节菜单案例

美食节就是在一段时间内推出的，以某一主题为主的系列食品促销活动。在现代餐饮企业经营中占有重要的地位。目前举办各种形式的美食节已经成为众多餐饮企业推广、促销餐饮产品的主要手段。

美食节有别于餐饮企业组织的其他常规餐饮产品，是餐饮企业正常销售以外的特殊经营活动，具有自身的特点。其特点主要有以下几方面。

（1）策划精心

任何一个美食节活动都需要进行精心策划。餐饮活动比较发达的地区，如新加坡，每一年美食推广都需要前一年 9～10 月份制订计划，并到邀请地进行实地考察，试菜后选择人员并签订协议，提前做好美食推广的准备工作，而非草率、盲目地举办美食活动。

（2）时间集中

出于对费用的考虑，美食节举办时间长则一两个月，少则 2 周。另外，从经营目标上考虑，能得到顾客认可的美食产品，会成为酒店未来使用的固定产品，缺少吸引力的产品，则不能称为合格的美食节产品。

（3）主题多样

美食节是通过餐饮产品的促销、推广活动，使顾客对本餐饮企业的经营能力、经营水平及产品质量高低程度有更深入的了解。选择多种主题来举办美食活动是各餐饮企业的宗旨，可以吸引顾客眼球，加深顾客对餐饮企业经营的信任度。

（4）投入较大

美食节需要前期的策划、考察、宣传、营销和生产期间的组织、控制，以及各部门的通力协作、配合，财力、物力和人力的投入要超过正常的餐饮生产。举办一届美食推广活动并非轻而易举的事情。根据餐饮市场发达程度和顾客消费能力，目前国内的美食推广都有很大的力度。

（5）影响深远

美食节举办扩大餐饮企业的经营范围、营业时间，还为餐饮企业造势，增加影响力，形成很好的社会效应。需要注意，美食节活动也是一把"双刃剑"，没有很好的策划和宣传，加上没有稳定的产品质量，会产生负面影响，这种负面影响有时也难以被顾客忘记。

举办一届成功的美食节，不仅需要营销部门的积极宣传，更需要餐饮及厨房管理者的精心策划，合理地进行培训和规范地组织生产。

第一节　美食节选择

前面介绍美食节举办就是要吸引顾客眼球，给顾客一种想消费的欲望。美食节主题的确定，不一定要攀高、攀大，而应该有新意，寻求新的竞争点，保持餐饮企业特有的竞争力。如安徽某酒店根据自己的特点，推出"五谷杂粮"美食节，迎合顾客健康的心理，成本低效果好，最终一举成功。拥有一个好思路是办好美食节的前提条件。

一、美食节主题的选择

美食节主题的选择要围绕菜肴进行，从菜肴原料、风味、制作及所体现的文化内涵等方面入手，考虑美食节主题选项的切入点。

（一）以某一种（类）原料为主题

选择原料做主题，是因为某种原料或某类原料具有独特风味，能吸引更多的顾客。如"食用菌美食节""海南椰子美食节""全鸭美食节""内蒙古羊美食节""鱼头美食节""江鲜美食节""豆腐美食节"等。

以原料作为主题的美食节，一种是利用独特的原料编写小菜牌形式的零点菜单。如长江流域的饭店以江鲜作为美食节的主题，举办"江鲜美食节"，根据所能得到的江鲜进行菜肴研制和制作。

在对主题原料推广时，考虑到成本或菜肴本身的必要性，不是全部使用同一个原料做成菜单或宴席。如某饭店使用天目湖鱼头做美食节，就将鱼头作为风味菜肴融入饭店菜单中，而非全用天目湖鱼头做宴席。

（二）以功能食品为主题

所谓功能食品，是具有滋补、调养及特殊营养功能的食品，从以原料为主题的美食中派生出。有些原料具有特殊的营养价值或药用价值，加上适当的宣传和介绍，带给食客"以食补替代药补"的感觉，符合现代人们健康饮食的理念。这种主题分成两大类，一类是以营养为主题，另一类是以调养为主题。以营养为主题的餐厅在国内已经出现，但数量并不多。他们推出的菜单比较有新意和独特性。另一类以滋补、调养为主题的就相对较多。如某酒店根据性别和年龄的不同，推出各种滋补的汤。如下。

气宇轩昂（君子汤）　　　　　　38元

材料：人参、巴戟、杜仲、鸡腰、牛鞭、海马、上汤

功效：补肾壮阳、益气壮腰

沉鱼落雁（淑女汤）　　　　　　28元

材料：当归、红枣、阿胶、元肉、孔雀肉（人工养殖）、上汤

功效：滋阴养颜、旺血扶肤、温补助阴

益脑黄金（儿童汤）   18元

材料：深海鱼头、枸杞子、红枣、孩儿参

功效：补脑健身、助智发育

许多滋补、调养形式美食活动还可以将其编撰成宴席菜单，供食客们选择。

（三）以节日为主题

自从我国实行双休日以后，休闲消费成为餐饮经营的一个热点。每年都会有各种节日，尤其是我国的春节、元宵节、端午节和中秋节，加上国庆假期等，人们会利用假日进行旅游、聚会、社交等各种休闲活动，这时餐饮店是人们选择活动的场所之一。餐饮经营者要充分利用假日的休闲消费，将节日作为一个好的推广主题，可以给企业带来经济效益。

在我国香港、澳门地区的许多餐饮企业会在节日里推出各种形式的美食活动，如母亲节、父亲节、教师节等。而内地的酒店大多会在春节、元宵节、端午节和中秋节等老百姓熟悉的节日里，举办一些美食活动，如国内某酒店千禧年举办佳肴美食和贺岁迎春宴。

（四）以风味为主题

以风味为主题的美食活动，应该是各餐饮企业广泛采用的一种方式。从大的类型上来划分，主要有中式风味和国外风味两种。中式风味可选种类颇多，在地域上各地饮食都具有一定的特色，如前几年北京及周边地区比较流行湘菜（湖南风味菜），长江流域比较流行杭帮菜（浙江风味菜），香港一些餐馆流行"南番顺"风味菜，即南海、番禺、顺德菜，这些风味菜肴的推广和宣传，大大满足了食客对菜肴口味的追求，一度也使老牌四大风味菜黯然失色。从菜肴类型看，素食风味也开始盛行，人们要求吃的健康，吃的营养。如食用菌类菜、仙人掌类菜、芦荟类菜肴等，这些菜肴的推出使许多高油脂、高蛋白菜肴失去了主导的位置，使人们懂得不仅是要吃饱，而且要吃好。从菜肴的档次看，百姓们越来越多地走出家门，寻求合理便利的消费，餐饮企业为迎合百姓消费大打家常菜的牌子，使低档风味菜肴消费也成为主流。这些流行风味菜式往往给美食活动提供了更多的卖点，独辟蹊径的选择也会带给食客更多惊喜，使他们可以更多地满足"没吃过"的猎奇心理。如有民族风味的美食节，"新疆美食节""内蒙古美食节""朝鲜酱菜节"等。

中国餐饮市场上慢慢被人们接受的国外风味，也形成气候。由于条件、设备和技术力量的限制，国外风味美食多集中在大型酒店、饭店。这些饭店、酒店为吸引更多的顾客品尝异国美食，采用有名望的国家美食作为宣传和推广的主题，如"法国美食节""意大利美食节""日本料理节""泰国风味美食节"等。

（五）以复古菜肴为主题

复古菜肴是挖掘过去乃至古时流行的菜点，并非全盘照搬，而是将其精华重现，让今天的人们体会到过去以及古代文化和饮食习俗。复古菜肴的挖掘和整理还可以丰富当今菜肴的品种，保留过去乃至古代饮食好的遗风，调剂人们对各种类型饮食的追求。复古菜根据年限分两大类，一是近代怀旧菜，二是古代仿古菜。

作为近代怀旧菜可以勾起现在许多中老年人的种种回忆。国内许多消费还主要是中、青年人居多，一是怀旧菜让他们想起过去母亲烹调菜肴的口味，这种印象根深蒂固；二是可以让他们回忆起过去的种种经历，如有的饭店叫"北大仓"，有的叫"人民公社"，容易吸引有此经历的食客，对"公社菜"的追忆。

现代人对仿古菜不会有切身的体会，但可以从史书或古典名著中获得部分的信息，使许多人带有向往和期待感，希望某一天能体验古人的饮食风俗和习惯，品尝古人曾经吃的各种名贵菜肴。对仿古菜肴的开发，需要有文化背景作支撑，使菜肴中包含更多饮食文化的元素，才能使推广这类仿古菜的美食活动更具有意义。目前国内推出的各种仿古美食不胜枚举，如"红楼宴""乾隆宴""仿宋寿宴""琼林宴""随园菜""满汉全席"等，其中"红楼宴"是仿古宴中必须提到的，国内有许多地方都在潜心研究"红楼菜"，并将"红楼菜"以美食节的形式推广到海内外，取得了很好的社会效益和经济效益。

（六）以季节为主题

不同季节盛产不同的食品原料。现代种植、饲养技术已完全可以跨越季节的限制，为餐饮生产提供丰富的原材料，各季节的习俗和饮食习惯及原材料最佳的风味却不尽相同，使餐饮企业还是比较重视季节菜肴的推广。如"金秋湖蟹节""冬令大补汤""春季河鲜节""冰凉一夏饮料"等。季节美食节可以春、夏、秋、冬四季为主题分别推出精品美食，也可以月份为主题推出相应的菜肴。如某酒店一年的美食推广中，分别在3～4月推出桃花鳜鱼美食节，6～7月推出小暑黄鳝美食节，8～9月推出八月桂花香藕、鸭系列菜美食节，11～12月热滚滚进补锅仔美食节。1～2月为过年、5月、10月为国家法定小长假，生意较好，故这几个月份不推出美食活动。

（七）以盛具、技法为主题

以盛具或某种技法形成的系列菜肴，也可以成为美食推广的主题。如"避风塘系列菜""剁椒系列菜""韩式烧烤系列菜""桑拿系列风味菜""砧板系列风味菜""巴西明炉系列风味菜""卵石风味菜"等。几年前，我国香港、澳门地区还流行盆菜，所谓盆菜是将各种原料加热成熟后放入一个类似木盆的盛器中，有点类似杂烩的性质，但又不同于杂烩，没有汤汁，原料是各自成熟后堆放于盆中的形式，分量足且实惠。

如果某餐饮企业具有一些生产菜肴的独特烹调技法，也可次作为推广的主题。如盱眙"红烧龙虾"、上海"香辣蟹"、广东"椒盐排骨"的启示，在此基础上进行菜肴开发与研制，形成系列产品，通过美食节进行推广与宣传，扩大餐饮企业的影响力。

（八）以某人或物的知名度为主题

以某人或物的知名度为主题，设计出相应的菜肴，提高餐饮企业的知名度。如泰州宾馆根据京剧大师梅兰芳先生的京剧戏目和故事推出了"梅兰宴"，通过推广"梅兰宴"扩大泰州宾馆的声誉。

以物知名度为主题的多是旅游景点，其实将菜肴与景点有机结合，既可以提高菜肴知名度，也可以将景点文化范畴进一步加大。如杭州"西湖十景宴"、西安"八景宴"。

二、美食节的时机选择

餐饮企业美食推广活动是餐饮产品销售的延伸和发展。目前越来越多餐饮企业利用恰当的时机进行各种形式的美食推广，制造更多的卖点，扩大餐饮企业的知名度，赢得更多销售利润。如果要使餐饮企业取得最大的效益，任何一次美食活动不论规模大小都需要选择正确的推广时机。

（一）在节假日进行推广

节假日一般是人们庆祝、娱乐、休闲的好时光，有充足的时间和精力去享受生活。通过推广美食活动以丰富人们假日的生活。按照中国人的习惯，节日期间，家人、朋友、同事喜欢相聚餐饮店小斟酌饮，畅叙友情，即放松心情，又解除人们日常繁重工作所带来的疲劳。

中国传统节日活动大多具有非凡的意义。如中国传统的节日除夕和春节，吃年夜饭和包饺子分别成为南北方人们必做的辞旧迎新活动；元宵节时老百姓吃汤圆、闹花灯、猜谜语，寓意着正月新年庆祝活动的结束；端午节期间，家家户户包粽子来纪念屈原；中秋节通常是吃月饼和进行各种团圆活动。随着经济的发展，收入的提高，庆祝以上种种节日的方式已不完全在家庭中完成，更多家庭走出家门、走进饭店，享受饭店为每个家庭带来的各种节日气氛和情调。面对新的餐饮趋势，餐饮企业应该很好地加以利用，充分地将美食与节日进行结合，为顾客营造家庭没有的节日氛围，更多地领略中华民族文化的情趣。

现在许多餐饮企业也会在一些西方的节日进行促销，这些节日可以迎合年轻人的需求，如情人节、母亲节、父亲节等，通过相应的美食推广，让更多年轻人领略到异国的风俗和情调。

（二）在某些重大活动举办时进行推广

许多美食推广活动可以与一些重大的活动相伴而行。

1. 以本店有影响的活动为契机

任何一家餐饮企业都存在有重大活动的机会，如饭店开业 × 周年店庆、星级挂牌、分店开张、新楼落成、再次装修迎客等，利用这些活动举办美食节能够扩大影响力，引起关注。

2. 以本地区举行的重大事件为契机

根据本地区将要发生重大事件作为美食节举办的契机，扩大影响力。每个地区每年都会有一些重大的活动，如国际会议、电影节、产品交易会、友好城市联谊、城市纪念日、各种大赛等。餐饮企业利用这些机会，一方面扩大宣传的效应，另一方面吸引顾客消费。

3. 以国内外的重大赛事为契机

餐饮企业要学会利用国内外比较关注的重要事件，尤其是比较轻松和娱乐效应的文娱、体育活动，具有很强的凝聚效应，加大这方面宣传是增加经营利润的途径之一，如奥运会、申奥成功、世界杯足球赛、国际文化节、千禧年庆典等。餐厅中布置与赛事或活动相仿的环境来吸引更多顾客光顾。

（三）在餐饮销售的淡季进行推广

美食节的举办不是销售旺季的专利，恰恰相反，在餐饮销售淡季进行美食推广可以增加餐饮企业的人气，更有效地完成经营指标。

餐饮企业应全面了解本国或本地区的饮食风俗或习惯，确定本企业产品经营销售的淡季。如在我国的香港每年的清明节、端午节、重阳节等月份不举办婚宴，香港酒店每年推广活动一般都安排在三个比较空闲的时间段内：3、4 月为第一时间段，6、7 月份为第二个时间段，10 月和 11 月为第三个时间段。内地的酒店由于地域和风俗不同，举办美食推广活动的时间也不同，如在江苏扬州 7、8 月由于天气炎热，按当地的习俗基本上没有人举办婚宴，那么这两个月份举办美食活动会带动餐饮企业的人气。为此，确定淡季举办推广活动时间对餐饮管理者来说非常重要，直接影响当年收入预算指标的制订与完成。

（四）不同季节时期进行推广

餐饮企业在不同的季节中进行各种各样美食节活动，这种美食节推销可根据客人在不同季节中就餐习惯和在不同季节上市的新鲜原料来计划，最常见的季节性美食节是时令菜推销。

第二节 美食节计划方案

举办美食节是现代餐饮企业为了竞争和发展的需要，经营过程中必须进行的营销手段。成功举办一届美食节，需要进行必要的美食节计划。美食节计划是一种餐饮管理者对市场分析后，针对本企业的市场定位，选择符合竞争产品和经营策略，推广餐饮产品的活动计划。餐饮企业规模有大有小，选择美食节形式也会多种多样，制订的美食计划会有繁有简。餐饮饭店通过厨房推出好的产品，扩大餐饮企业影响力，创造更多经济效益的目的相一致。

一、美食节计划内容

美食节活动计划是一种将美食活动的主题及内容，以书面形式表达提纲性的策略和方案。计划制订给餐饮管理者提供完成目标的方向，指导员工按照计划流程执行各种方案，最终圆满地完成各项工作。管理者完成美食节计划后，工作重点就是每天进行必要的监督和跟进工作，保证计划顺利实施。

美食节活动计划至少包括以下内容：①餐饮活动推广时间及阶段；②活动推广地点；③推广菜肴或菜单；④推销菜肴的价格；⑤使用何种形式的广告方式；⑥餐厅装饰方式；⑦整个计划的提纲要点，包括推广的目的、注意事项和主要意向等。

看下面一则美食节计划和方案。

蒙古菜美食节活动计划

1. 推广时间

4 月 5 日～ 20 日

2. 推广餐段

中餐：11：00 ～ 14：00

晚餐：17：00 ～ 21：00

3. 菜单及饮料单设计

自助餐

蒙古烧烤自助餐菜单

特色鸡尾酒

4. 价格定向

自助餐每位人民币 88 元，儿童半价

鸡尾酒每份人民币 28 元

5. 广告媒介

酒店宣传画册

餐饮部美食节传单

餐厅告示牌

宾客通讯录

电台广告

短视频平台、微信公众号及各种应用软件等新媒体广告

主要街道宣传横幅

分众传媒

6. 发布广告时间

3 月 20 日

7. 餐厅装饰

使用传统的蒙古族装饰用品

蒙古族壁画

蒙古包餐厅

蒙古族人的餐具、茶具

8. 活动计划提纲

邀请内蒙古厨师进行厨师表演及蒙古特色食品的制作

邀请内蒙古艺术表演团进行穿插表演

设计菜单同样需要提供适当的本地菜肴和西式菜肴，以适应部分外籍及本地客源的需要

餐厅装饰用品可以由从内蒙古邀请的厨师采购

（摘自《美食节策划与运作》）

二、美食节计划方案

美食节活动计划包括年度美食节活动计划和专项美食节活动计划两种。前一种通常是餐饮企业每年美食节活动的计划指南，不考虑具体操作细节，可以出现在餐饮企业的宣传单上；后一种主要针对每一次美食活动的详细操作过程。涉及经费预算和一定的商业机密，一般不会对外公开。

（一）年度美食节计划

年度美食节计划指餐饮企业根据未来餐饮消费趋势和市场竞争状况，以时间序列为主要线索，统筹安排未来一年餐饮企业拟组织、推广的各项美食节促销活动。

年度美食节计划一般只对每年餐饮企业各部门美食推广作一个可行性的安排，告知相关部门美食节推广的时间表，不涉及具体内容（表12-2）。

表 12-2　某酒店美食活动安排

地点	月份											
	1	2	3	4	5	6	7	8	9	10	11	12
中餐厅	根据政府发展大西北的政策方向确定出本店中餐厅食品节三个时间段的推广主题：西安菜、新疆菜、敦煌菜、金陵菜（后备）											
西餐厅	主要推出新西兰菜、土耳其菜、埃及菜、印度菜（后备）											
酒吧	每月都推出特饮									啤酒节	法国新酒	热饮
饼店	年糕				巧克力	粽子			月饼			火鸡

年度美食节计划是一个笼统、粗略的计划指南，制订这种计划并实施要讲究一定的步骤。年度美食节的计划可以按照下列的步骤来进行。

（1）递交提案

初次提案应为全年美食节计划前半年开始，即次年3月的美食节，应在今年9月份提议。

（2）寻找搭档

通过各渠道，寻找理想的合作单位。如同行推荐或与知名度高的单位联系。

（3）实地考察

实地考察，可真正了解情况，如人物、食品、文化、习惯、风俗等，品尝地道风味，了解出品及认识口味。

（4）合理评估

评估美食推广的风险、成本支出及其他相关问题。

（5）选择日期

考虑双方时间表后，确定推广食品活动的日期，写入计划中。

（6）确定计划

美食节举办方对计划确定落实后，应尽快回复合作单位，发邀请函，与之确定协议书。

由上可知，年度美食节计划不是一个随心而定的计划表，需要进行必要的调研和考察。需要餐饮总监（餐饮部经理）和厨师长去实地考察，尝试菜肴，选择合作单位，确定需推广的美食风味，制订出年度将举行的美食节计划。为了防止突发事件的出现而导致美食合作单位不能履约，计划中应该留有一定的后备方案以防出现意外情况。

（二）专项美食节活动计划

专项美食节活动计划是针对某一特定主题的美食节而设计的，内容比较详细，从美食节的时间、环境布置、人员、礼品赠送、宣传安排、要求协作部门、费用等方面对整项活动做出具体安排。专项美食节活动计划由营销部门制作，依据来自餐饮部门下达的计划书，计划内容围绕餐饮部门的美食活动，进行餐厅装饰设置、广告宣传及经费预算。美食节产品是由厨房进行设计和制作。

许多中小型餐饮企业，更多是采用专项美食节活动计划。由于没有营销部门并考虑到经费问题，美食活动计划比较简单，在装饰、布局上不太讲究，有时就推出几个新菜品权当美食推广活动。这类餐饮企业更多地依赖厨房的管理者，希望新颖菜肴的推广能带来更多的人气。

第三节　　美食节组织与实施

餐饮企业经过对美食节计划进行必要的审核后，进入组织和实施阶段。

一、美食节宣传

美食节宣传可分为内部宣传及对外宣传两种方法。

（一）内部宣传方法

1. 宣传单

宣传单于两周前在酒店内各处地方，包括客房，各餐厅及当眼处，整齐摆放供住客或食客取阅（数量以每天一百张计算）。

2. 海报

在主题餐厅门外摆置，供客人细阅，以收宣传之效。

3. 升降机海报

在每一部客用升降机内挂上宣传海报给乘客细阅。

4. 员工介绍

①菜单审批后将初稿派给餐厅员工，让他们能向餐厅客人进行口头推广。

②营运及推广会议上向营业部员工作介绍推广。

③推广活动会议上介绍美食节活动给各部门经理，下达各阶层员工作多层面推广。

5. 电话推广

主题餐厅负责安排在一周前，每天20次电话推广给相熟客户以做促销。

6. 网络平台

利用微信公众号、社群、短视频平台、微博等向会员及用餐客户介绍美食节计划及相关活动进展。

（二）对外宣传法

对外推广等一系列宣传及广告设计，将由营销部门和餐饮部门联合安排，主要有以下内容。

1. 广告

营销部将有关广告刊登的数量及计划书于美食节四周前提案，并经行政管理审批通过。

2. 新闻稿

营销部负责编写一份中文版（或英文版）新闻稿，以传真及邮寄方法给各大报社及杂志社。

3. 食评专家试食及报道

于美食节开始的第一个晚上广邀各大报社及杂志的食评专栏作家试食，通过食评专家的专栏或微信公众号、博客、短视频平台进行宣传推广。

4. 宣传单

宣传单初稿审批及印刷，并于两周前邮寄给本店的商户及贵宾卡会员。

5. 外墙横额

在酒店外墙向大街位置上挂置大型横额以吸引街道行人。

6. 海报

在车道旁摆设一张海报以吸引过路客人，客人更可从海报上看到有关美食节的详情。

7. 分众传媒和APP

用文字方法在分众传媒和APP上作简单介绍。

8. 各类网络平台

让美食节信息在各类网络平台上进行宣传，广而告之。

二、美食节组织

美食节开始之前需要完成各项准备工作，这需要餐饮管理者和厨师长通力的合作，组织安排好人手，为美食节圆满举办做好准备。有以下工作需要安排。

1. 客厨安排

①落实客厨准确人数，核实是否有领队，以保证人员费用的稳定。

②广告需要领衔主厨的简历及奖励情况，扩大美食节的知名度。

③客厨旅程的形式，随身携带原料等情况要落实清楚，如乘坐的班机号，随身携带的原料有多少，海、陆、空的行程是否有不同的接驳方式等。

④如果有中转，要考虑中途住宿的安排。

⑤如果要到境外举办美食节，就需要及早落实所到国家的签证。考虑到安全因素，必要时主办方餐饮企业需要提前和客厨签订短期合同。

2. 落实菜单

①菜单的初稿一般在美食节 14 ～ 15 周前要确定好。

②在美食节 12 周前，要对菜单进行分类整理，然后落实到厨房每个人。

③厨师长需要选出客厨既定菜单中 6 ～ 8 款特色菜进行宣传及推广。

④列出原材料清单，看是否有原料在本地不易找到，如果发现有原料或调料本地没有，应及时联系客厨，寻找替代原料或更换菜肴。

⑤菜单确认后，要进行成本计算及定价。

⑥美食节 10 周前，将菜单送交酒店管理层进行最后批阅。

⑦美食节 10 周前，将根据内容及当地风土人情对菜单进行设计，并最后确定。

⑧美食节 8 周前，最后将菜单草稿完成。

⑨美食节 7 周前，对菜单进行校对。

⑩菜单在最后校对及分色后交印刷厂印刷，并于美食节活动前 2 周交货到店。

3. 其他安排

（1）饮品

每个地方的名产或风味饮料，可用作配套推广活动，以促进销售。餐饮企业采购部门与原产地或本地供应商联系，提供赞助的优惠饮品。

（2）装饰

装饰主要分内部装饰和入口装饰两大类。其中以餐厅入口装饰最为抢眼，一般各种主题的美食节都可以从外部的装饰中体现出来。内部装饰通常不需要改动原有餐厅格调，可以增加一些艺术品布置或带有地方特色的展台。

（3）服饰

服饰一般以领位员为主，故可寻找当地一些民族或当地有代表性的服饰以增加美食节的氛围。

4. 特别安排

可以适当地组织一些幸运抽奖、优惠酬宾的活动，以营造美食节的氛围。

对于不外请厨师的餐饮企业，可以省去不少费用。另外，人员安排的着重点主要放在菜单和餐厅的装饰上。

三、美食节实施

美食节开始后，厨房需要做以下的工作。

1. 参与商讨会议

商讨菜单内容、用具搭配、厨房设备使用及采购物品检定等，此会议应有相关员工参与，包括营销部、采购部及餐饮部员工。

2. 部门试餐活动

一般客厨到店后第三天的晚餐是美食节活动的正式开始，而当天午餐则安排部门经理试食，晚上则邀请各大报社及杂志社专栏作家试食。

3. 菜肴口味评估

在部门经理试食后，若发现在菜肴上有不符合大众口味的情况时，会对有关菜肴的口味做"适度调整"。如西湖醋鱼所用的草鱼泥味太重，而改用鳜鱼代替，宋嫂鱼羹又因太酸及太辣而减少胡椒粉及醋的用量等。

4. 采访及拍照

营销部在客厨到店前一周必须与之落实时间及安排工作，需要制作菜肴展台，并拍照和采访，其中每次采访均须客厨主厨参与。

5. 菜肴操作标准

客厨主厨必须在美食节开始后的两天内将所有菜式样本做一示范给本店主厨，部分菜式应需拍照留底作日后参考之用。

6. 美食节开始

每天的美食节活动中，主办方厨房的主厨需要及时地和客厨进行沟通，并配合其操作，以保证美食节活动的正常进行。

7. 美食节结束

主办方应该举行答谢晚宴和答谢仪式。

四、专项美食节活动计划实例

某宾馆绍兴文化美食节

（一）目的

①推出文化品牌，体现宾馆格调与档次，扩大宾馆餐饮的影响，美化宾馆形象。
②推陈出新，给新老客户"常变常新"的感觉，巩固已有的客户圈，并吸引新的客户。

（二）时间

10月16日～11月16日

（三）环境布置

1. 大堂

在大堂摆放一案桌，以花雕为主体，一些小酒坛为衬托，与屏风（告示内容）相呼应，更为生动、立体。

2. 二堂

靠墙摆放案桌、八仙桌各一张，太师椅两张，中堂挂一幅字——"古越"或"会稽遗风"，桌面摆放盖碗两只、宫灯两盏，桌旁放瓷缸、卷轴，并以木架为底衬之。

3. 兰君阁大厅

①进门摆放一个"绍兴餐具"的展台，立整体说明牌，摆放明、清、民国时期的绍兴餐具，包括蓝边高脚碗、用碗钉补过的餐具、炖盅、骨碟、酒、食品篮子等。每件物品旁都用标签标明名称，并在展台旁以文字说明："明、清、民国时期绍兴人用的餐具"。

②热带鱼缸前可设一个"绍兴老酒"的展台，摆放太雕、元红、花雕、镶春等本地少见的黄酒品种，作为展示。

③大厅桌上用花布（方形）覆盖在台布上，餐厅服务员服装换成原传菜生的服装（兰底碎花）。

④红幕墙与大厅中的四根柱子是重点所在，其布置必须协调，有整体感，红幕墙必须突出美食节的主题。

A. 红幕墙用兰花布覆盖靠上的位置横写"绍兴文化美食节"，中间部分写一个大"鹅"字，偶尔在其周边用小字写介绍绍兴的篇章，其内容可与客房内宣传卡相同，字体为繁体。

B. 四根柱子悬挂有关绍兴人文的字幅或画卷（宣纸手书并装裱）：

描写鉴湖的"镜湖水如月，耶溪女如雪"（李白）

鲁迅的"横眉冷对千夫指，俯首甘为孺子牛"

描写乌篷船"轻舟八尺，低蓬三扇，占断苹洲烟雨"（陆游）

秋瑾的"不惜千金买宝刀，貂裘换酒也堪豪"

4. 包厢

以极具绍兴特色的名词为包厢名称，用不干胶覆盖在原铜字上，并在每个包厢门口挂一木质"水牌"，写订包厢客人的姓氏，如"李府"，即李先生之意。

①三个连通大包厢设计为鲁迅故居系列

A. 秋月厅——三味书屋

在对门的墙上，可以黑色或深色或深红色不干胶为底，上刻一个白色的歪歪斜斜的"早"字。

B. 风荷厅——百草园

墙上挂大篇幅的文字《从百草园到三味书屋》。

C. 春晓厅——朝花夕拾

请工程部做一木架，放一些鲁迅的代表作，如《狂人日记》《药》《呐喊》《祝福》等。

②两个连通小包厢设计为陆游、唐琬系列

A. 流霞厅——孤鹤轩

B. 竹径厅——冷翠厅

两厅相对的墙上各书《钗头凤》一篇，遥相呼应。

③两个独立的小包厢

A. 桂雨厅——兰亭

正对门的布壁上写"鹅池"两个大字或喷绘一块王羲之的"兰亭序"碑文，该壁是凸出墙壁的，犹如石碑，效果极佳。

B. 梦泉厅——社戏

正对门的布壁凹入墙壁，可挂蓑衣、斗笠、二胡，墙面挂一些毛豆等。

（四）礼品赠送

赠送"镇纸"给一些老客户作为纪念，上面刻着"鹅池""青藤""三味书屋"等字，并落款"某宾馆绍兴文化美食节"，以纸板盒包装。

（五）广告宣传

①新闻媒介。第一是与各大报社等单位联系，争取报刊新闻报道。第二是在某经济频道或电视台的正点信息栏目做专题广告宣传。

②大堂、兰君阁告示（由美工设计制作），向住店客人进行宣传。

③宣传卡制作，可放置在客房、总台。

④菜单与酒单。菜单制作成折叠式或线装书式，文字自右至左竖排，菜单扉页上可写绍兴名人诗词一首，如陆游《钗头凤》，尔后是名菜名点介绍，在绍兴文化中，酒文化不可忽略，酒单制作或双面印刷的卡片，规格等同于折叠起来的菜单。

⑤餐厅找零，可设计一个"零钱封"，与菜单、酒水单的设计风格相同，成一系列。

⑥横幅。（外墙）品尝文化（配以体现绍兴水乡风格的图案）。

（六）需其他部门负责的事宜

1. 工程部

①派员协助美工负责兰亭阁的环境布置。

②春晓厅做一个放书的木架（搁板）。

③包厢水牌制作，共7块。

④提供花架。

2. 人力资源部

做好绍兴文化培训工作：大堂副理、总台、账台服务员、销售员、全体厨师、餐厅服务员，对餐厅大厅及包厢布置的文字、图案、菜点、酒单等都应有深入的理解。

3. 客房部

请提供案桌、瓷瓶。

4. 采供部

①所需采购物品请在某月某日前到位。

②负责联系供应商宣传卡片、菜单、酒单、零钱封的免费制作，可在印刷品上印制供应商名称，为其做宣传。

③与酒厂联系，请他们提供大花雕瓶、各类黄酒等，用以酒水促销和布置展台。

5. 公关销售部

①联络新闻媒体，做好美食节的宣传报道。

②销售人员帮助做好推销工作。

③协助做好展台等布置工作。

6. 保安部

在展台处安装监视器，以防物品遗失。

（七）费用预算

1. 环境布置

①二堂200元。

②兰君阁大厅。柱子300元，幕墙300元，桌布300元。

③包厢。包厢名称70元，布置600元。

④书籍300元。

2. 礼品

镇纸2.5元/方×400方=1000元。

3. 宣传费用

横幅800元、广告3000元。

4. 宣传卡片、菜点零钱封的制作费

由供应商赞助提供。

✔ 本章小结

现代餐饮企业除制作出符合顾客需求的产品外，必须有整体营销策略和美食推广计划，才能使企业在竞争中立于不败之地。

计划经济时期的经营模式是企业导向模式，即我产—我卖—你买，以企业为主，全然不顾市场的需求，生产产品如果卖不出去就造成积压。这种模式使得企业对生产投入过大，而对市场运作资金投入过小，呈现一种橄榄形，即两头（市场）小中间（生产）大。随着市场经济的进一步深化，餐饮企业已经意识到市场的重要性，经营模式更多地转移到顾客导向（市场）模式，即你买—我产—我卖，以顾客需要为主导，加强营销力度，使这种模式更趋向于哑铃形，即加强了对市场需求产品设计和产品营销的工作。餐饮企业完善餐饮产品的基础上，加大对餐饮产品的推广活动，为企业带来更可观的经济效益。

餐饮企业营销和推广由营销部门来完成，没有餐饮部门和厨房生产部门的大力协作，任何一项美食推广活动都难以成功。作为与厨房有关的美食推广活动，在现代餐饮企业经营活动中，已经占有越来越重要的地位。现代厨房管理者一定要学会计划、组织、安排美食推广的活动，使餐饮企业经营质量更上一个台阶。

✔ 思考与练习

1. 什么是美食节？美食节的特点有哪些？

2. 如何选择美食节主题？

3. 设计一份以假日儿童为对象的美食节菜单。

4. 按照范例设计一份圣诞节美食计划方案。

5. 如何组织和实施美食节计划？

6. 假如酒店要举办长江江鲜美食节，你如何去安排宣传和组织这次活动？

7. 2020 年 1 月以来发生的新冠疫情，几乎使我国餐饮企业按下了暂停键，经济损失严重，待疫情过后，如何通过美食节推广快速促进餐饮消费增长呢？请规划详细的美食节活动方案。

参考文献

[1]（台）高秋英.《餐饮管理——理论与实务》[M]. 长沙：湖南科技出版社，2001.

[2] 黄煜峰等.《管理学原理》[M]. 大连：东北财经大学出版社，2002.

[3] 杨欣.《餐饮企业经营管理》[M]. 北京：高等教育出版社，2003.

[4] 赵建民，沈建龙.《餐饮定价策略》[M]. 沈阳：辽宁科学技术出版社，2002.

[5] 马开良.《现代饭店厨房设计与管理》[M]. 沈阳：辽宁科学技术出版社，2000.

[6] 黄浏英，李菊霞.《餐饮品牌营销》[M]. 沈阳：辽宁科学技术出版社，2003.

[7] 冯俊.《现代快餐经营与管理》[M]. 北京：中国轻工业出版社，2001.

[8] 郑昌江.《餐饮企业管理》[M]. 北京：中国轻工业出版社，2001.

[9]（台）杨长辉.《饭店经营管理实务——筹建规划与电脑系统》[M]. 长沙，湖南科技出版社，2001.

[10] 王天佑等.《餐饮职业经理人执业资格培训课程》[M]. 沈阳：辽宁科学技术出版社，2003.

[11] 虞迅，严金明.《现代餐饮管理技术》[M]. 北京：北方交通大学出版社，清华大学出版社，2003.

[12]（台）萧玉倩.《餐饮概论》[M]. 长沙：湖南科技出版社，2001.

[13]（台）陈尧帝.《餐饮经理读本》[M]. 沈阳：辽宁科学技术出版社，2001.

[14] 袁新宇.《厨政管理》[M]. 成都：四川大学出版社，2002.

[15] 赵长俊，江振娜.《开业筹备》[M]. 成都：四川大学出版社，2002.

[16] 张智光等.《管理学原理》[M]. 南京：东南大学出版社，2002.

[17] 布纳德·斯布拉瓦尔，等.《宴会设计实务》[M]. 沈阳：大连理工大学出版社，2002.

[18] 吴中祥.《现代饭店管理技术学》[M]. 上海：上海人民出版社，2002.

[19] 陈觉，何贤满.《餐饮管理经典案例及点评》[M]. 沈阳：辽宁科学技术出版社，2003.

[20] 施涵蕴.《餐饮管理》[M]. 天津：南开大学出版社，1993.

[21] 邹益民，黄浏英.《现代饭店餐饮管理艺术》[M]. 广州：广东旅游出版社，2001.

[22] 范文峰.《第一次当厨师》[M]. 广州：广州出版社，2001.

[23] 蔡敬聪，白鸿.《第一次当主管》[M]. 广州：广州出版社，2001.

[24] 谢明成.《最新餐饮经营管理实务》[M]. 沈阳：辽宁科学技术出版社，2000.

[25] 施涵蕴.《菜单计划与设计》[M]. 沈阳：辽宁科学技术出版社，1996.

[26] 谷慧敏.《世界著名饭店管理集团管理精要》[M]. 沈阳：辽宁科学技术出版社，2001.

[27] 万光玲.《餐饮成本控制》[M]. 沈阳：辽宁科学技术出版社，1998.

[28] 田玉堂.《HCM 国际酒店管理模式》[M]. 北京：改革出版社，1997.

[29] 冯俊.《麦当劳操作与训练手册》[M]. 沈阳：辽宁科学技术出版社，2003.

[30] 国家旅游局.《饭店餐饮部的运行与管理》[M]. 北京：旅游教育出版社，1991.

[31] 余炳炎.《现代饭店管理》[M]. 上海：上海人民出版社，1996.

[32] 邵万宽.《美食节策划与运作》[M]. 沈阳：辽宁科学技术出版社，2000.

[33] 邹益民.《现代饭店餐饮管理》[M]. 北京：中国财政出版社，2001.

[34] 季鸿崑等.《中级厨师培训教材》[M]. 南京：江苏科技出版社，1993.

[35] 蔡晓娟.《菜单设计》[M]. 广州：南方日报出版社，2002.

[36] 国家旅游局人教司.《饭店餐饮部的运行与管理》[M]. 北京：旅游教育出版社，1991.

[37] Mary J.Hitchcock: Foodservice Systems Administration[M]. Macmillan Publishing Co.,Inc. New York, 1980.